轻松学上网（畅销版）

九天科技 编著

中国铁道出版社
CHINA RAILWAY PUBLISHING HOUSE

内 容 简 介

本书通过图文并茂与视频演示相结合的讲解方式，深入浅出地介绍了新手学习上网必知必会的各种知识，其中包括：电脑上网入门，轻松浏览网页，搜索引擎的使用，下载网络资源，网络聊天与交友，网络交流与通信，论坛、博客与微博，便捷的网上生活，网络时尚生活，网上阅读与学习，网络影音，以及网络安全维护等知识。

本书定位于不同年龄段的电脑上网初学者，可作为大中专院校和各种电脑培训班的参考用书，同时也适合对上网知识感兴趣的广大读者自学使用。

图书在版编目（C I P）数据

轻松学上网：畅销版 / 九天科技编著. -- 北京 : 中国铁道出版社, 2012.6

ISBN 978-7-113-14311-4

Ⅰ. ①轻… Ⅱ. ①九… Ⅲ. ①互联网络－基本知识 Ⅳ. ①TP393.4

中国版本图书馆CIP数据核字（2012）第030174号

书　　名：轻松学上网（畅销版）
作　　者：九天科技 编著

责任编辑：苏　茜　　　　**读者热线电话**：010-63560056
编辑助理：王　佩
责任印制：赵星辰

出版发行：中国铁道出版社（北京市西城区右安门西街8号　　邮政编码：100054）
印　　刷：北京铭成印刷有限公司
版　　次：2012年6月第1版　　2012年6月第1次印刷
开　　本：880mm×1 230mm　1/32　**印张**：7.875　**字数**：230千
书　　号：ISBN 978-7-113-14311-4
定　　价：24.00元（附赠光盘）

前言 Foreword

随着网络技术的飞速发展，信息交流变得更加高效、便捷，各种新的网络功能不断涌现，人们的生活也随之发生了翻天覆地的变化。目前，网络提供了新闻资讯、即时通信、电子商务、电子政务、远程教育、远程医疗、移动信息和在线娱乐等多种服务，使人们的工作、学习和生活越来越离不开网络。因此，会上网已经不仅仅是一种休闲方式，更是一种实用的技能。

为了帮助初学上网的新手消除对网络的陌生感，快速了解网络知识，掌握上网技巧和获取所需信息与资源的方法，我们精心组织编写了《轻松学上网》一书，并以“全面、实用”为首要目标。通过阅读本书，读者可以在最短的时间内成为真正的“网络达人”。

本书共分为 12 章，其中：第 1 章介绍电脑上网入门知识，第 2 章介绍如何轻松浏览网页，第 3 章介绍搜索引擎的使用方法，第 4 章介绍如何下载网络资源，第 5 章介绍网络聊天与交友，第 6 章介绍网络交流与通信，第 7 章介绍论坛、博客与微博，第 8 章介绍如何享受便捷的网上生活，第 9 章介绍网络时尚生活，第 10 章介绍网上阅读与学习，第 11 章介绍网络影音，第 12 章介绍网络安全维护。

本书配套 DVD 是一张专业级的多媒体教学光盘，提供了累计时间长达 180 分钟的多媒体教学视频，以全程语音讲解、情景式教学等方式对书中知识点进行了深入讲解，使读者逐步掌握上网的各种操作与应用。此外，书中还赠送了《轻松学电脑入门》和《轻松学电脑维护与故障排除》全部光盘资料，绝对物超所值。

本书定位于不同年龄段的电脑初学者，可作为大中专院校和各种电脑培训班的参考用书，同时也适合对上网知识感兴趣的广大读者自学使用。

如果读者在使用本书的过程中遇到了问题，或者有好的意见或建议，可以通过发送电子邮件（E-mail：jtbook@yahoo.cn）或者在线 QQ：843688388 联系我们，我们将及时予以回复，并尽最大努力提供学习上的指导与帮助。

编 者

2012 年 3 月

多媒体光盘使用说明

How to use the DVD-ROM

多媒体教学光盘的内容简介

本书配套的多媒体教学光盘内容包括 130 个视频教程，视频教程对应书中各章节的内容安排，为各章节内容的操作步骤配演示视频，播放时间长达 180 分钟。读者可以先阅读图书再浏览光盘，也可以直接通过光盘学习上网操作方法。

多媒体教学光盘的播放方法

将本书的配套光盘放入光驱后会自动运行多媒体程序，并进入光盘的主界面，如下图所示。如果光盘没有自动运行，只需在“计算机”中双击 DVD 光驱的盘符进入配套光盘，然后双击 Autorun.exe 文件即可。

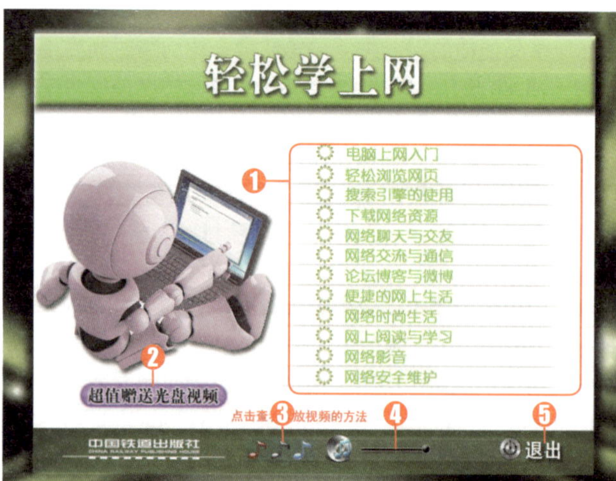

❶ 光盘目录导航

❷ 赠送光盘视频

❸ 选择背景音乐

❹ 音量控制滑块

❺ 退出光盘

光盘主界面中显示了各章的链接，单击可进入本章的二级界面，如下图（上）所示。单击“点击查看”按钮，即可打开视频教程所在的文件夹，如下图（下）所示。双击需要播放的视频文件，即可观看视频。

❻ 单击查看视频

❼ 返回上一节

❽ 进入下一节

❾ 返回主界面

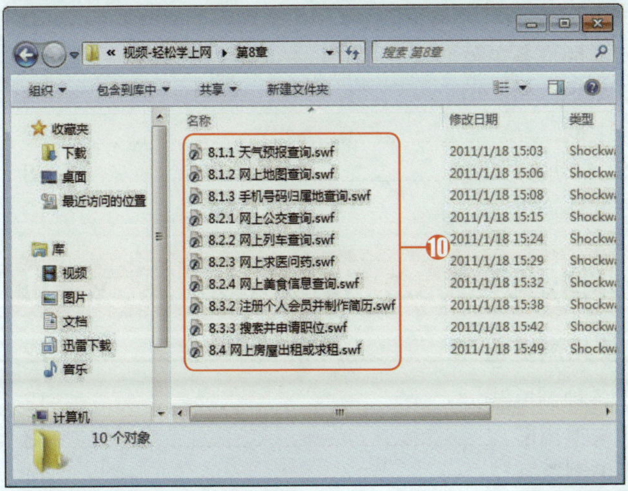

❿ 双击观看视频

光盘超值附赠视频

- 《轻松学电脑入门》光盘视频

  长达 180 分钟多媒体教学视频，介绍了 Windows 7 系统中的常用操作及系统维护与优化知识。

- 《轻松学电脑维护与故障排除》光盘视频

  长达 120 分钟多媒体教学视频，指导初学者快速掌握电脑维护与故障排除方面的知识，囊括软、硬件常见故障。

光盘最佳运行环境

- CPU：Pentium 4 及以上。
- 内存：215MB 及以上。
- 硬盘剩余空间：200MB 及以上。
- 屏幕分辨率：1024×768（像素）。
- 其他：4 倍速以上 DVD 光驱。

目 录 · Contents

第1章

电脑上网入门

随着网络技术的不断发展，信息交流变得更加高效、便捷，各种新的网络功能不断涌现，人们的生活也随之发生了翻天覆地的变化。目前，网络提供了新闻资讯、即时通信、电子商务、电子政务、远程教育、远程医疗、移动信息和在线娱乐等多种服务，使人们的工作、学习和生活越来越离不开网络。

本章重点知识

- 电脑上网从零开始
- 网络连接

1.1 电脑上网从零开始

在当今社会，电脑上网渗透到了各行各业。但在使用电脑上网之前，需要先了解电脑上网的基础知识，下面进行详细介绍。

>> 1.1.1 认识Internet

Internet 的中文译名为因特网。Internet 是由使用公用语言互相通信的计算机连接而成的全球网络，一旦连接到它的任何一个结点上，就可以使计算机连入 Internet。Internet 目前的用户已经遍及全球，有超过几亿人在使用 Internet，而且它的用户数还在上升，其网络拓扑结构如右图所示。

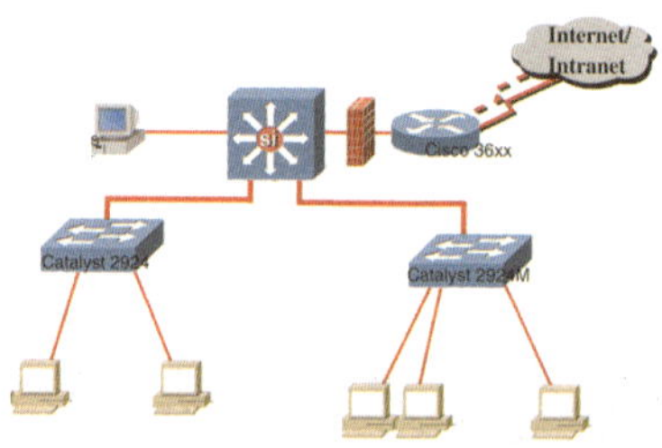

>> 1.1.2 Internet的应用

在信息瞬息万变的今天，学习和使用 Internet 已经成为社会的时尚，越来越多的人加入了这个行列，在 Internet 的信息资源海洋中可以实现以下功能：

（1）收发电子邮件

收发电子邮件是最早也是最广泛的网络应用。由于其费用低廉和快捷方便等特点，仿佛缩短了人与人之间的空间距离，使人不论身在异国他乡与朋友进行信息交流或者联络工作，都如同和隔壁的邻居聊天一样容易，因此，“地球村”的说法不无道理，如下图（左）所示。

（2）上网浏览或冲浪

上网浏览或冲浪是网络提供的最基本的服务项目。用户可以访问网上的任何网站，根据兴趣在网上畅游，快速方便地了解世界各地和各领域发生的实事新闻等，从而“足不出户尽知天下事”，如下图（右）所示 。

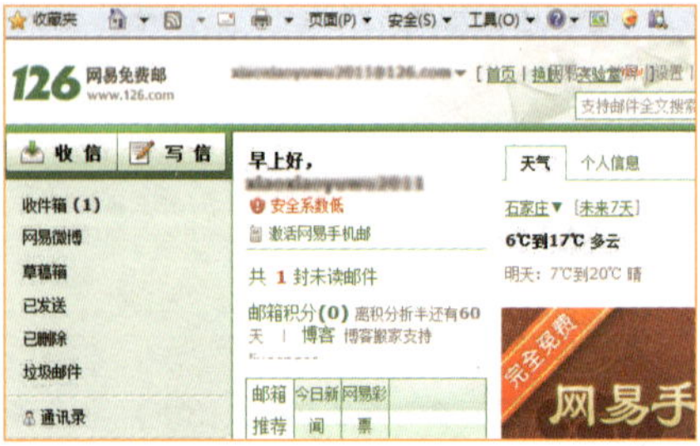

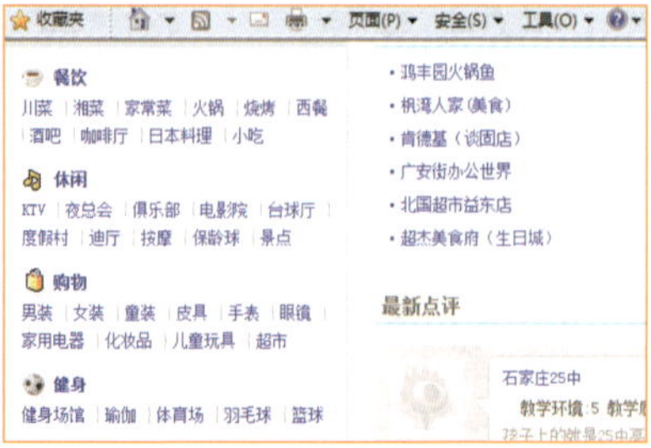

(3) 下载资源

Internet 是全世界最大的资料库，用户可以利用一些供查询信息的搜索引擎从浩如烟海的信息中找到需要的信息，并且将合适的资源下载到自己的计算机中为己所用，如下图（左）所示。

(4) 电子商务

电子商务指消费者借助网络，进入网络购物站点进行消费的行为。网络上的购物站点建立在虚拟的数字化空间里，借助 Web 来展示商品，并利用多媒体特性来加强商品的可视性、选择性，如下图（右）所示。

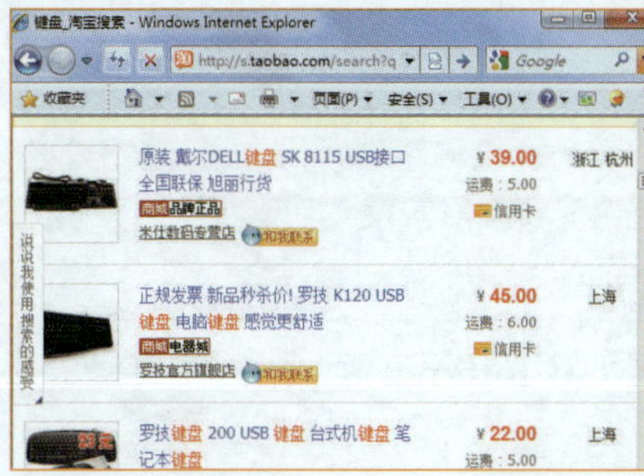

(5) 丰富人们的闲暇生活方式

闲暇活动即非职业劳动的活动，它包括：消遣娱乐型活动，如欣赏音乐、看电影 / 电视、跳舞、参加体育活动；发展型活动，如学习文化知识、参加社会活动、从事艺术创造和科学发明活动等。但与网络有直接关系的闲暇生活一般包括闲暇教育、闲暇娱乐和闲暇交往，如下图（左）所示。

(6) 其他应用

在现实世界中，网络的应用随处可见，如网上点播、网上炒股、网上求职和艺术展览等，如下图（右）所示。

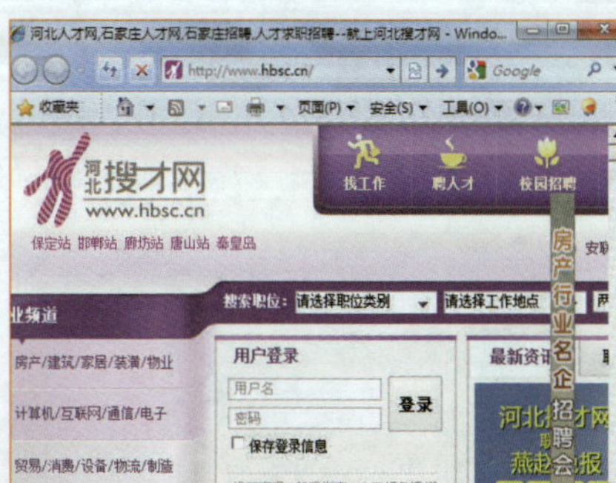

>> 1.1.3 常见的上网方式

目前，可供选择的接入网络的方式主要有通过电信 / 网通用户专线（ADSL）、小区宽带/局域网、无线上网卡、电话拨号和有线电视线路等，它们各有优缺点。

（1）电信/网通用户专线（ADSL）

ADSL 技术是一种通过现有的普通电话线为家庭、办公室提供高速数据传输服务的技术。利用现有的电话线网络，在线路两端加装 ADSL 设备，即可为用户提供高宽带服务，并且上网和打电话互不影响，从而为用户的生活和交流带来了便利，如下图（左）所示。

（2）小区宽带/局域网

小区宽带其实就是在小区内架起的局域网，该局域网是由本地小区内的一些计算机构成的。一般情况下，小区宽带先通过光纤到主干楼机房，再通过网线、交换机等设备连接到住户端，因此，每个用户都拥有交换机的 100MB 共享带宽。由于交换机和路由器的总出口要分享给很多用户，所以，若同时上网的人较多，网速就会相对较慢；相反，当上网人数少时，网络状况就会非常好，如下图（右）所示。

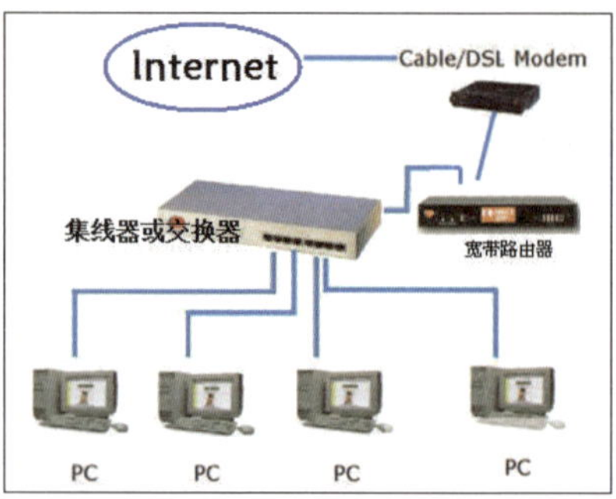

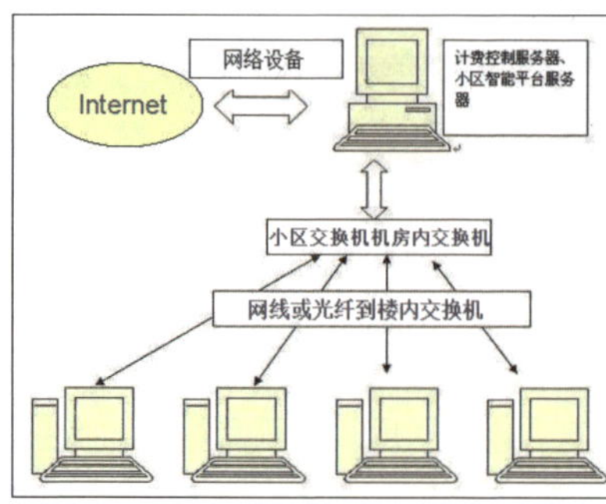

（3）无线上网卡

无线上网卡指的是无线广域网卡，用于连接无线广域网，功能相当于有线的调制解调器，也就是我们俗称的“猫”。无线上网卡的上网速度一般较慢，收费也较贵，有按流量计费和包月计费等不同方式，收费标准也不是很统一，但使用起来较为便捷，可以随时、随地上网，较适合商务场合。

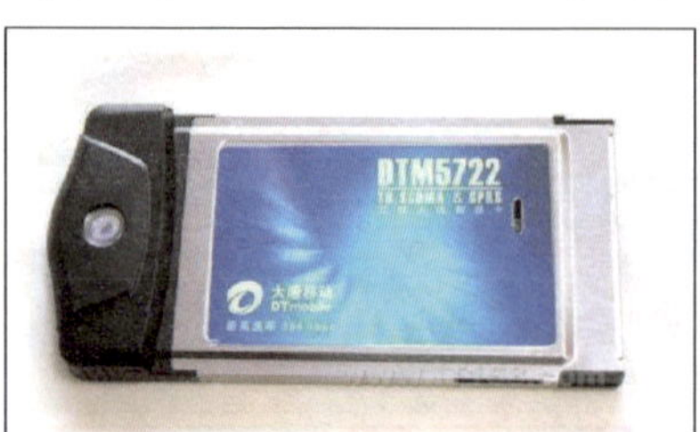

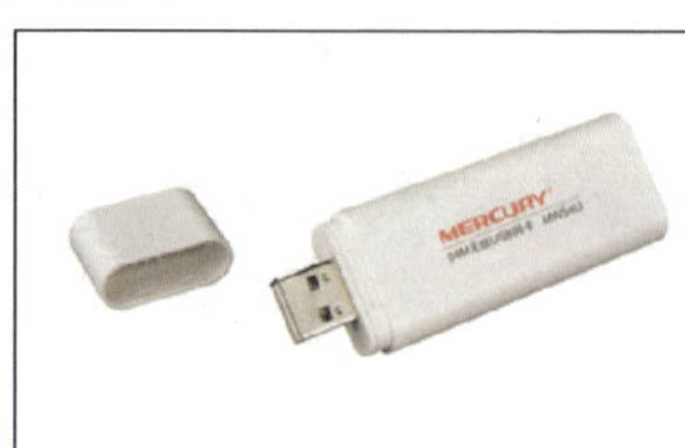

（4）电话拨号

电话拨号上网是几年前我国最普及的家庭网络接入方式。拨号上网业务在我国已经开通了比较长的时间，无论是线路，还是技术维护，都相对比较成熟。电话拨号需要一块内置式调制解调器（MODEM）或一台外置式调制解调器，和一根电话线与电脑连接，如下图（左）所示。

（5）有线电视线路

通过有线电视线路上网是近几年出现的一种上网方式，其优点是接入布线非常方便，原来装有有线电视的用户在开通该项服务后，只要加装一个电缆调制解调器就可以上网了，如下图（右）所示。

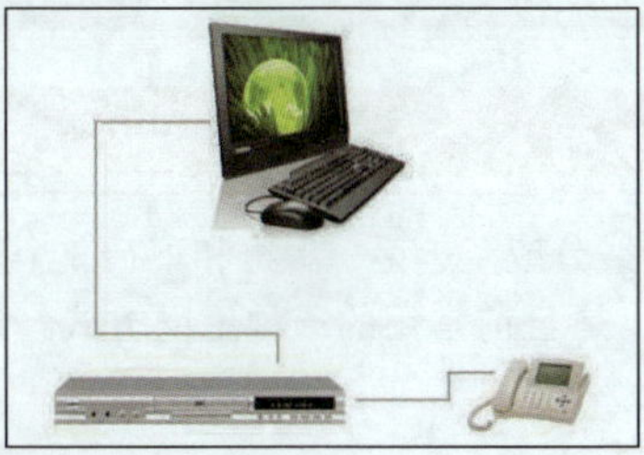

1.2 网络连接

通过 ADSL 上网是最常见的上网方式，在上网冲浪之前需要先将计算机连入到 Internet 中，下面将以 ADSL 上网服务为例来介绍网络连接的具体操作。

>> 1.2.1 上网前的准备工作

对于大多数人来说，上网主要是为了查询各类信息，在上网前还需要做好以下准备工作：

（1）开通 ADSL 上网服务

要开通 ADSL 上网服务，个人用户需要携带本人身份证、单位用户需要携带公章，到当地电信或网通等 ISP 运营商营业厅申请。申请成功后，用户将获得用户账号和密码，用户账号一经确定不得随意修改，并且是先入为主，不允许出现重名，但用户可以随时修改密码。

（2）安装网卡

网卡是上网必需的硬件设备，网卡安装在主板上的 PCI 插槽内。安装网卡后，系统会自动检测到硬件，然后安装相应的软件，如下图（左）所示。

（3）安装调制解调器（MODEM）

安装调制解调器需要一个 ADSL MODEM、一根网线和一根电话线。将电源线、网线和电话线分别插入到对应的插口，在接通电源以后，若两边网线插孔对应的指示灯都亮，则表明硬件设备连接正常，如下图（右）所示。

>> 1.2.2 建立ADSL连接

ADSL 采用频分复用技术把普通的电话线分成了电话、上行和下行 3 个相对独立的信道，从而避免了相互之间的干扰，是目前常用的一种上网方式。建立 ADSL 连接的具体操作步骤如下：

1 “开始”菜单

单击“开始”按钮，在“开始”菜单中选择“控制面板”命令，如下图所示。

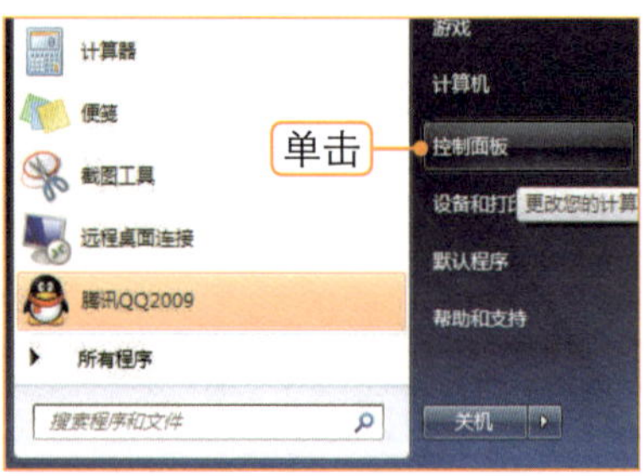

2 控制面板

在打开的“控制面板”窗口中单击“网络和 Internet”链接，如下图所示。

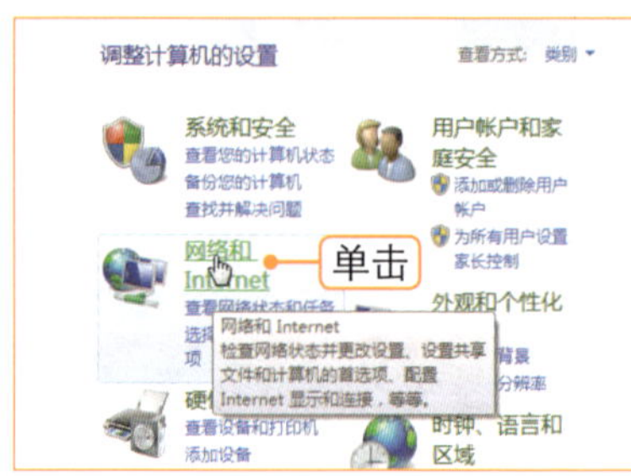

3 网络和共享中心

在打开的“网络和 Internet”窗口中单击“网络和共享中心”链接，如下图所示。

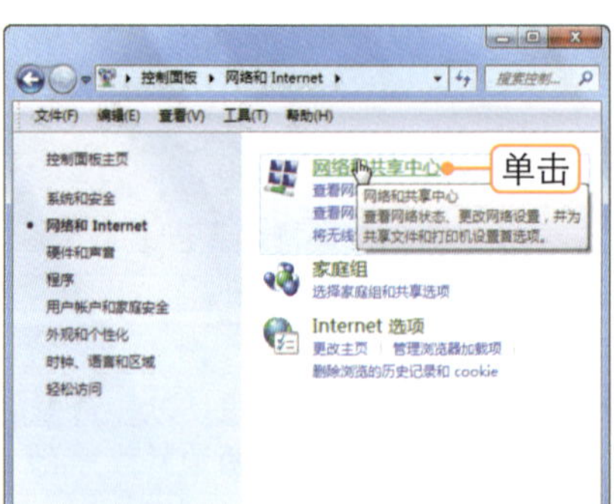

4 网络和共享选项

在打开的“网络和共享中心”窗口中单击“设置新的连接或网络”链接，如下图所示。

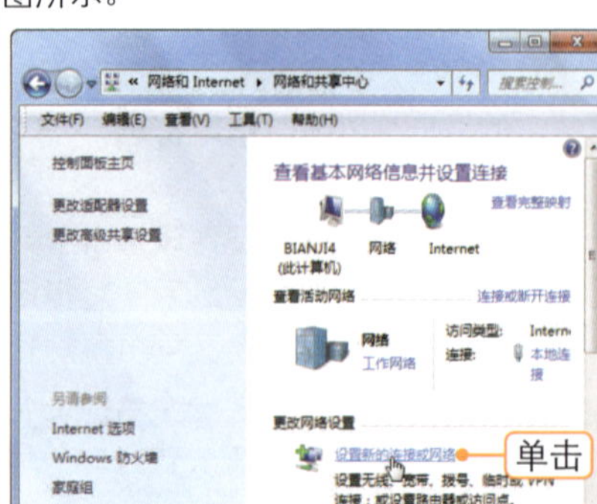

5 选择“连接到Internet”选项

在打开的“设置连接或网络”窗口中选择“连接到 Internet”选项，单击“下一步”按钮，如下图所示。

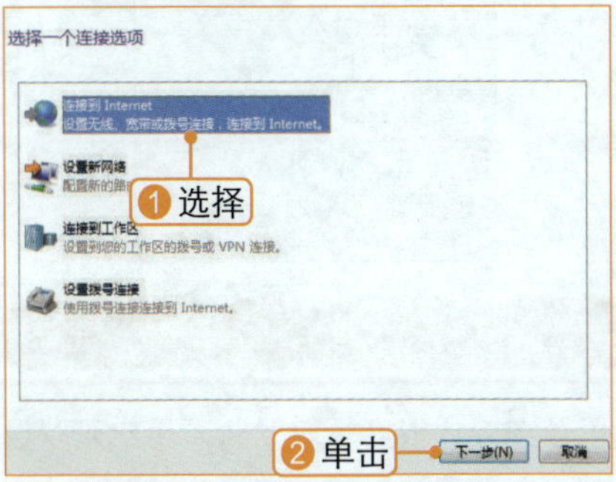

6 选择连接类型

在打开的“连接到 Internet”窗口中选择“宽带（PPPoE）”选项，如下图所示。

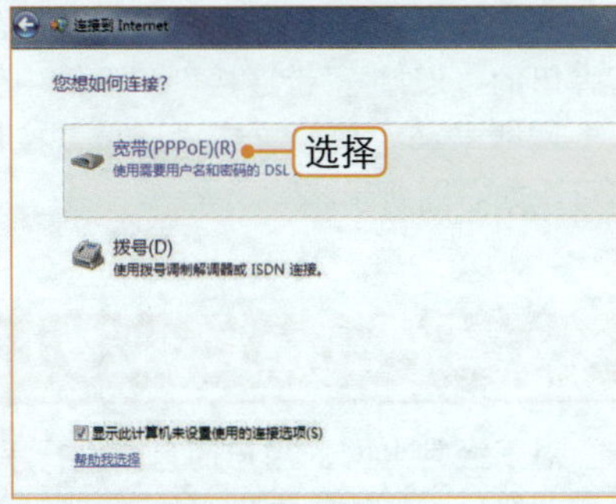

7 输入账户密码

输入服务提供商提供的用户名和密码，单击“连接”按钮，如下图所示。

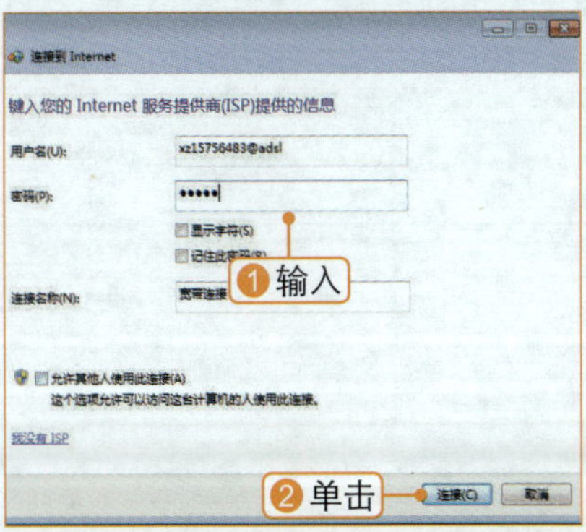

8 连接因特网

此时，即可开始连接 Internet 网络，如下图所示。

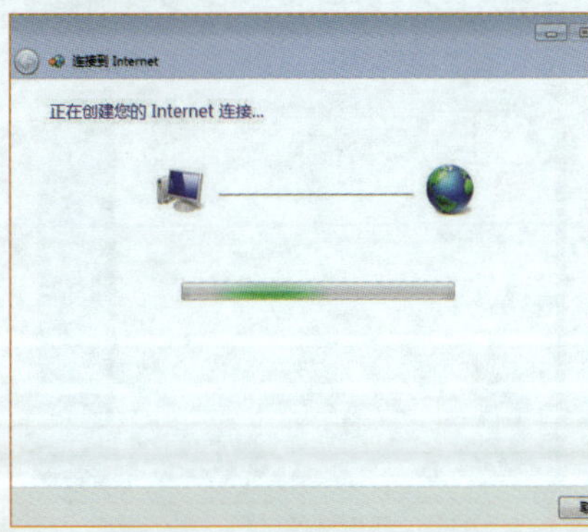

9 完成连接

完成连接后，此时的“网络和共享中心”窗口如右图所示。

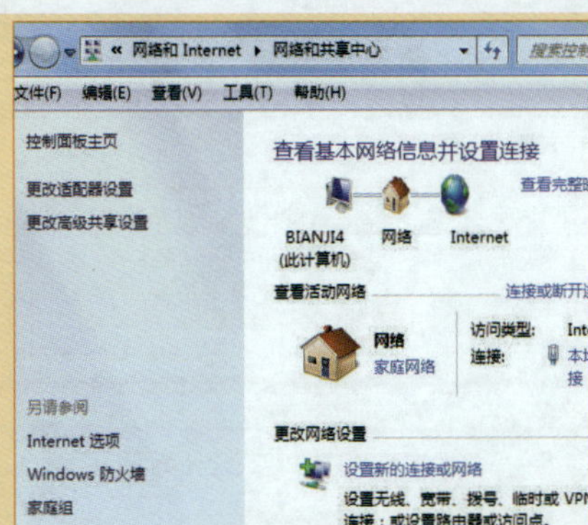

高手点拨

“连接 宽带连接”对话框

单击“开始”按钮，在弹出的菜单中选择“连接到”命令，然后选中刚才建立的拨号连接，单击“连接”按钮，将弹出“连接宽带连接”对话框。

>> 1.2.3 拨号上网

在建立好ADSL连接后，电脑还不能正常上网，还需要用ADSL拨号连接进行虚拟拨号。双击桌面上的连接图标，在弹出的“连接 宽带连接”对话框中输入上网账号和密码，单击“连接”按钮即可，如右图所示。

>> 1.2.4 ADSL自动拨号上网

对于经常上网的用户而言，进行手动拨号连接会很麻烦。此时，用户可以设置自动拨号，具体操作步骤如下：

1 搜索任务计划程序

在“开始”菜单的搜索框中输入“任务计划程序”，然后单击“任务计划程序”链接，如下图所示。

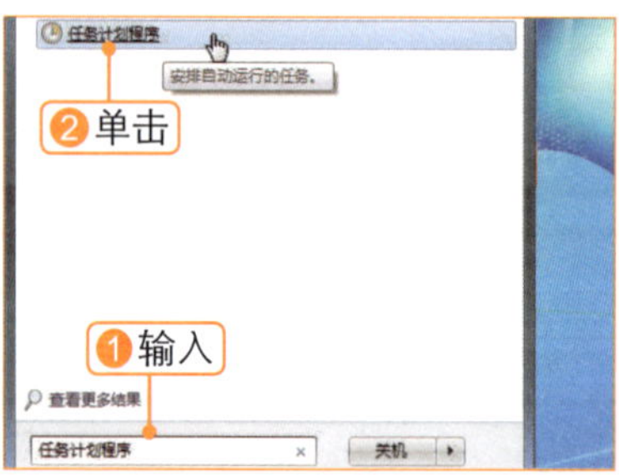

2 单击“创建基本任务”按钮

打开“任务计划程序”窗口，单击右侧窗格中的“创建基本任务”链接，如下图所示。

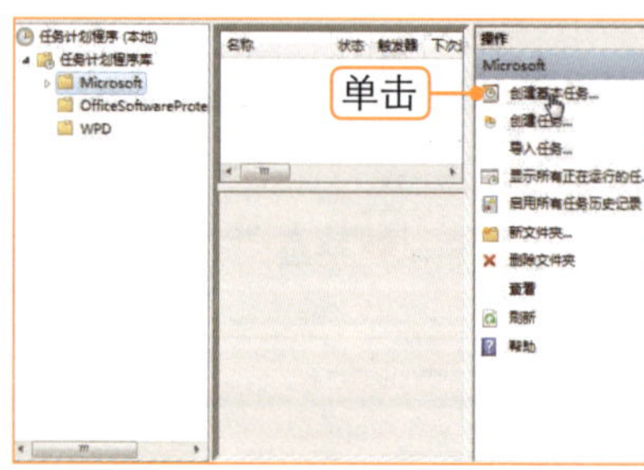

3 输入名称和描述

弹出“创建基本任务向导”对话框，输入名称和描述，单击“下一步”按钮，如下图所示。

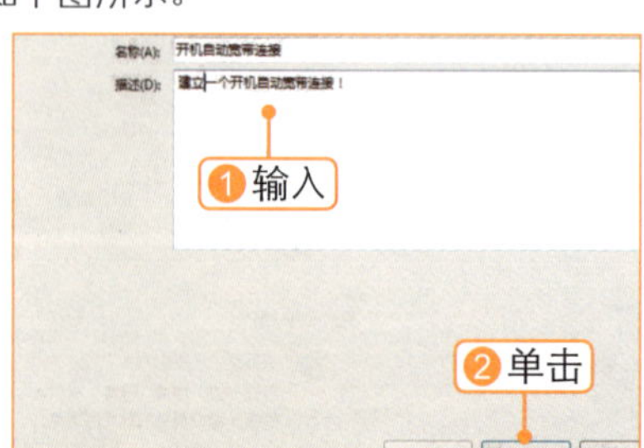

4 选择开始时间

在“任务触发器”界面中选择“计算机启动时”单选按钮，然后单击“下一步”按钮，如下图所示。

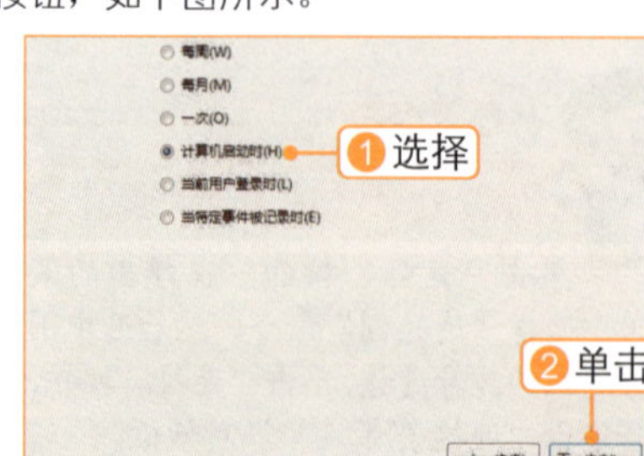

5 设置操作

在“操作”界面中选择“启动程序”单选按钮，单击“下一步”按钮，如下图所示。

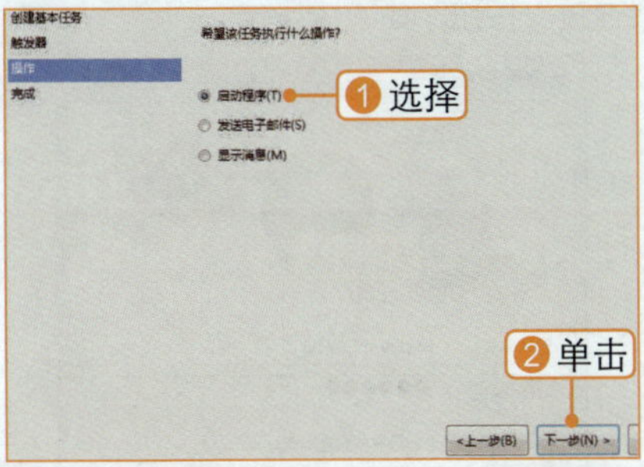

6 设置启动程序

在“启动向导”界面中输入相关内容，单击“下一步”按钮，如下图所示。

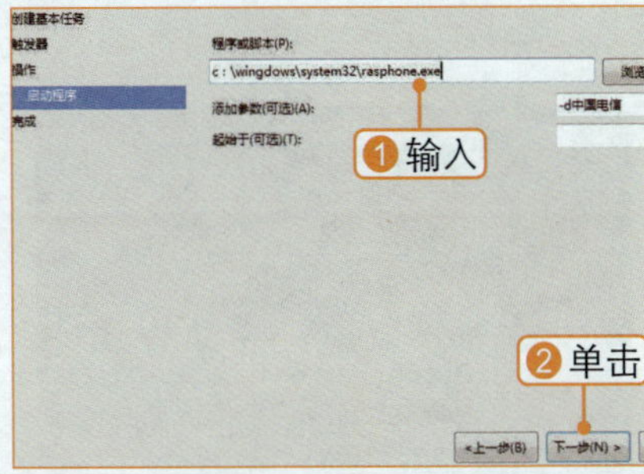

7 摘要设置

选择“当单击‘完成’时，打开此任务属性的对话框”复选框，单击“完成”按钮，如下图所示。

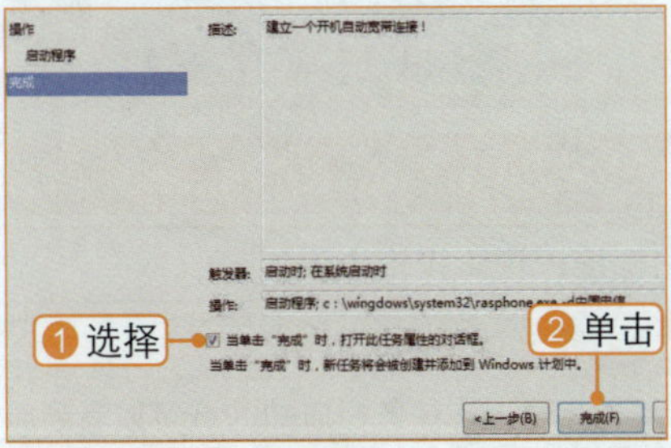

8 单击“编辑”按钮

在弹出的属性对话框中选择“触发器”选项卡，单击“编辑”按钮，如下图所示。

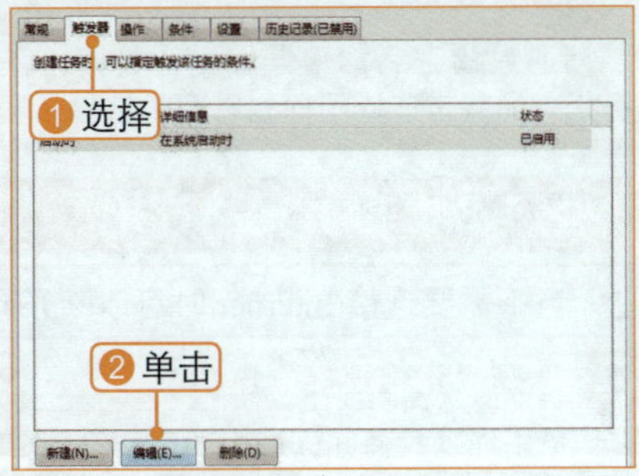

9 设置触发选项

弹出“编辑触发器”对话框，设置参数如下图所示，单击“确定”按钮。

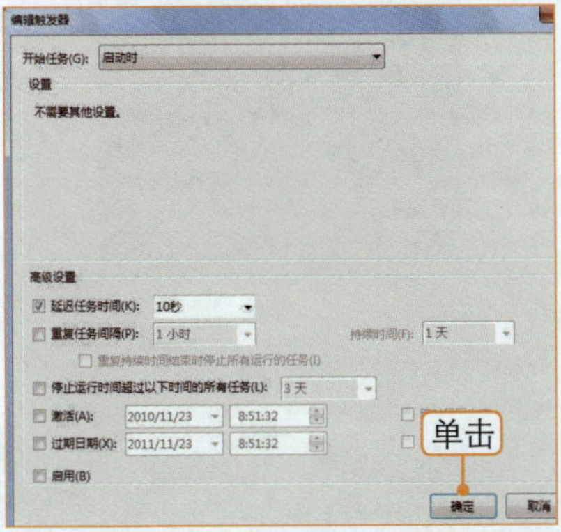

10 完成自动宽带设置

返回“开机启动宽带连接 属性”对话框，单击“确定”按钮，如下图所示。

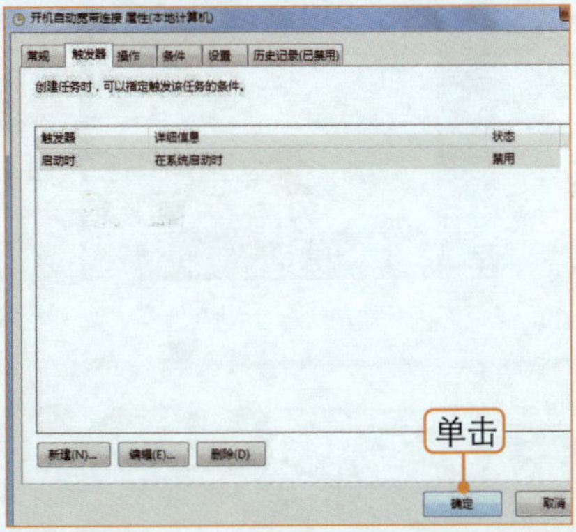

11 双击“宽带连接”图标

双击桌面上的“宽带连接”图标，如下图所示。

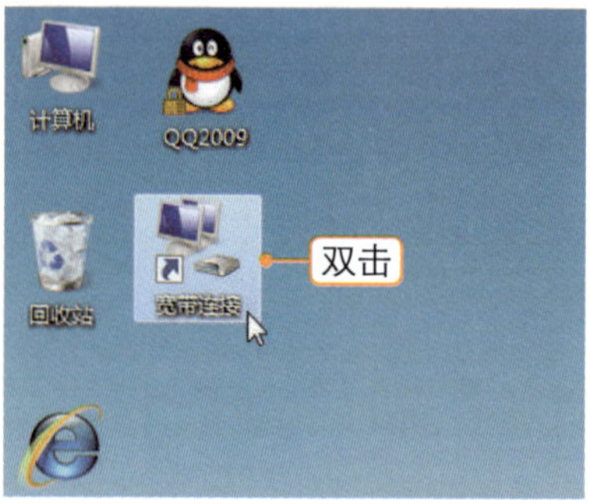

12 输入用户名和密码

弹出“连接 宽带连接”对话框，输入网络服务商提供的用户名和密码，单击“连接”按钮，如下图所示。

13 查看任务栏图标

通过验证后即可连接到因特网。任务栏中的宽带连接图标如右图所示。

>> 1.2.5 断开网络连接

当不需要连接 Internet 时可以断开网络连接，具体操作步骤如下：

1 选择“宽带连接”选项

单击任务栏通知区域中的“连接状态”图标，在弹出的菜单中单击“断开”按钮，如下图所示。

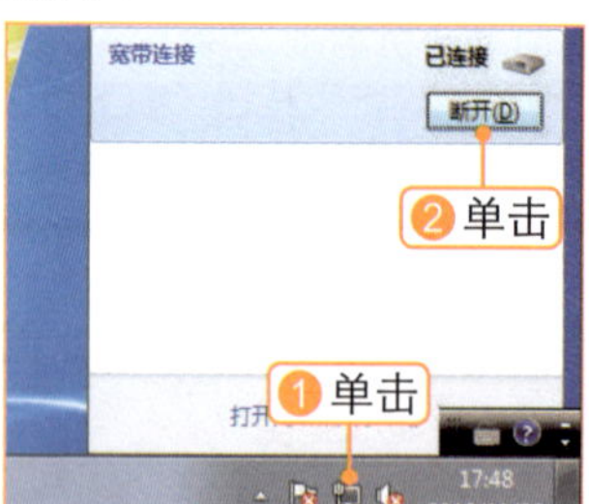

2 断开网络

此时，在任务栏通知区域可以看到原来的“网络连接”图标变成了图标，如下图所示。

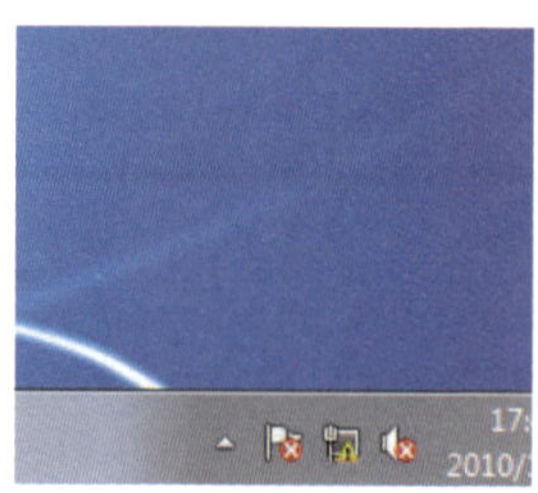

第2章

轻松浏览网页

浏览网页是网上冲浪最基本的功能，本章主要介绍浏览网页、保存网页信息及使用收藏夹等知识。通过本章的学习，用户可以快速掌握IE的使用方法和技巧，从而轻松地通过浏览器窗口畅游网络的海洋。

本章重点知识

- 认识与使用浏览器
- 浏览网页
- 保存网页
- 巧用网页收藏夹
- 设置IE浏览器

2.1 认识与使用浏览器

浏览器是上网冲浪的必备工具，下面介绍几种常见浏览器以及其使用方法。

>> 2.1.1 认识各种浏览器

浏览器是一个显示网页服务器或档案系统内的文件，并让用户与这些文件互动的一种软件。浏览器用来显示因特网或局域网内的文字、影像及其他资讯，从而让用户可以迅速轻易地浏览各种资讯。下面简单介绍几种主流的浏览器。

（1）Internet Explorer

Internet Explorer 简称 IE，是 Windows 操作系统自带的浏览器，也是目前使用最广泛的浏览器。Internet Explorer 的较新版本为 IE 8.0，捆绑安装在 Windows 7 操作系统中，如下图（左）所示。

（2）火狐浏览器

火狐浏览器内置了分页浏览、拼字检查、即时书签、下载管理器和自定义搜索引擎等功能，可在多种操作系统中运行，有专门针对中国用户推出的火狐中国版，如下图（右）所示。

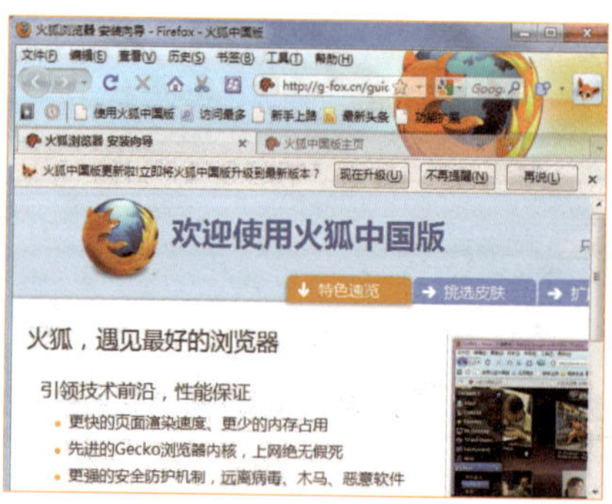

（3）傲游浏览器

傲游浏览器是一款基于 IE 内核、多功能和个性化的多标签浏览器，其具有多标签浏览界面、鼠标手势、超级拖曳、隐私保护、广告猎手、RSS 阅读器、外部工具栏及自定义皮肤等特点，如右图所示。

>> 2.1.2 启动与退出IE

（1）启动 IE 浏览器

IE 和其他软件一样需要先启动，用户可以通过以下几种方法启动 IE 浏览器。

方法一：

右击桌面上的 Internet Explorer 快捷方式图标，在弹出的快捷菜单中选择“打开主页”命令，如下图（左）所示。

方法二：

单击“开始”按钮，在弹出的“开始”菜单中选择 Internet Explorer 命令，如下图（右）所示。

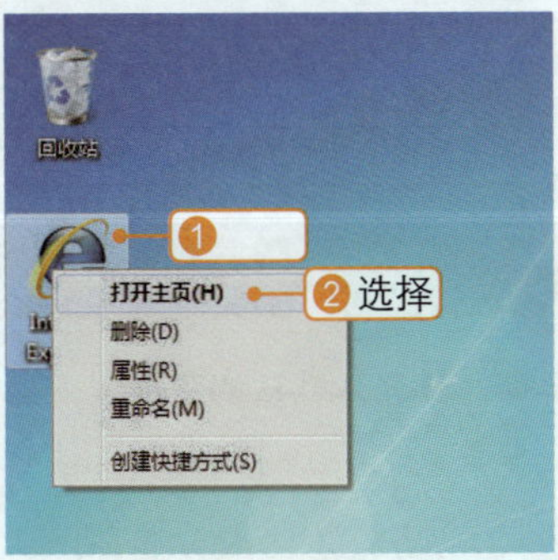

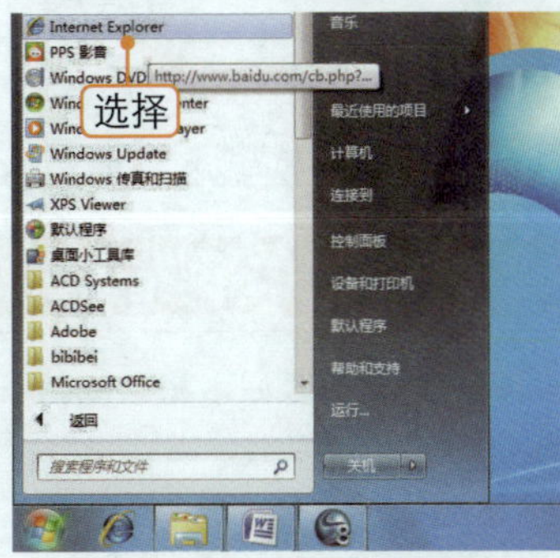

（2）退出 IE 浏览器

在用户浏览结束后，需要退出 IE，退出 IE 可通过下面的方法来实现。

方法一：

单击 IE 浏览器窗口右上角的“关闭”按钮，如下图（左）所示。

方法二：

右击任务栏中需要关闭的 IE 程序，在弹出的快捷菜单中选择“关闭窗口”命令，如下图（右）所示。

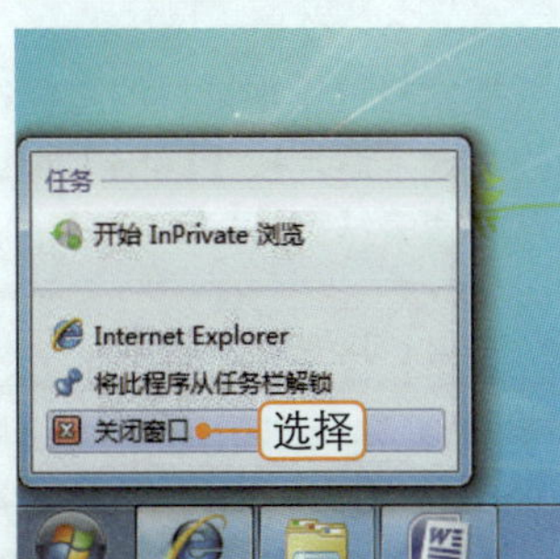

方法三：

利用“任务管理器”关闭 IE 进程，具体操作步骤如下：

① 选择“启动任务管理器”命令

右击任务栏空白处，在弹出的快捷菜单中选择“启动任务管理器”命令，如下图所示。

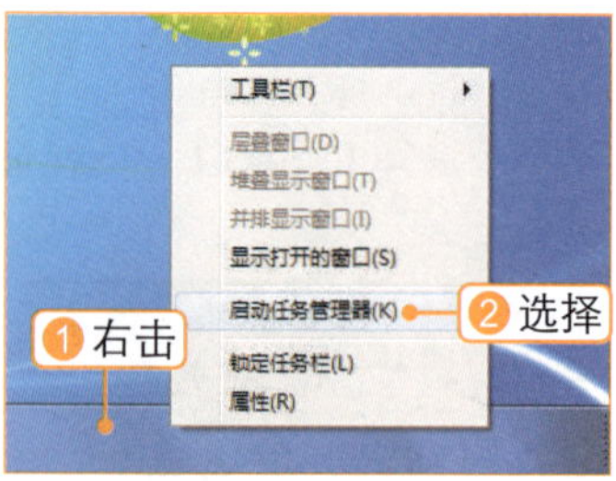

② 单击“结束任务”按钮

在弹出的“Windows 任务管理器”对话框中选中需要关闭的 IE 进程选项，单击“结束任务”按钮，如下图所示。

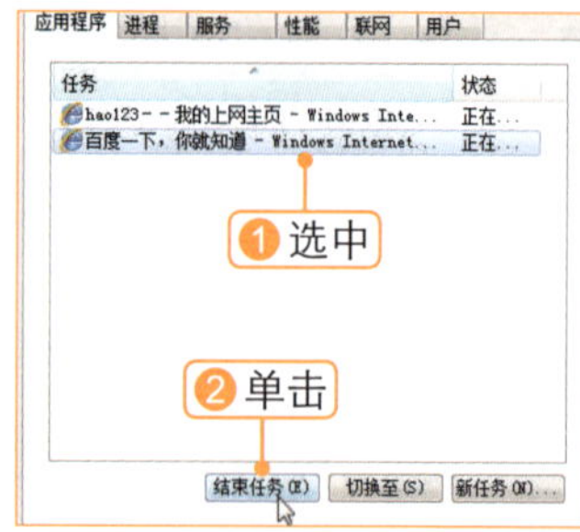

>> 2.1.3 熟悉IE浏览器窗口

在启动 IE 浏览器后，将自动打开工作界面，并显示默认的主页。下面简要介绍 IE 窗口的各组成部分。

（1）标题栏

标题栏位于 IE 工作界面的最上方，其左侧显示打开网页的名称，右侧显示控制窗口大小的“最小化”按钮、“最大化”按钮（或“还原”按钮）和“关闭”按钮。

（2）地址栏

地址栏用于输入和显示浏览网页的网页地址，是 IE 浏览器的重要组成部分。左侧为“前进”按钮和“后退”按钮，右侧为“刷新”按钮和“停止”按钮。其中，“刷新”按钮用于刷新当前页面，“停止”按钮用于停止刷新当前页面。

（3）搜索栏

搜索栏位于地址栏的右侧，主要用于搜索网络资源。在搜索框中输入需要搜索的关键字后，按【Enter】键或者单击“搜索”按钮，可在 Internet 中进行搜索，其搜索结果将显示在 IE 的工作区中。

（4）菜单栏

菜单栏位于地址栏的下方、工具栏的上方，由“文件”、“编辑”、“查看”、“收藏夹”、“工具”和“帮助”6 个菜单项组成，如下图所示。在 Windows 7 操作系统中，IE 的菜单项默认不显示，按【Alt】键可暂时显示菜单栏，如下图所示。

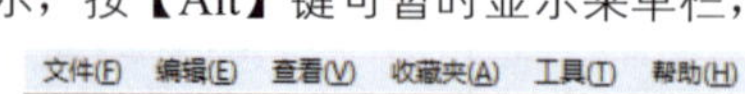

（5）工具栏

工具栏位于地址栏的下方，包含了IE常用的工具按钮，如“收藏夹”按钮、“主页” 按钮等。

（6）工作区

工作区位于工具栏的下方、状态栏的上方，是IE窗口最重要的组成部分，主要用于显示当前网页的信息，包括文字、图像及影像等。

（7）状态栏

状态栏位于IE窗口的最底部，用于显示浏览器当前操作的状态信息，其右侧的缩放工具按钮 100% 用于调整页面的显示比例。

2.2 浏览网页

在信息资讯飞速发展的今天，网络已经成为人们获取信息的一个重要途径。浏览网页是上网最主要的内容之一，下面介绍如何浏览网页。

>> 2.2.1 打开网页

要浏览网页，首先要打开网页，具体操作步骤如下：

1 启动IE浏览器

启动IE浏览器，在窗口的地址栏中输入网址，如http://www.youku.com，然后按【Enter】键，如下图所示。

2 打开网页

按【Enter】键可打开相应网页，如下图所示。

>> 2.2.2 访问超链接

超链接是网页的一部分，指从一个网页指向一个目标的链接关系，该目标既可以是另一个网页，也可以是相同网页上的不同位置，还可以是一个图片、一个电子邮件及一个文件，甚至是一个应用程序。

单击超链接对象，链接目标即可显示在浏览器上，用户可根据目标的类型来打开或者运行。超链接可分为文字超链接和图片超链接两种。

（1）文字超链接

文字超链接以文字作为载体，在单击后，其中的文字通常会改变颜色，以帮助用户进行访问区分，如下图（左）所示。

（2）图片超链接

图片超链接以图片作为载体，无法从外观上进行判断，将鼠标指针移动到图片上，若指针变成手掌状，则可判断其为超链接，如下图（右）所示。

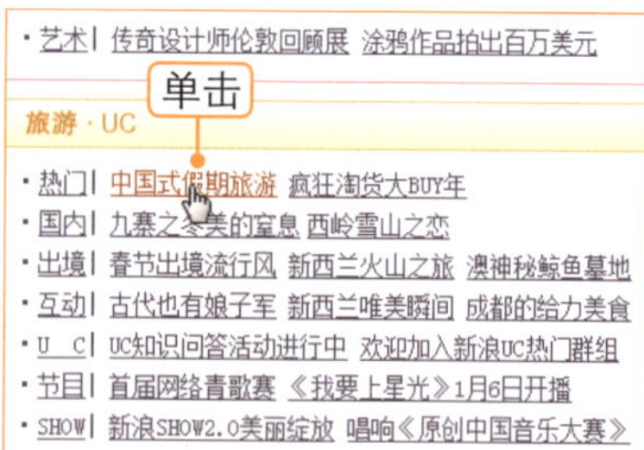

>> 2.2.3 启用和禁用IE选项卡

默认情况下，在 IE 浏览器中单击链接时，将以新窗口方式打开链接网页。打开的链接越多，显示的窗口数越多，这样会很不方便用户的操作。此时，可以以新选项卡方式在窗口中打开新网页，具体操作步骤如下：

1 选择“Internet选项”选项

启动IE浏览器，单击“工具”下拉按钮，选择“Internet 选项”选项，如下图所示。

2 单击“设置”按钮

弹出“Internet 选项”对话框，在“选项卡”栏中单击“设置”按钮，如下图所示。

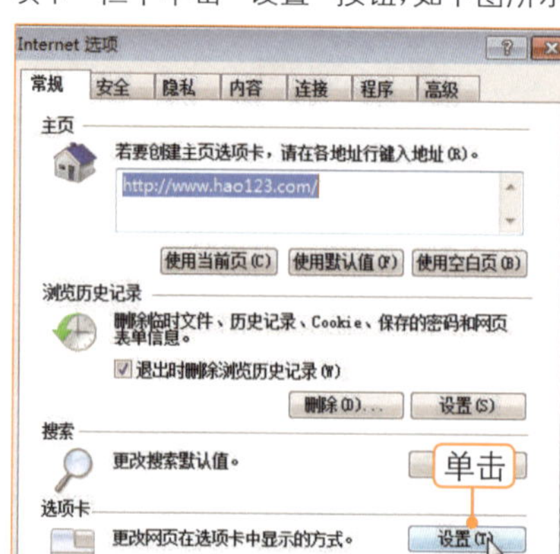

3 单击“确定”按钮

选择“始终在新选项卡中打开弹出窗口”单选按钮，然后单击“确定”按钮，如下图所示。

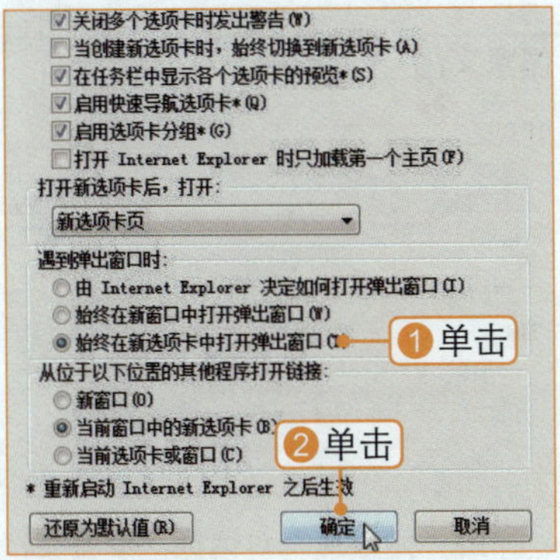

4 单击“确定”按钮

返回“Internet 选项”对话框，单击“确定”按钮，如下图所示。

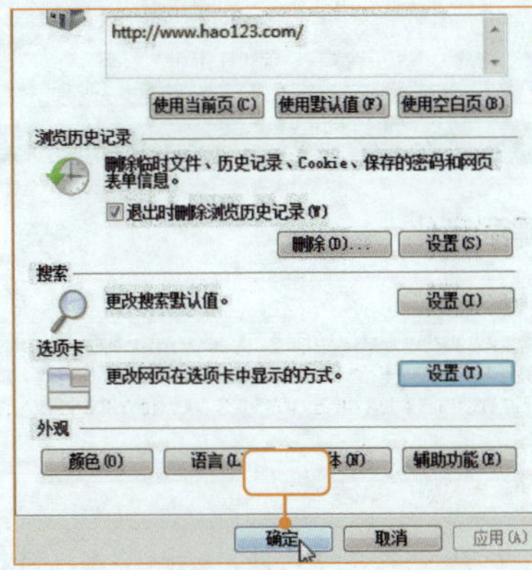

5 单击要查看的链接

启动 IE 浏览器，打开“历史频道_百度百科”页面，单击想要查看的链接，如下图所示。

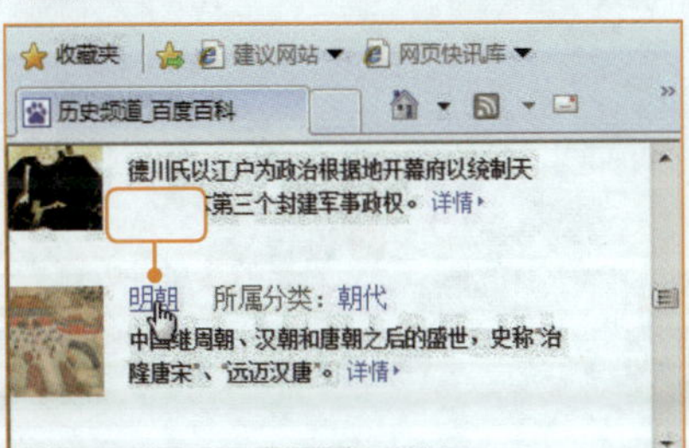

6 查看设置效果

此时，网页以新选项卡方式在窗口中打开，如下图所示。

2.3 保存网页

网页中的内容丰富多彩，用户可以将其保存到计算机中，以方便日后使用，下面详细介绍具体的操作方法。

>> 2.3.1 保存网页中的文字

在网上查找资料时，有时需要将找到的有用文字信息保存下来，以方便日后使用，具体操作步骤如下：

1 启动IE浏览器

启动IE浏览器，打开想要查看的网页，如下图所示。

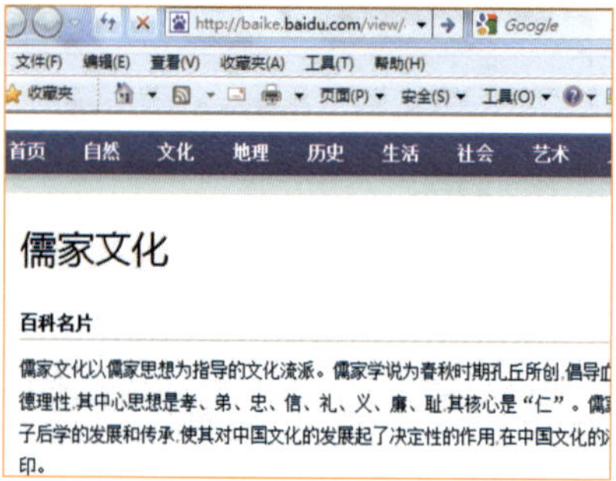

2 选择“复制”命令

选中需要保存的文字信息，然后右击，在弹出的快捷菜单中选择“复制”命令，如下图所示。

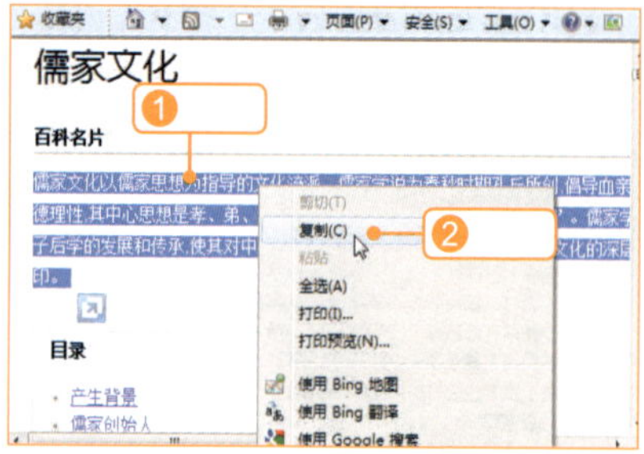

3 选择“保存”选项

打开文字处理软件，粘贴文本，选择“文件”|“保存”命令即可，如下图所示。

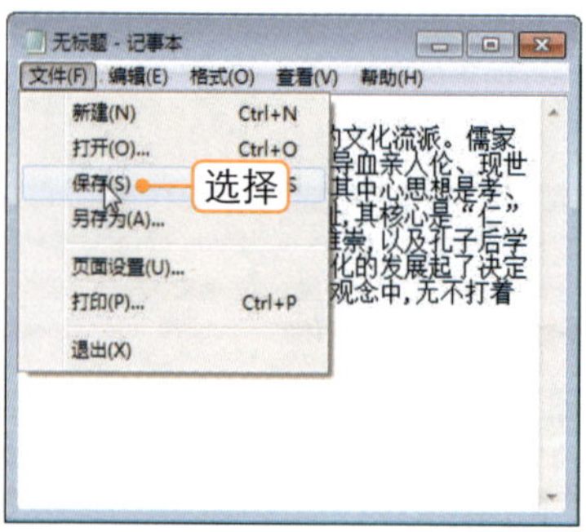

4 单击“保存”按钮

弹出“另存为”对话框，设置文档的保存路径和名称，然后单击“保存”按钮，如下图所示。

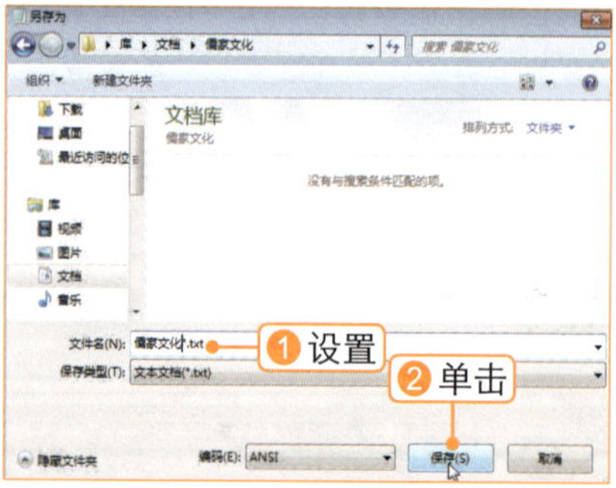

5 查找文档

在保存的路径中查找保存的文档，如下图所示。

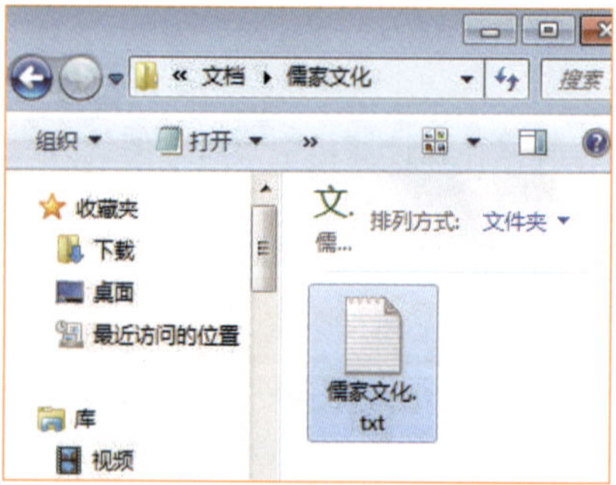

高手点拨

选择文字格式

当将内容粘贴到记事本时，默认情况下只保留文字内容，如果使用Word文字处理软件，在粘贴时还需要考虑是否保留网页文字格式。

>> 2.3.2 保存网页中的图片

在浏览网页的过程中，若看到漂亮的图片，可以把这些图片保存下来，具体操作步骤如下：

1 选择“图片另存为”命令

启动IE浏览器，右击需要保存的图片，在弹出的快捷菜单中选择“图片另存为”命令，如下图所示。

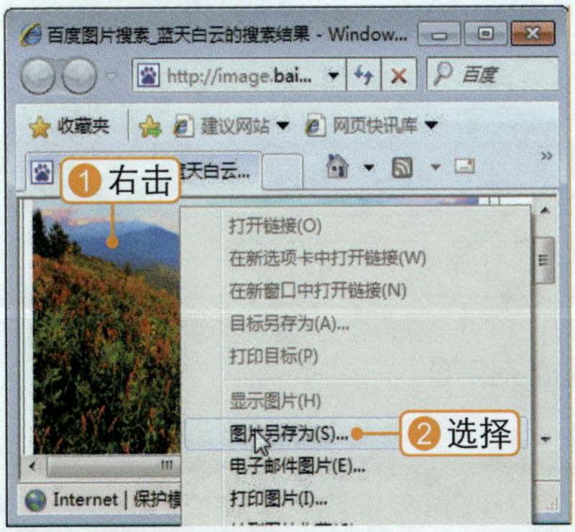

2 单击“保存”按钮

弹出“保存图片”对话框，设置图片的保存路径和文件名，单击“保存”按钮，如下图所示。

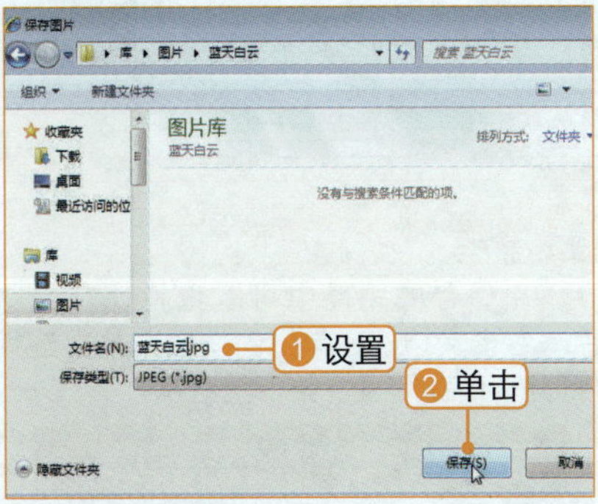

3 查找保存的图片

在保存的路径中查找保存的图片，如下图所示。

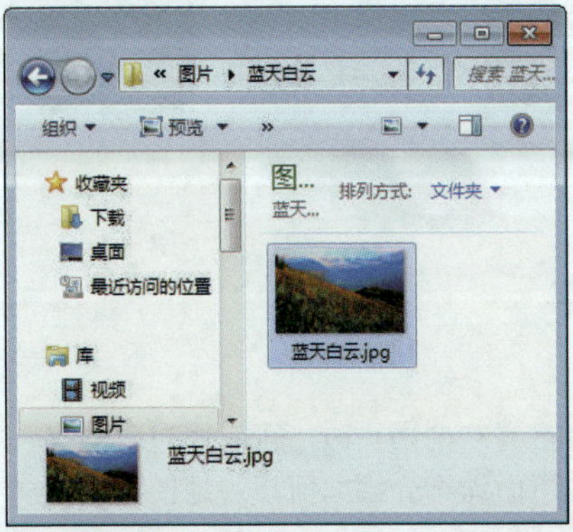

高手点拨

设置保存类型

在保存整个网页时，如果将保存类型设置为“网页，全部”，则保存后将产生多个文件夹；如果将保存类型设置为“Web档案，单个文件”，则保存后只有一个文件。

>> 2.3.3 保存整个网页

保存整个网页是指将网页中的文本、图片及其他所有元素保存到计算机中，具体操作步骤如下：

① 选择“另存为”命令

启动IE浏览器，打开需要保存的网页，然后选择“文件”|“另存为”命令，如下图所示。

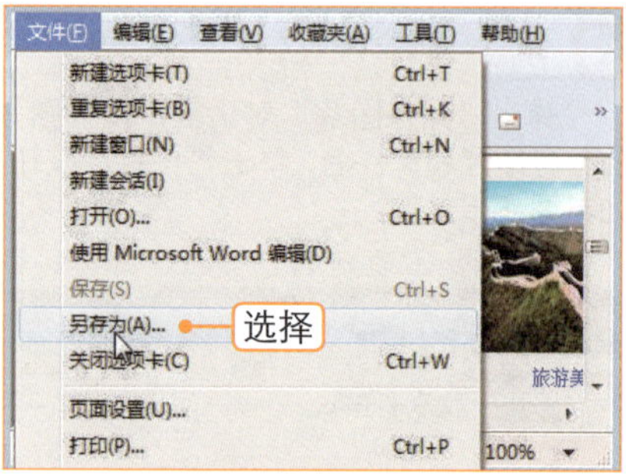

② 单击“保存”按钮

弹出“保存网页”对话框，设置文件的保存路径和文件名，单击“保存”按钮，如下图所示。

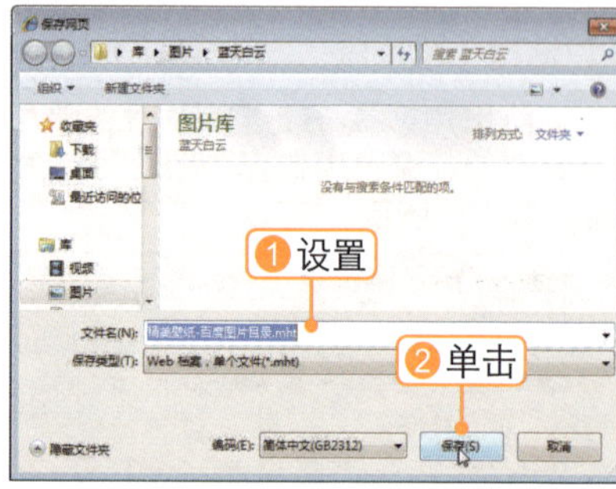

③ 选择“打开”命令

在保存的路径中可以查找保存的图片，右击文档，在弹出的快捷菜单中选择“打开”命令即可，如下图所示。

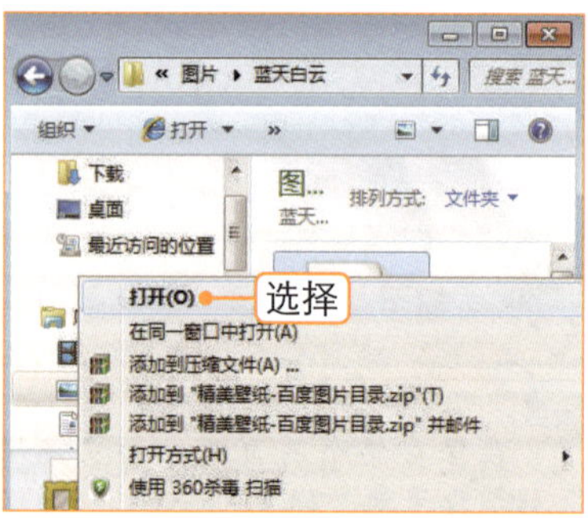

④ 显示保存的网页

打开保存的文档，显示保存的网页，如下图所示。

2.4 巧用网页收藏夹

网络中的资源相当丰富，当看到自己喜欢的网页时，可以通过收藏夹将其收藏，以方便日后快速打开网页。下面详细介绍如何巧妙地使用网页收藏夹。

>> 2.4.1 添加网页到收藏夹

将网页添加到收藏夹的具体操作步骤如下：

① 单击“收藏夹”按钮

启动 IE 浏览器，打开需要添加到收藏夹的网页，单击“收藏夹”按钮，如下图所示。

② 单击“添加到收藏夹”按钮

在弹出的下拉列表框中单击“添加到收藏夹”按钮，如下图所示。

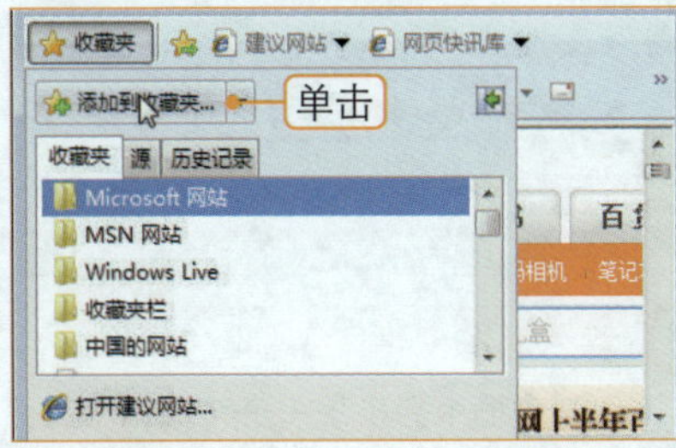

③ 单击“添加”按钮

弹出“添加收藏”对话框，输入文件名称，并选择位置，然后单击“添加”按钮，如下图所示。

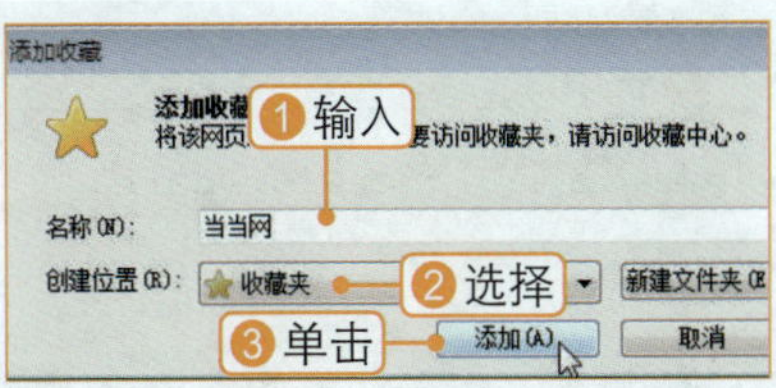

④ 查看添加的网页

添加完毕后，单击“收藏夹”按钮，查看已经成功添加的网页，如下图所示。

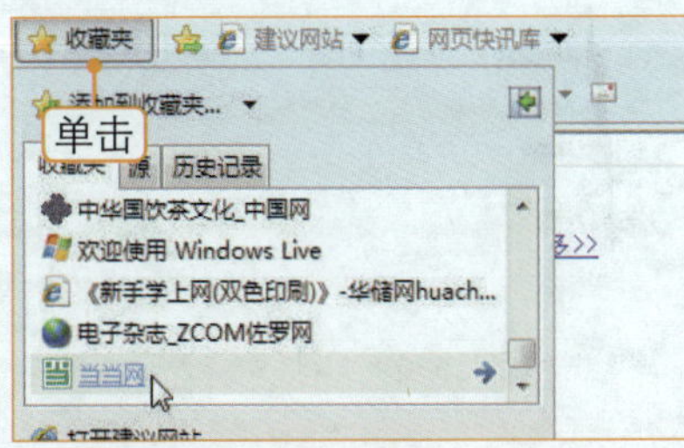

高手点拨

新建文件夹

在“添加收藏”对话框中单击“新建文件夹”按钮，可在弹出的“创建文件夹”对话框中重新创建一个文件夹来存放网页链接。

>> 2.4.2 整理收藏夹

随着用户收藏的网页越来越多，收藏夹中的网页会显得杂乱无章，此时需要对其进行整理，具体操作步骤如下：

（1）移动已收藏的网页

用户可以对收藏的网页进行分类来进行整理。

① 选择“整理收藏夹”选项

单击“收藏夹”按钮，然后单击“添加到收藏夹”下拉按钮，选择“整理收藏夹”选项，如下图（左）所示。

② 单击“新建文件夹”按钮

弹出“整理收藏夹”对话框，单击“新建文件夹”按钮，如下图（右）所示。

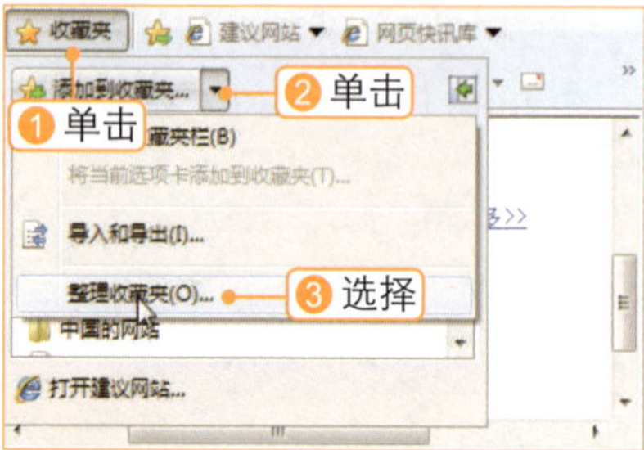

3 输入新的文件夹名称

在列表框中会出现一个可编辑的文件夹，输入文件夹名称并确认，如下图所示。

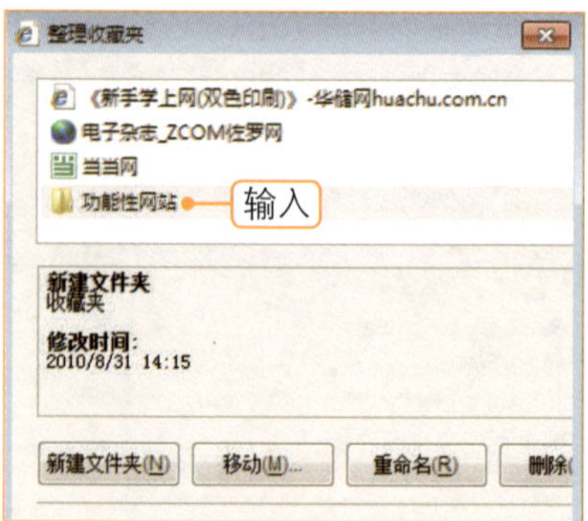

5 单击“确定”按钮

弹出“浏览文件夹”对话框，选中新建的文件夹，单击“确定”按钮，如下图所示。

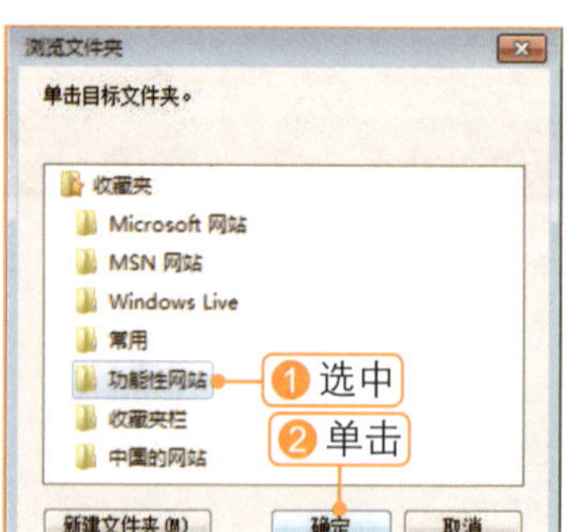

4 单击“移动”按钮

在列表框中选中需要移动的网页，单击“移动”按钮，如下图所示。

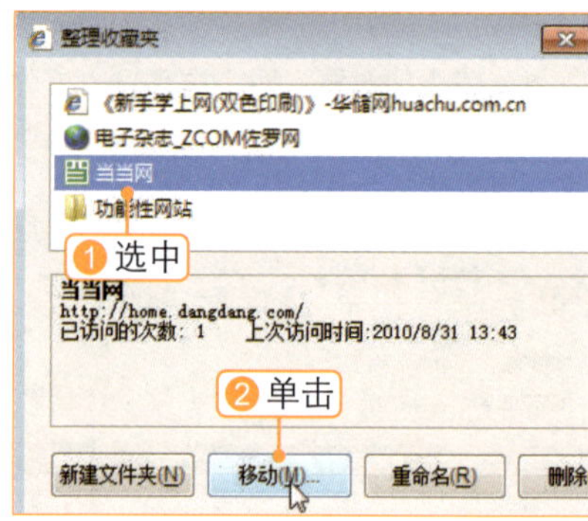

6 移动网页

返回“整理文件夹”对话框，选中新建的文件夹，可以看到网页被移动到新建的文件夹中，如下图所示。

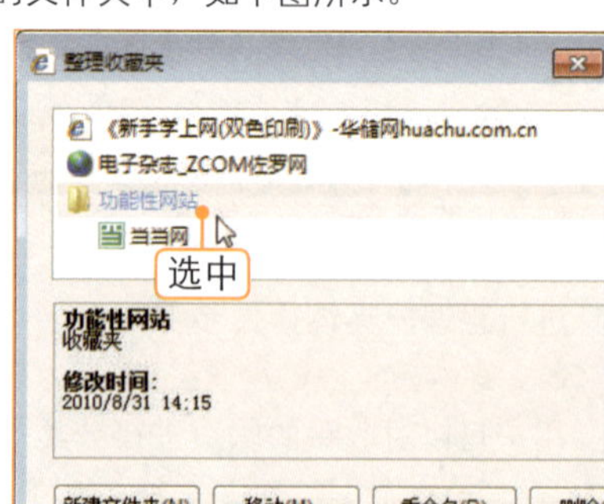

（2）重命名已收藏的网页

对于已经收藏到收藏夹中的网页以及为整理收藏夹而创建的文件夹，用户可以根据需要修改其名称，具体操作步骤如下：

① 单击“重命名”按钮

弹出“整理收藏夹”对话框，选中要修改的网页名称，单击“重命名”按钮，如下图所示。

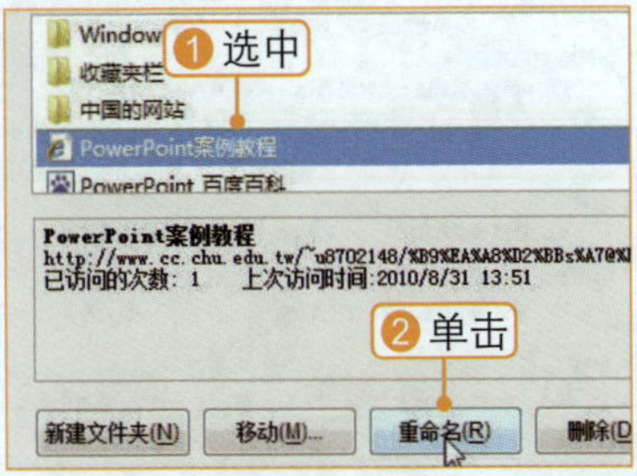

② 选中网页名称

此时，选中的网页名称处于可编辑状态，在其中输入新名称，然后按【Enter】键，如下图所示。

（3）删除已收藏的网页

对于将不需要的网页，可以从收藏夹中删除，具体操作步骤如下：

① 选择“删除”命令

启动 IE 浏览器打开网页，单击“收藏夹”按钮，选中网页，然后右击，在弹出的快捷菜单中选择“删除”命令，如下图所示。

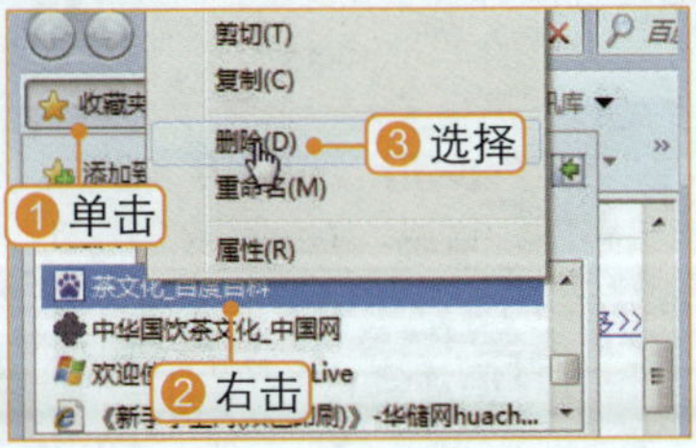

② 单击“是”按钮

弹出“删除快捷方式”对话框，单击“是”按钮，确认删除，如下图所示。

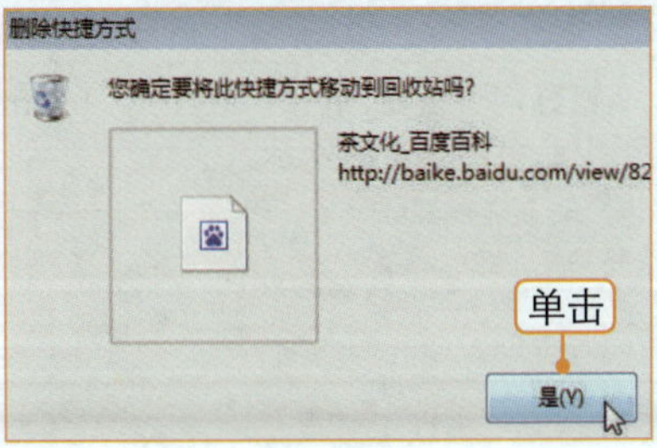

2.5 设置IE浏览器

通过设置 IE 浏览器可以简化操作步骤，定制属于自己的链接，还可以加快搜索速度，快速打开经常使用的网页，从而使网上冲浪更方便、更快捷。

>> 2.5.1 更改主页

用户可以把经常浏览的网页设置成主页，以便在下次浏览时将其快速打开，具体操作步骤如下：

① 选择“Internet选项”命令

打开网页，选择“工具”|“Internet 选项”命令，如下图所示。

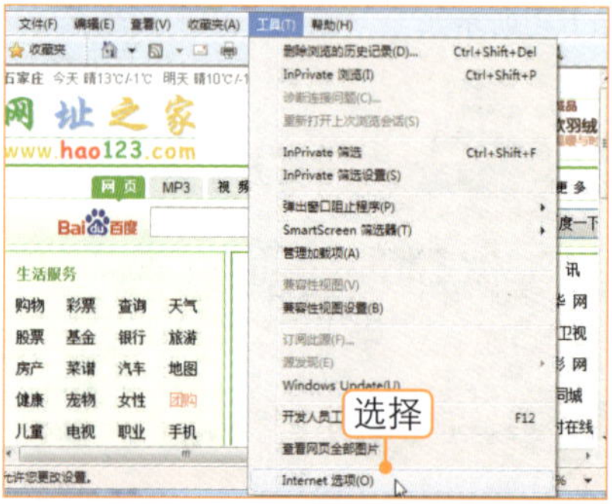

② 单击“使用当前页”按钮

弹出“Internet 选项”对话框，单击“使用当前页”按钮，然后单击“确定”按钮，如下图所示。

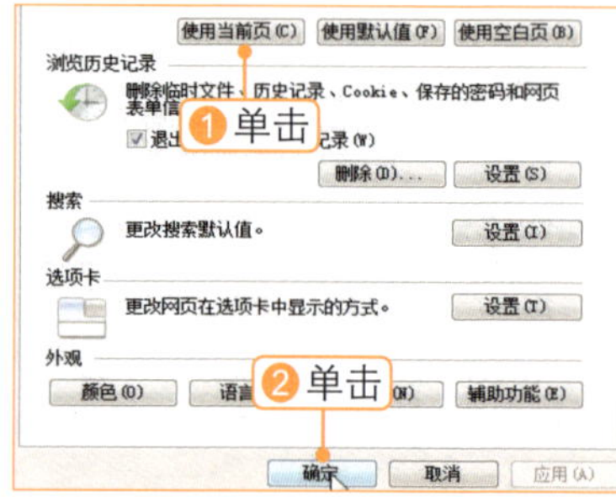

>> 2.5.2 提高网页的浏览速度

由于要加载的文件过多，经常会使网页的访问速度减慢，为了保证浏览网页的顺畅性，可以选择性的屏蔽一些不需要的内容来提高网页的浏览速度，具体操作步骤如下：

① 选择“Internet选项”命令

打开网页窗口，选择“工具”|“Internet 选项”命令，如下图所示。

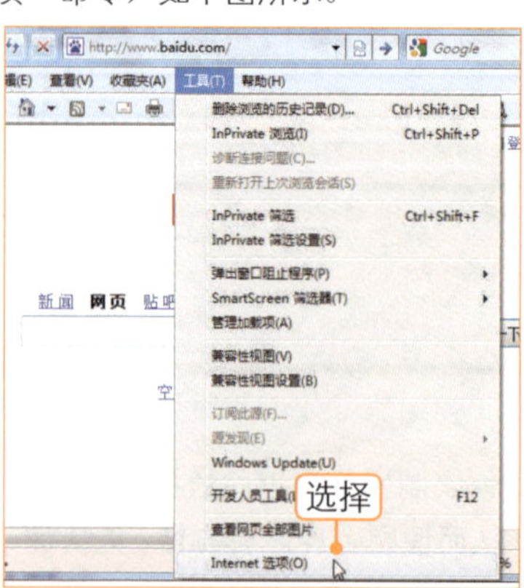

② 设置“高级”选项卡

在弹出的“Internet 选项”对话框中选择“高级”选项卡，设置其中选项，然后单击“确定”按钮，如下图所示。

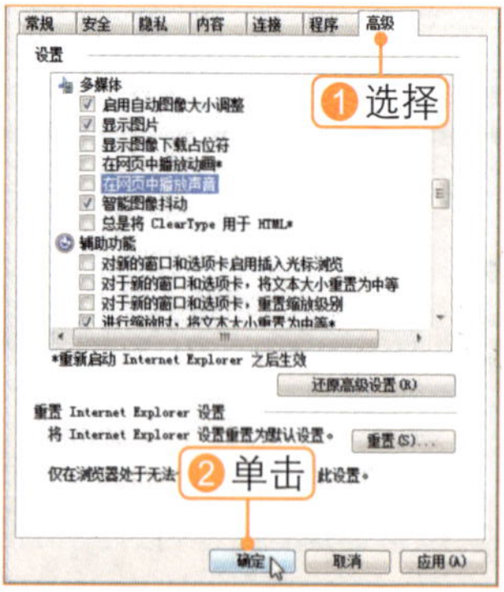

>> 2.5.3 屏蔽广告窗口

在浏览一些网站时，常会自动弹出一些广告窗口，影响了用户的正常浏览。此时，可以通过 IE 自带的屏蔽功能阻止其弹出，具体操作步骤如下：

① 选择“Internet选项”命令

打开 IE 窗口，选择“工具”|“Internet 选项”命令，如下图所示。

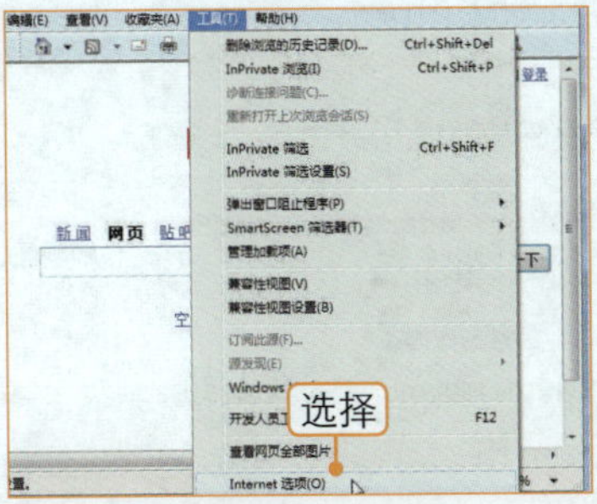

② 设置“隐私”选项卡

弹出“Internet 选项”对话框，选择“隐私”选项卡，然后选择“启用弹出窗口阻止程序”复选框，单击“确定”按钮，如下图所示。

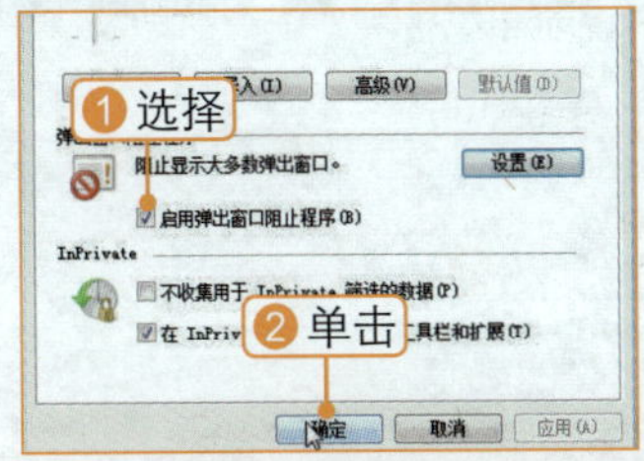

>> 2.5.4 设置Cookie隐私级别

Cookie 是服务器通过网页代码在客户端留下的用户信息，虽然方便了用户的操作，但也对用户的隐私构成了安全威胁。用户可以通过设置其安全级别来降低威胁，具体操作步骤如下：

① 选择“Internet选项”命令

启动 IE 浏览器，选择“工具”|“Internet 选项”命令，如下图所示。

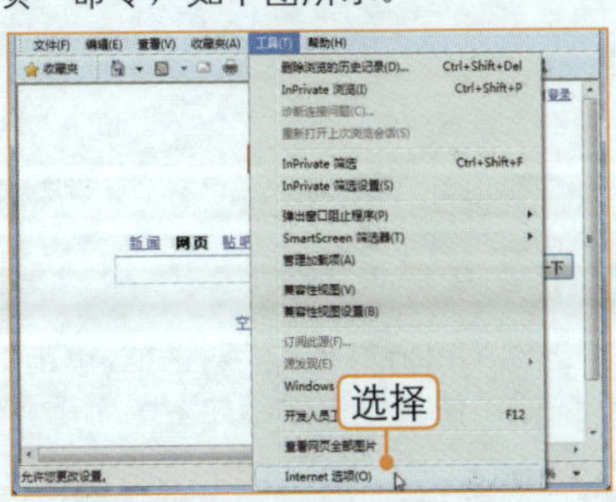

② 选择“安全”选项卡

弹出“Internet 选项”对话框，选择“安全”选项卡，如下图所示。

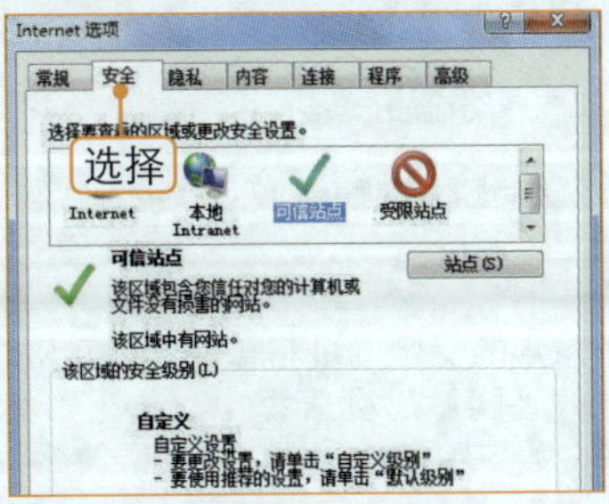

③ 单击“可信站点”按钮

单击 Internet 按钮，拖动滑块至“高”，然后单击“可信站点”按钮，如下图所示。

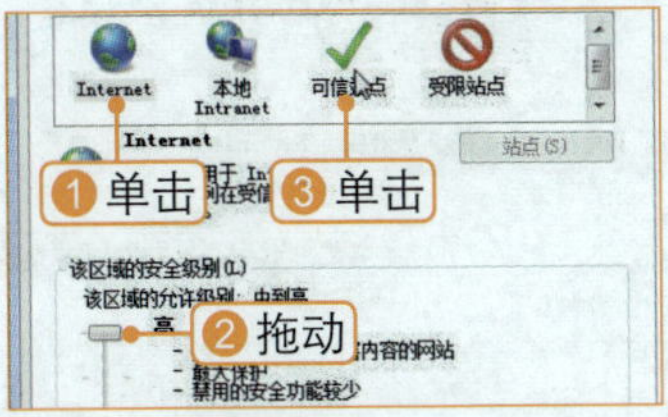

④ 单击“站点”按钮

在弹出的界面中单击“站点”按钮，如下图所示。

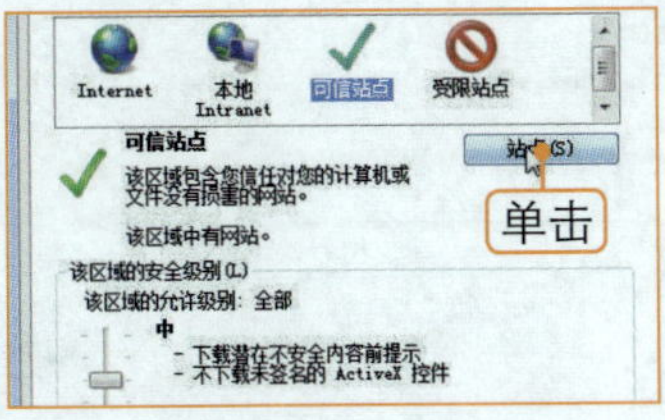

5 输入受信任的网址

弹出“可信站点”对话框，输入受信任的网址，单击“添加”按钮，如下图所示。

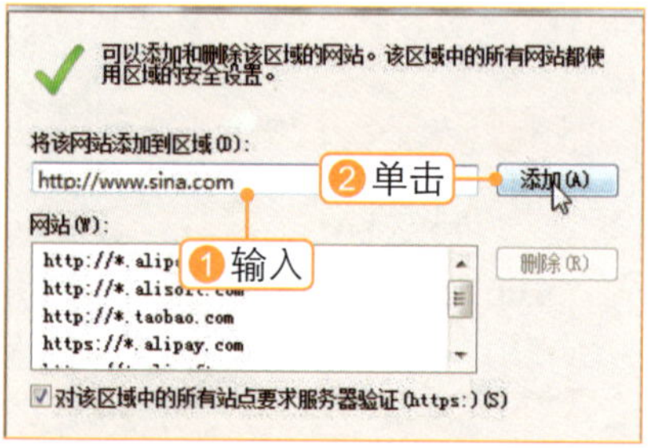

6 添加可信任网址成功

输入的可信任网址将被添加到该对话框下方的“网站”列表框中，单击“关闭”按钮，如下图所示。

7 选择“受限站点”选项

选择“受限站点”选项，在“受限站点”选项栏中单击“站点”按钮，如下图所示。

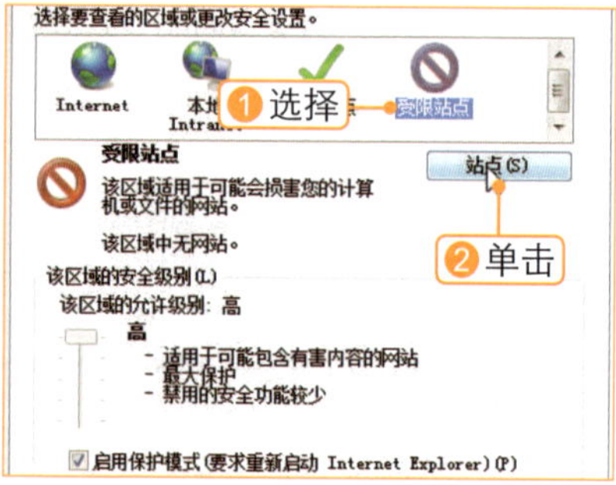

8 输入受限站点网址

弹出“受限站点”对话框，输入受限的网址，单击“添加”按钮，如下图所示。

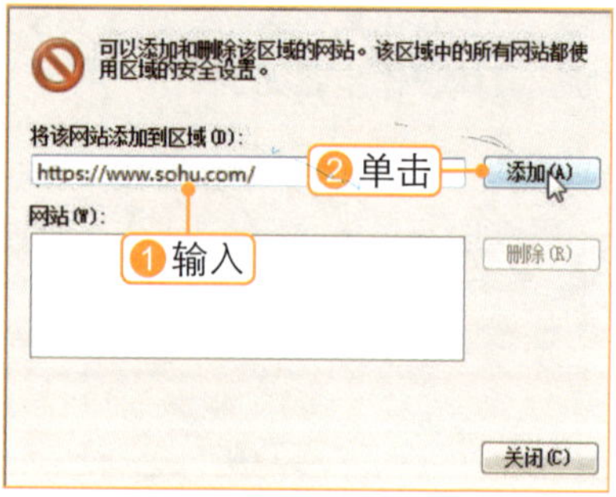

9 添加受限网址成功

输入的受限网址将被添加到该对话框下方的“网站”列表框中，单击“关闭”按钮，如下图所示。

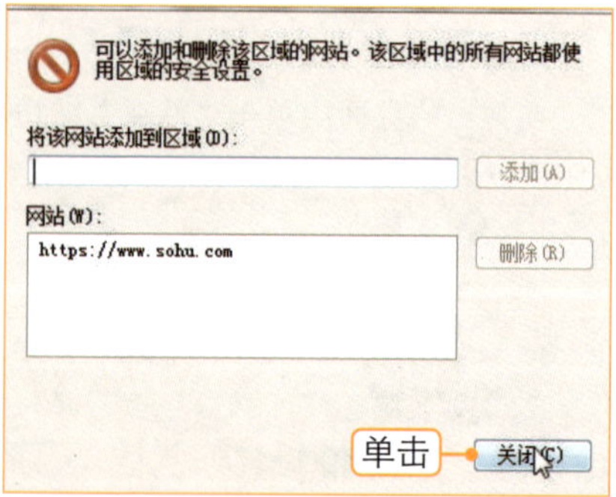

10 完成设置

返回“Internet 选项”对话框，单击“确定”按钮，使设置生效，如下图所示。

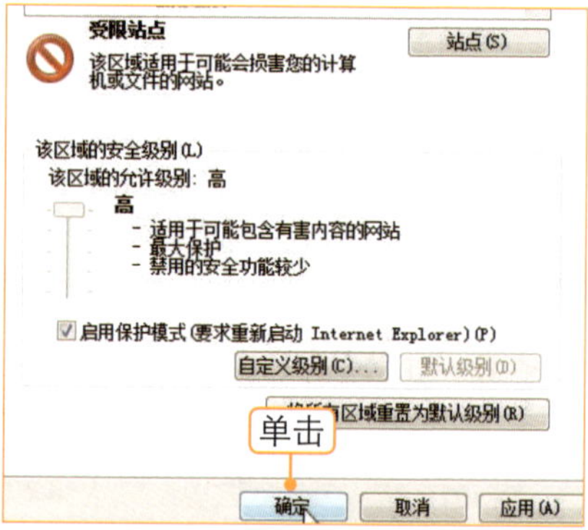

>> 2.5.5 删除IE历史记录

IE 历史记录文件夹记录了最近一段时间内浏览过的网站内容，给用户的安全留下了一定的隐患。此时，可以通过以下方法来清除 IE 历史记录，具体操作步骤如下：

① 选择“Internet选项”命令

打开 IE 窗口，选择“工具”|“Internet 选项”命令，如下图所示。

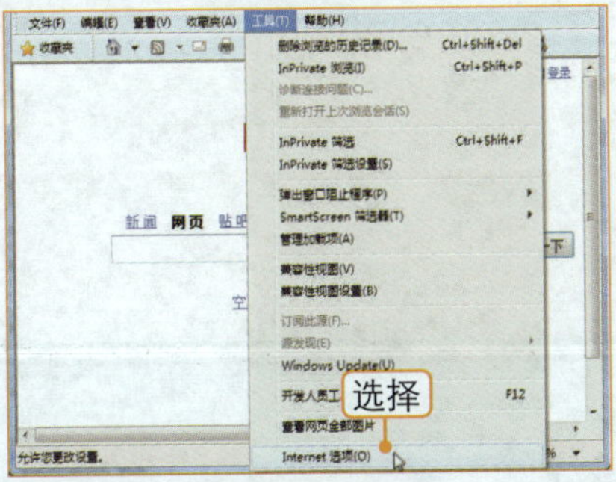

② 单击“删除”按钮

弹出“Internet 选项”对话框，在“浏览历史记录”栏中单击“删除”按钮，如下图所示。

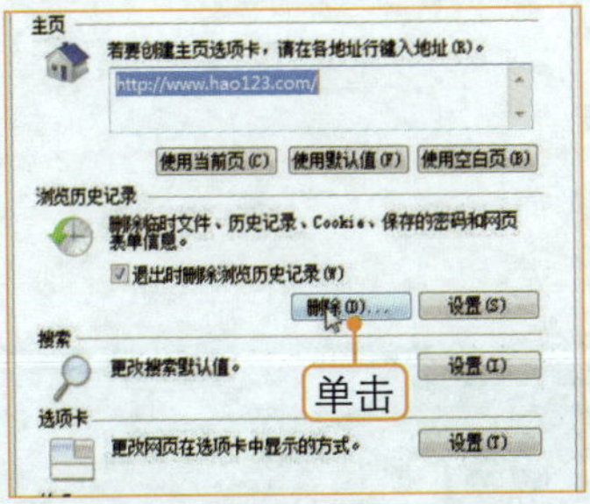

③ 单击“删除”按钮

弹出“删除浏览记录”对话框，选择需要删除的历史记录，单击“删除”按钮，如下图所示。

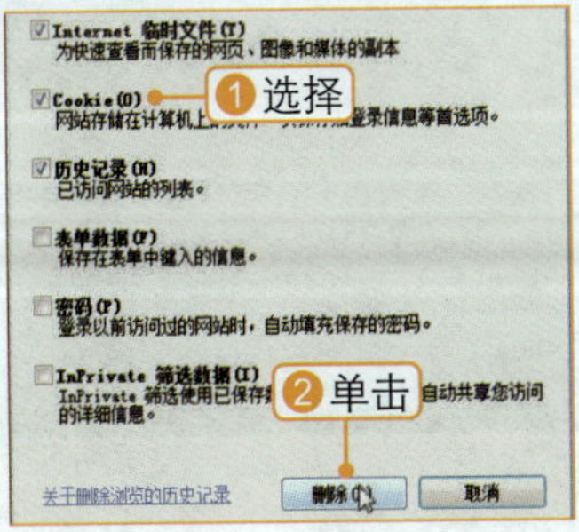

④ 显示删除历史记录的进度

弹出“删除浏览的历史记录”对话框，显示正在删除浏览的历史记录的进度，如下图所示。

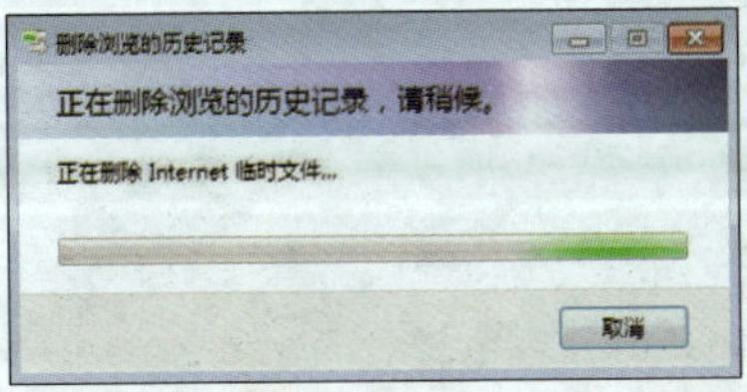

第3章 搜索引擎的使用

网络中的信息资源丰富多彩，使用搜索引擎能帮助用户找到适合自己的内容。搜索引擎是专门为用户提供信息检索服务的系统，使用搜索引擎，用户可以快速找到需要的资源或信息。下面介绍最常见的两种搜索引擎，即百度搜索引擎和 Google 搜索引擎。

本章重点知识

- 初识搜索引擎
- 百度搜索引擎
- Google搜索引擎
- 在门户网站中搜索信息
- 网络导航

3.1 初识搜索引擎

搜索引擎根据一定的策略、运用特定的程序搜集因特网上的信息，在对信息进行组织和处理后，将其显示给用户，简单地说，搜索引擎就是为用户提供检索服务的系统。

>> 3.1.1 搜索引擎的分类

按照搜索的方式不同，搜索引擎可分为全文搜索引擎、目录索引和元搜索引擎 3 类。

（1）全文搜索引擎

全文搜索引擎是名副其实的搜索引擎，其代表有百度和 Google。它们从因特网上提取各个网站的信息，建立起数据库，并检索与用户查询条件相匹配的记录，按一定的排列顺序返回结果，如下图（左）所示。

（2）元搜索引擎

元搜索引擎通过一个统一的用户界面，帮助用户在多个搜索引擎中选择和利用合适的搜索引擎来实现检索操作，它是对分布于网络的多种检索工具的全局控制机制。目前，主要的中文元搜索引擎有搜魅、马虎聚搜及比比猫等，如下图（右）所示。

（3）目录索引

目录索引虽然具有搜索功能，但在严格意义上不能称为真正的搜索引擎，它只是按目录分类的网站链接列表而已。目录索引中最具代表性的是雅虎全能搜和新浪分类目录搜索，如右图所示。

>> 3.1.2 关键字

关键字是指能够代表需要搜索信息的词组或者短句，例如，要搜索“2010年长春电影节”的相关信息，可输入“2010 长春”、“长春电影节”或“电影节”等关键字。

在使用关键字搜索信息时，选择一个合适的关键字是搜索成功的关键。下面介绍一些挑选关键字的注意事项和技巧。

（1）关键字文字应输入正确

如果输入的关键字中存在错别字，搜索的几率会大大降低。

（2）关键字应有代表性

能够准确概括需要信息的主题，或代表某些事物的特性等。

（3）关键字的意思要表达准确

在搜索信息时，如果使用的关键字表达不够准确，可能会搜到大量的无关元素，从而影响搜索效率。

3.2 百度搜索引擎

百度是全球最大的中文搜索引擎，它拥有最丰富的中文信息库。百度搜索引擎具有高准确性、高查询效率及更新快等特点，使用户能够快速准确地在网络中搜索到自己需要的信息。

>> 3.2.1 搜索网页信息

百度目前提供网页搜索、MP3 搜索、图片搜索、新闻搜索、百度贴吧、百度知道、搜索风云榜和硬盘搜索等，下面详细介绍搜索网页信息的相关知识。

（1）搜索网页

使用百度搜索网页的具体操作步骤如下：

① 启动IE浏览器

启动 IE 浏览器，打开百度首页，如下图所示。

② 单击“百度一下”按钮

在搜索框中输入需要搜索的关键字，如“七夕节”，然后单击“百度一下”按钮，如下图所示。

3 打开网页链接

在打开的网页中将显示与“七夕节”有关的搜索结果，单击要查看的网页链接，如下图所示。

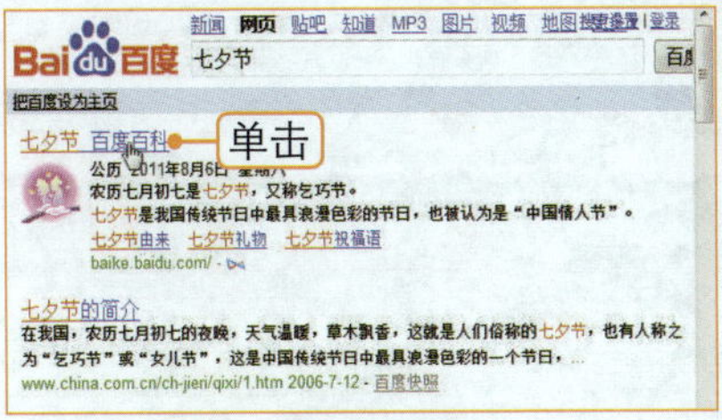

4 查看网页信息

在打开的网页中，可以看到相关的信息，如下图所示。

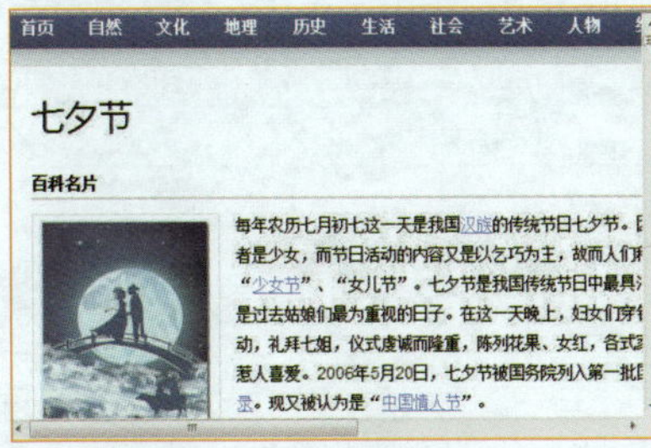

（2）搜索图片

在网络中有大量的、各种各样的漂亮图片，可用百度进行搜索，具体操作步骤如下：

1 单击“图片”链接

打开百度首页，单击搜索框上方的“图片”链接，如下图所示。

2 单击“百度一下”按钮

进入百度图片搜索页面，输入图片的关键字，并选择图片类型，然后单击“百度一下”按钮，如下图所示。

3 单击缩略图

在网页中将显示搜索到的结果，并出现与关键字有关的图片，单击要查看的图片，如下图所示。

4 浏览图片

在打开的网页中，可以看到需要浏览的图片，如下图所示。

（3）搜索音乐

使用百度搜索引擎不仅可以搜索音乐，还可以在线试听搜索到的音乐，具体操作步骤如下：

① 单击MP3链接

打开百度首页，单击搜索框上方的MP3链接，如下图所示。

② 单击“百度一下”按钮

进入搜索页面，输入音乐文件名称或关键字，并选择音乐格式，然后单击“百度一下”按钮，如下图所示。

③ 单击“试听”链接

在打开的网页中，可以看到搜索到的音乐。选择音乐，单击“试听”链接，如下图所示。

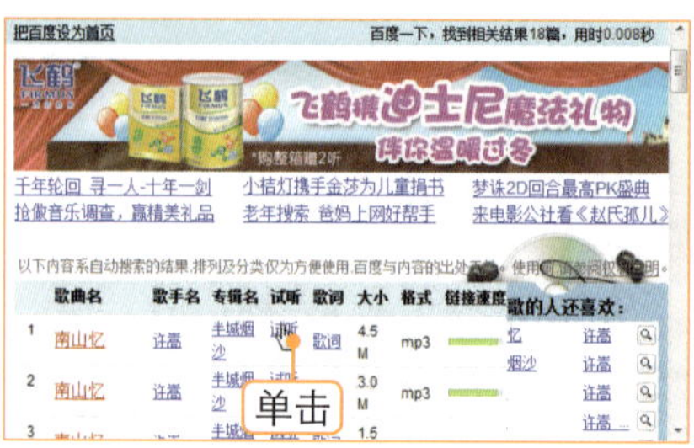

④ 欣赏音乐

打开歌曲播放的页面，此时用户就可以欣赏音乐了，如下图所示。

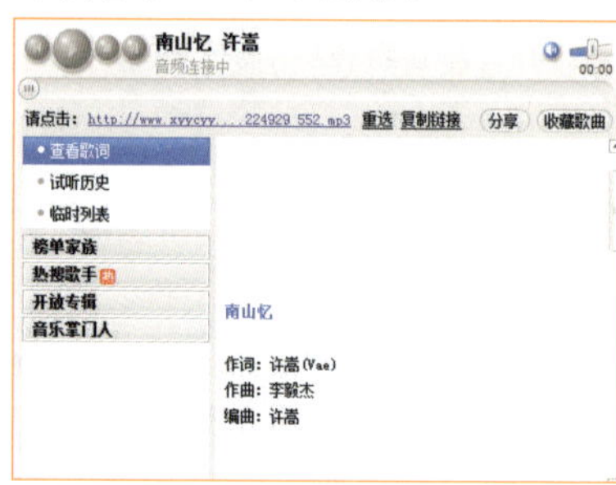

（4）搜索视频

视频也是常要搜索的内容，用户可以通过搜索观看视频，具体操作步骤如下：

① 单击“视频”链接

打开百度首页，单击搜索框上方的“视频”链接，如下图所示。

② 单击MP3链接

进入搜索页面，输入视频文件名称或关键字，并选择视频格式，然后单击“百度一下”按钮，如下图所示。

3 单击视频链接

在打开的网页中，可以看到搜索的视频文件，单击感兴趣的视频链接，如下图所示。

4 观看视频

打开搜索到的视频，此时，用户就可以观看视频了，如下图所示。

>> 3.2.2 多关键字搜索

使用多关键字搜索是指输入多个关键字进行搜索，以获得更精确的搜索结果，具体操作步骤如下：

1 单击“百度一下”按钮

打开百度首页，选择要搜索的资源类型，输入多个关键字，然后单击“百度一下”按钮，如下图所示。

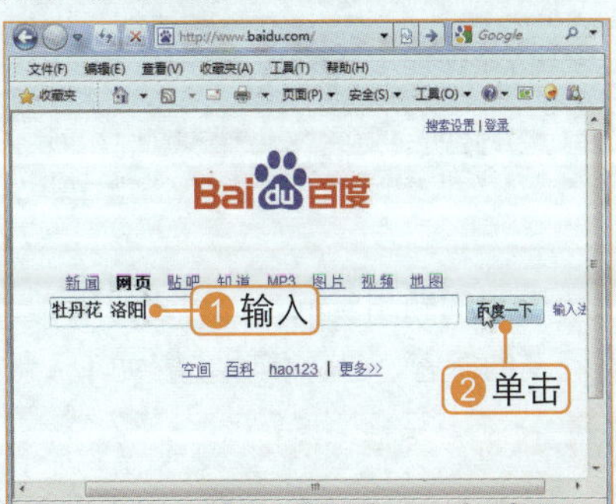

2 查看搜索结果

在显示的搜索结果中，可以看到更加精确的搜索结果，如下图所示。

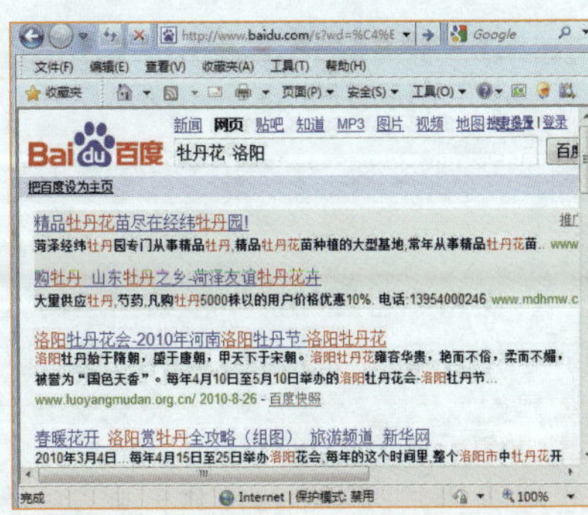

>> 3.2.3 使用“百度知道”

百度为网友们提供了一名为“百度知道”的知识问答平台，以便于大家进行交流。在“百度知道”中既可以搜索问题，也可以提出问题，还可以对自己感兴趣的问题进行回答，下面详细介绍这些知识。

（1）搜索问题

使用“百度知道”搜索问题，可以解决自己的问题，具体操作步骤如下：

1 单击“知道”链接

启动IE浏览器，打开百度首页，单击搜索框上方的“知道”链接，如下图所示。

2 单击“搜索答案”按钮

在打开的“百度知道”页面的搜索框中输入需要搜索的问题，单击“搜索答案”按钮，如下图所示。

3 单击“百度一下”按钮

打开“百度知道搜索”页面，单击需要查看的答案链接，如下图所示。

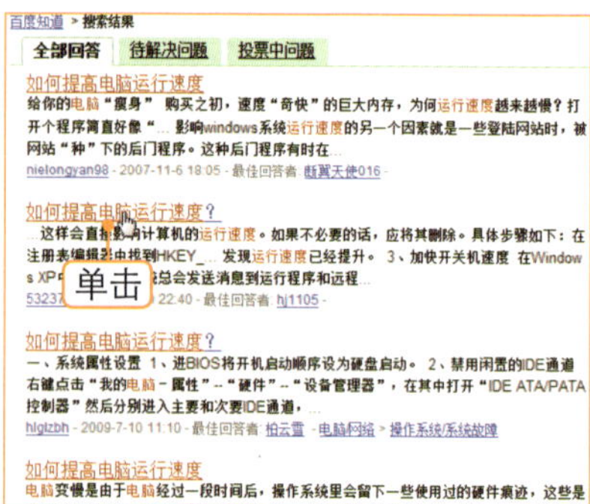

4 单击“百度一下”按钮

在打开的网页中，可以看到此问题的最佳答案，如下图所示。

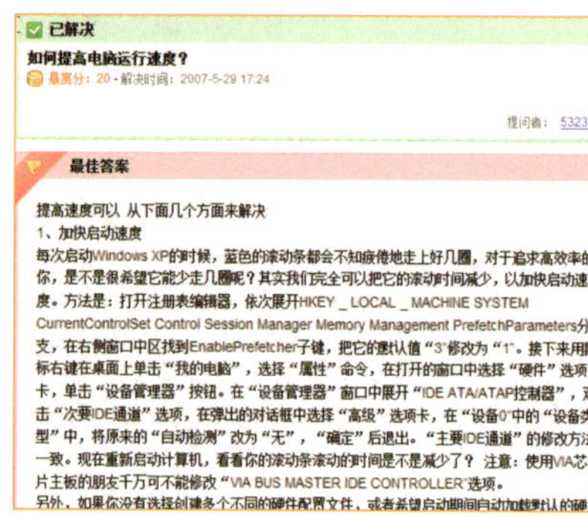

（2）提出问题

在使用“百度知道”搜索问题时，如果没有与问题相关的提问或者没有搜索到满意的答案，可以自己提出问题，以获得网友的解答，具体操作步骤如下：

1 单击“知道”链接

启动IE浏览器，打开百度首页，单击搜索框上方的“知道”链接，如下图所示。

2 单击“登录”链接

进入“百度知道”页面，单击页面右上角的“登录”链接，如下图所示。

3 单击“登录”按钮

弹出“登录”表单，输入相关信息，单击“登录”按钮，如下图所示。

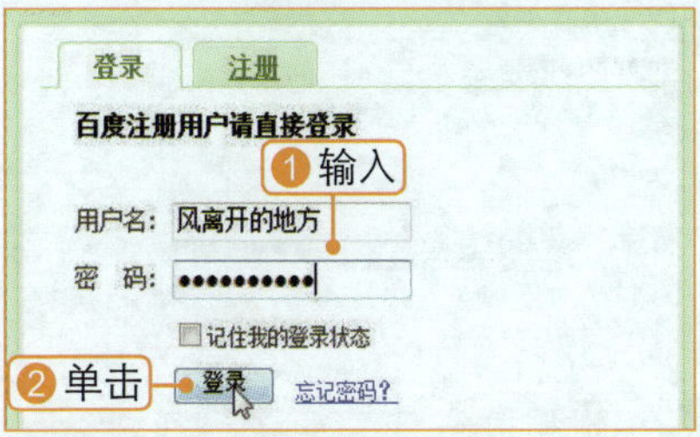

4 单击“我要提问”按钮

在返回的“百度知道”页面中输入需要提出的问题，单击“我要提问”按钮，如下图所示。

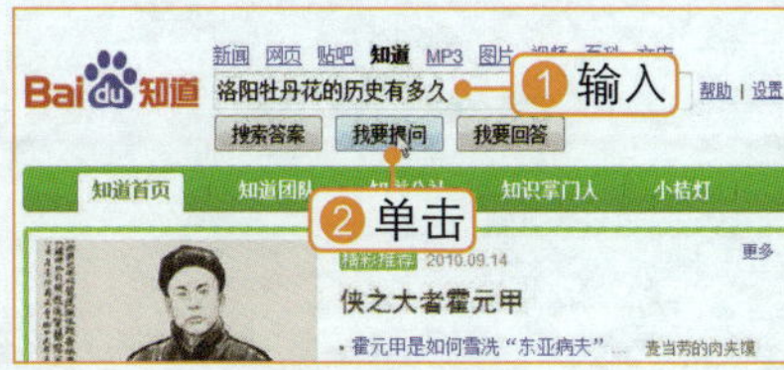

5 单击“提交问题”链接

在打开的页面中对问题进行补充说明，并设置悬赏积分条件，然后单击“提交问题”链接，如下图所示。

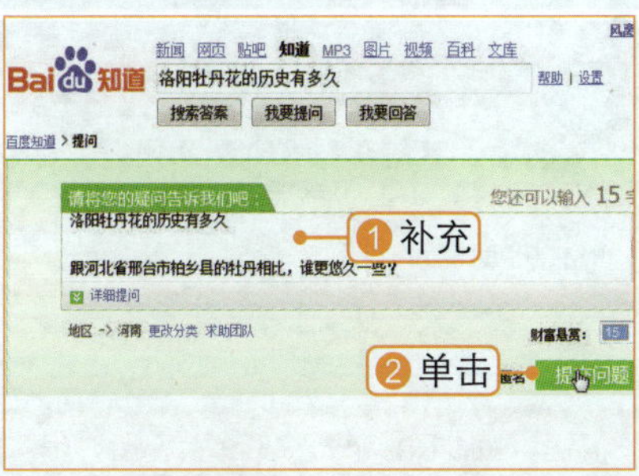

6 打开“问题提交”页面

打开“问题提交”页面，可以看到提问问题提交成功的信息，如下图所示。

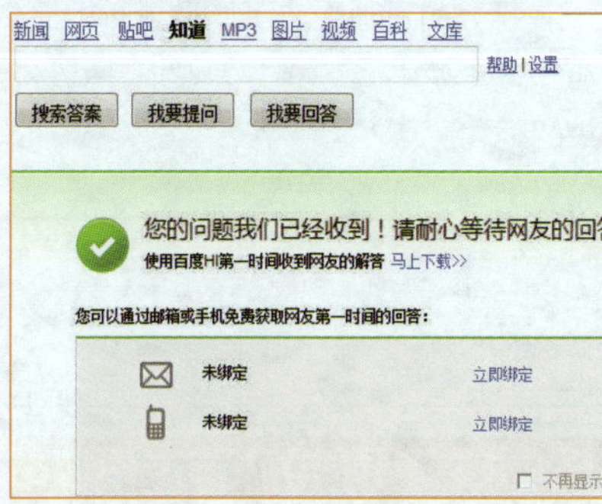

（3）回答问题

帮助别人解决问题，不仅能使自己获得相应的悬赏积分，还可以巩固自己的知识，结交好友，具体操作步骤如下：

1 单击“知道”链接

启动IE浏览器，打开百度首页，单击搜索框上方的“知道”链接，如下图所示。

2 打开“百度知道”主页

打开“百度知道”主页，在左侧的“问题分类”栏中单击自己感兴趣的问题分类，如下图所示。

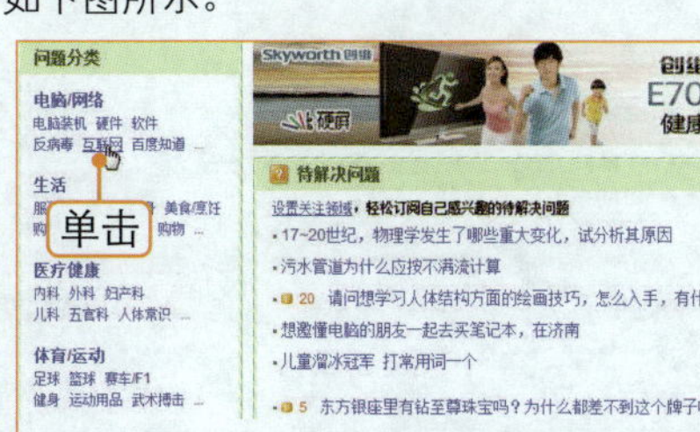

3 单击要回答问题的链接

在“待解决问题”列表中按照时间顺序显示了问题，单击要回答问题的链接，如下图所示。

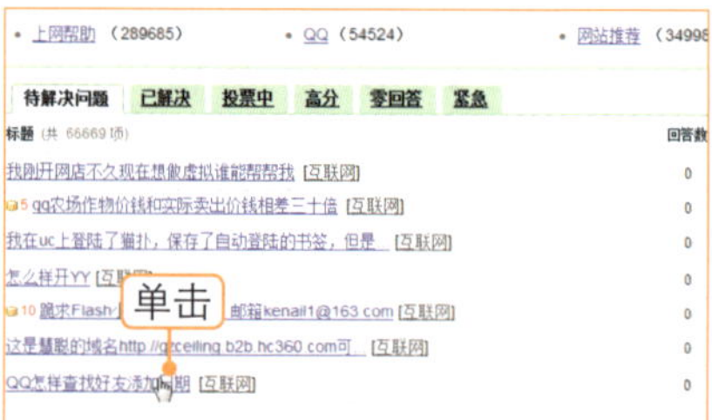

4 单击“提交回答”按钮

在打开页面的“我来回答”文本框中输入回答的内容，单击“提交回答”按钮，如下图所示。

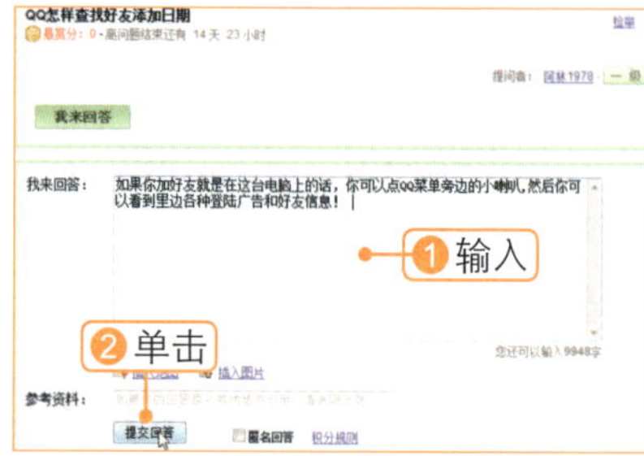

5 显示提示信息

在打开的页面中，可以看到回答提交成功的提示信息，关闭网页，如下图所示。

高手点拨

隐藏回答

对于不想让别人看见的问题，可以到“个人中心”页面的“我的回答”中把它们隐藏起来。

>> 3.2.4 使用“百度快照”

在百度上，每个被收录的网页都有一个纯文本的备份，这就是所谓的“百度快照”。使用“百度快照”的具体操作步骤如下：

1 单击“百度一下”按钮

启动 IE 浏览器，打开百度首页，输入需要搜索的关键字，单击“百度一下”按钮，如下图所示。

2 单击“百度快照”链接

在需要查看的搜索结果中单击搜索结果摘要后面的“百度快照”链接，如下图所示。

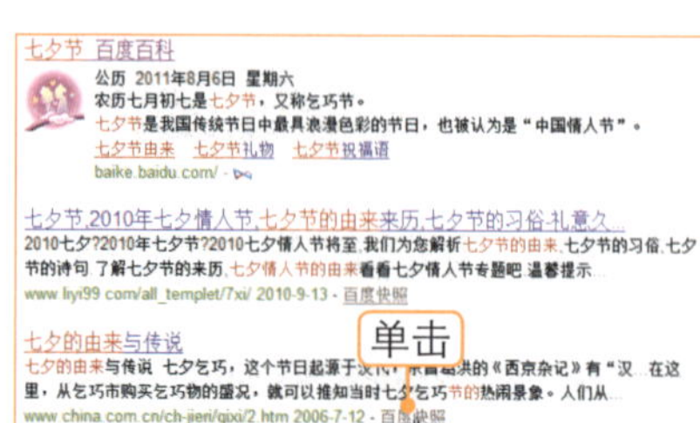

3 查看网页文本信息

在打开的快照页面中，可以看到需要查看网页的文本信息，如下图所示。

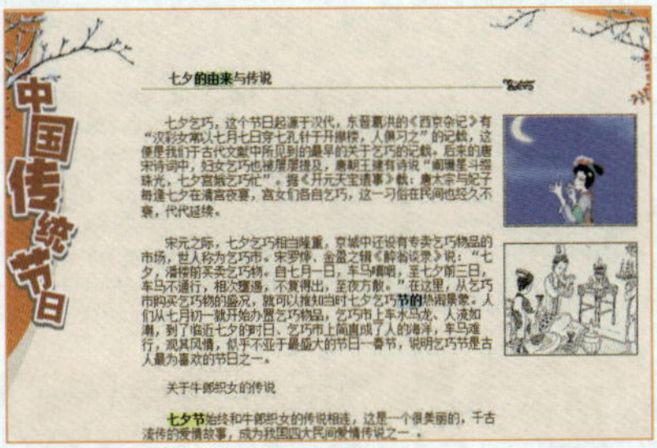

高手点拨

应用百度快照

百度快照只保留文本内容，所以，对于图片、音乐等非文本信息，快照页面仍然直接从原网页调用。如果无法连接原网页，那么快照上的图片等非文本内容将会无法显示。

3.3 Google搜索引擎

Google 的中文名称为谷歌，Google 以搜索精度高、速度快成为较受欢迎的搜索引擎，下面详细介绍 Google 搜索引擎的使用方法和使用技巧。

>> 3.3.1 使用Google搜索网页

使用 Google 搜索资料和使用百度一样方便，具体操作步骤如下：

1 打开Google首页

启动 IE 浏览器，打开 Google 首页，如下图所示。

2 单击“Google搜索”按钮

在搜索框中输入需要搜索的关键字，单击“Google 搜索”按钮，如下图所示。

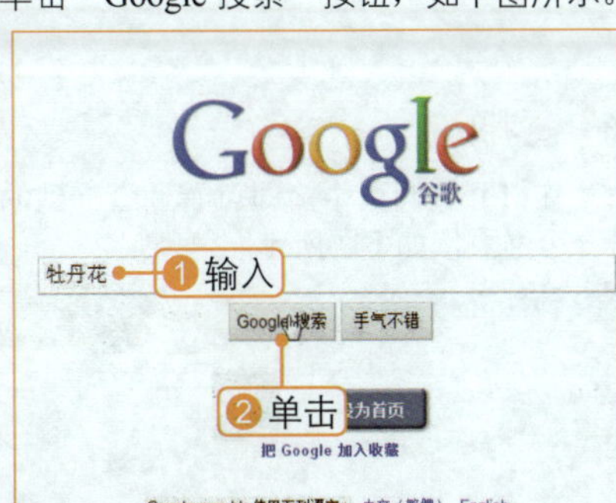

3 单击网页链接

在搜索结果列表中单击需要查看的网页链接，如下图（左）所示。

4 查看搜索详情

在打开的页面中，可以看到要搜索的详细信息，如下图（右）所示。

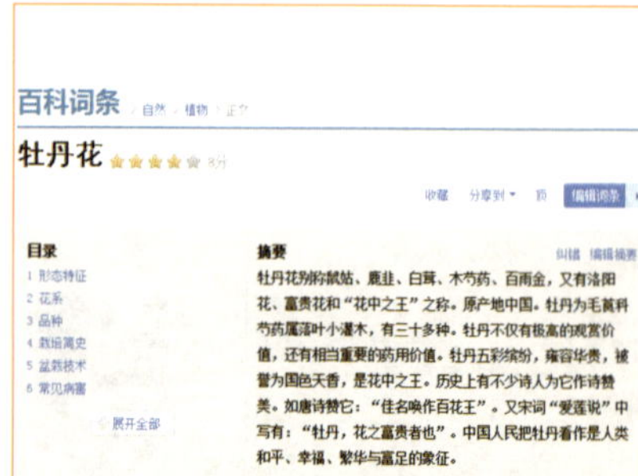

>> 3.3.2 使用Google直接打开网页

使用"手气不错"功能可以快速打开与关键字相关的官方网页，具体操作步骤如下：

1 打开Google首页

启动 IE 浏览器，打开 Google 首页，如下图所示。

2 单击"手气不错"按钮

在搜索框中输入需要搜索的关键字，单击"手气不错"按钮，如下图所示。

3 查看网页

在打开的网页中，即可看到查询到的第一个网页，如下图所示。

高手点拨

什么是"手气不错"

"手气不错"是 Google 为用户提供的一个功能，使用该功能可以在不打开搜索结果列表的情况下自动打开 Google 查询到第一个网页。

>> 3.3.3 使用Google Earth搜索地点

Google Earth 是一款由 Google 公司开发的虚拟地球仪软件，大家可以借助该款软件查看全球的卫星照片、航空照片等在普通地图上看不到的景象，具体操作步骤如下：

（1）下载并安装 Google Earth

1 搜索网页

输入 http://earth.google.com，单击“更改语言”下拉按钮，选择“中文（简体）”选项，如下图所示。

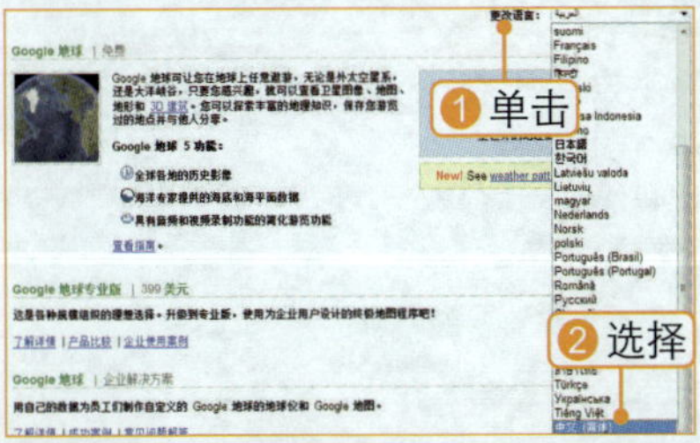

2 单击“下载Google地球5”链接

单击“下载 Google 地球 5”链接，如下图所示。

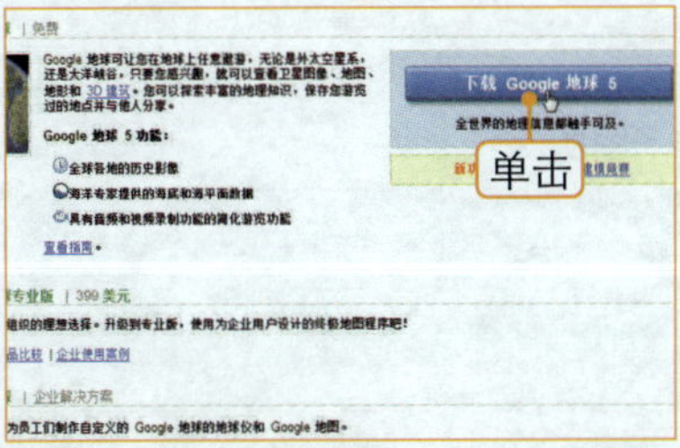

3 单击“同意并下载”按钮

在打开的页面中选择复选框，然后单击“同意并下载”按钮下载，如下图所示。

4 单击“浏览”按钮

在弹出的迅雷“建立新的下载任务”对话框中单击“浏览”按钮，如下图所示。

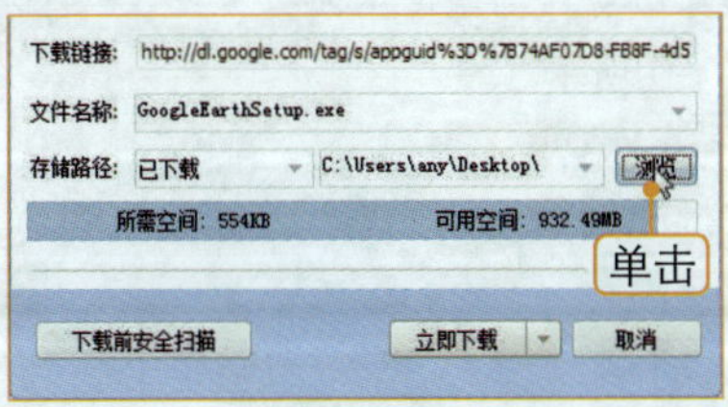

5 单击“确定”按钮

弹出“浏览文件夹”对话框，选择文件夹的存储目录，单击“确定”按钮，如下图所示。

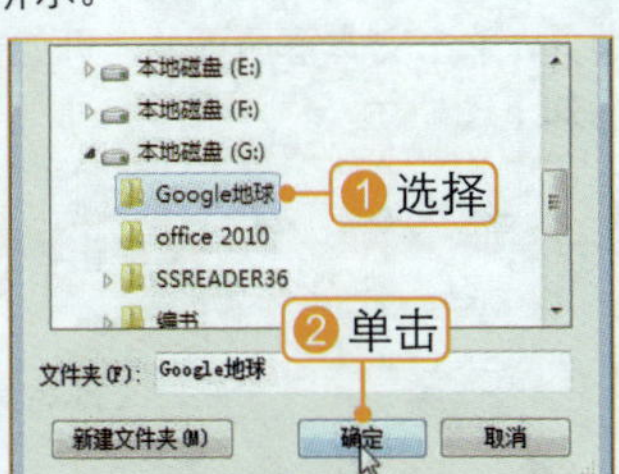

6 单击“立即下载”按钮

返回“建立新的下载任务”对话框，单击“立即下载”按钮，如下图所示。

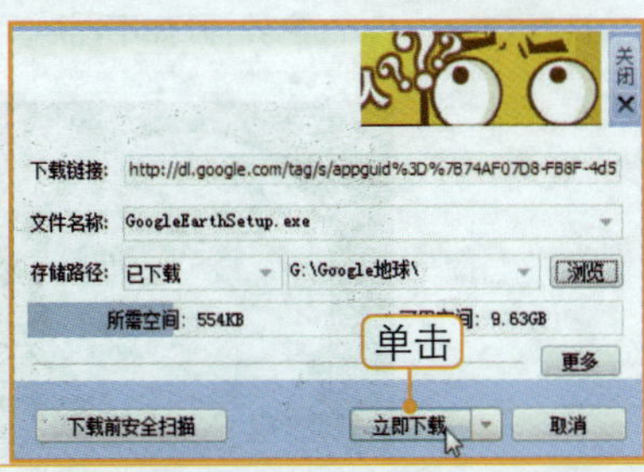

7 双击Google安装程序

在下载路径中找到下载的“Google 地球”安装程序，双击，如下图所示。

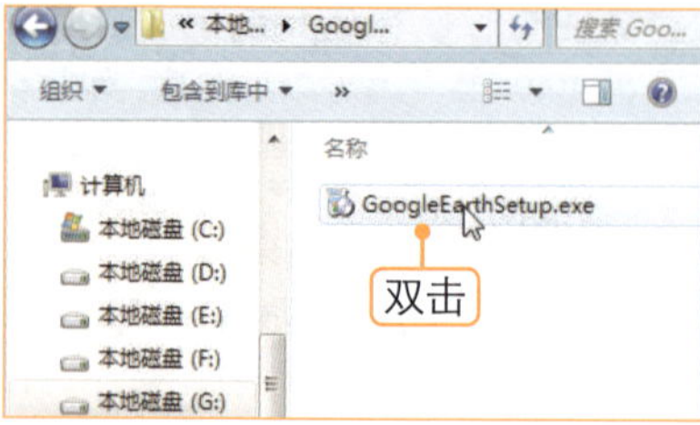

8 弹出“安装程序”提示框

弹出“Google Earth 安装程序”对话框，显示正在初始化的进度，如下图所示。

9 显示下载进度

显示正在下载 Google Earth 的进度，如下图所示。

10 显示安装进度

显示正在安装 Google Earth 的进度，如下图所示。

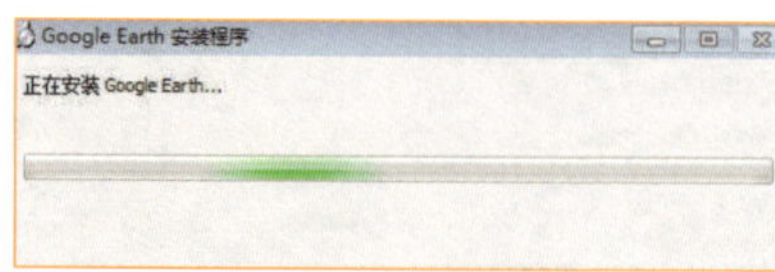

（2）利用 Google Earth 搜索地点

1 选择“打开”命令

右击桌面上的“Google Earth”图标，在弹出的快捷菜单中选择“打开”命令，如下图所示。

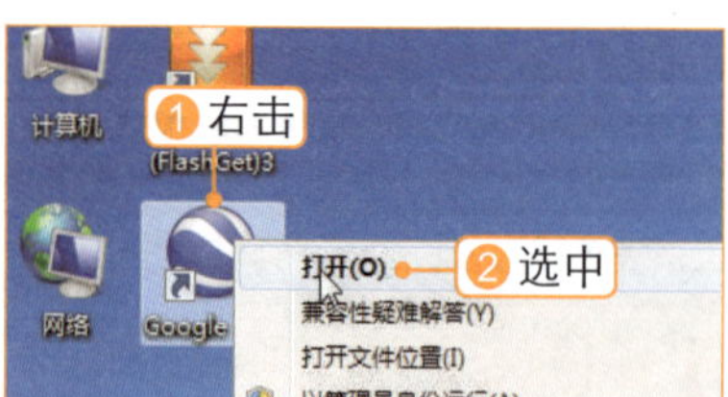

2 单击“关闭”按钮

弹出“启动提示”对话框，取消选择“启动时显示提示”复选框，单击“关闭”按钮，如下图所示。

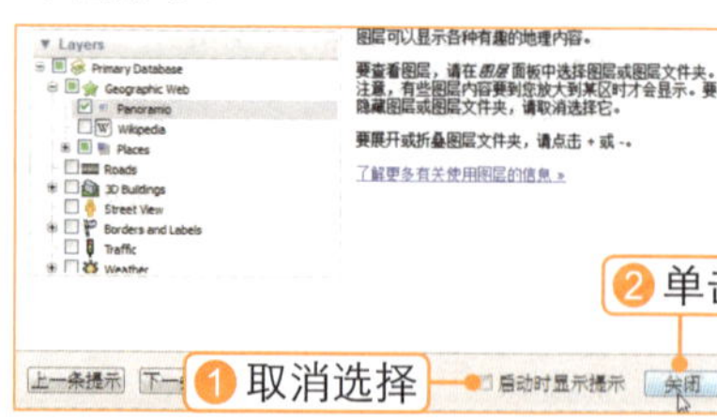

3 打开Google Earth主界面

打开 Google Earth 主界面，如下图所示。

4 单击“开始搜索”按钮

在“前往”文本框中输入用户想要查询的地方，单击文本框后面的“开始搜索”按钮，如下图所示。

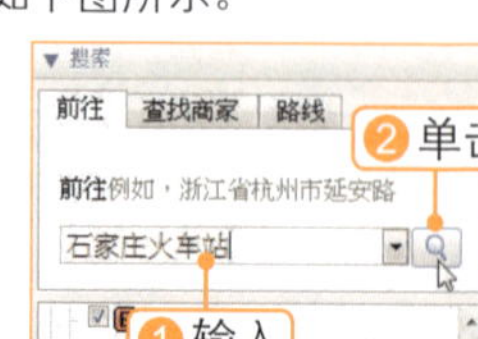

5 查找地点

在 Google Earth 上可以查找到用户想查询的地点，如下图所示。

6 单击“开始搜索”按钮

在“搜索”下拉按钮下方选择“路线”选项卡，输入城市名，单击“开始搜索”按钮，如下图所示。

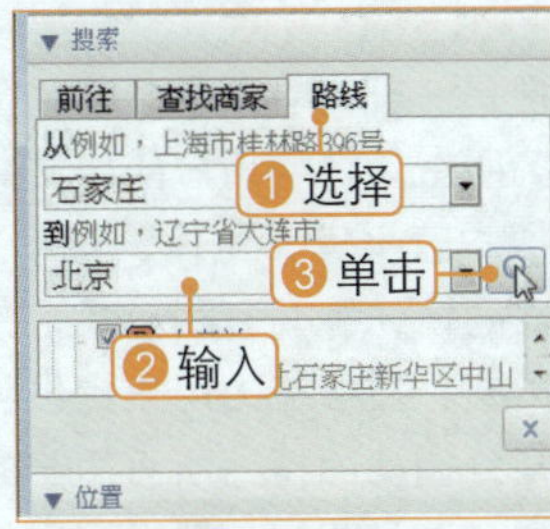

7 显示路线

显示从石家庄到北京的路线，如下图所示。

高手点拨

如何在软件中截图

在找到一个画面后，按【Ctrl+Shift+E】组合键，会出现一个通过电子邮件发送截图的界面，双击附件中的图片，另存到硬盘上即可，该图片就是当前的截图。

3.4 在门户网站中搜索信息

现在，一些门户网站也为用户提供了搜索资源的功能，下面将介绍几个比较常见的门户网站搜索形式。

（1）网易有道

作为网易自主研发的全新中文搜索引擎，有道搜索致力于为因特网用户提供更快、更好的中文搜索服务。

2006 年底，有道搜索推出测试版，并于 2007 年 12 月 11 日推出正式版。目前，有道搜索已推出的产品包括网页搜索、图片搜索、购物搜索、音乐搜索、视频搜索、博客搜索、地图搜索、海量词典、桌面词典、工具栏和有道阅读、有道热闻等。

有道试图架设一条道路，以缩短问题与答案之间的距离，让用户更快一秒找到。有道搜索依托网易强大的产品服务平台和丰富的资源优势，吸纳了众多优秀的创新人才，如下图（左）所示。

（2）腾讯 QQ 搜搜

搜搜是一部内容开放、自由的网络百科全书，旨在创造一个涵盖所有领域知识、服务所有因特网用户的中文知识性百科全书。

搜搜本着平等、协作、分享、自由的因特网精神，提倡网络面前人人平等，所有人共同协作编写百科全书，让知识在一定的技术规则和文化脉络下得以不断组合和拓展。搜搜在为用户提供创造性网络平台的同时，强调用户的参与和奉献精神，充分调动因特网所有用户的力量，汇聚上亿用户的头脑智慧，积极进行交流和分享，并且实现与搜索引擎的完美结合，从不同层次上满足用户对信息的需求，如下图（右）所示。

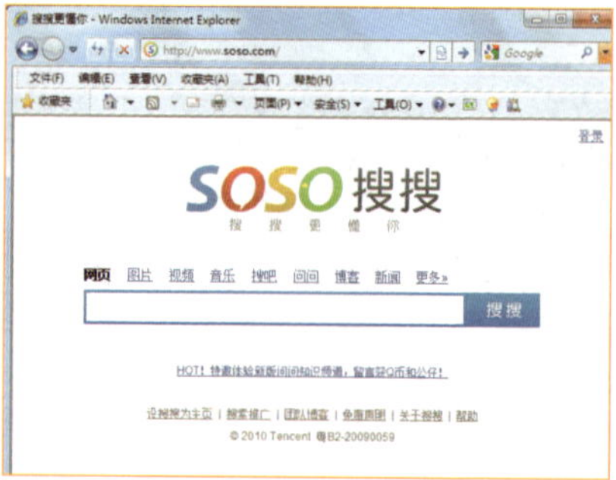

3.5 网络导航

网络导航及时收录了包括生活服务、音乐、视频、小说和游戏等热门分类的优秀网站，与搜索完美结合，为用户提供了最简单便捷的网上服务，下面简单介绍几种网络导航。

（1）hao123——我的上网主页

hao123 的网址为 http://www.hao123.com。hao123 网址之家是专业权威的上网导航，它及时收录包括音乐、视频、小说、游戏等热门分类的优秀网站，与搜索完美结合，提供了最简单便捷的网上导航服务，是数千万网民的上网主页，如下图（左）所示。

（2）265 上网导航

265 的网址为 http://www.265.com。265 上网导航是中国最早的网址导航网站之一，目前，265 网络的网站服务已覆盖超过 50% 的中国因特网用户，日均访问量（IP）超过 1000 万，日均浏览量（PV）超过 5000 万，已成为中国最受欢迎的导航网站之一，如下图（右）所示。

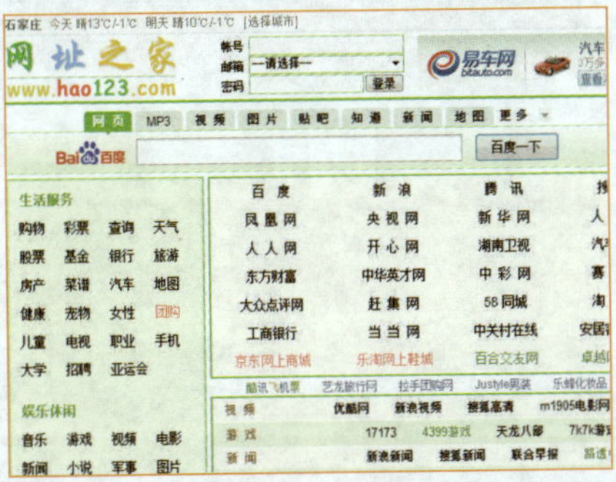

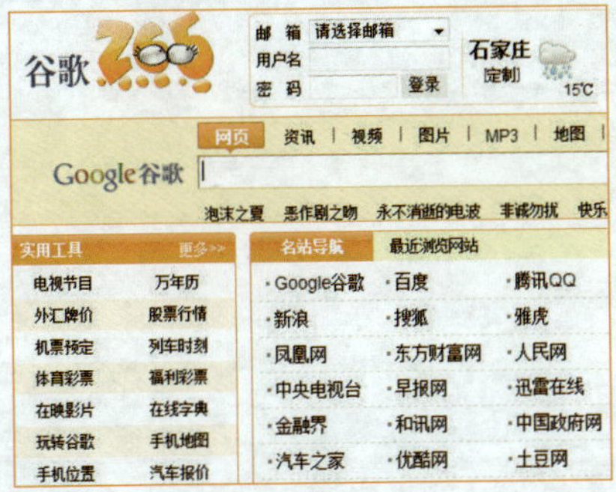

（3）5566 精彩网址大全

5566 的网址为 http://www.5566.net。5566 是中国最早的专业网址站，首创了列表式无介绍的网址导航格式，开创了上网不用记网址的时代，收集了最酷、最精彩网址，包括音乐、MP3、游戏、电影、手机、软件下载、聊天、动漫、爱情交友和明星等，如下图（左）所示。

（4）2345 网址导航

2345 的网址为 http://www.2345.com。2345 网址导航的宗旨是方便网友快速找到自已需要的网站，而不用记忆太多复杂的网址，已获得百度大联盟绿色认证。2345 提供了多种搜索引擎入口、实用查询、天气预报、日历黄历、在线收藏夹和城市生活导航等服务，如下图（右）所示。

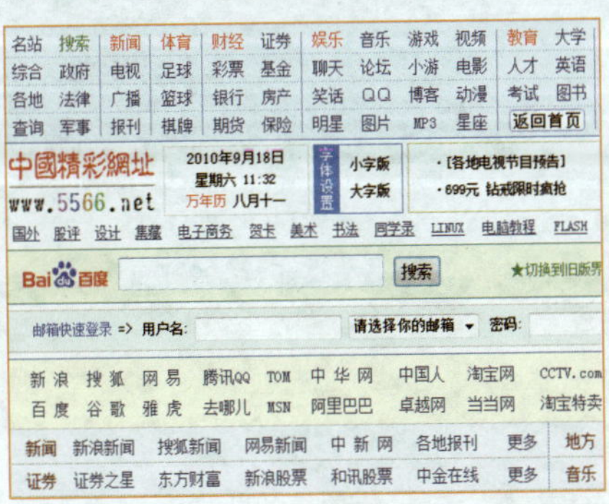

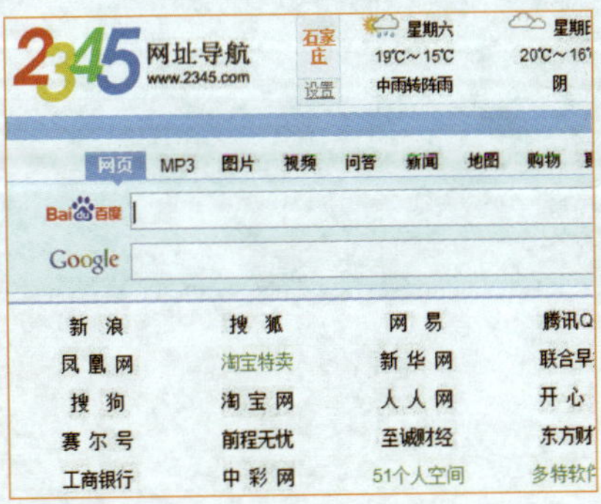

第4章

下载网络资源

因特网上的资源非常丰富，为人们的学习和生活带来了极大的便利。本章主要介绍如何下载网络中的资源，用户可以亲身体验网络资源给我们带来的便利。

本章重点知识

- 常用的网络下载方式
- 使用IE浏览器下载
- 使用迅雷下载
- 使用快车下载
- 使用BT下载

4.1 常用的网络下载方式

网络下载的方法有多种，既可以通过网页直接下载，也可以通过工具进行下载，以提高下载速度。

(1) 使用浏览器下载

直接下载一般通过浏览器进行下载，常见的是使用 IE 浏览器直接下载。使用 IE 下载资源不仅下载速度慢，而且在下载过程中容易出现网络中断的情况，等待网络恢复后一般需要重新下载，耗时又耗力，建议大家下载较大的资源时不使用该方法。

(2) 使用专业软件下载

使用专业的工具软件下载网络资源的速度较 IE 下载来说，要快得多。下载工具软件默认支持断点续传功能，即在网络连接恢复后可从断开的位置开始继续下载。常见的下载工具软件有迅雷、快车及 BT 等。

4.2 使用IE浏览器下载

如果用户的计算机中没有安装任何的下载工具，可以使用 IE 浏览器下载，下面详细介绍使用 IE 浏览器下载的基本知识。

>> 4.2.1 下载网络资源

Internet 中的下载资源大多以超连接的形式提供在网页上，使用 IE 浏览器可直接进行下载，具体操作步骤如下：

1 单击MP3链接

启动 IE 浏览器，打开百度首页，单击搜索框上方的 MP3 链接，如下图所示。

2 单击歌曲名称链接

在打开的“百度 MP3”页面中单击自己喜欢的歌曲名称的链接，如下图所示。

3 单击歌曲的下载链接

在打开的歌曲播放页面中单击歌曲的下载链接，如下图所示。

4 单击"保存"按钮

弹出"文件下载"对话框，单击"保存"按钮，如下图所示。

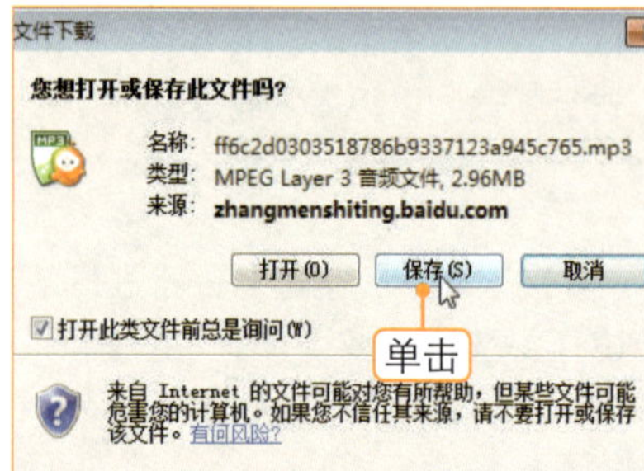

5 单击"保存"按钮

弹出"另存为"对话框，设置下载资源的保存路径，并输入名称，然后单击"保存"按钮，如下图所示。

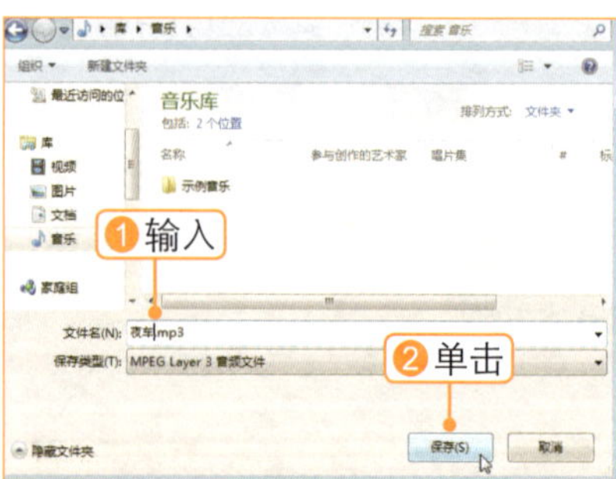

6 提示文件下载进度

IE 浏览器将自动下载该文件，并提示文件下载进度，如下图所示。

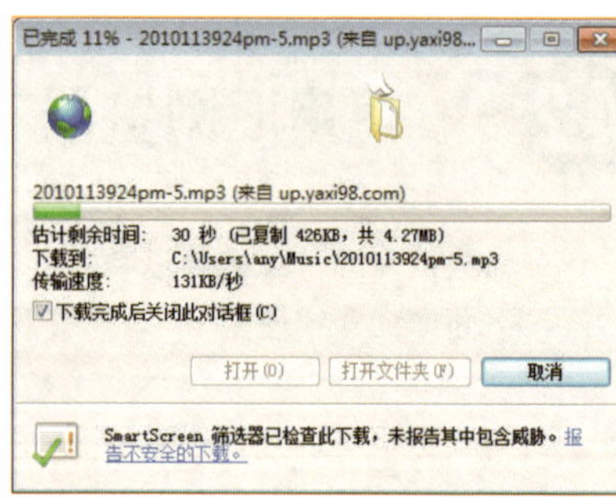

7 查看下载的文件

打开下载文件所在的保存路径，查看下载的文件，如下图所示。

高手点拨

打开文件夹

在"下载完毕"对话框中单击"打开"按钮，可以直接打开下载的文件，而不需要到设置的下载目录中查找该文件。

>> 4.2.2 断点续传功能

断点续传功能可以使在下载时遇到网络断开的资源，在网络恢复后继续下载。实现断点续传功能的具体操作步骤如下：

1 选择“Internet选项”命令

打开 IE 浏览器窗口，选择“工具”|“Internet 选项”命令，如下图所示。

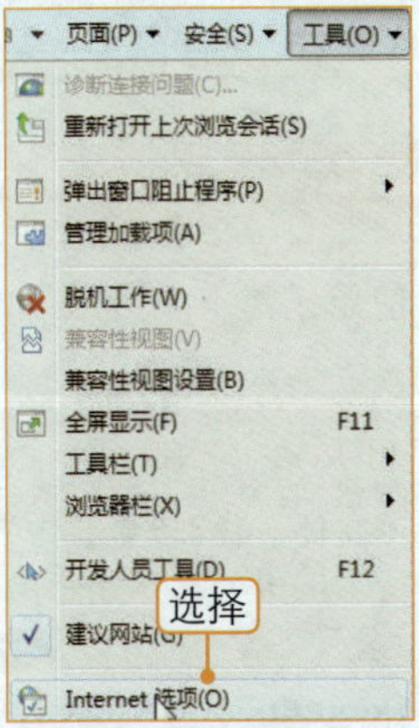

2 设置“高级”选项卡

在弹出的“Internet 选项”对话框中选择“高级”选项卡，设置参数如下图所示，单击“确定”按钮。

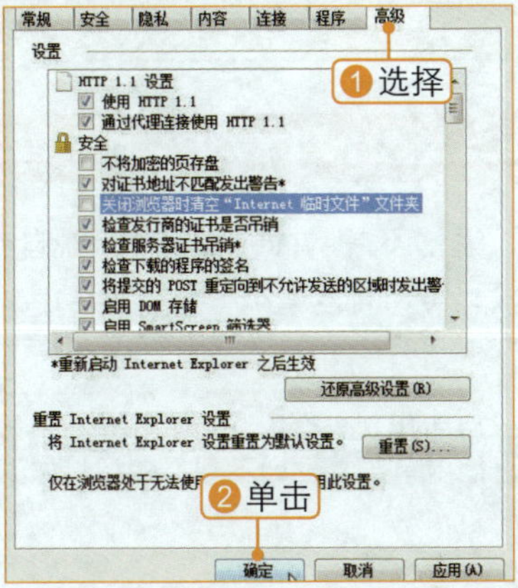

3 单击“关闭”按钮

设置完毕后，直接单击下载对话框右上角的“关闭”按钮，如下图所示。

高手点拨

断点续传软件

断点续传下载软件包括 NetAnts、FlashGet、Net Vampire、Dovnload Manager、GetRight、Go!Zilla、WinDownload 等。

高手点拨

如何在原地址继续下载文件

当需要从原来的地址继续被中断的下载操作时，只需在“保存”对话框中将文件保存到与被中断下载时相同的路径，并确保文件名一致，即可让 IE 浏览器实现断点续传。

4.3 使用迅雷下载

迅雷使用先进的超线程技术，能够将存于第三方服务器和计算机上的数据文件进行有效整合，通过该种先进的超线程技术，用户更够以更快的速度从第三方服务器和计算机中获取所需的数据文件。该种超线程技术还具有因特网下载负载均衡功能，在不降低用户体验的前提下，迅雷网络可以对服务器资源进行均衡，从而有效降低了服务器负载。

>> 4.3.1 下载并安装迅雷

迅雷不是 Windows 操作系统自带的程序，要使用迅雷下载资源，首先应该安装迅雷，具体操作步骤如下：

1 单击“立即下载”按钮

启动IE浏览器，打开迅雷的官方网站，在页面中单击“立即下载”按钮，如下图所示。

2 单击“运行”按钮

弹出“文件下载 - 安全警告”对话框，单击“运行”按钮，如下图所示。

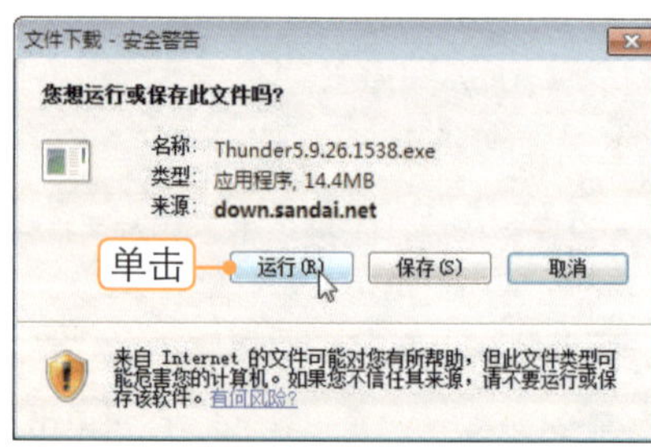

3 显示下载进度

弹出文件下载进度提示框，显示下载进度，如下图所示。

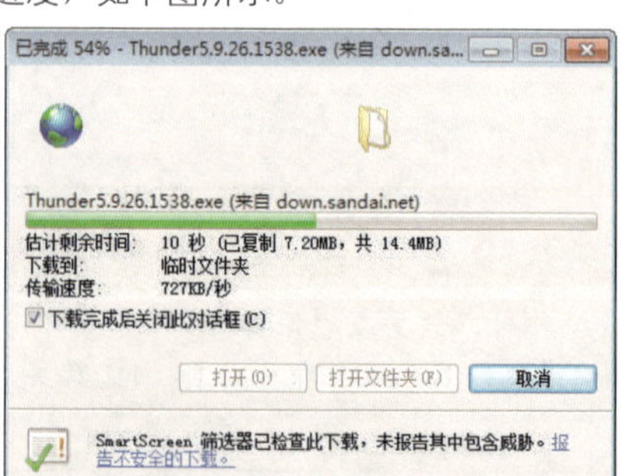

4 单击“运行”按钮

弹出“Internet Explorer - 安全警告”对话框，单击“运行”按钮，如下图所示。

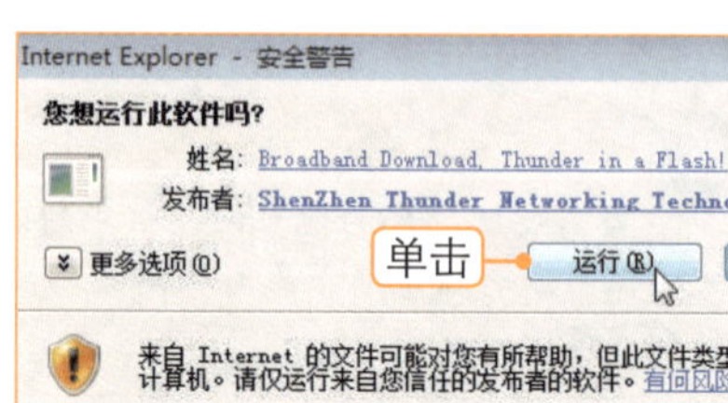

5 弹出“正在验证”对话框

弹出“正在验证”对话框，如下图所示。

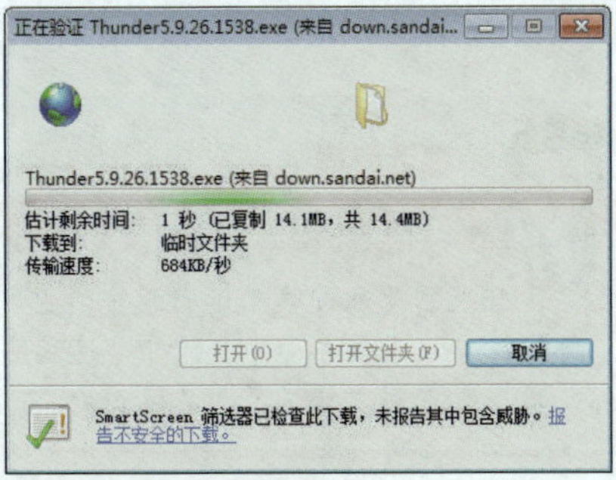

6 单击“是”按钮

弹出“迅雷 5- 用户使用协议”对话框，单击“是”按钮，如下图所示。

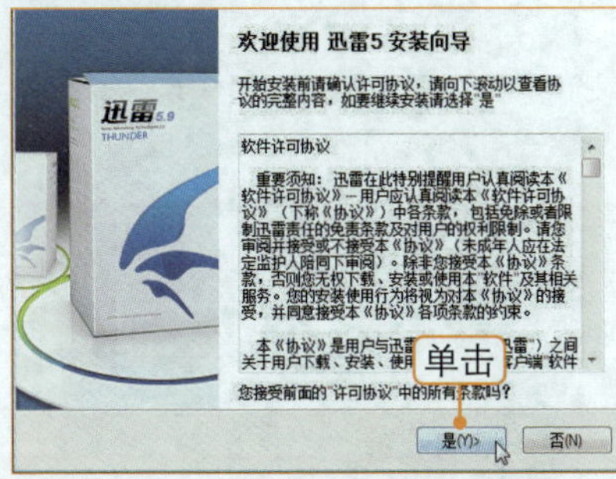

7 选择添加附件

设置迅雷的安装路径和需要添加的附件任务，单击“下一步”按钮，如下图所示。

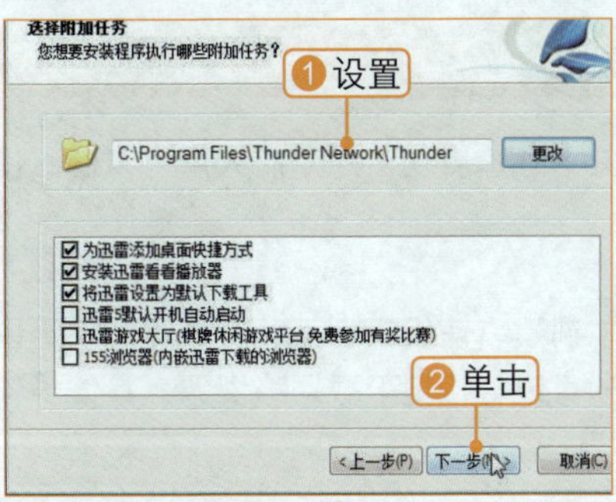

8 单击“下一步”按钮

打开新界面，取消选择“安装百度工具栏”复选框，单击“下一步”按钮，如下图所示。

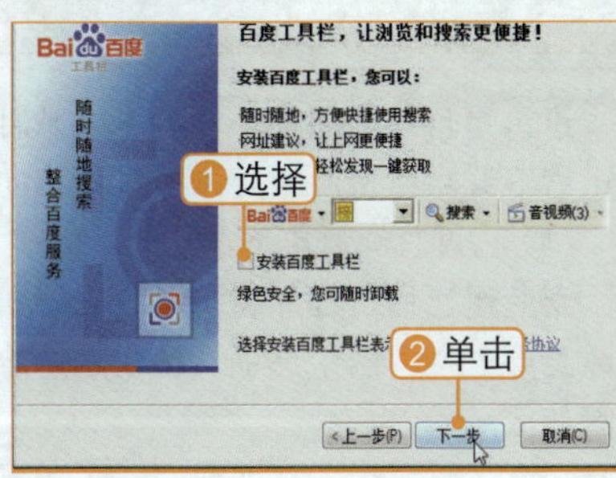

9 显示迅雷安装进度

打开“正在安装”界面，显示迅雷安装进度，如下图所示。

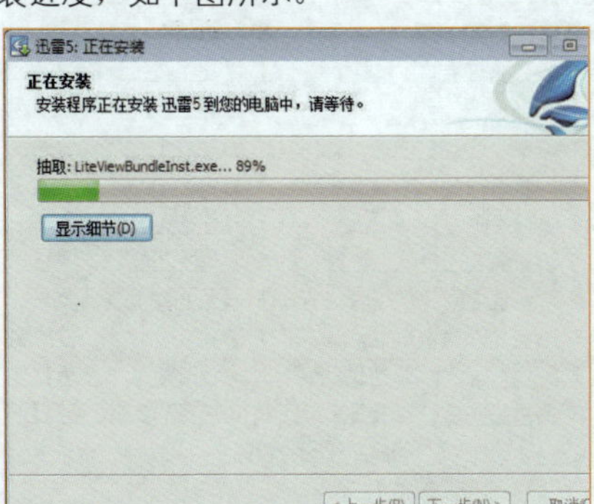

10 单击“完成”按钮

取消选择“启动迅雷 5”和“将迅雷看看设为首页”复选框，单击“完成”按钮，如下图所示。

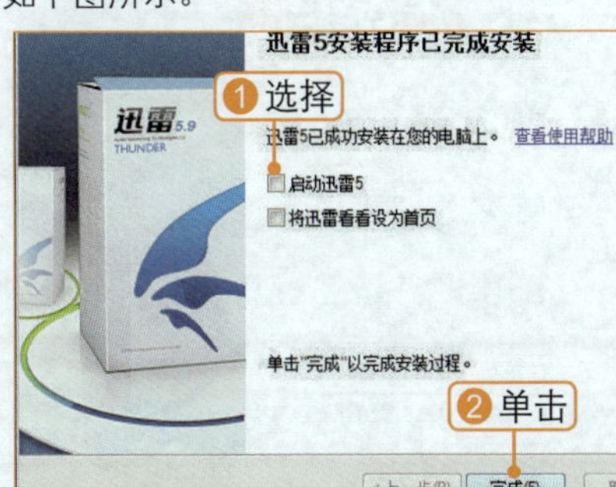

11 显示迅雷的快捷方式

此时，迅雷安装成功，桌面上显示了迅雷的快捷方式，如下图所示。

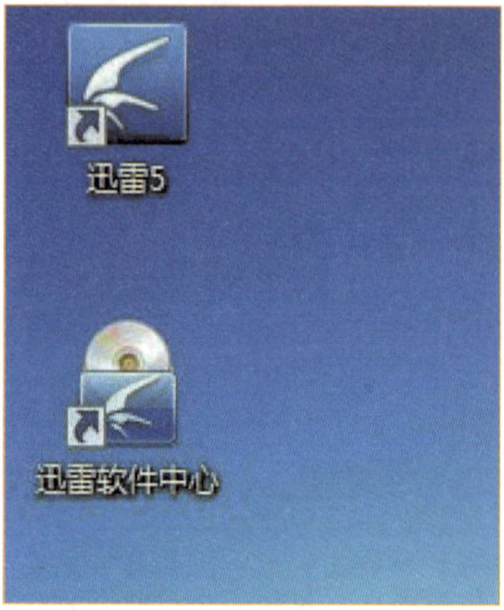

高手点拨

立即启动迅雷或查看更新

如果需要立即启动迅雷或查看更新，在安装完成界面中，选中“查看更新”和“启动迅雷5”复选框，然后单击“完成”按钮即可。

>> 4.3.2 下载网络资源

迅雷是目前使用最广泛的下载软件，其下载速度快，深受广大用户青睐。使用迅雷下载网络资源的具体操作步骤如下：

（1）通过右键菜单下载

安装迅雷后，程序将自动在右键菜单中创建“使用迅雷下载”和“使用迅雷下载全部连接”两个选项，使用这两个选项可以轻松地下载网络资源，具体操作步骤如下：

1 单击MP3链接

启动 IE 浏览器，打开百度首页，单击搜索栏上方的 MP3 链接，如下图所示。

2 单击歌曲名称的链接

在打开的“百度 MP3”页面中单击自己喜欢的歌曲名称的链接，如下图所示。

3 选择“使用迅雷下载”命令

右击歌曲的下载链接，在弹出的快捷菜单中选择“使用迅雷下载”命令，如下图所示。

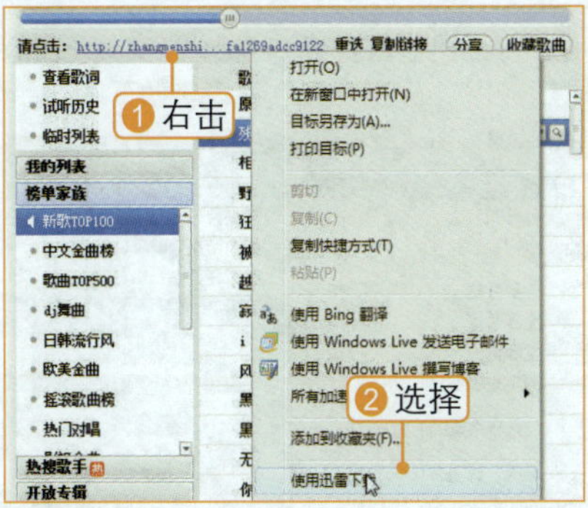

4 单击“浏览”按钮

弹出“建立新的下载任务”对话框，单击“存储路径”下拉列表框右侧的“浏览”按钮，如下图所示。

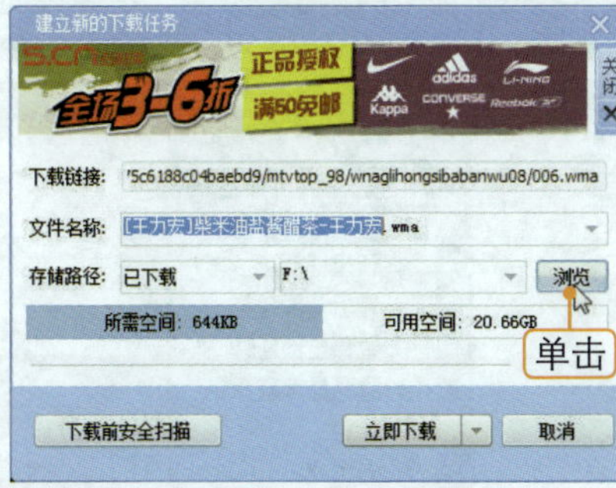

5 设置下载路径

弹出“浏览文件夹”对话框，在列表框中设置文件的下载路径，单击“确定”按钮，如下图所示。

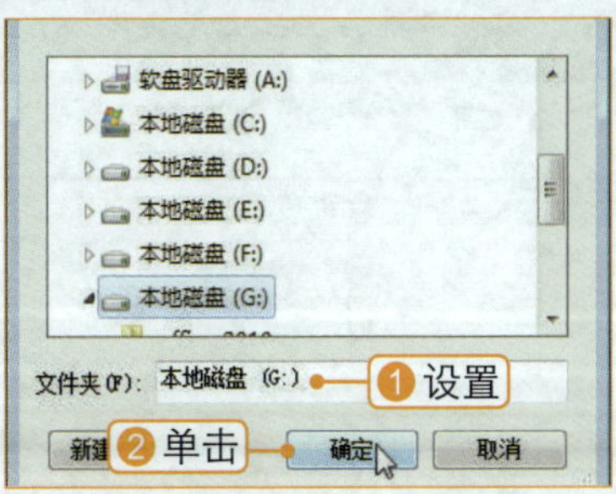

6 单击“立即下载”按钮

返回“建立新的下载任务”对话框，输入文件名称，单击“立即下载”按钮，如下图所示。

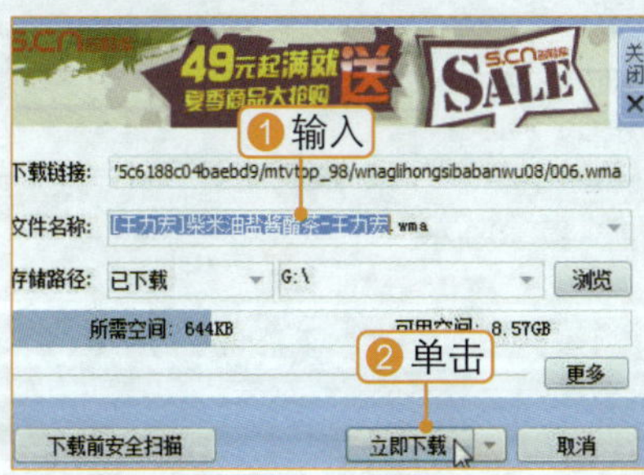

7 查看下载的文件

下载完成后，在下载路径中可查看下载的文件，如下图所示。

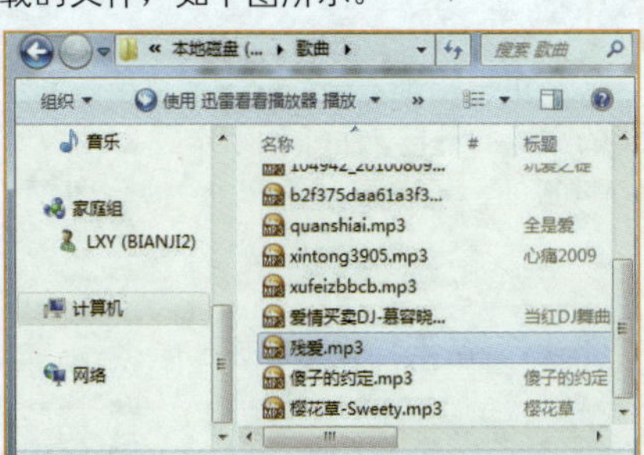

高手点拨

下载超链接

在通常情况下，下载超链接有“单击下载”、“本地下载”或“某某下载”等文字说明。

(2) 通过迅雷悬浮窗下载

启动迅雷后，桌面上会默认显示一个悬浮窗，通过此悬浮窗可打开迅雷的主界面，在其中也可以进行下载操作，具体操作步骤如下：

1 选择“显示主界面”命令

右击桌面上的迅雷悬浮窗，在弹出的快捷菜单中选择“显示主界面”命令，如下图所示。

2 选择“普通任务”命令

打开迅雷程序窗口，选择“文件”|“新建任务”|“普通任务”命令，如下图所示。

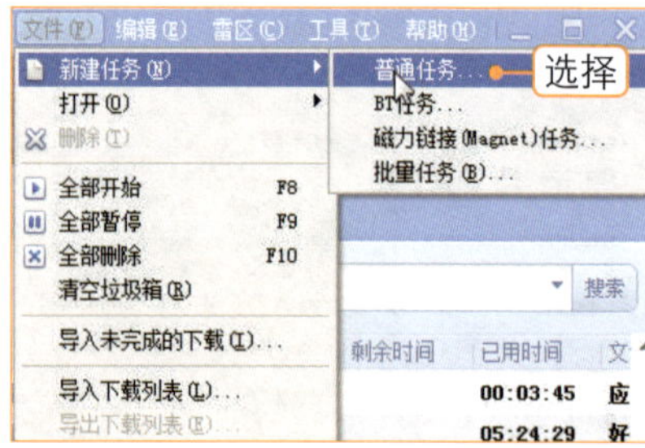

3 单击“立即下载”按钮

粘贴链接地址，设置文件的名称和保存路径，然后单击“立即下载”按钮，如下图所示。

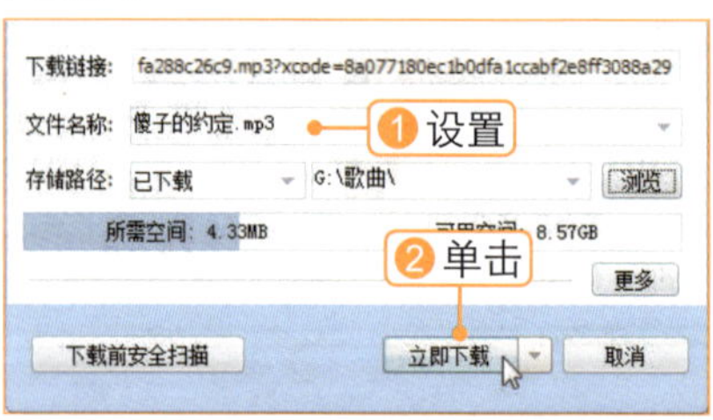

4 查看下载文件

下载完成后，在下载路径中可查看下载的文件，如下图所示。

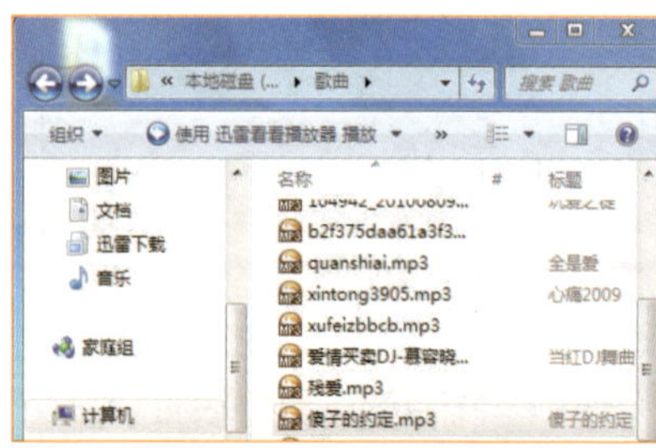

>> 4.3.3 利用迅雷搜索文件

利用迅雷可以快速搜索下载资源，具体操作步骤如下：

1 单击“搜索”按钮

打开迅雷程序主窗口，在“我的下载”栏中输入要搜索的信息，单击“搜索”按钮，如下图所示。

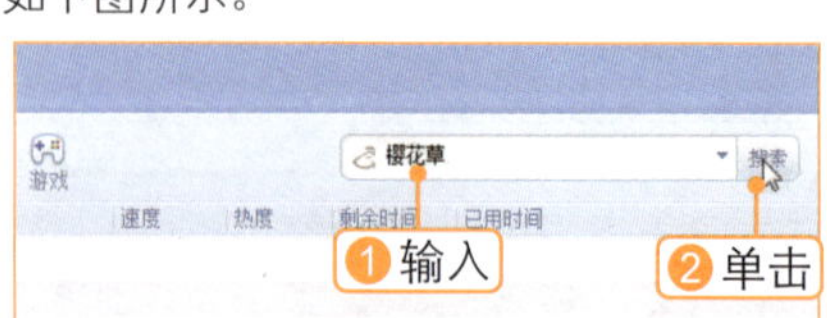

2 单击文件链接

弹出“狗狗搜索”网页，单击需要下载的文件的链接，如下图所示。

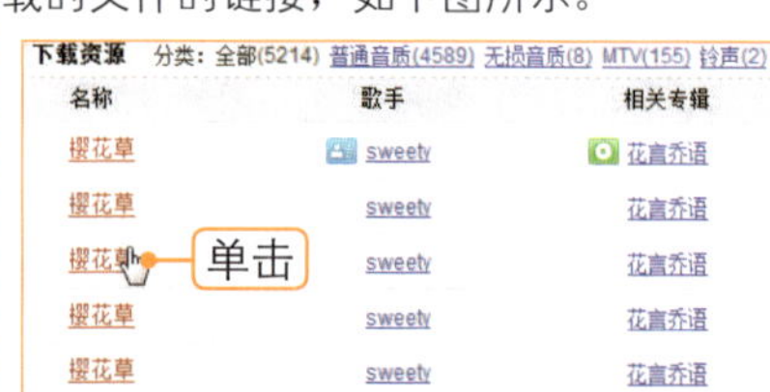

3 单击“普通下载”按钮

在打开的网页中单击“普通下载”按钮，如下图所示。

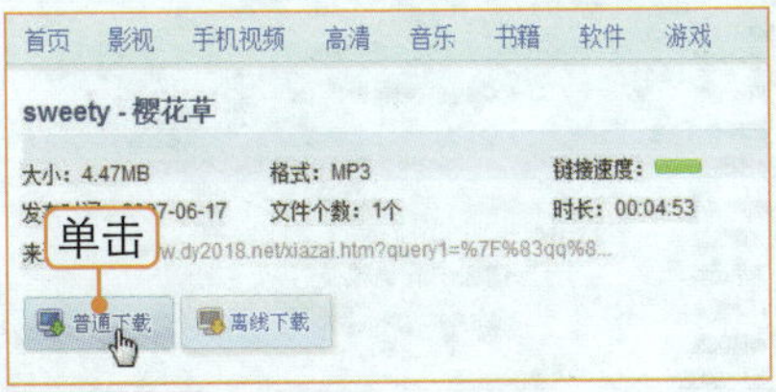

4 显示下载的进度

弹出“正在启动下载软件”提示页面，显示“正在分析下载链接”的进度，如下图所示。

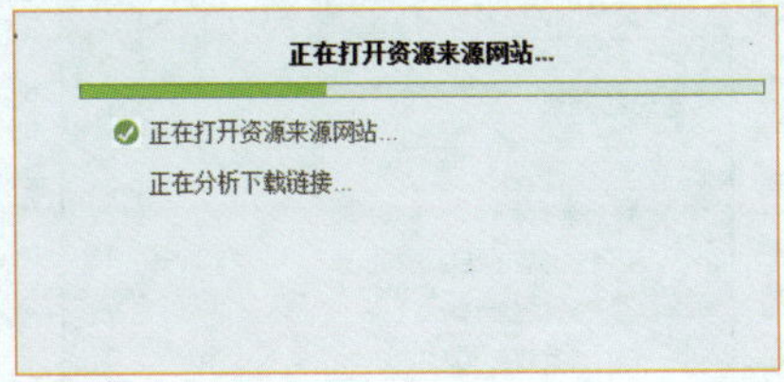

5 单击“立即下载”按钮

在弹出的“新建下载任务”对话框中设置文件的名称和存储路径，单击“立即下载”按钮，如下图所示。

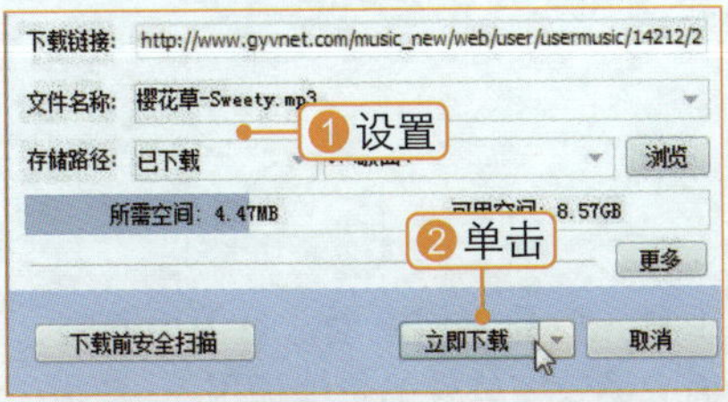

6 查看下载的文件

下载完成后，在下载路径中可查看下载的文件，如下图所示。

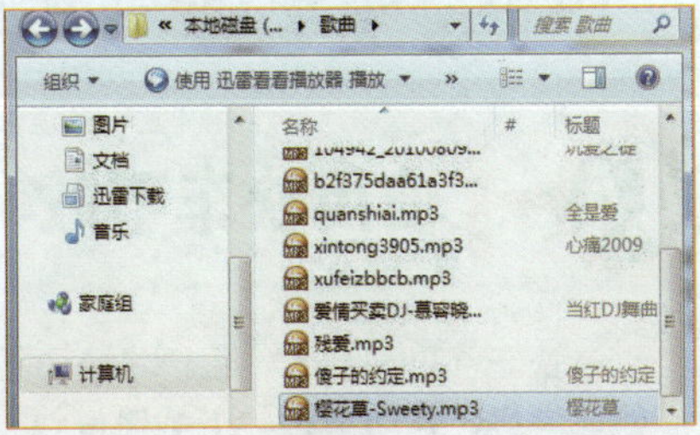

>> 4.3.4 修改默认的下载路径

迅雷下载文件的默认存放在 C:\TDDOWNLOAD\ 目录下，为防止 C 盘容量过低，影响系统的正常运行，用户可以更改默认存储位置，并同时避免每次下载都要更改路径的麻烦。除此以外，还可以将文件进行分类存放，具体操作步骤如下：

1 选择“配置”命令

打开迅雷程序窗口，选择“工具”|“配置”命令，如下图所示。

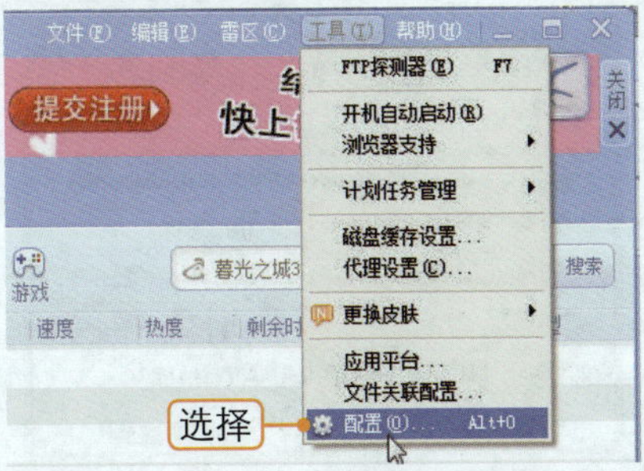

2 单击“选择目录”按钮

弹出“配置面板”对话框，选择“任务默认属性”选项卡，单击“选择目录”按钮，如下图所示。

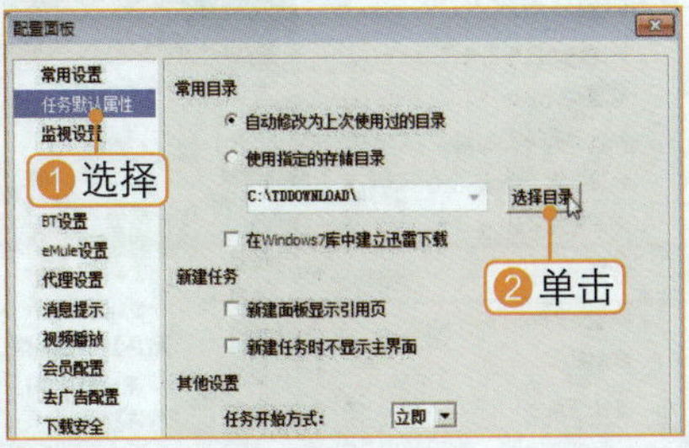

3 设置默认下载路径

弹出“浏览文件夹”对话框，设置迅雷的默认下载路径，单击“确定”按钮，如下图所示。

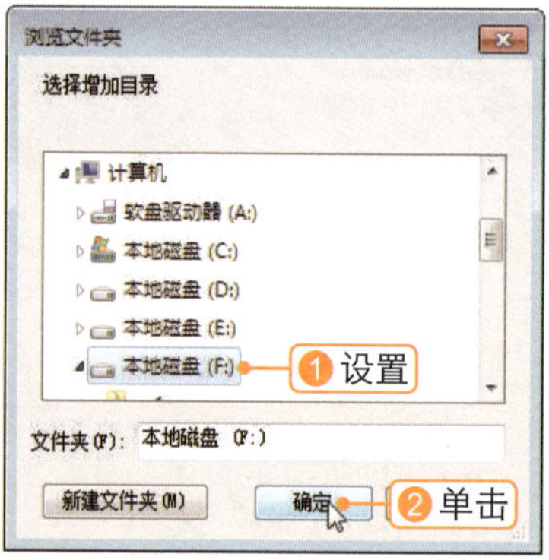

4 返回“配置面板”对话框

返回“配置面板”对话框，单击“确定”按钮，如下图所示。

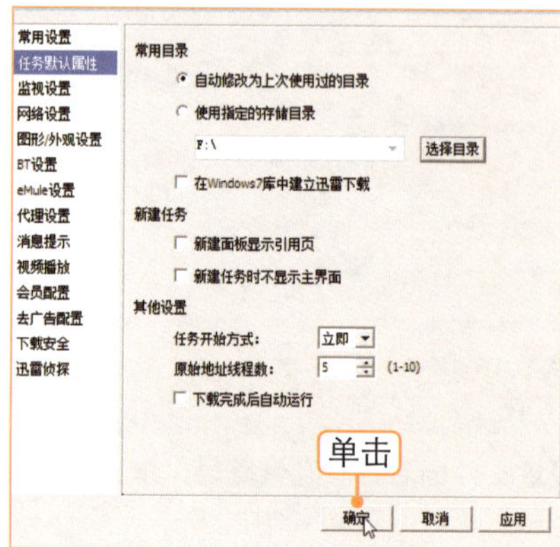

4.4 使用快车下载

快车（FlashGet）是一款快速下载工具。广受人们喜爱，是因为其性能非常好，且功能多，下载速度快。下面介绍快车软件的具体使用。

>> 4.4.1 下载网络资源

下载并安装快车后，就可以使用快车下载网络资源了，具体操作步骤如下：

1 选择“新加普通任务”命令

启动快车，选择“文件”|“新建普通任务”命令，如下图所示。

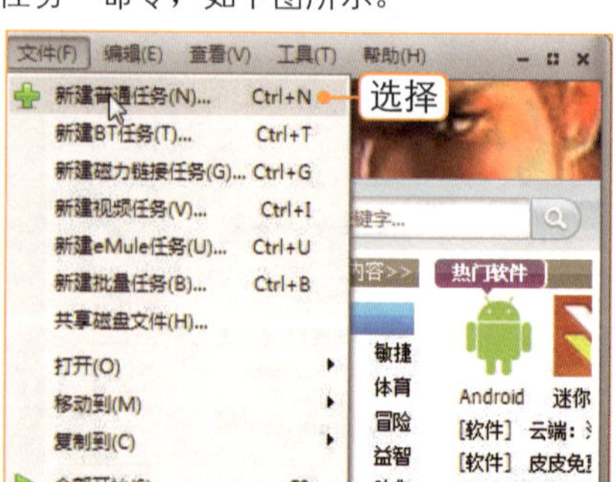

2 单击“浏览”按钮

将需下载链接地址粘贴到“下载网址”文本框中，输入文件名称，并单击“浏览”按钮，如下图所示。

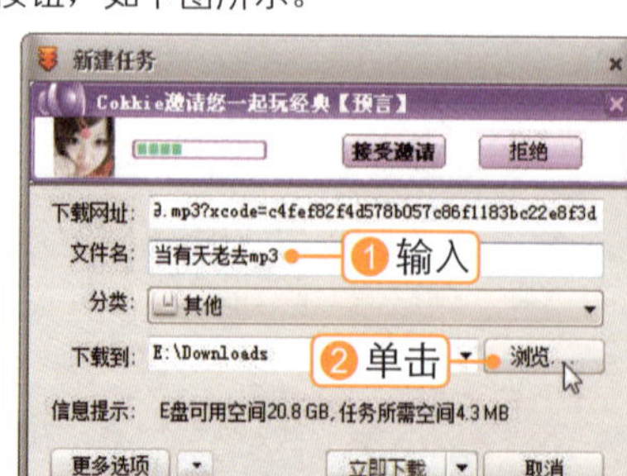

3 设置下载路径

弹出“浏览文件夹”对话框，在列表框中设置文件的下载路径，单击“确定”按钮，如下图所示。

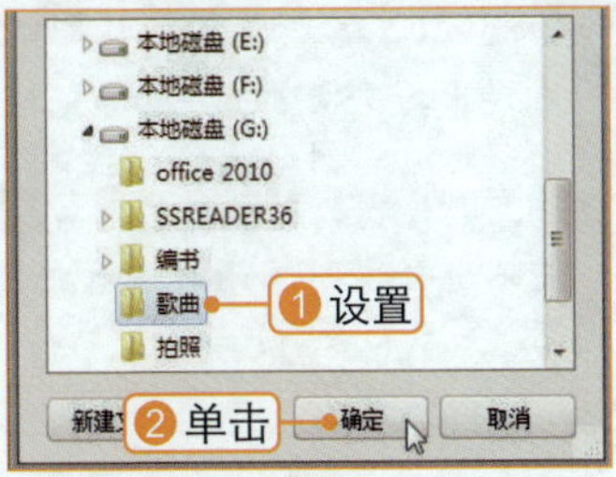

4 单击“立即下载”按钮

返回“新建任务”对话框，单击“立即下载”按钮，如下图所示。

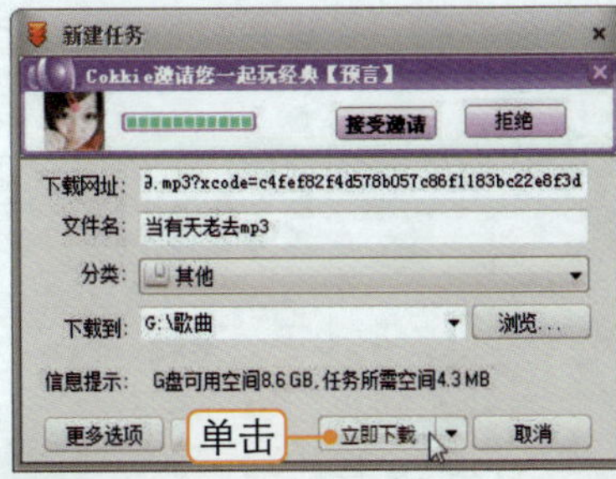

5 查看下载的文件

下载完成后，在下载路径中可查看下载的文件，如下图所示。

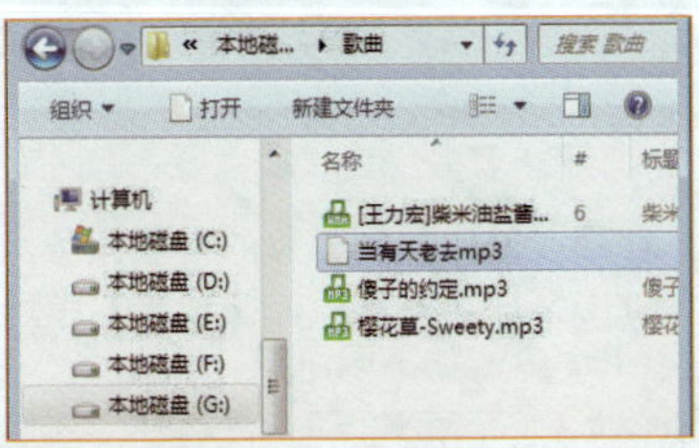

高手点拨

快车下载文件的格式

使用快车可以下载电影、音乐、游戏、视频、软件和图片等，其支持 .zip、.exe、.bin、.gz、.z、.tar、.arj、.lzh、.mp3、.rar、.torrent、.asf、.avi、.iso、.mpeg、.mpg、.mpga、.ra、.rm、.rmvb、.wma、.wmp、.wmv 等多种资源格式。

>> 4.4.2 管理下载任务

使用快车下载网络资源后，在“完成下载”界面中可以查看所有已经下载的任务，还可以对已下载的任务进行管理。

（1）删除下载任务

用户可以将不需要的任务删除，具体操作步骤如下：

1 选择“彻底删除”命令

单击“完成下载”按钮，右击要删除的下载任务，在弹出的快捷菜单中选择“彻底删除任务及文件”命令，如下图所示。

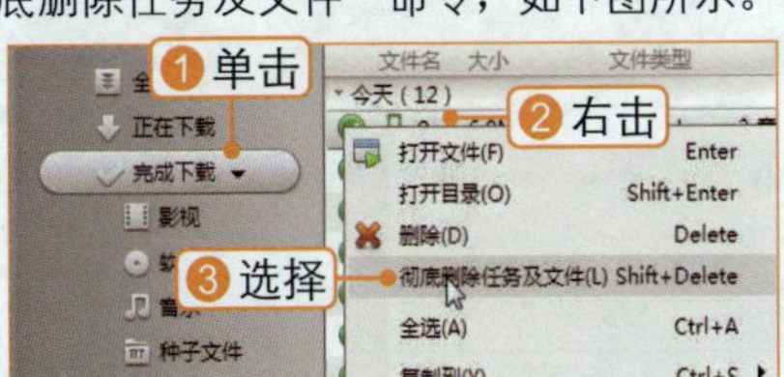

2 单击“是”按钮

弹出“删除任务确认”对话框，单击“是”按钮确认删除，如下图所示。

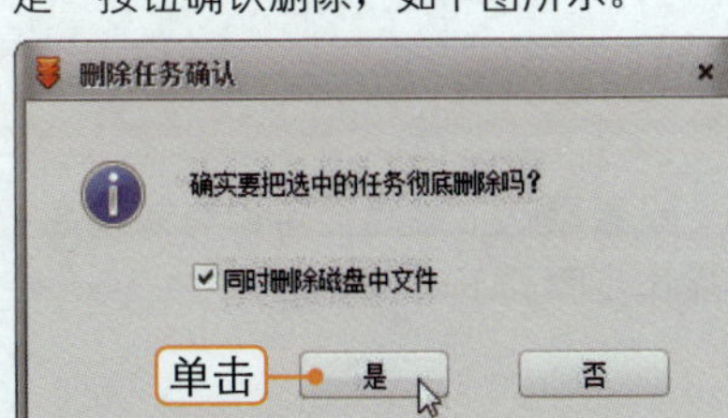

3 弹出提示信息

弹出任务信息提示删除任务成功，如下图所示。

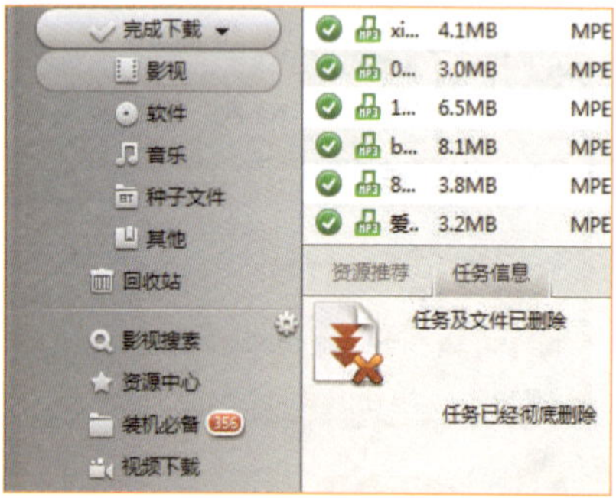

高手点拨

设置是否删除文件

在弹出的“删除任务确认”对话框中，若选择“同时删除磁盘文件”复选框，则将任务和下载文件一起删除；若不选择“同时删除磁盘文件”复选框，则只删除下载任务。

（2）还原删除的任务

使用快车下载网络资源后，如果因为误操作导致已下载任务被删除，可在“回收站”中将其找回，具体操作步骤如下：

1 选择“打开”命令

右击桌面上的“回收站”图标，在弹出的快捷菜单中选择“打开”命令，如下图所示。

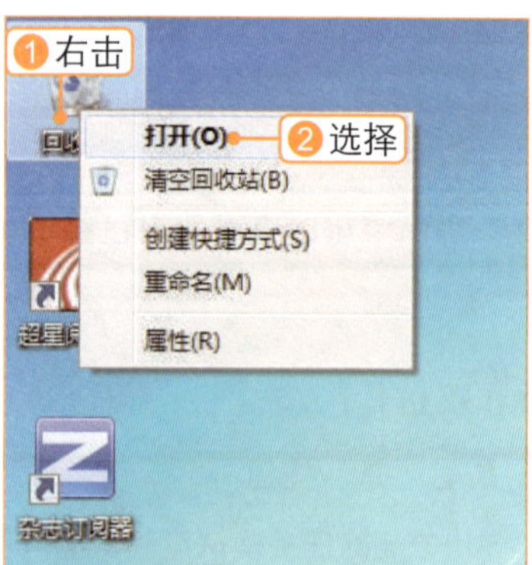

2 选择“还原”命令

在回收站中找到删除的下载任务，右击选中的文件，在弹出的快捷菜单中选择“还原”命令，如下图所示。

>> 4.4.3 设置默认的下载路径

设置默认下载路径可以有效提高批量下载效率，并方便日后的文件管理，具体操作步骤如下：

1 选择“选项”选项

启动快车,选择“工具”|“选项”命令,如下图所示。

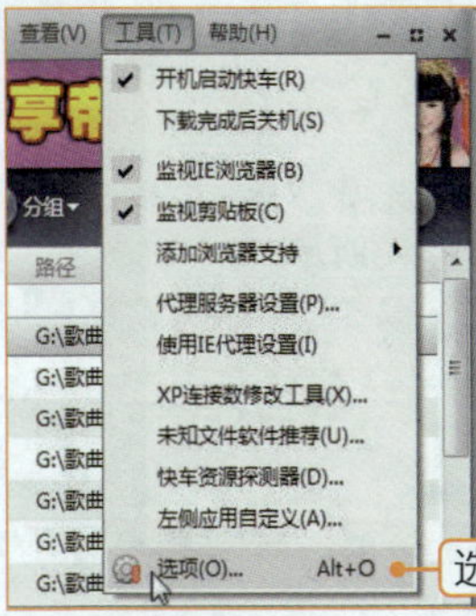

2 单击“任务管理”按钮

弹出“选项”对话框,单击“任务管理”按钮,如下图所示。

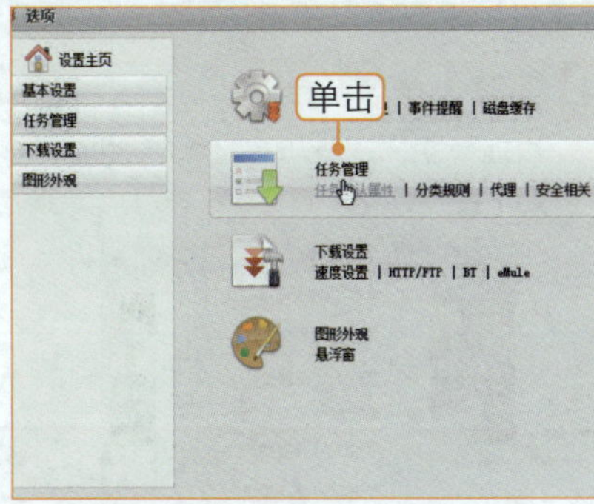

3 单击“浏览”按钮

选择“指定分类及目录”单选按钮,单击右侧的下拉按钮,选择分类,然后单击“浏览”按钮,如下图所示。

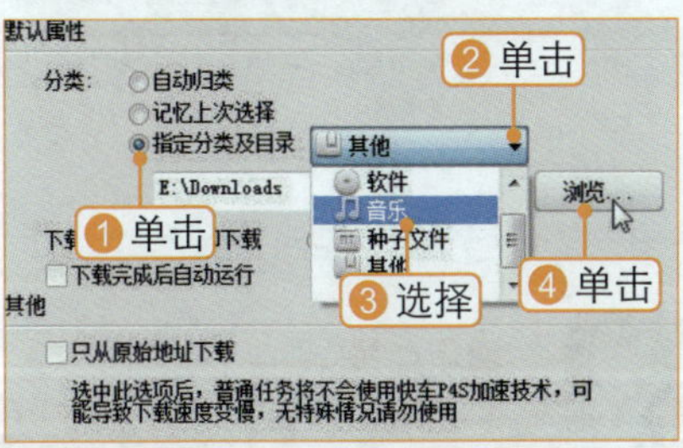

4 设置下载路径

弹出“浏览文件夹”对话框,设置此分类文件的下载路径,单击“确定”按钮,如下图所示。

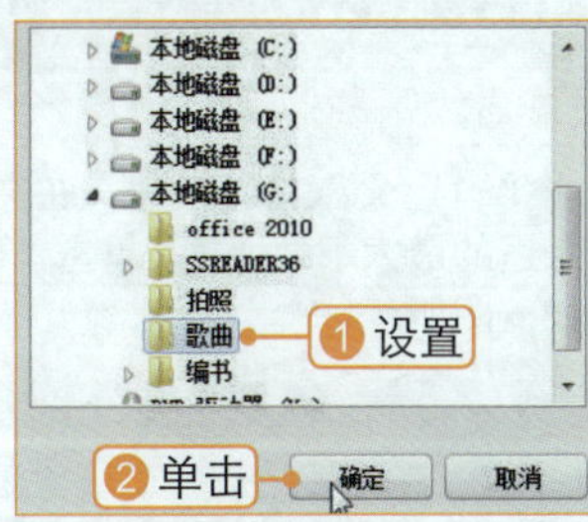

5 返回“任务默认属性”对话框

返回“任务默认属性”对话框,单击“确定”按钮,如下图所示。

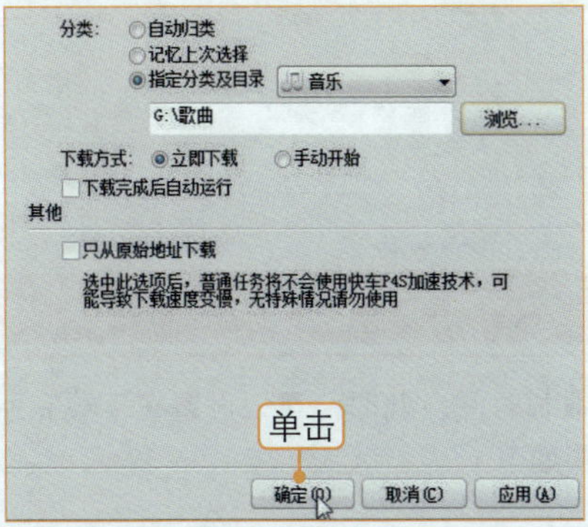

高手点拨

下载路径设置

选中“指定路径”单选按钮,所有的下载任务将存放在默认位置;选中“记住上一次下载的路径”单选按钮,总是放在上一次任务的位置。

>> 4.4.4 限制下载速度

下载文件会最大程度地占用宽带，从而导致网页的浏览速度降低，甚至使电脑死机。用户可以使用快车的下载速度功能调整下载速度，具体操作步骤如下：

1 选择“选项”命令

启动快车，选择“工具”|“选项”命令，如下图所示。

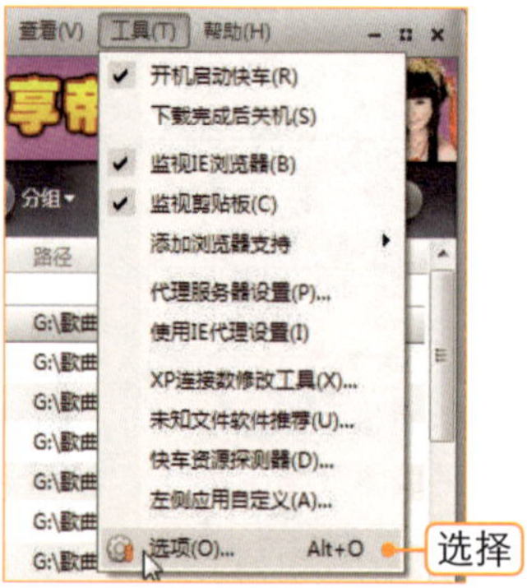

2 单击“下载设置”按钮

弹出“选项”对话框，单击“下载设置”按钮，如下图所示。

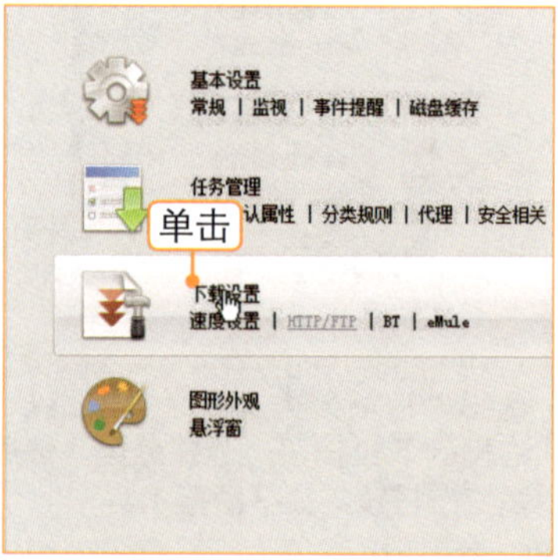

3 设置最大下载速度

单击“自定义”单选按钮，在文本框中输入合适的最大下载速度，单击“确定”按钮，如下图所示。

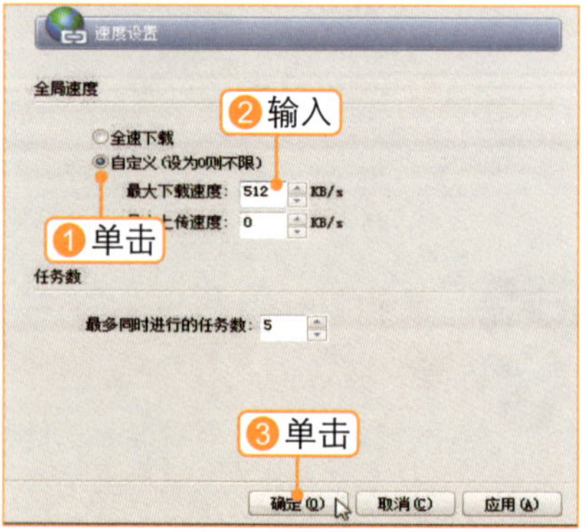

高手点拨

数值设置

在上传的数值框中，输入的数值越小越好，但不能为 0，当为 0 时，就不能限制上传速度了。

>> 4.4.5 自动关机

当用户下载多个文件时，可能会需要很长时间，此时，可以设置在下载完所有任务后，让电脑自动关机，具体操作步骤如下：

启动快车，选择“工具”|“下载完成后关机”命令，如下图所示。

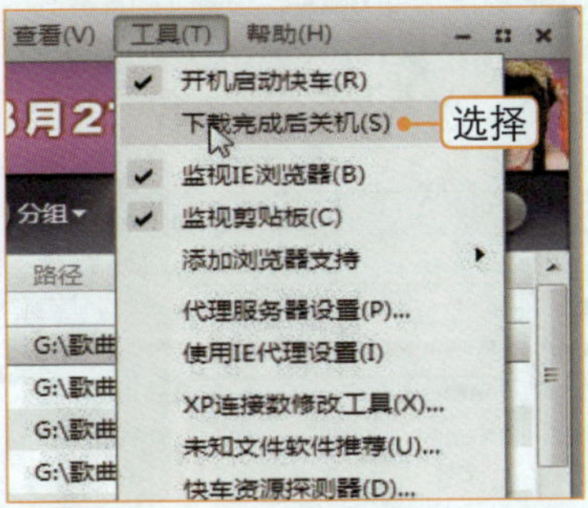

高手点拨

设置相关选项

选择“工具”|“选项”命令，可以进行其他设置。

4.5 使用BT下载

BT 是因特网上新兴的 P2P 传输协议，全名为 BitTorrent，中文名称为比特流。一般来讲，从 HTTP 站点或者 FTP 站点上下载网络资源时，若同一时刻下载的人数较多，基于该服务器频宽的因素，速度会相对减慢。而使用 BT 却恰好相反，在同一时刻下载该资源的人数越多，其下载速度就会越快，这是因为它采用了多点对多点的传输原理。

>> 4.5.1 下载BT资源

有很多资源通过 BT 种子下载才能找到，因此，下载资源必须先找到其对应的种子，然后才能进行，具体操作步骤如下：

1 单击“新建”按钮

启动 BitComet，单击菜单栏下方的“新建”按钮，如下图所示。

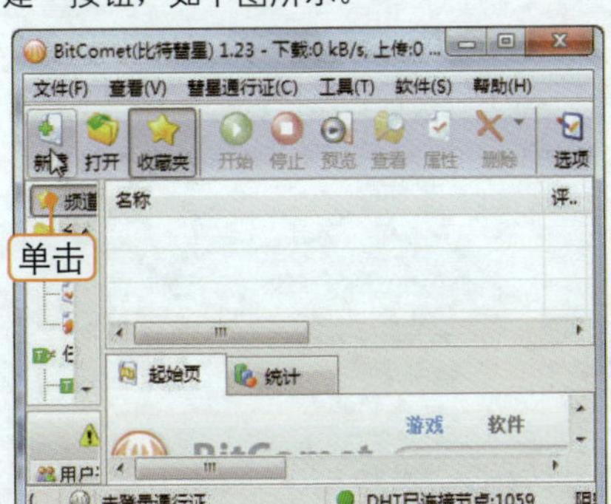

2 单击“浏览”按钮

弹出“新建 HTTP/FTP 下载任务”对话框，输入文件名称，单击“浏览”按钮，如下图所示。

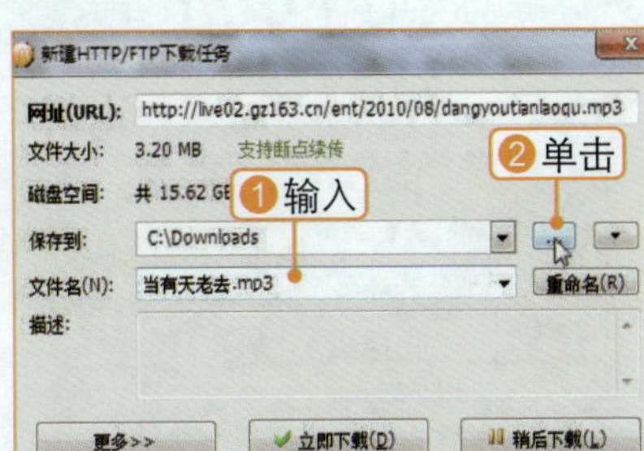

3 弹出“浏览文件夹”对话框

弹出“浏览文件夹”对话框，设置下载文件保存的路径，单击“确定”按钮，如下图所示。

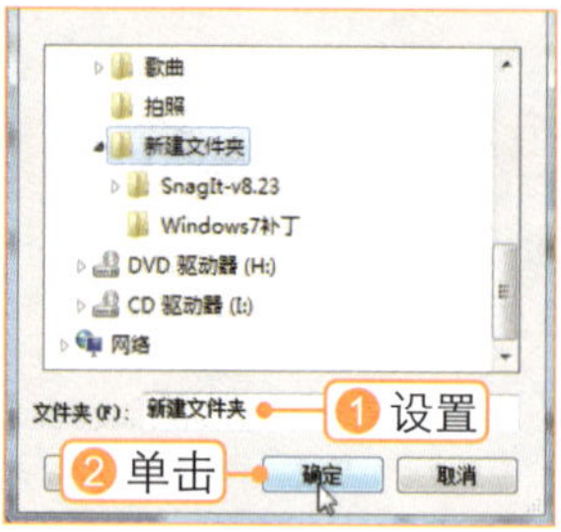

4 单击“立即下载”按钮

返回“新建HTTP/FTP下载任务”对话框，单击“立即下载”按钮，如下图所示。

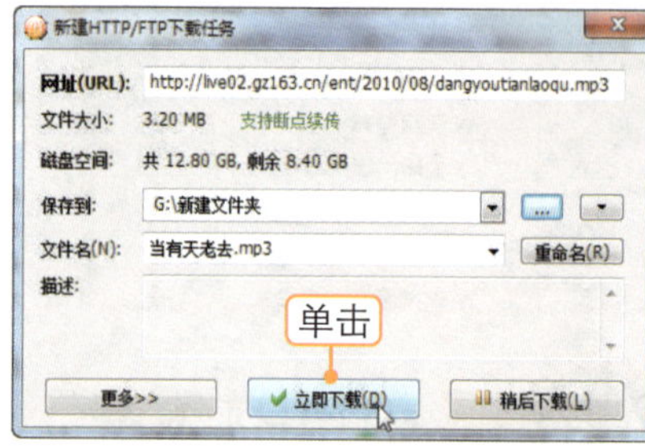

5 显示资源文件的下载进度

返回BT程序主窗口，显示资源文件的下载进度，如下图所示。

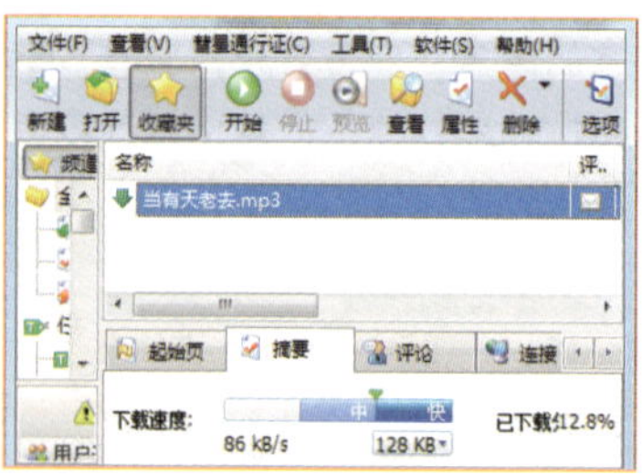

6 显示下载完成的文件

下载完成后的文件会在程序主窗口中显示，如下图所示。

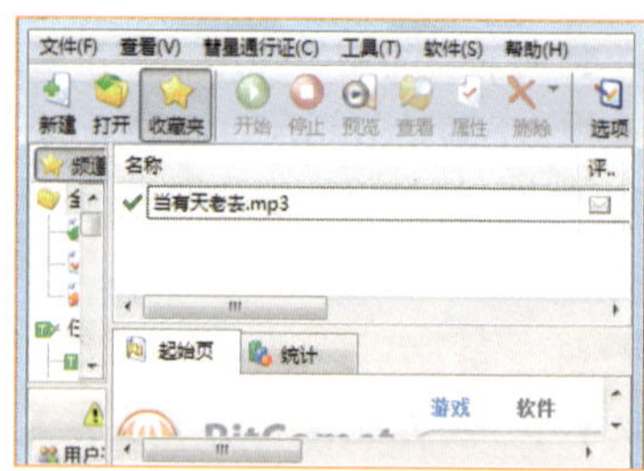

>> 4.5.2 更改默认的下载路径

BitComent的默认下载路径和迅雷、快车等下载工具一样，也是可以更改的，具体操作步骤如下：

1 选择“选项”命令

启动BitComet程序，在打开的窗口中选择“工具”|“选项”命令，如下图所示。

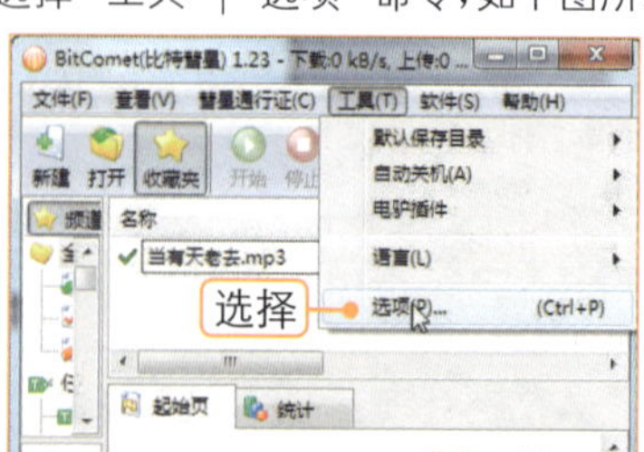

2 单击“浏览”按钮

弹出“选项”对话框，选择“下载目录”选项，然后单击右侧界面中的“浏览”按钮，如下图所示。

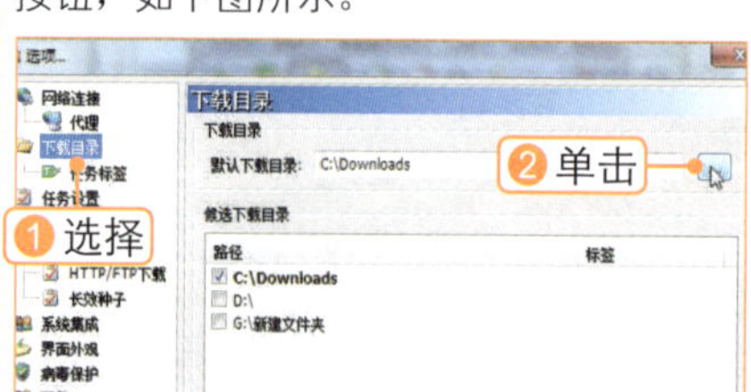

3 弹出“浏览文件夹”对话框

弹出“浏览文件夹”对话框，选中文件夹，单击“确定”按钮，如下图所示。

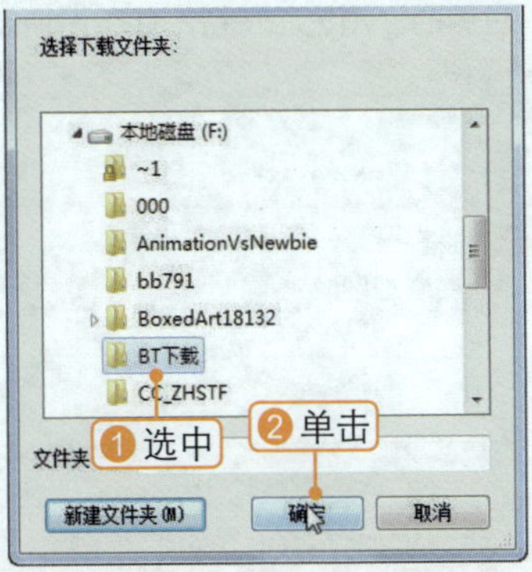

4 返回“选项”对话框

返回“选项”对话框，单击“确定”按钮，如下图所示。

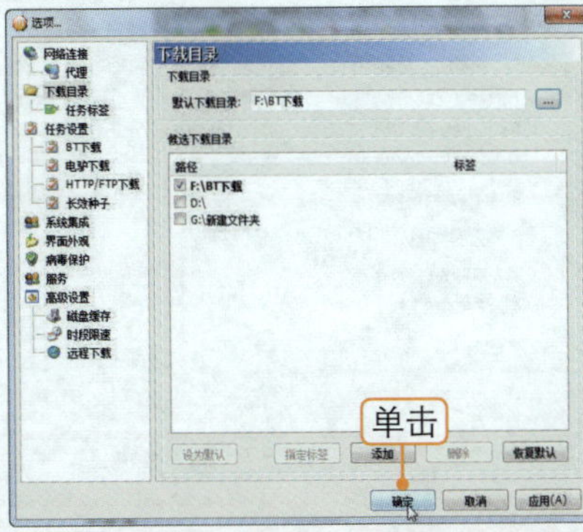

>> 4.5.3 设置同时下载任务数

如果下载小的文件，对文件系统和宽带的占用都不是很大，因此，可以将同时的任务数上调到最高，具体操作步骤如下：

1 选择“选项”选项

启动 BitComet 程序，选择“工具”|“选项”命令，如下图所示。

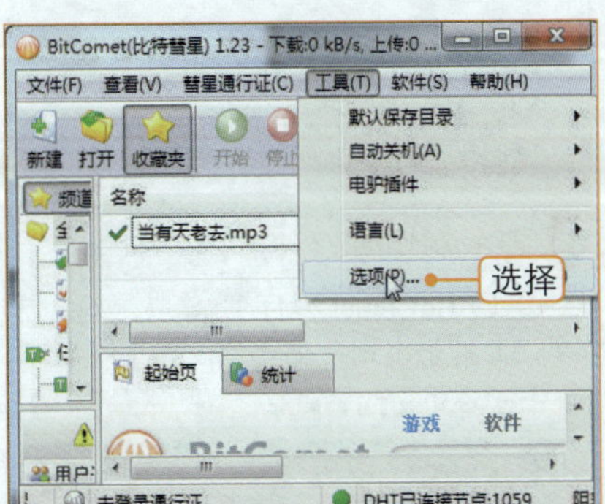

2 设置任务上限

设置“全局最大下载速率”和“全局最大上传速率”，单击“确定”按钮，如下图所示。

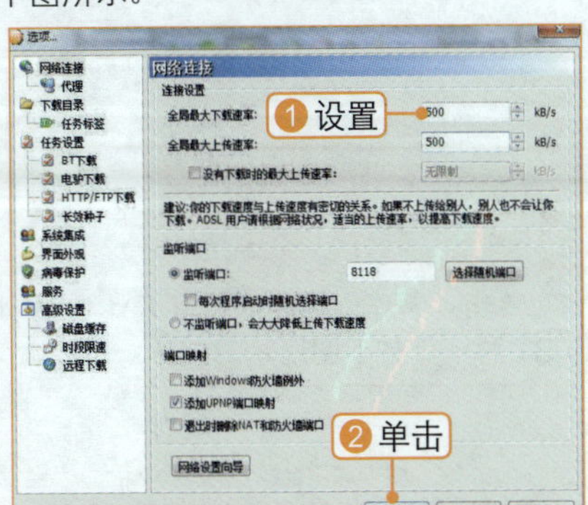

>> 4.5.4 制作BT种子

用户也可以将本地计算机中的资源制作成 BT 种子，然后将其发布到网络上供其他用户下载，具体操作步骤如下：

1 选择“制作Torrent”命令

启动 BitComet 程序，选择“文件”|“制作 Torrent”命令，如下图所示。

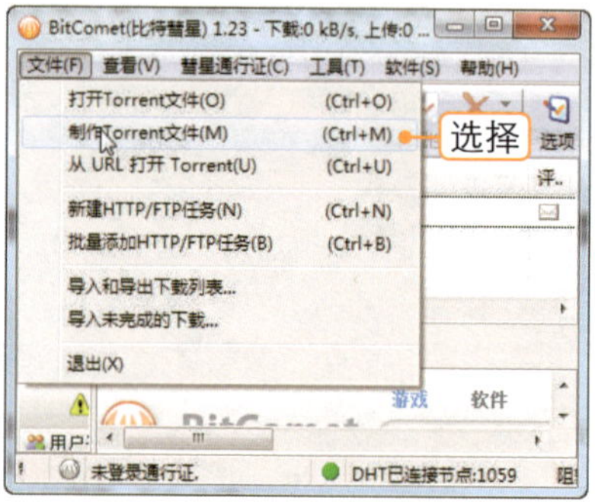

2 单击“浏览”按钮

弹出“制作 Torrent 文件”对话框，选择“单个文件”单选按钮，单击下方文本框右侧的“浏览”按钮，如下图所示。

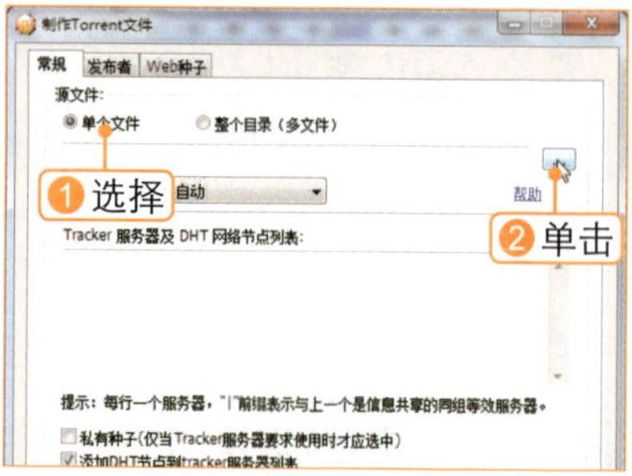

3 单击“打开”按钮

弹出“打开”对话框，选择用于制作 BT 种子的文件或目录，单击“打开”按钮，如下图所示。

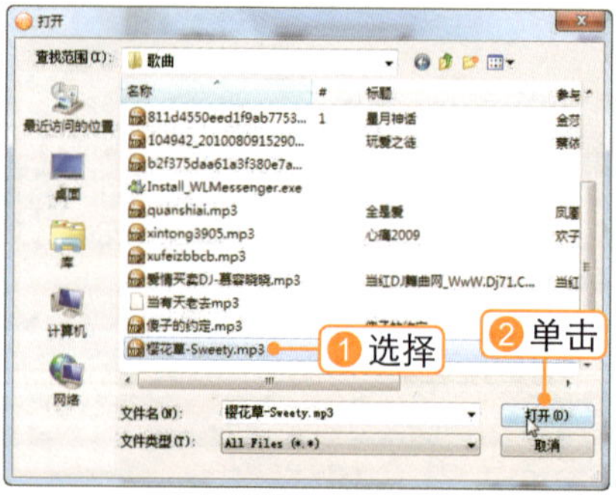

4 单击“分块大小”按钮

单击下方的“分块大小”下拉按钮，选择合适的分块大小选项，如下图所示。

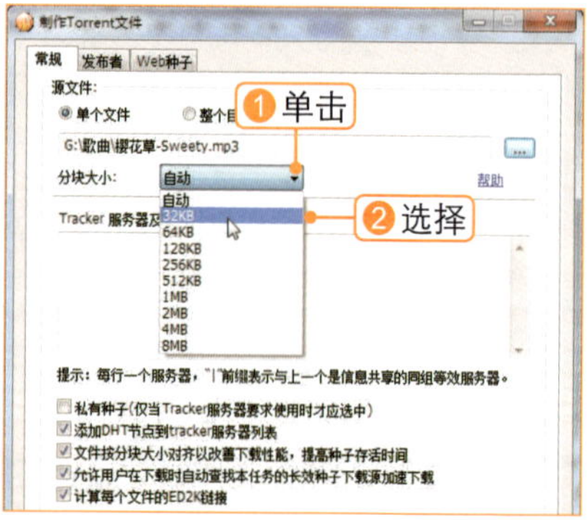

5 单击“制作”按钮

单击“制作”按钮，程序开始自动制作 BT 种子，如下图所示。

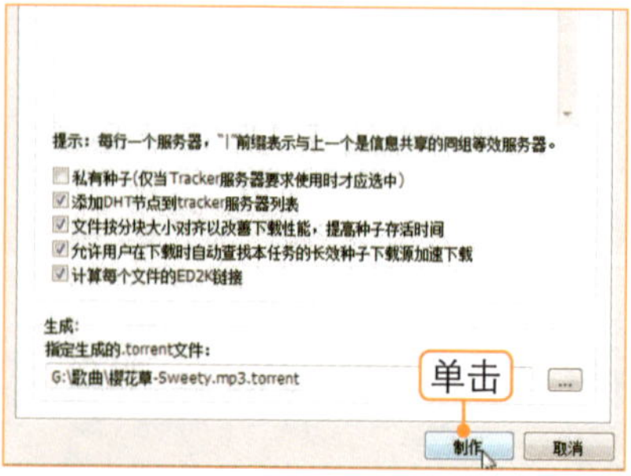

6 查看制作的BT种子

返回 BitComet 程序主窗口，可见制作的 BT 种子出现在列表中，如下图所示。

7 选择“开始”命令

右击制作好的BT种子，在弹出的快捷菜单中选择“开始”命令，即可上传资源，如下图所示。

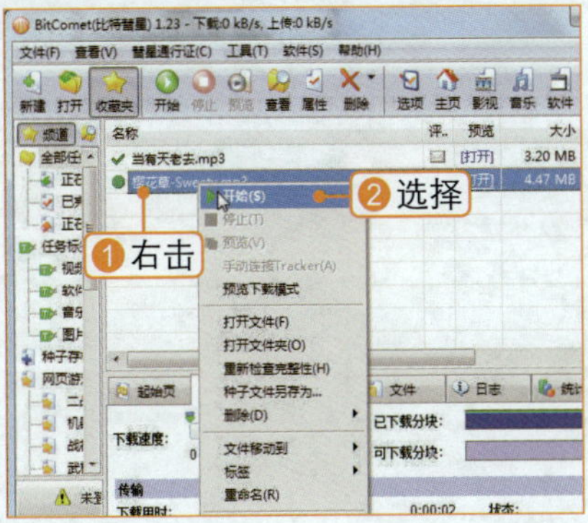

8 上传BT种子

程序窗口显示制作的BT种子正在上传中，如下图所示。

第5章

网络聊天与交友

网络不仅提供了丰富的信息资源，还是人们相互沟通的有效平台，在网上使用聊天工具能使用户充分享受信息时代带来的便利，本章将学习如何使用聊天工具进行聊天。

本章重点知识

- 使用腾讯QQ
- 使用MSN

5.1 使用腾讯QQ

腾讯 QQ 是即时通信软件，用户可以通过 QQ 与好友交流信息、自定义图片，或进行语音和视频聊天等。QQ 的功能全面、使用较方便。

>> 5.1.1 下载并安装腾讯QQ

要使用腾讯 QQ 与好友进行聊天交流，首先应该安装腾讯 QQ 软件，具体操作步骤如下：

1 启动IE浏览器

启动 IE 浏览器，进入腾讯的官方网站，单击“立即下载”按钮，如下图所示。

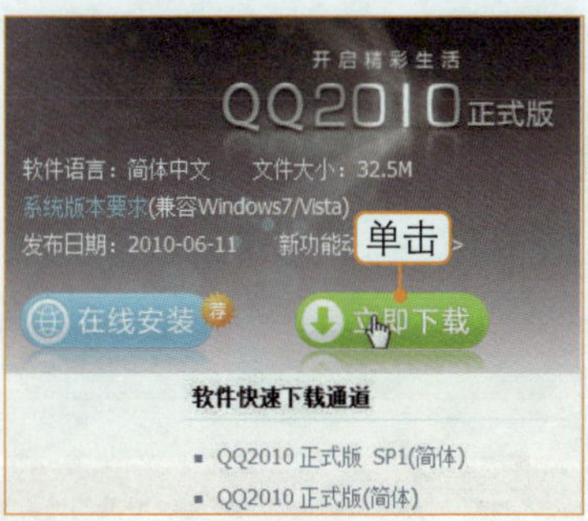

2 利用迅雷下载工具下载

弹出迅雷“建立新的下载任务”对话框，设置存储路径，然后单击“立即下载”按钮，如下图所示。

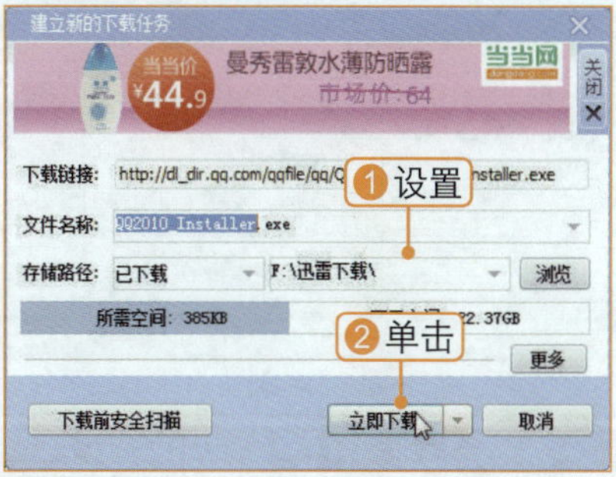

3 双击选中的下载文件

查看文件的下载路径，双击选中的下载文件，如下图所示。

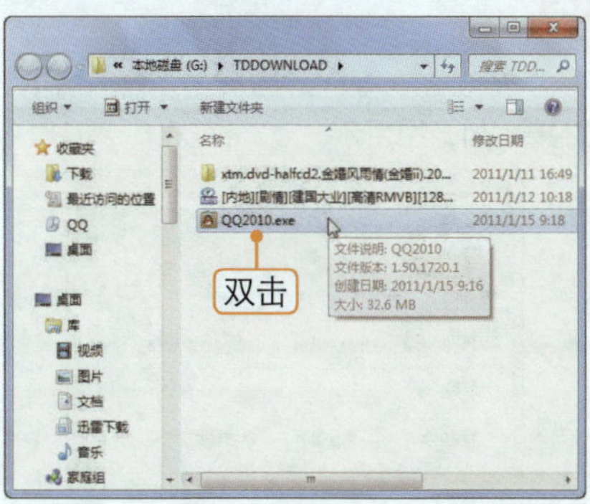

4 单击“下一步”按钮

弹出“腾讯 QQ2010 安装向导”对话框，设置参数如下图所示，单击“下一步”按钮。

5 选择快捷方式

在弹出的“请选择自定义安装选项与快捷方式选项”界面中选择“桌面”复选框，单击“下一步”按钮，如下图所示。

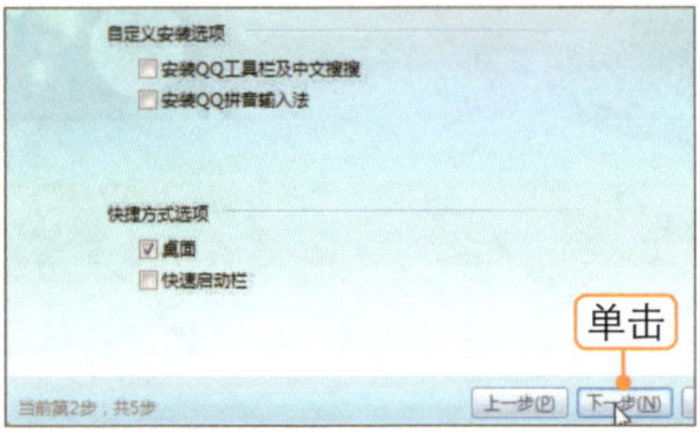

6 单击“安装”按钮

在弹出的“请选择安装路径”界面中单击“保存到‘我的文档’（推荐）”单选按钮，然后单击“安装”按钮，如下图所示。

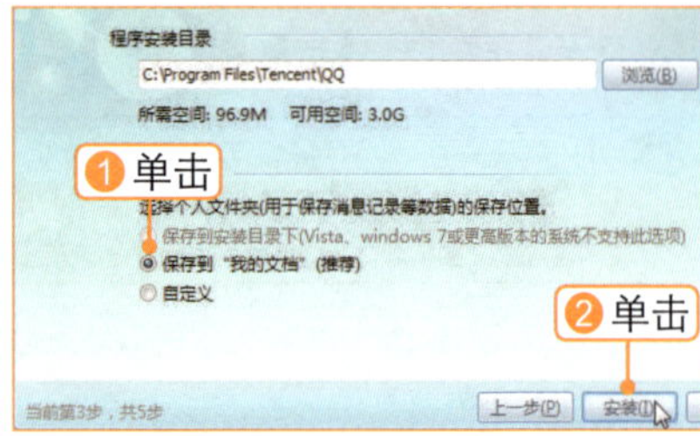

7 显示安装进度

弹出“正在安装”界面，显示安装的进度，如下图所示。

8 单击“完成”按钮

弹出“完成安装”界面，取消选择界面中的复选框，单击“完成”按钮，如下图所示。

>> 5.1.2 申请免费的QQ号码

若要使用腾讯 QQ 与朋友聊天，首先应该申请一个 QQ 号码，具体操作步骤如下：

1 选择“打开”命令

右击桌面上的 QQ 快捷方式图标，在弹出的快捷菜单中选择“打开”命令，如下图所示。

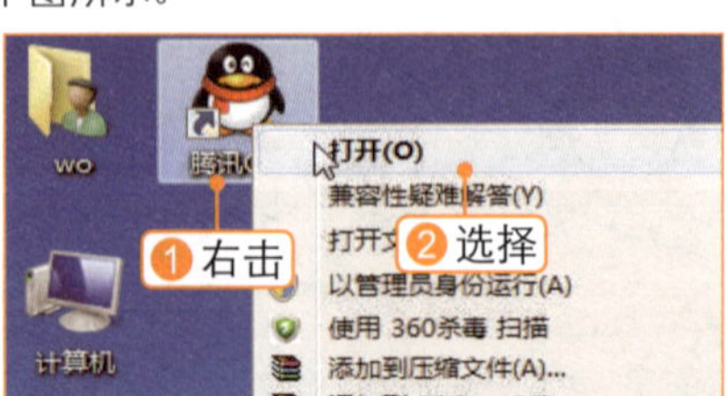

2 单击“注册新账号”链接

弹出登录窗口，单击“注册新账号”链接，如下图所示。

3 单击“立即申请”按钮

打开“申请 QQ 账号”页面，单击“网页免费申请”下的“立即申请”按钮，如下图所示。

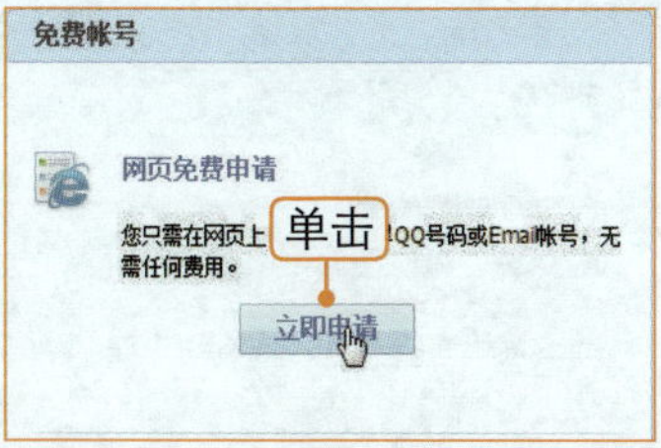

4 单击“QQ号码”链接

在“您想要申请哪一类账号”页面中单击“QQ 号码”链接，如下图所示。

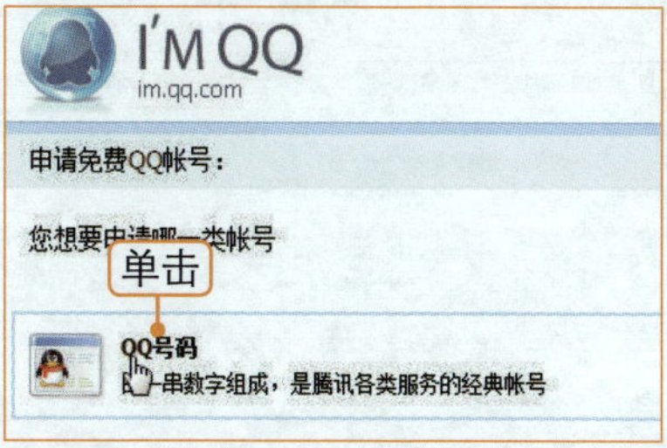

5 单击“确认并同意以下条款”按钮

打开“填写基本信息”页面，填写注册信息，单击“确定并同意以下条款”按钮，如下图所示。

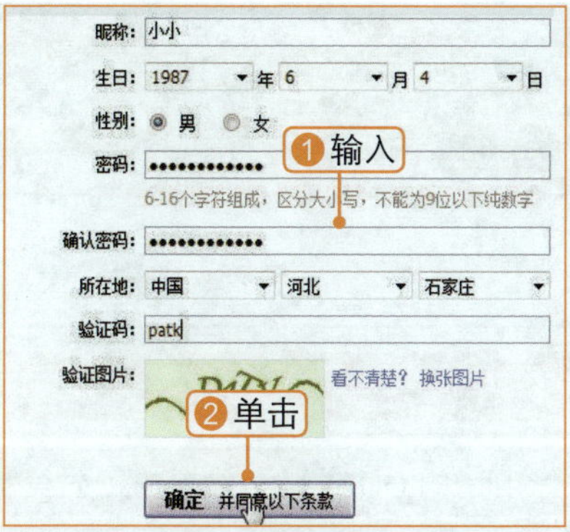

6 单击“立即获取保护”按钮

打开“申请成功”页面，显示所申请的 QQ 号码，单击“立即获取保护”按钮，如下图所示。

7 单击“密保问题”链接

弹出“设置二代密码保护”对话框，单击“密保问题”链接，如下图所示。

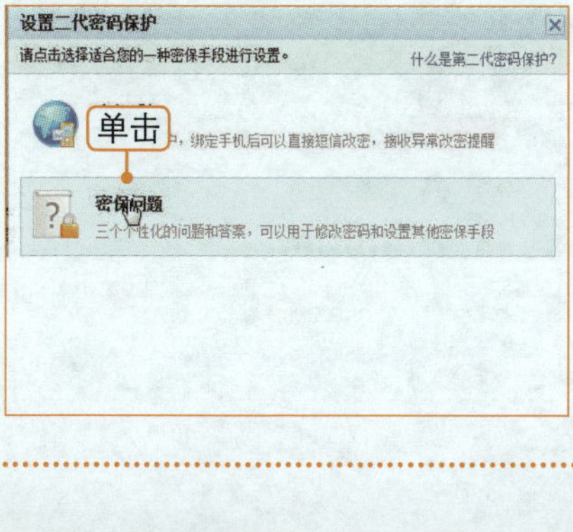

8 设置密保问题和答案

打开“设置密保问题”页面，设置密码保护问题和答案，单击“下一步”按钮，如下图所示。

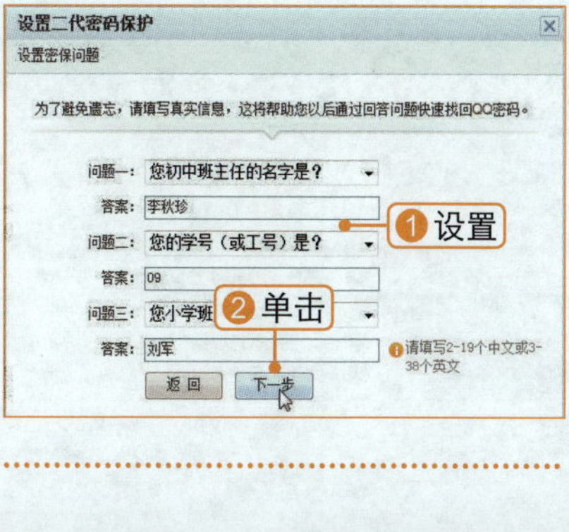

9 回答密保问题

在页面中对刚才设置的密保问题进行正确回答，单击“下一步”按钮，如下图所示。

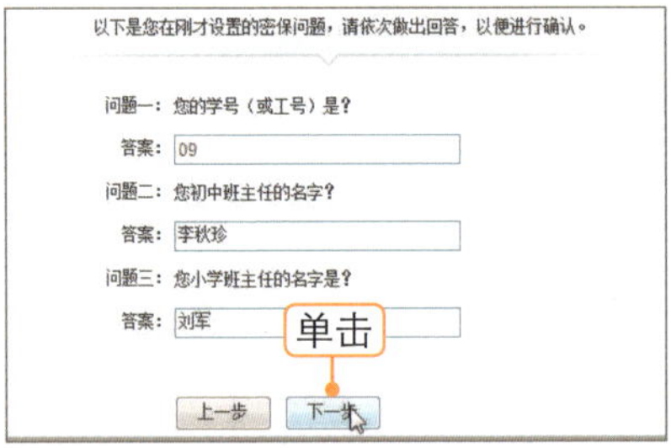

10 单击“完成”按钮

弹出“您已成功设置密保问题”提示框，单击“完成”按钮，如下图所示。

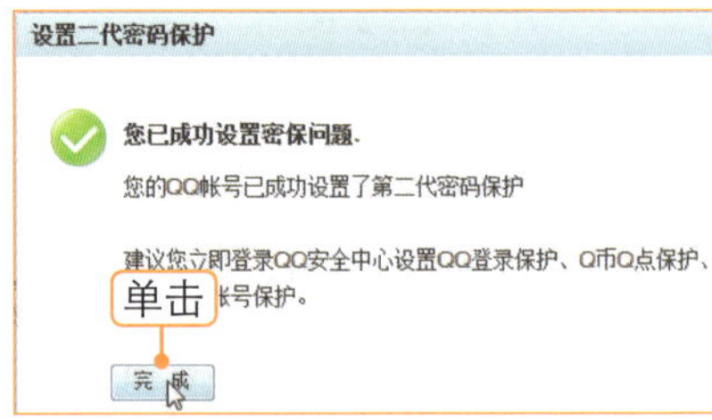

11 显示申请的QQ号码

弹出“申请成功”页面，显示申请的QQ号码，如下图所示。

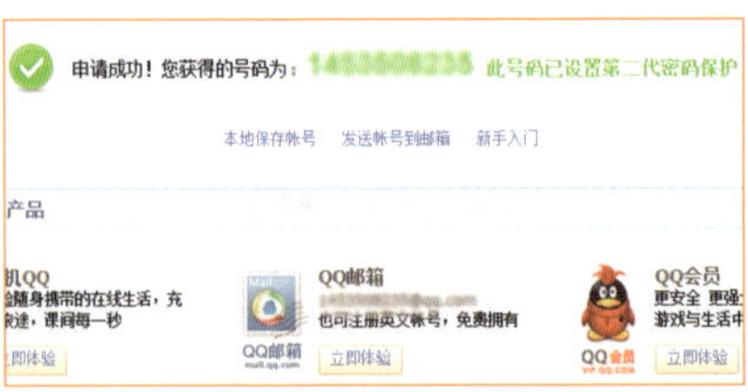

高手点拨

设置密码保护

如果不需要进行密码保护，直接关闭网页不设置密保内容即可。

>> 5.1.3 登录QQ

在用户申请QQ号码之后，就可以凭借申请的QQ号码和设置的密码登录QQ了，具体操作步骤如下：

1 选择“打开”命令

右击桌面上的QQ快捷方式，在弹出的快捷菜单中选择“打开”命令，如下图所示。

2 单击“登录”按钮

弹出登录窗口，输入登录信息，单击“登录”按钮，如下图所示。

3 弹出主界面

弹出 QQ 主界面，如下图所示。

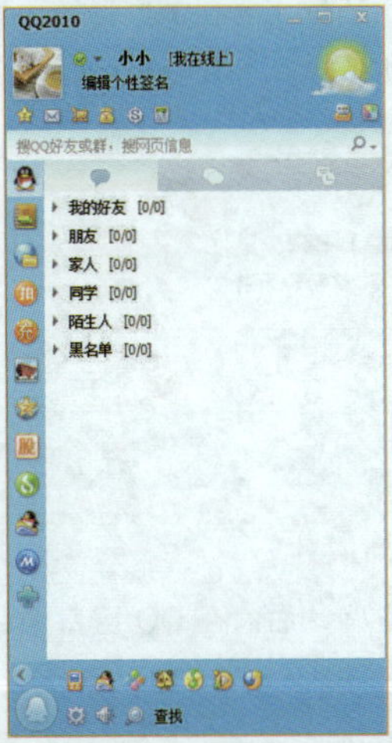

高手点拨

登录设置

若在 QQ 登录窗口中选中“记住密码”复选框，则在下次登录时可以直接登录。另外，单击“状态”右侧的下拉按钮，可以选择登录方式（登录方式有我在线上、Q 我吧、离开、忙碌、请勿打扰、隐身）。

>> 5.1.4 查找和添加好友

刚申请的 QQ 号中还没有任何好友，如果想与好友交流，应该先添加好友。

(1) 随意查找并添加好友

如果想在网络上与一个符合某些条件的网友聊天，需要在添加好友时设置条件，等待对方同意自己的发送请求，将其添加为好友，具体操作步骤如下：

1 单击“查找”按钮

单击 QQ 面板下部的“查找”按钮，如下图所示。

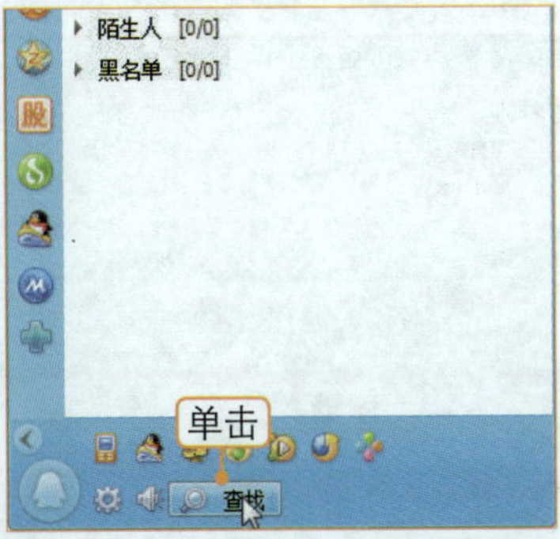

2 单击“查找”按钮

选择“按条件查找”单选按钮，并设置查找条件，单击“查找”按钮，如下图所示。

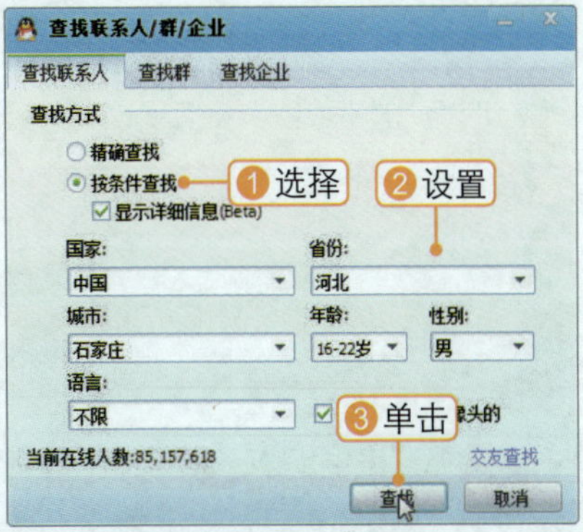

3 单击“加为好友”链接

在显示的搜索结果中选择需要添加的好友，单击右侧的“加为好友”链接，如下图所示。

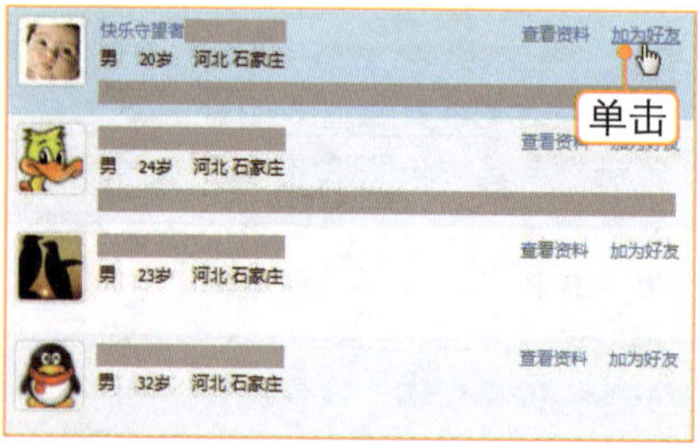

4 输入验证信息

弹出“添加好友”对话框，输入相关的信息，并单击“确定”按钮，等待对方同意添加，如下图所示。

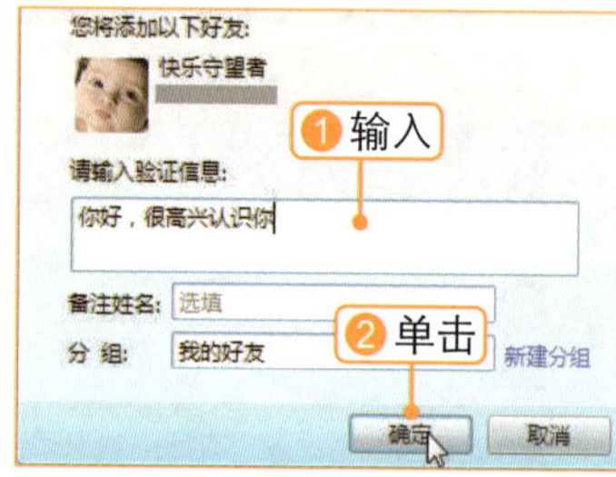

5 等待确认

弹出“添加好友”提示框，提示请求发送成功，等待对方确认，然后单击“关闭”按钮，如下图所示。

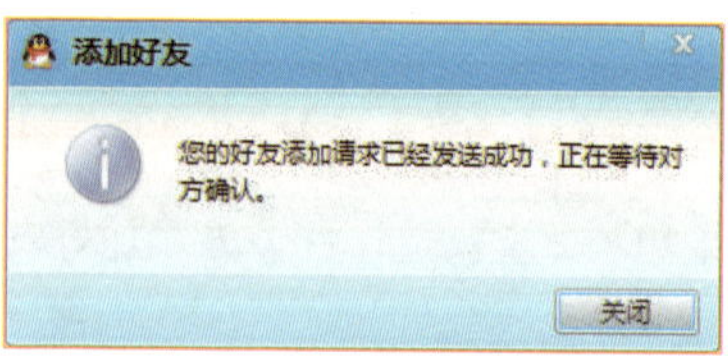

6 添加成功

对方确认后，在 QQ 窗口中会显示对方，如下图所示。

（2）通过 QQ 号码精确添加好友

若知道好友的 QQ 号码，可以通过 QQ 号码精确地查找并添加好友，具体操作步骤如下：

1 单击“查找”按钮

单击 QQ 面板下部的“查找”按钮，如下图所示。

2 开始查找

单击“精确查找”单选按钮，输入好友的 QQ 号码，然后单击“查找”按钮，如下图所示。

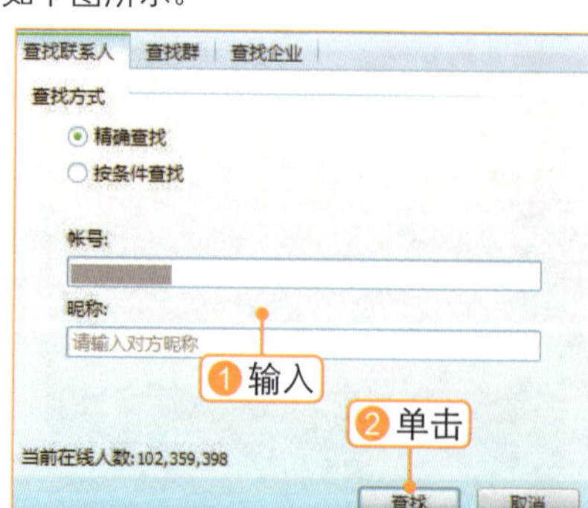

3 单击“添加好友”按钮

在显示的列表框中选中查找到的用户，单击“添加好友”按钮，如下图所示。

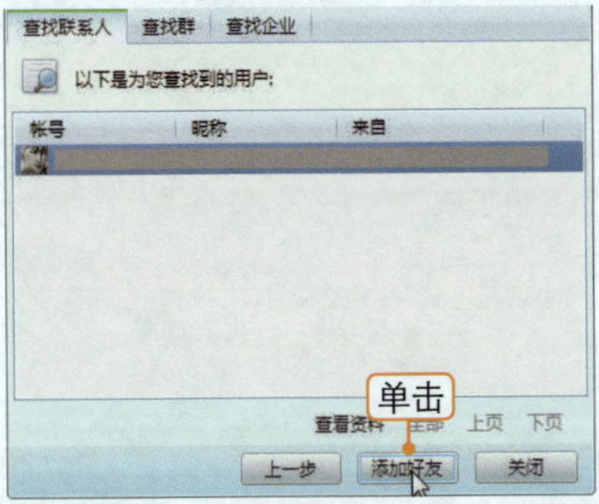

4 编辑添加好友信息

弹出“添加好友”对话框，输入备注名称，单击“确定”按钮，如下图所示。

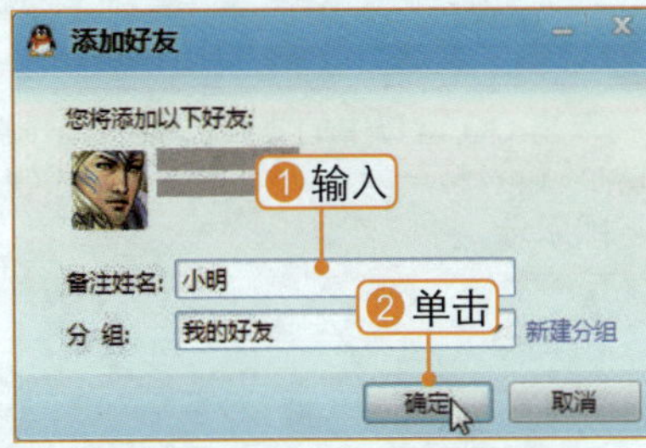

5 单击“完成”按钮

弹出“添加好友”提示框，单击“完成”按钮，如下图所示。

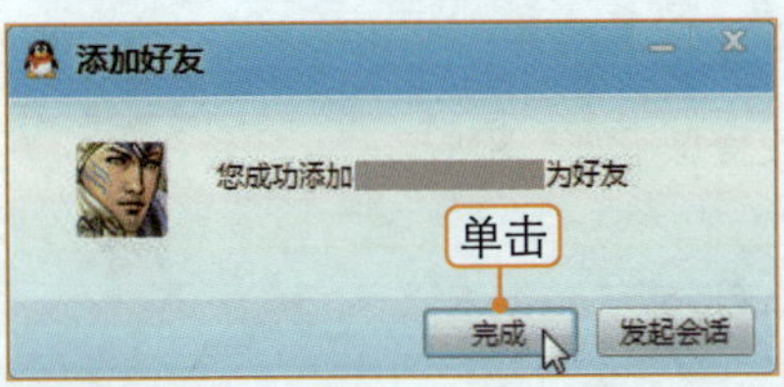

6 单击“加为好友”按钮

对方接受添加好友请求后会弹出“添加好友”提示框，单击“加为好友”按钮，如下图所示。

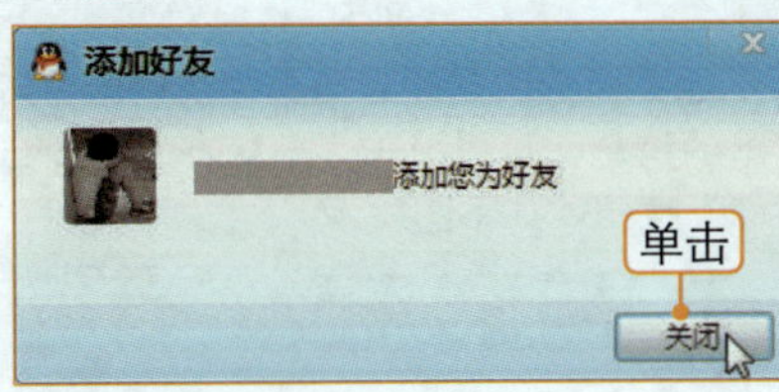

7 查看添加的好友

添加好友成功，返回QQ主界面，查看添加的好友，如下图所示。

高手点拨

验证设置

如果对方的QQ号身份验证状态为“允许任何人加为好友”，则可以直接加为好友，如果设置的是“拒绝任何人加为好友”，则不会弹出“添加好友”对话框，也加不上对方。

>> 5.1.5 与好友聊天

添加好友后，用户即可以和添加的好友进行聊天并收/发信息了，具体操作步骤如下：

1 单击“发送”按钮

双击 QQ 窗口中的好友头像，打开聊天窗口，输入聊天内容，单击“发送”按钮，如下图所示。

2 接收信息

对方双击闪烁的头像，即可接收信息，如下图所示。

3 单击“发送抖动窗口”按钮

如果对方因其他事情未注意到用户所发出的信息，可以单击“向好友发送窗口抖动”按钮，如下图所示。

4 回复信息

对方收到信息后，会用相同的方式回复信息，如下图所示。

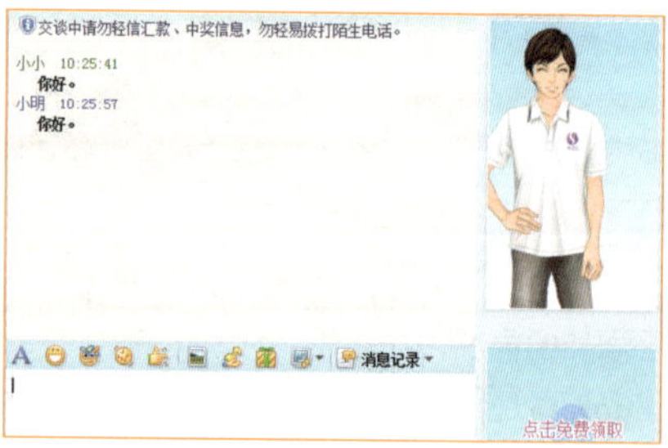

5 接收到对方信息

此时，用户接收到对方发送的信息，如下图所示。

高手点拨

设置发送方式

在聊天窗口中单击“发送”按钮右侧的下拉按钮，在弹出的下拉菜单中可以设置发送方式是单击“发送”按钮还是按快捷键。

>> 5.1.6 语音聊天和视频聊天

若用户配有麦克风和摄像头，对方也配有此设备，即可进行语音和视频聊天，具体操作步骤如下：

1 单击“开始语音会话”按钮

双击 QQ 窗口中的好友头像，打开聊天窗口，单击“开始语音会话”按钮，如下图所示。

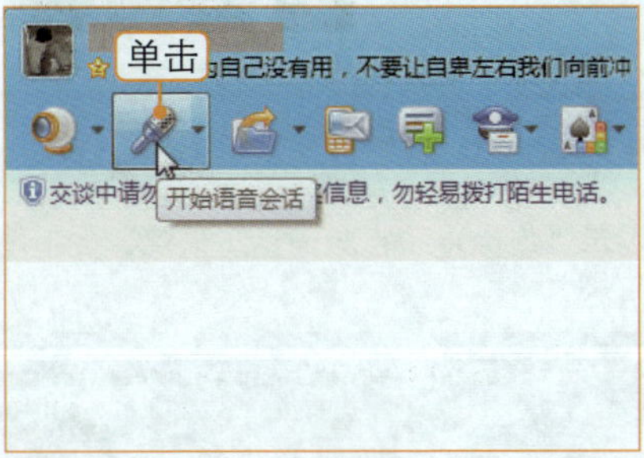

2 弹出“语音请求”窗口

弹出“语音请求”窗口，等待对方接受语音聊天邀请，如下图所示。

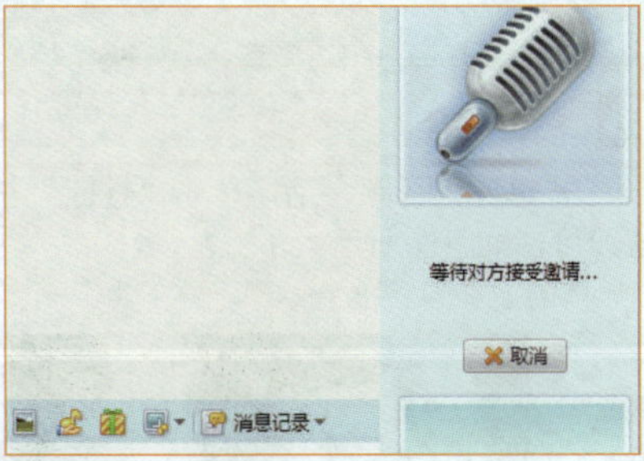

3 单击“接受”按钮

在对方窗口中会出现语音请求，对方单击“接受”按钮，如下图所示。

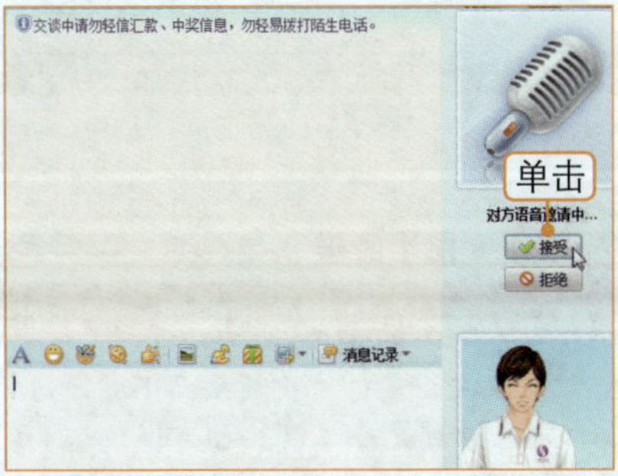

4 开始语音聊天

此时，双方就可以语音聊天了，窗口将显示通信交谈状态，如下图所示。

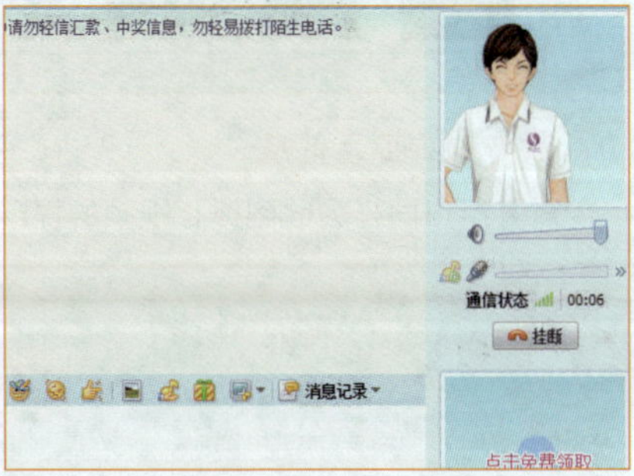

5 单击“开始视频会话”按钮

在聊天窗口中单击“开始视频会话”按钮，如下图所示。

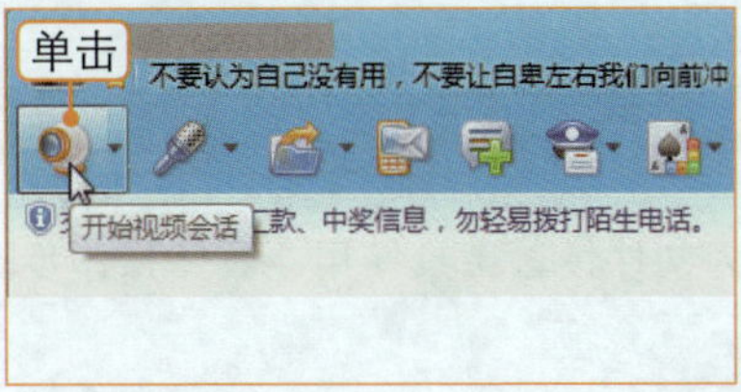

6 弹出“等待对方接受邀请”窗口

弹出“等待对方接受邀请”窗口，如下图所示。

7 单击“接受”按钮

对方弹出“对方视频邀请中”窗口，单击“接受”按钮，如下图所示。

8 开始视频会话

此时，等待缓冲之后，在用户之间就可以进行视频会话聊天了，如下图所示。

9 单击“挂断”按钮

若想终止视频会话，单击“挂断”按钮即可，如下图所示。

10 弹出“中止视频通话”提示信息

关闭“视频会话”后会出现提示信息，提示“您中止了视频通话”信息，如下图所示。

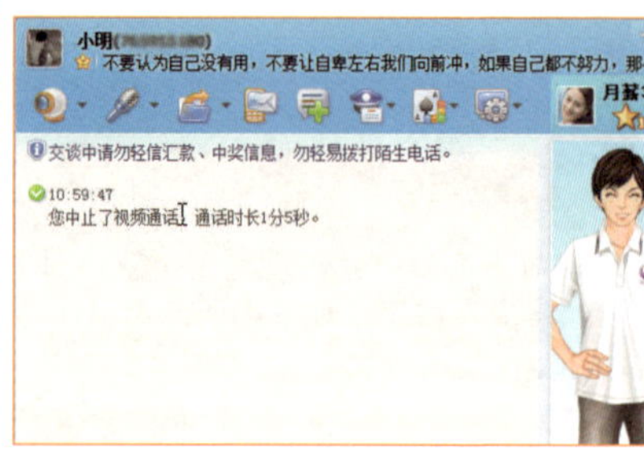

11 对方收到提示信息

对方用户同样会收到终止视频的提示信息，如下图所示。

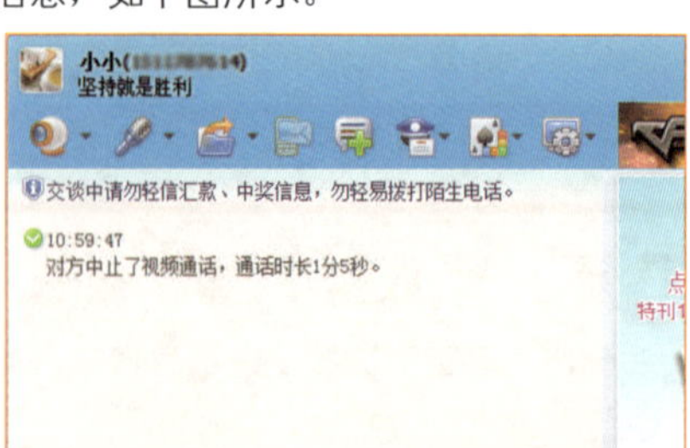

高手点拨

切换视频画面

在聊天窗口的视频画面下方，用户可以看到几个工具按钮，通过这些按钮可以切换视频窗口的显示方式，也可以切换自己和对方的视频画面等。

>> 5.1.7 传送文件

QQ 不仅是一种聊天工具，还可以作为文件传输工具使用。具体操作步骤如下：

① 选择“发送文件”选项

双击 QQ 面板中的好友头像，单击“传送文件”下拉按钮，选择“发送文件”选项，如下图所示。

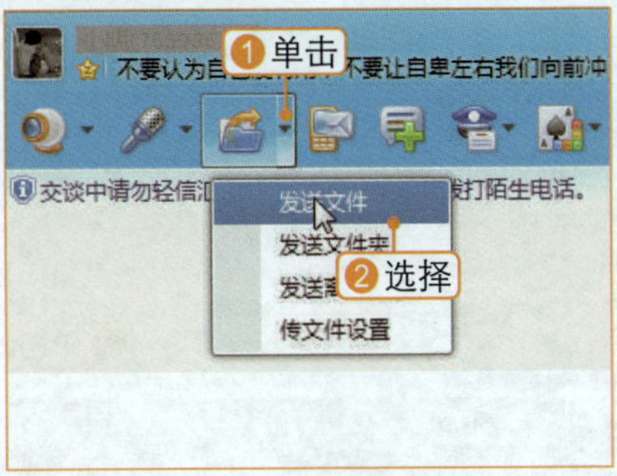

② 单击“打开”按钮

在弹出的“打开”对话框中选中需要传送的文件，单击“打开”按钮，如下图所示。

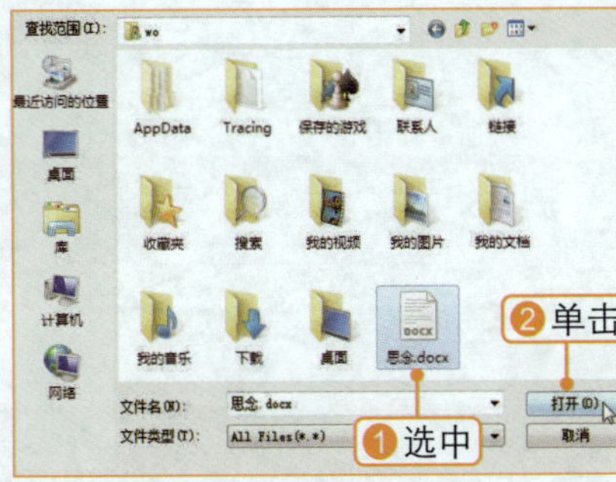

③ 打开“发送文件请求”窗口

打开“发送文件请求”窗口，等待对方接受文件传送，如下图所示。

④ 单击“接收”按钮

对方弹出“收到文件请求”提示信息，单击“接收”按钮，如下图所示。

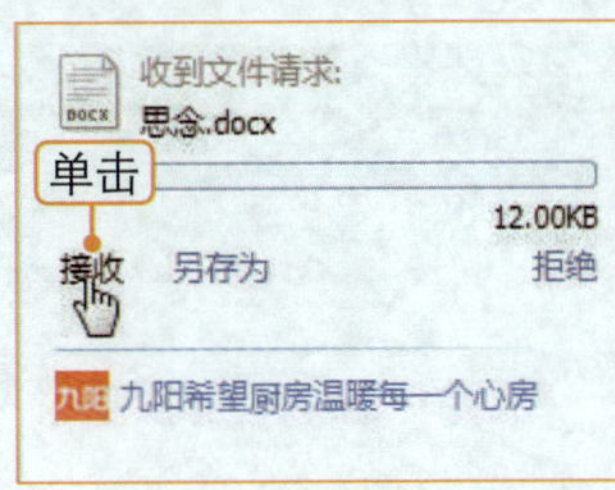

⑤ 弹出“成功发送文件”提示信息

用户窗口弹出“成功发送文件”提示信息，如下图所示。

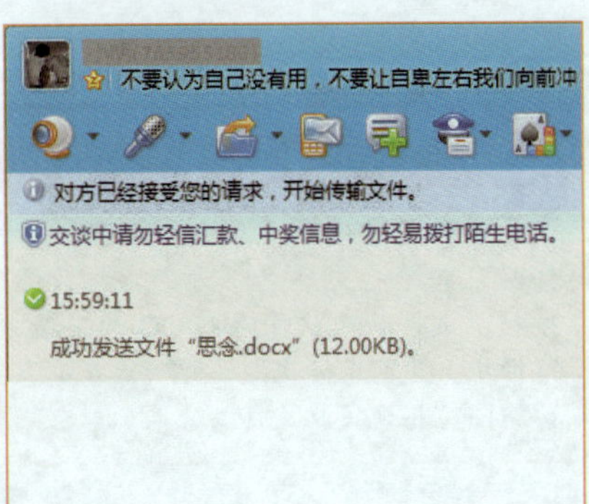

⑥ 打开接收到的文件

对方窗口弹出“成功接收文件”提示信息，此时，对方就可以打开接收到的文件了，如下图所示。

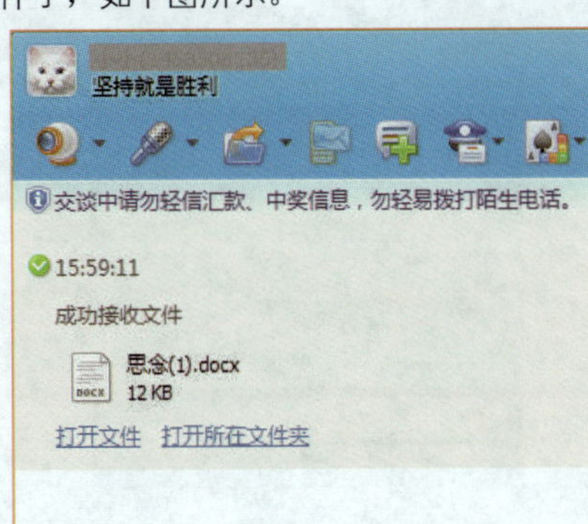

7 单击“另存为”按钮

对方用户还可以单击“另存为”按钮，选择文件的保存路径，如下图所示。

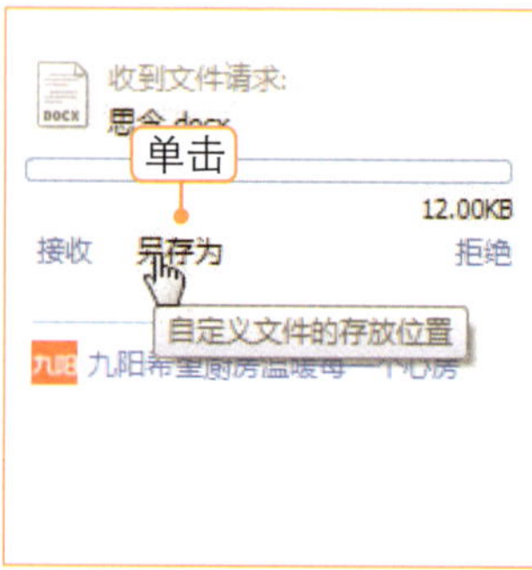

8 单击“保存”按钮

弹出“另存为”对话框，在保存在下拉列表框中选择“桌面”选项，然后单击“保存”按钮，如下图所示。

9 弹出“成功发送文件”提示信息

用户窗口弹出“成功发送文件”提示信息，如下图所示。

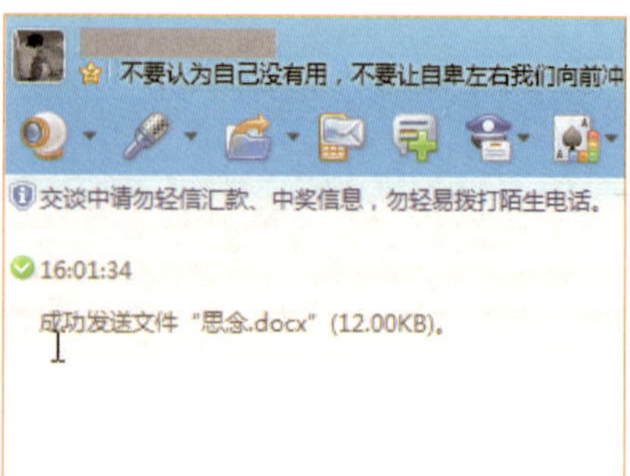

10 弹出“成功接收文件”提示信息

对方窗口弹出“成功接收文件”提示信息，如下图所示。

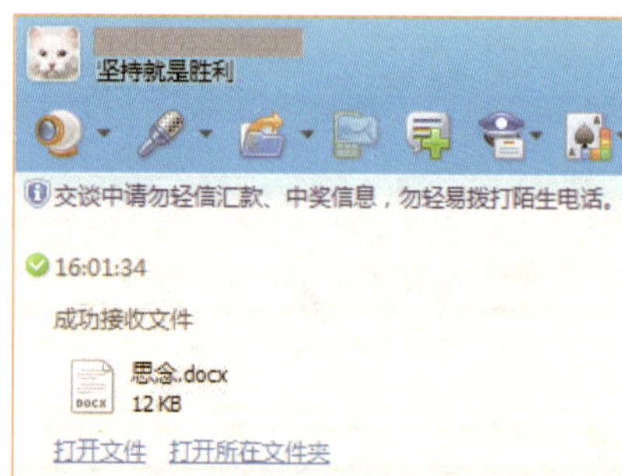

11 查看接收到的文件

查看接收到的文件，如下图所示。

高手点拨

接收文件

当聊天窗口中显示对方发送的文件时，若单击文件名下方的“接收”按钮，文件将默认保存到QQ的安装路径中。若不想接收文件，单击“拒绝”按钮即可拒绝接收文件。

>> 5.1.8 QQ个人设置

用户登录 QQ 之后，可对 QQ 的功能做一些个性化设置，具体操作步骤如下：

1 选择“个人资料”命令

单击“主菜单”按钮，选择“系统设置”|“个人资料”命令，如下图所示。

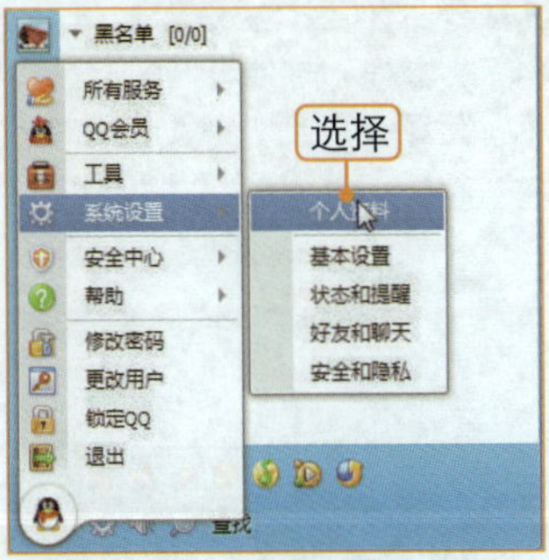

2 输入个性签名

弹出“我的资料”对话框，输入个性签名，并设置其他选项，然后单击“确定”按钮，如下图所示。

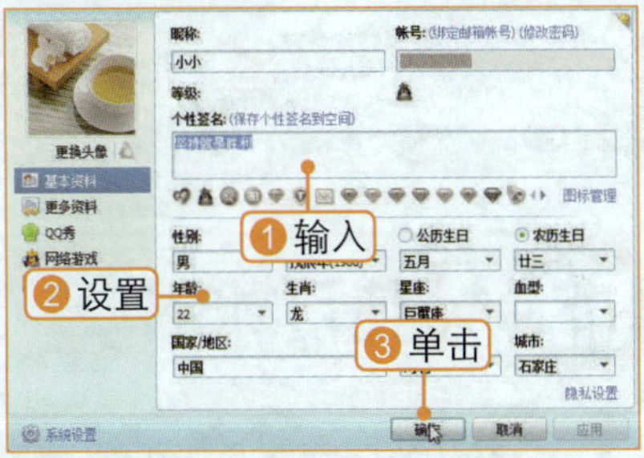

3 查看个性签名效果

返回 QQ 主界面，查看个性签名的效果，如下图所示。

高手点拨

更换头像

在“我的资料”对话框中单击左侧的“更换图像”按钮，可以在弹出的对话框中更换 QQ 头像。

>> 5.1.9 QQ系统设置

用户还可以对 QQ 的一些系统功能进行设置，具体操作步骤如下：

1 单击“打开系统设置”按钮

登录 QQ, 单击 QQ 窗口底部的“打开系统设置”按钮，如下图所示。

2 选择“关闭所有声音”复选框

弹出“系统设置”对话框，选择“声音”选项，并选择“关闭所有声音”复选框，如下图所示。

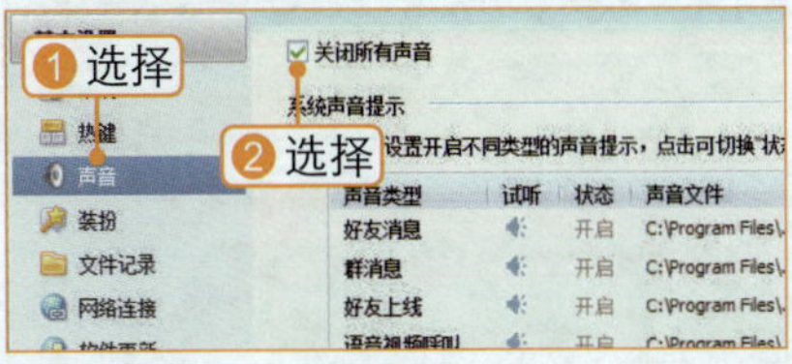

3 设置窗口抖动

选择“好友和聊天”选项，设置参数后单击“确定”按钮，如下图所示。

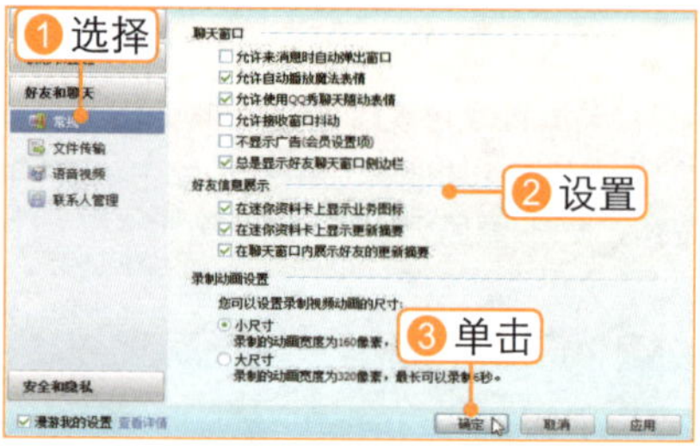

高手点拨

修改密码

在“系统设置”对话框中选择“安全和隐私”选项，然后在“安全和隐私”选项窗口中单击“安全”按钮，再单击“修改密码”超链接，即可打开“修改密码”页面修改密码。

5.2 使用MSN

MSN 的全称 Microsoft Service Network（微软网络服务），它是微软公司推出的即时消息软件，可以用来和亲人、朋友、工作伙伴进行文字聊天、语音对话和视频会议等。下面介绍如何使用 MSN 进行聊天。

>> 5.2.1 注册并登录MSN

在使用 MSN 之前，必须先安装然后注册 Windows Live Messenger 账号才能登录使用，具体操作步骤如下：

1 单击“进入安装”按钮

打开 Windows Live Messenger 2009 安装界面，单击“进入安装”按钮，如下图所示。

2 弹出“准备安装文件”界面

弹出“准备安装文件”界面，如下图所示。

3 单击“安装”按钮

弹出“选择要安装的程序”界面，选择需要安装的程序，单击“安装”按钮，如下图所示。

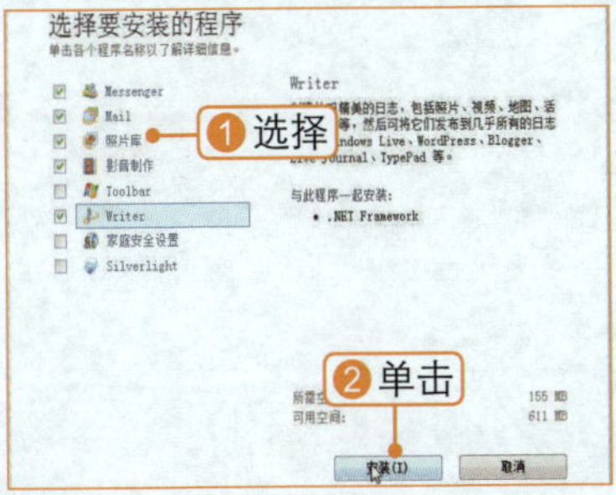

4 显示安装进度

弹出“我们正在为您安装程序”界面，显示安装的进度，如下图所示。

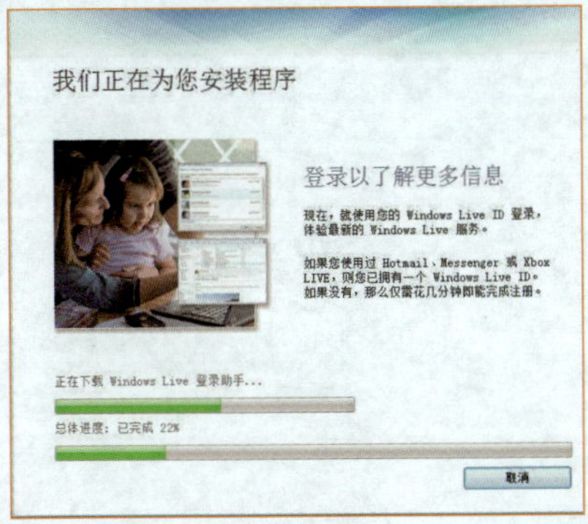

5 单击“继续”按钮

弹出“马上完成”界面，取消选择界面上的复选框，单击“继续”按钮，如下图所示。

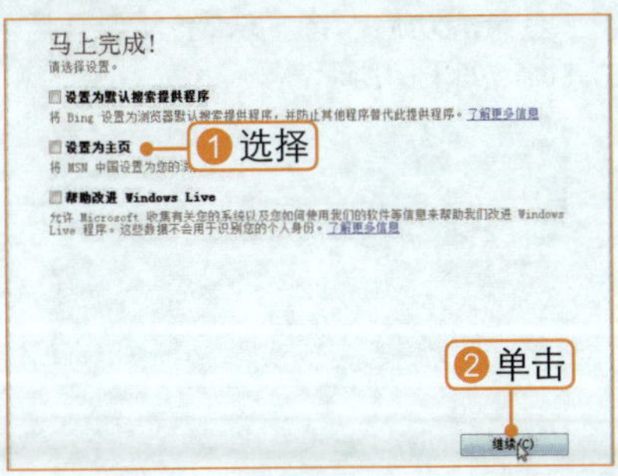

6 单击“关闭”按钮

弹出“完成”界面，单击“关闭”按钮，完成 Windows Live Messenger 的安装，如下图所示。

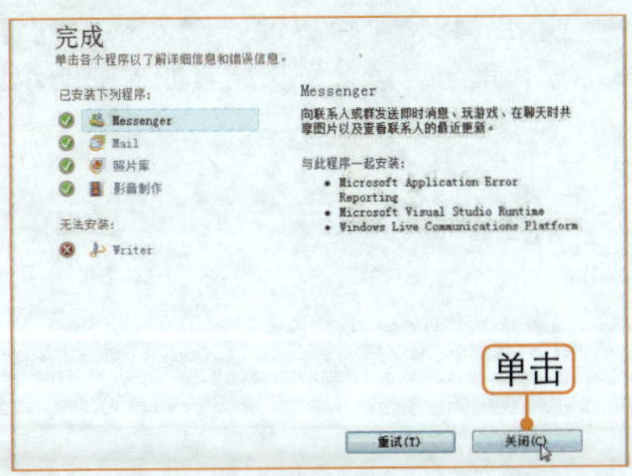

7 单击“注册”链接

安装完成后会弹出“Windows Live”页面，单击“注册”链接，如下图所示。

8 填写注册信息

弹出账户注册页面，根据提示填写注册信息，如下图所示。

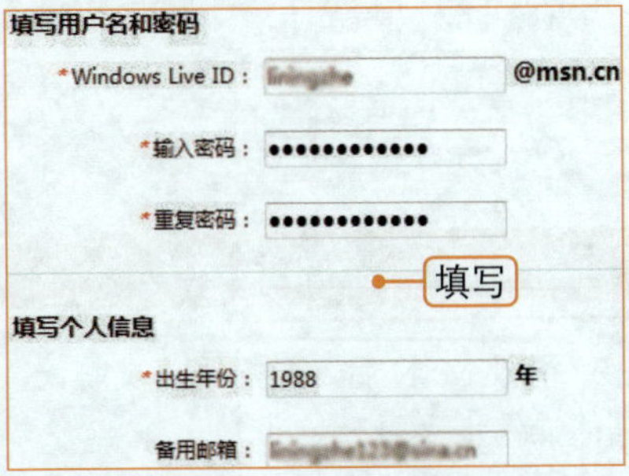

9 单击“我接受”按钮

填写完毕后，单击页面底端的“我接受”按钮，如下图所示。

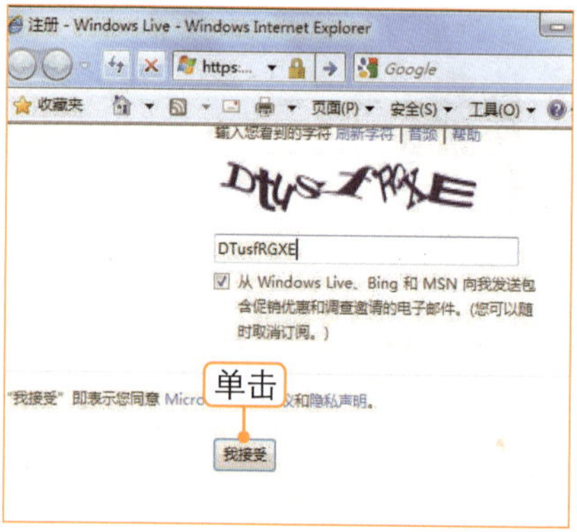

10 选择“登录”命令

单击桌面上的“开始”按钮，选择 Windows Live Messenger |“登录”命令，如下图所示。

11 单击“登录”按钮

弹出 MSN 登录界面，输入相关的登录信息，单击“登录”按钮，如下图所示。

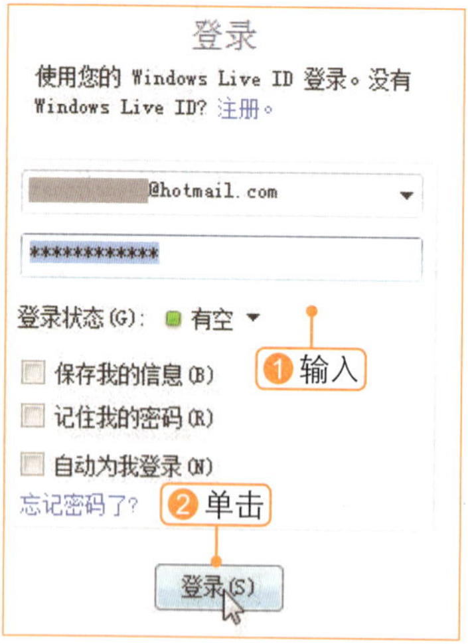

12 显示MSN主界面

登录成功后，将显示 MSN 登录后的主界面，如下图所示。

>> 5.2.2 添加联系人

登录 MSN 后，要想跟好友聊天，首先应该将其添加为好友。添加联系人的具体操作步骤如下：

1 选择“添加联系人”选项

登录 MSN 后，单击界面上方的“添加联系人或群”按钮，选择“添加联系人”选项，如下图所示。

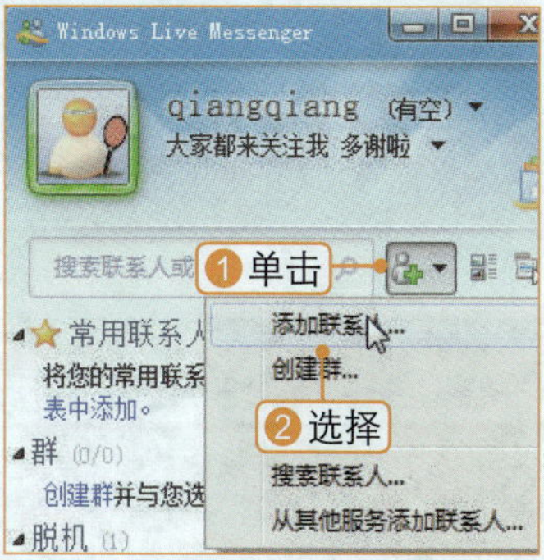

2 单击“下一步”按钮

弹出“输入此人的信息”界面，输入好友的 MSN 账号，然后单击“下一步”按钮，如下图所示。

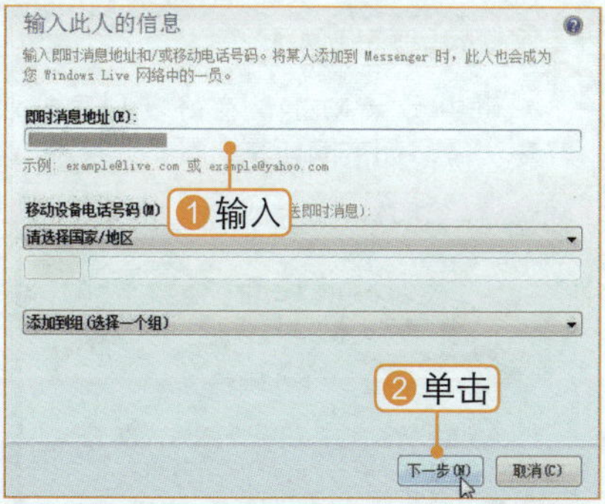

3 单击“发送邀请”按钮

在弹出的发送邀请界面中输入请求信息，单击“发送邀请”按钮，如下图所示。

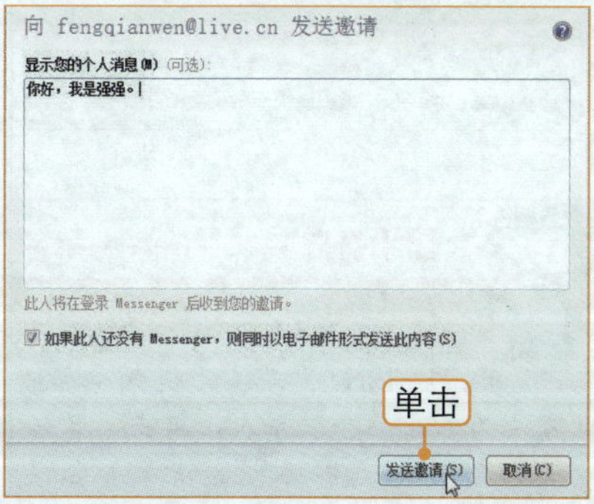

4 单击“关闭”按钮

此时，将弹出添加好友成功的提示，单击“关闭”按钮，如下图所示。

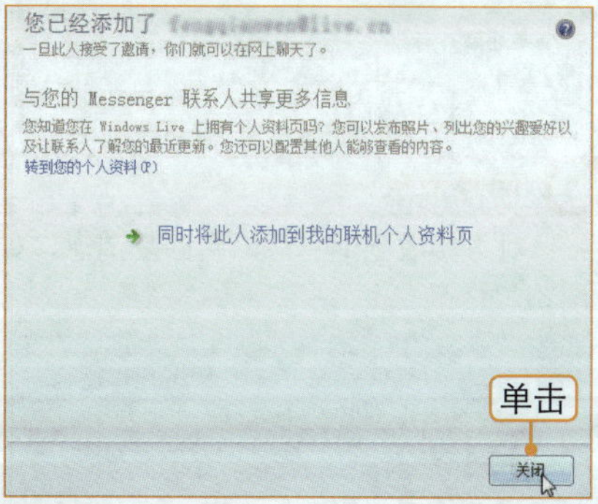

5 查看添加的好友

在 MSN 主界面中查看添加的好友，如下图所示。

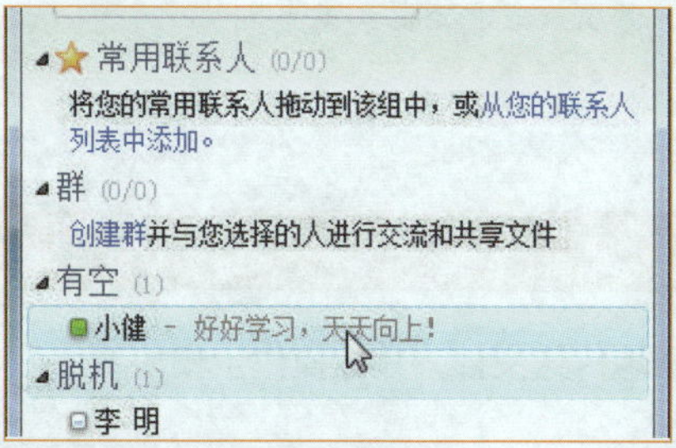

高手点拨

管理组

在 Messenger 主窗口中单击“联系人”下拉按钮，指向“对联系人进行排序”选项，然后单击“组”，可将联系人组织到不同的组中。在联系人名单的“组”视图中，右击现有组的名称，或者单击“联系人”下拉按钮，指向“管理组”选项，可以创建、重命名或删除组，以方便用户的查找。

>> 5.2.3 与好友聊天

成功添加联系人后，如果该联系人在线，就可以和对方进行聊天了，具体操作步骤如下：

① 启动并登录MSN

启动并登录 MSN，在好友列表中双击好友头像，如下图所示。

② 发送消息

输入聊天信息，输入完成后按【Enter】键发送消息即可，如下图所示。

③ 回复消息

对方接收到消息后，会回复消息，如下图所示。

高手点拨

视频会议

利用 MSN 可以召开视频会议，方法为右击某个联系人，单击“开始视频会议”，选择希望邀请参加会议的人的名字，然后单击“确定”按钮。一旦其他人接受了邀请，将在各自的计算机上自动启动音频和视频，但双方必须都安装了网络摄像机和头戴式耳机（或扬声器和麦克风）。

>> 5.2.4 传送文件

使用 MSN 与腾讯 QQ 一样，可以方便地传送文件，具体操作步骤如下：

① 启动并登录MSN

启动并登录 MSN，在联系人列表中双击要向其传送文件的联系人，如下图所示。

② 选择“发送一个文件”命令

弹出聊天窗口，选择“文件”|“发送一个文件或照片”命令，如下图所示。

③ 单击“打开”按钮

弹出发送文件对话框，选中要传送的文件，单击“打开”按钮，如下图所示。

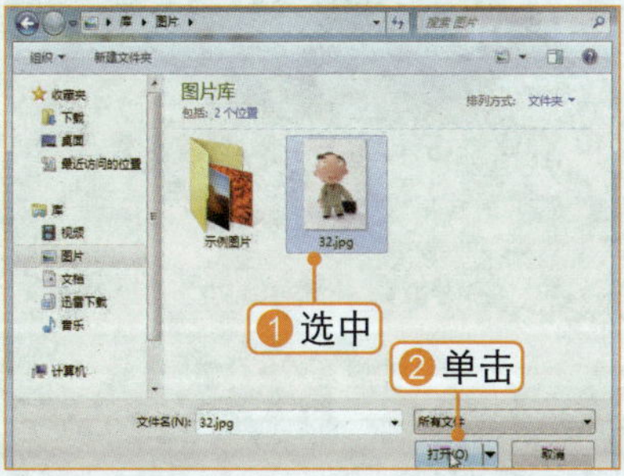

④ 等待好友接受请求

返回聊天窗口，等待好友接受请求，然后即可开始进行文件传送，如下图所示。

⑤ 显示“发送完毕”提示信息

好友接收文件后，将显示“发送完毕”提示信息，如下图所示。

高手点拨

共享文件

除了可以直接发送文件给好友外，还可以选择“文件”|“联机发布文件”命令，在打开的网页中根据提示将文件共享，从而让好友可以下载。

第6章

网络交流与通信

随着网络的飞速发展，人们在网上交流和通信的频率越来越高，用户不仅可以使用聊天工具进行聊天，还可以通过收发电子邮件的形式来代替传统的写信方式进行感情交流。

本章重点知识

- 使用QQ邮箱
- 使用新浪免费邮箱
- 使用Windows Mail收发邮件

6.1 使用QQ邮箱

电子邮件不仅方便而且快捷，并且容量很大，相对传统的书信邮件来说，它既经济又实惠，下面详细介绍电子邮件的使用。

>> 6.1.1 开通QQ邮箱

用户在申请 QQ 后，可以免费开通邮箱，与他人进行通信交流，具体操作步骤如下：

① 单击“邮件”按钮

登录 QQ，单击 QQ 窗口中的“邮件”按钮，如下图所示。

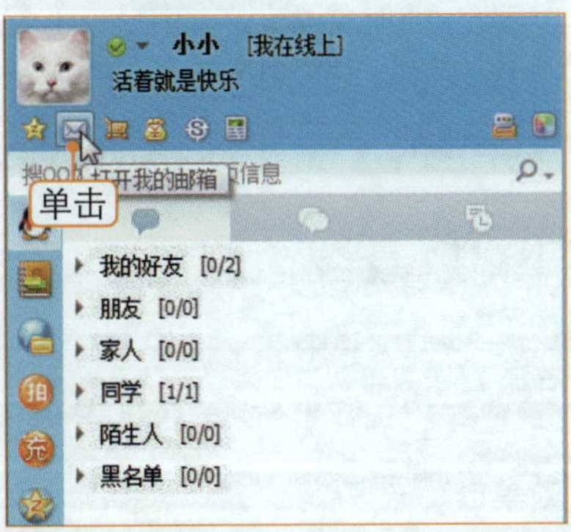

② 单击“开通我的邮箱”按钮

弹出“QQ 邮箱 - 开通 QQ 邮箱”页面，单击“开通我的邮箱”按钮，如下图所示。

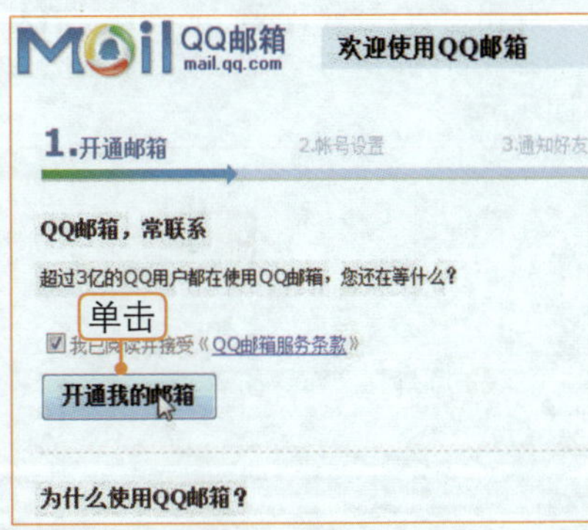

③ 创建账号

弹出成功开通提示页面，单击“我要创建一个 @foxmail 账号”按钮，如下图所示。

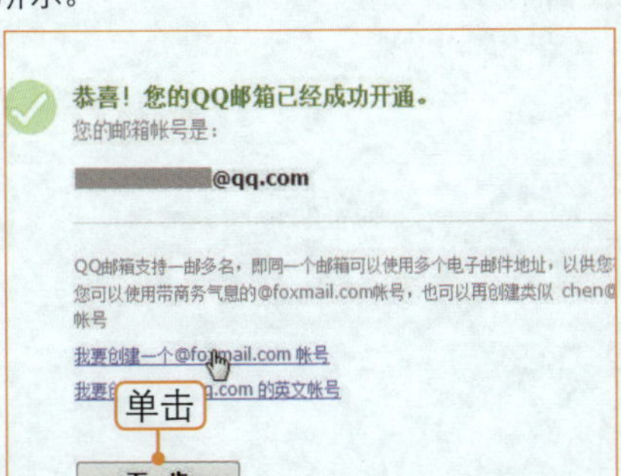

④ 输入创建信息

弹出“创建 @foxmail 账号”对话框，输入相关的信息，然后单击“确定”按钮，如下图所示。

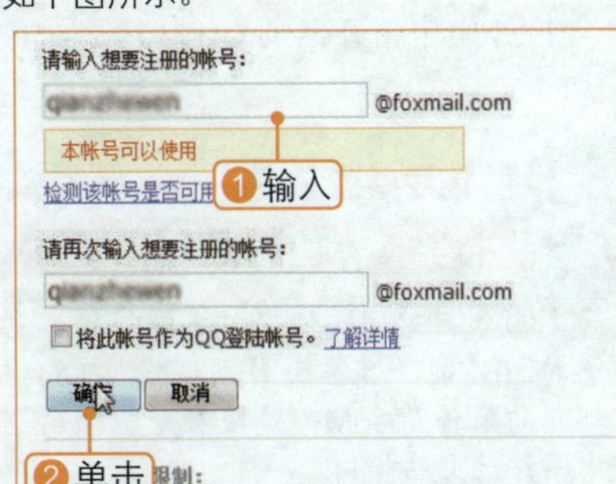

5 关闭“创建账号”对话框

关闭“创建 @foxmail 账号”对话框，单击“下一步”按钮，如下图所示。

6 单击“下一步”按钮

弹出“告诉我的好友”页面，选择好友，单击“下一步”按钮，如下图所示。

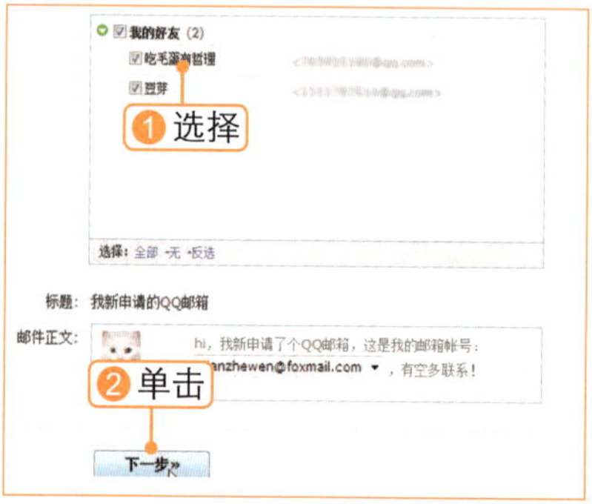

7 选择邮件订阅

弹出“QQ 邮件订阅”页面，选择相关的邮件订阅，单击“下一步”按钮，如下图所示。

8 单击“进入邮箱”按钮

弹出“开通完成”提示页面，单击“进入邮箱”按钮，如下图所示。

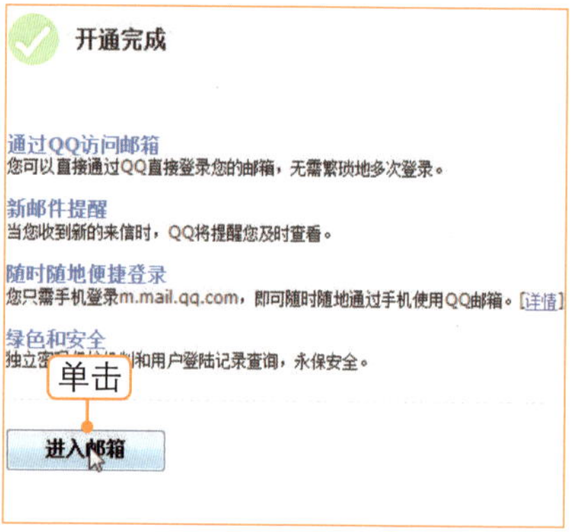

9 打开开通的邮箱

打开刚申请开通的 QQ 邮箱，如右图所示。

高手点拨

QQ邮箱容量

当用户的实际使用量达到邮箱容量的 50% 时，容量会自动翻倍。QQ 邮箱的附件是 50M，是现有免费邮箱中附件较大的邮箱。

>> 6.1.2 发送QQ邮件

开通邮箱后，用户就可以登录邮箱发送电子邮件了，具体操作步骤如下：

1 单击“邮件”按钮

登录QQ，单击QQ窗口中的“邮件”按钮，如下图所示。

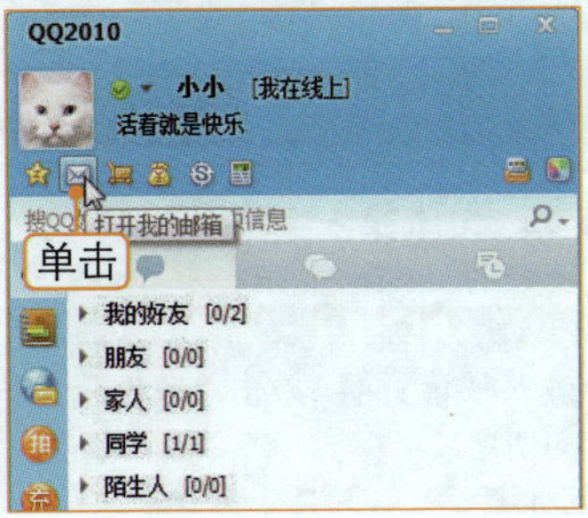

2 单击“写信”链接

打开并自动登录个人邮箱，单击“写信”链接，如下图所示。

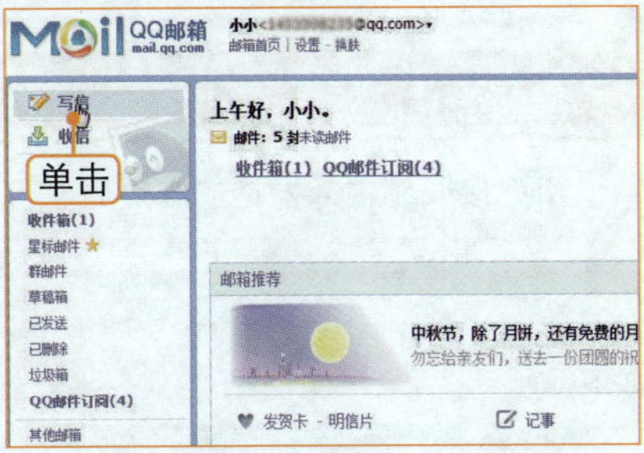

3 单击“发送”按钮

弹出邮件编辑页面，输入相关内容，单击“发送”按钮，如下图所示。

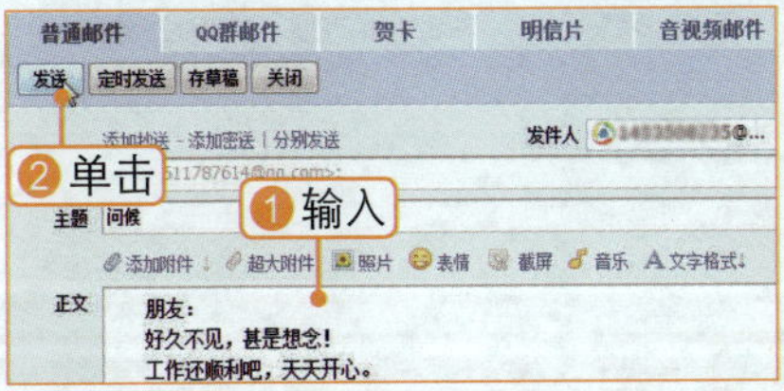

4 发送邮件

提示完成邮件的发送，如下图所示。

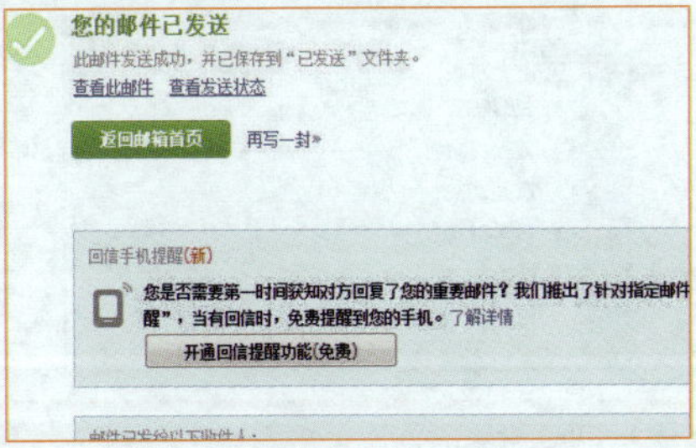

5 对方接收邮件

此时，对方会接收到用户发送的邮件，如下图所示。

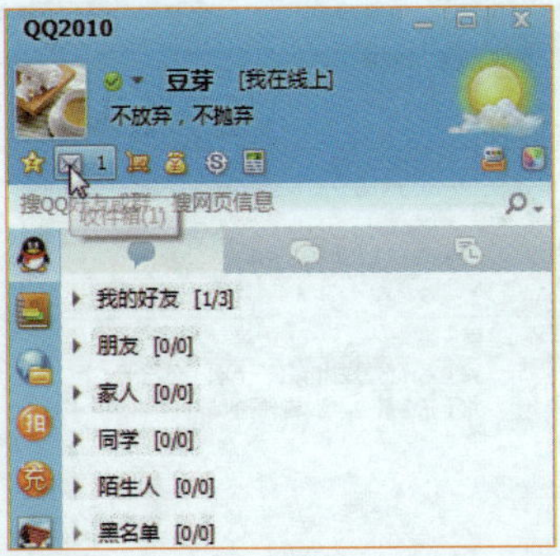

6 单击“收件箱”链接

单击QQ窗口的“邮件”按钮，进入邮箱页面，单击“收件箱”链接，如下图所示。

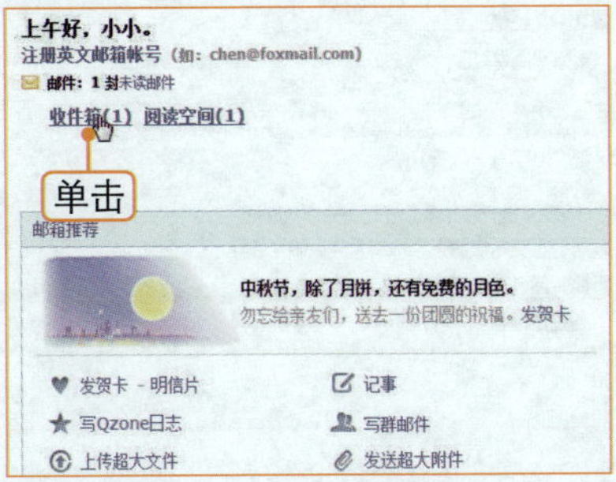

7 查看邮件

展开“收件箱”列表，查看收到的邮件，如右图所示。

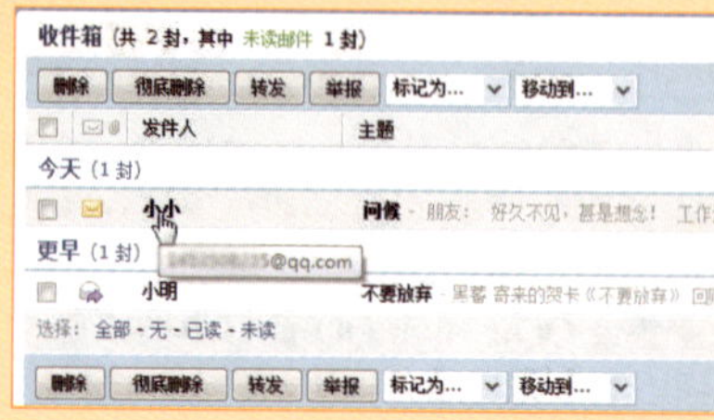

>> 6.1.3 接收并回复QQ邮件

用户接收到他人发送的邮件后，可予以回复，具体操作步骤如下：

1 单击“邮件”按钮

在 QQ 主窗口上单击“邮件”按钮，如下图所示。

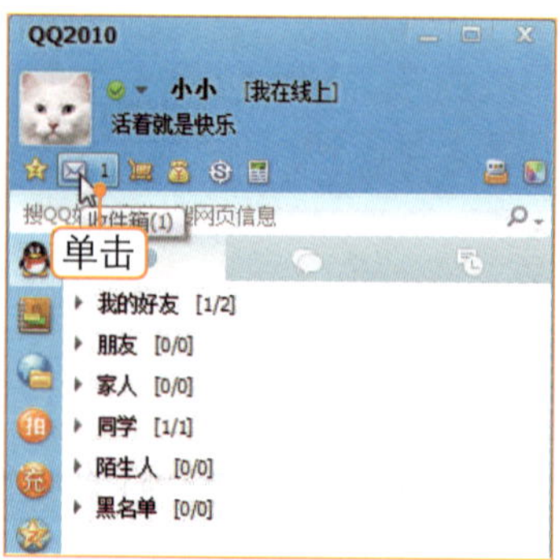

2 单击“收件箱”链接

进入邮箱页面，单击“收件箱”链接，如下图所示。

3 阅读邮件

打开邮件进行阅读，阅读完邮件后单击“回复”按钮回复好友邮件，如下图所示。

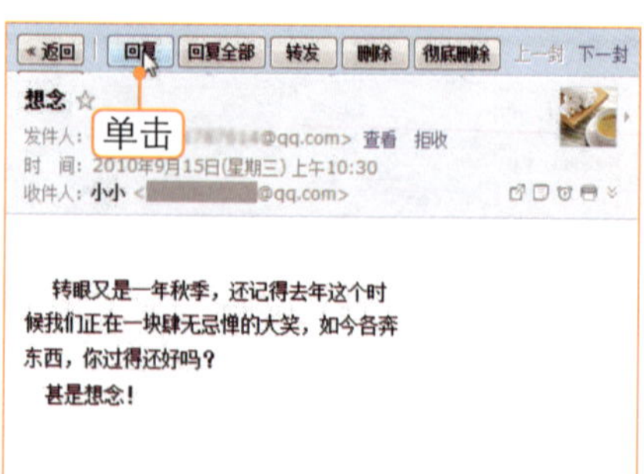

4 单击“发送”按钮

在邮件的正文输入内容，收件人将默认为该发件人，单击“发送”按钮，如下图所示。

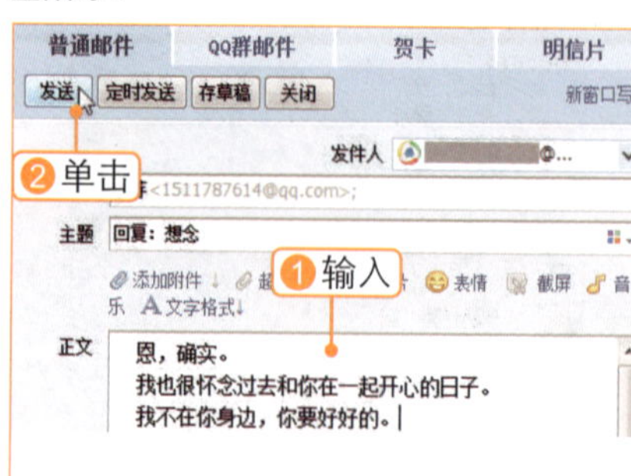

5 单击“返回邮件列表”按钮

弹出“发送成功”提示框，单击“返回邮件列表”按钮，如下图所示。

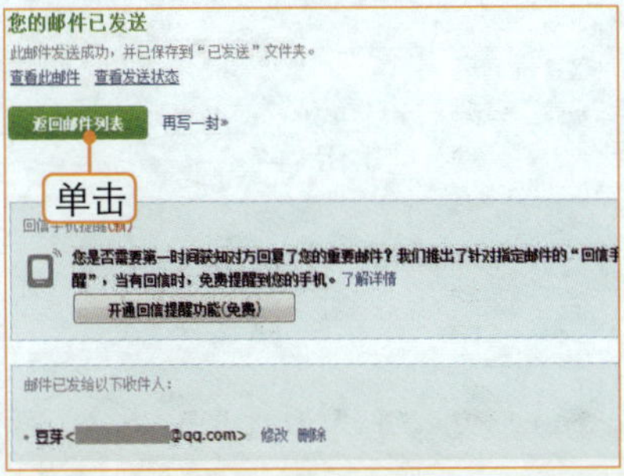

6 单击“已发送”链接

返回邮箱首页，单击“已发送”链接，如下图所示。

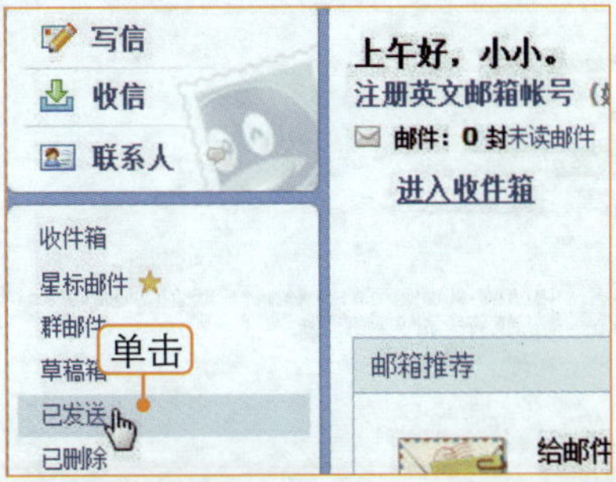

7 查看回复的邮件

此时，即可查看已回复发送的邮件，如右图所示。

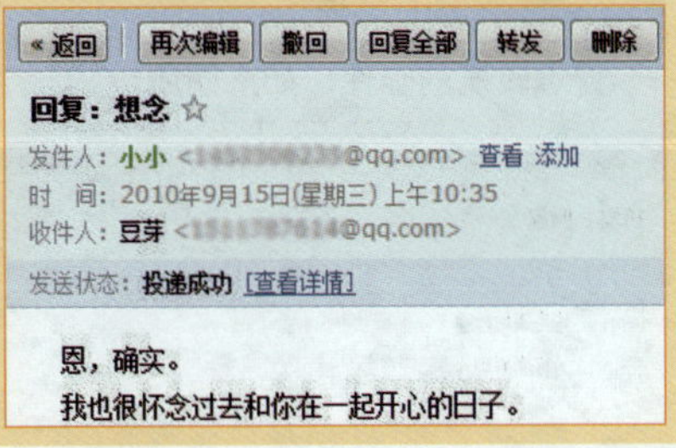

>> 6.1.4 转发并删除QQ邮件

当用户需要和他人一起分享一份邮件时，可以将邮件转发给他人。对于已经过期的邮件还可以将其删除，以节省邮箱空间，具体操作步骤如下：

1 单击“转发”按钮

进入 QQ 邮箱，打开需要转发的邮件，单击“转发”按钮，如下图所示。

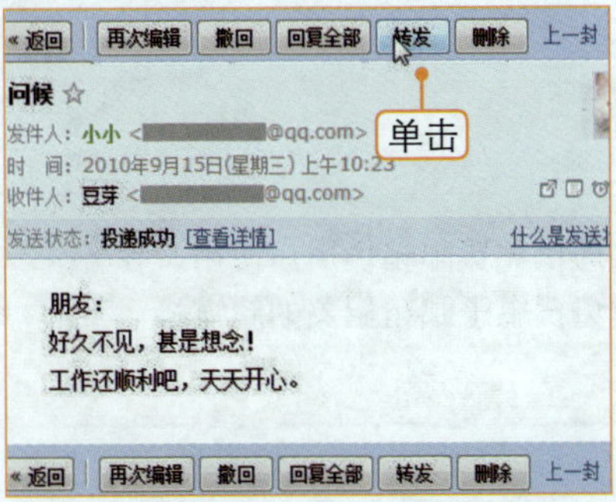

2 单击“发送”按钮

打开写邮件窗口，在“收件人”文本框中输入转发人的地址，单击“发送”按钮，如下图所示。

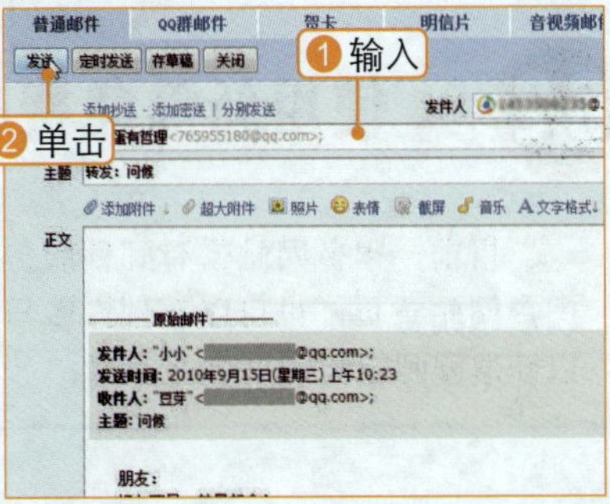

3 单击“返回邮件列表”按钮

弹出“发送成功”提示框，单击“返回邮件列表”按钮，如下图所示。

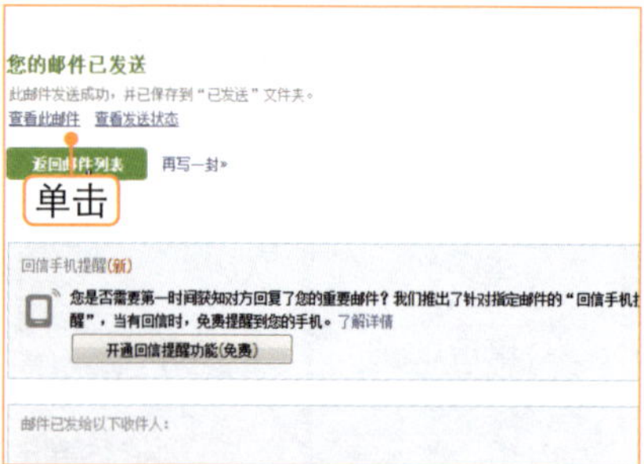

4 返回“已发送”界面

返回“已发送”界面，单击已转发的邮件链接，如下图所示。

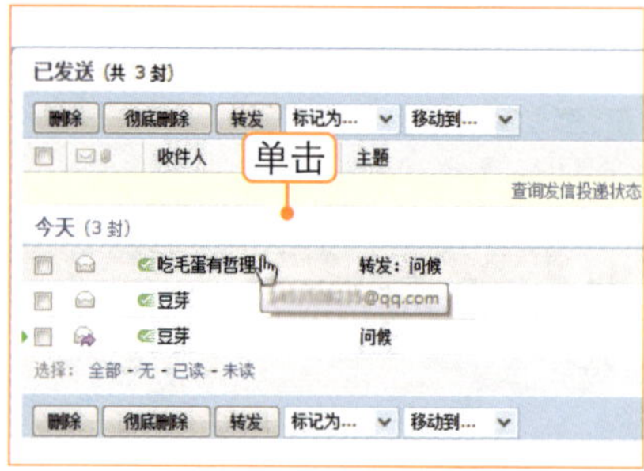

5 查看转发的邮件

查看转发的邮件，如下图所示。

6 单击“删除”按钮

在“收件箱”页面选中要删除的邮件，单击“删除”按钮，如下图所示。

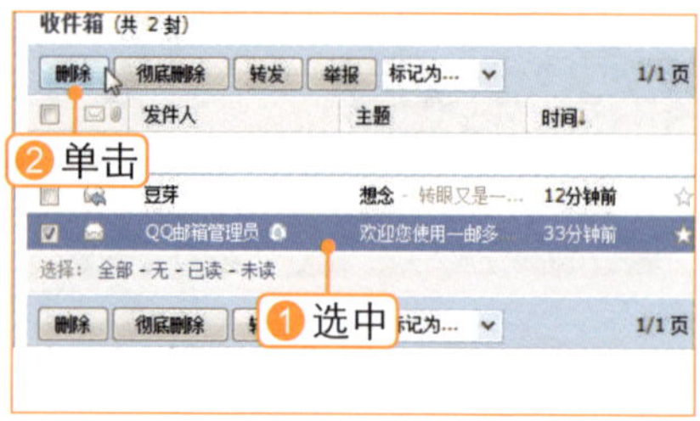

7 删除邮件

查看收件箱，可见被选中的邮件已经被删除了，如右图所示。

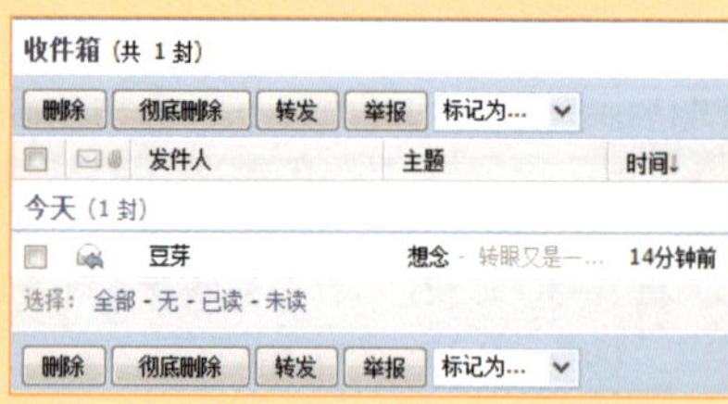

6.2 使用新浪免费邮箱

目前，很多网站带有邮件服务器并提供免费邮箱供用户使用，在各大门户网站首页，也可以看到许多与申请免费电子邮箱相关的超链接，下面以新浪网邮箱为例来进行讲解。

>> 6.2.1 申请新浪免费邮箱

用户可以在门户网站中申请免费的电子邮箱来进行通信交流，具体操作步骤如下：

1 单击“注册免费邮箱”链接

启动 IE 浏览器，打开新浪邮箱，单击“注册免费邮箱”链接，如下图所示。

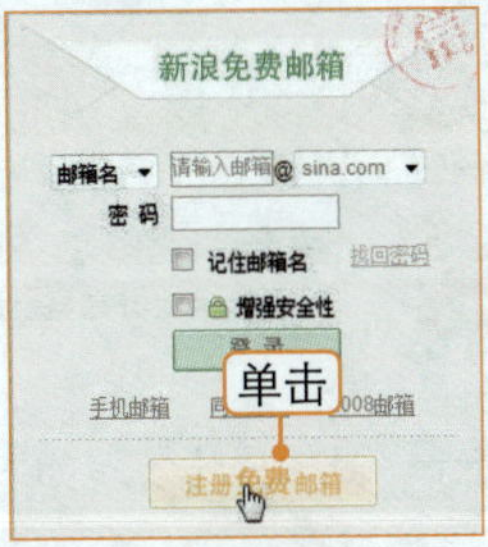

2 输入注册信息

弹出“注册新浪会员”页面，输入邮箱名称和验证码信息，单击“下一步”按钮，如下图所示。

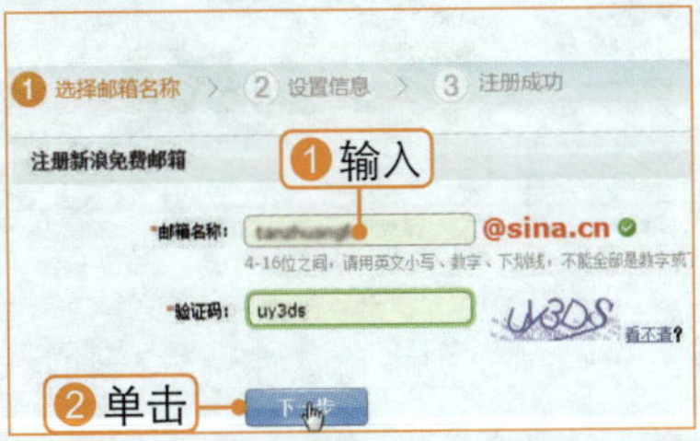

3 单击“提交”按钮

输入相关信息，选择“我已经看过并同意”复选框，单击“提交”按钮，如下图所示。

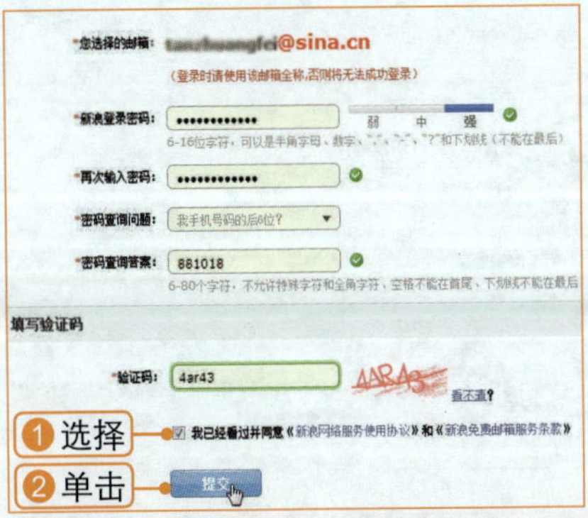

4 进入邮箱界面

进入申请的新浪 CN 邮箱界面，如下图所示。

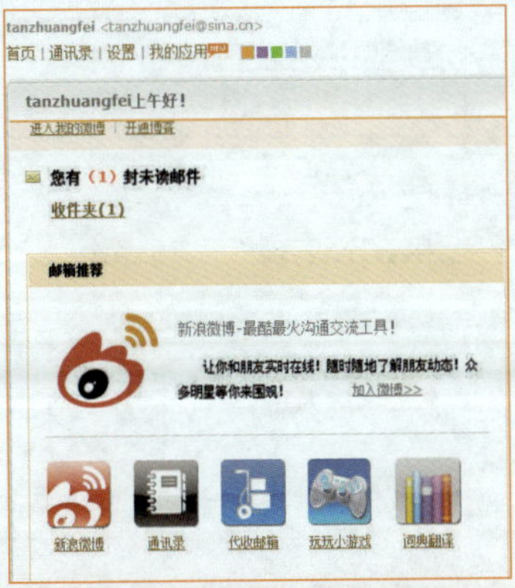

>> 6.2.2 登录新浪邮箱

在网站中，必须先登录到相应的电子邮箱才能进行所需的操作，具体操作步骤如下：

（1）通过网站首页登录

新浪网首页有专门的邮箱链接，可以方便用户登录电子邮箱，具体操作步骤如下：

① 单击“登录”按钮

打开新浪网首页，在“通行证”栏中输入用户名和密码，单击“登录”按钮，如下图所示。

② 进入新浪邮箱

稍等片刻，即可进入新浪的免费邮箱，如下图所示。

（2）通过新浪邮箱界面登录

用户还可以直接从新浪网的邮箱主界面进行登录，具体操作步骤如下：

① 单击“登录”按钮

打开新浪免费邮箱页面，在通行证页面输入用户名和密码信息，单击“登录”按钮，如下图所示。

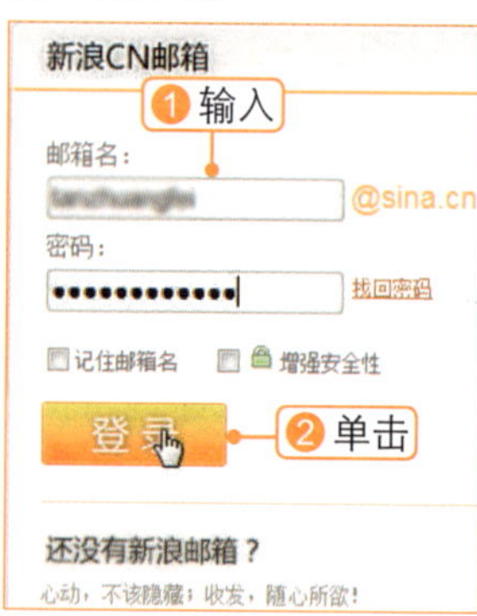

② 进入新浪邮箱

稍等片刻，即可进入新浪的免费邮箱，如下图所示。

>> 6.2.3 添加联系人

当用户有较多经常联系的人时，可以将所有联系人添加到通讯录中，下面详细介绍该方面的知识。

（1）直接保存联系人

收到好友的邮件后，在打开的窗口中可看到在“发件人”栏右侧有一个“加入通讯录”链接。通过单击此链接可快速将该联系人添加到通讯录中，具体操作步骤如下：

① 启动IE浏览器

启动 IE 浏览器，进入新浪邮箱，如下图所示。

② 单击“加入通讯录”链接

打开需要直接保存联系人的邮件，单击“发件人”栏右侧的“加入通讯录”链接，如下图所示。

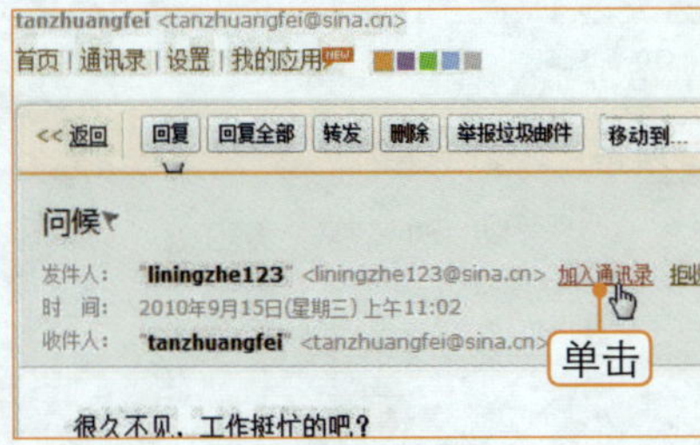

③ 单击“通讯录”链接

弹出“成功添加到通讯录中”的提示信息，单击导航栏上的“通讯录”链接，如下图所示。

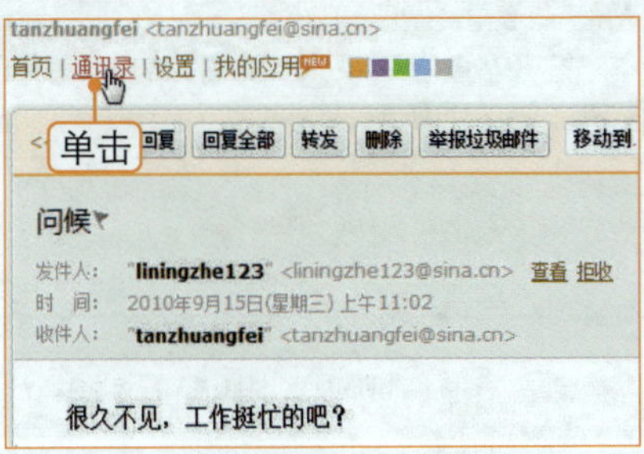

④ 打开“通讯录”页面

打开“通讯录”页面，选择“所有联系人”选项，显示刚才添加到通讯录中的联系人，如下图所示。

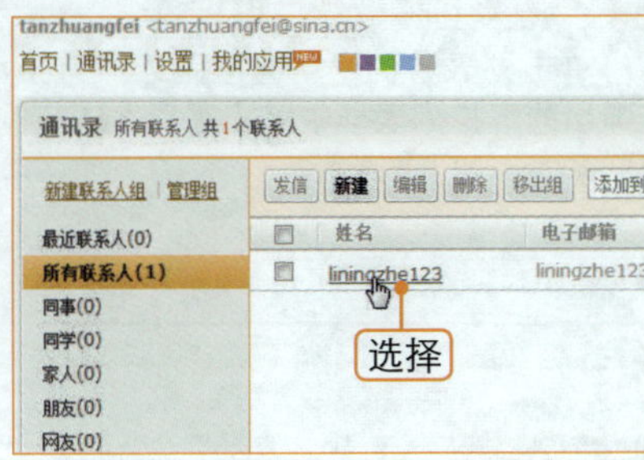

（2）通过通讯录添加联系人

登录新浪邮箱后，可看到在邮件夹列表上方有一个名为“通讯录”的链接，用户可通过此链接将联系人添加到通讯录中，具体操作步骤如下：

① 单击“通讯录”链接

登录新浪邮箱首页，单击邮件夹列表上方的“通讯录”链接，如下图所示。

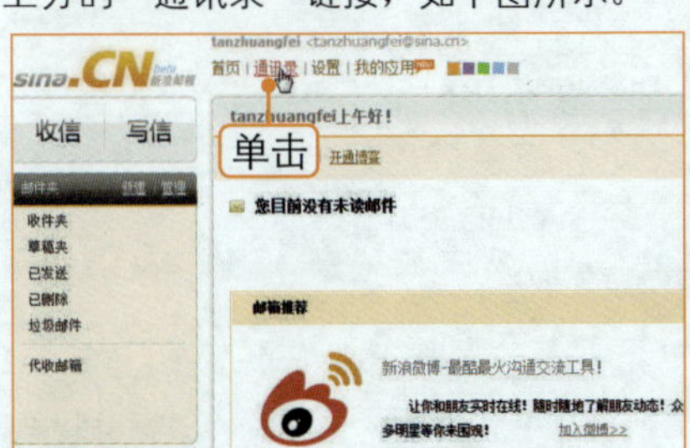

② 单击“新建”按钮

在打开的“通讯录”页面中单击“新建”按钮，如下图所示。

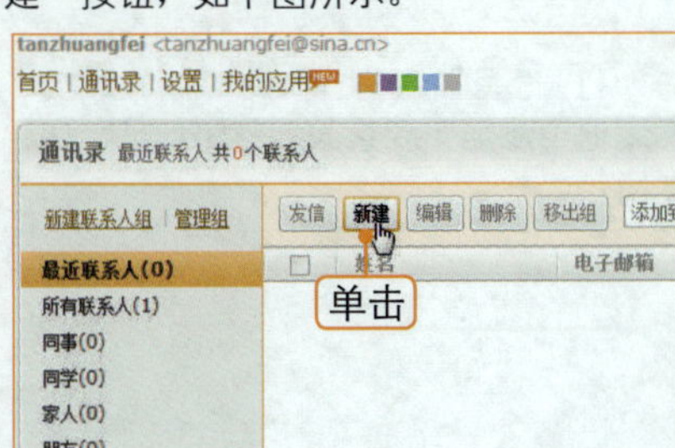

3 单击“保存”按钮

打开“添加联系人资料”页面，输入相关信息，单击“保存”按钮，如下图所示。

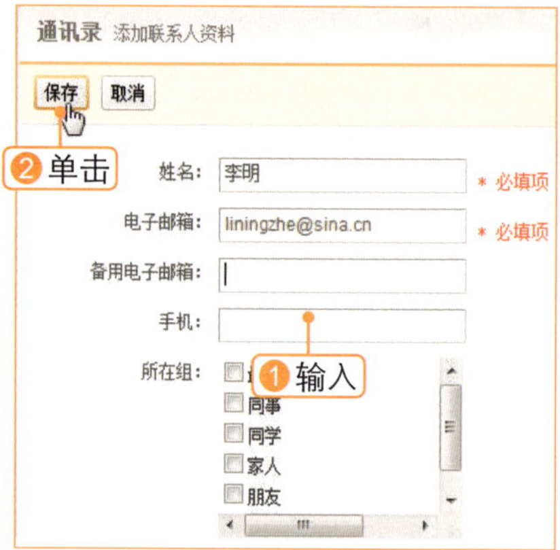

4 单击“通讯录”链接

在添加联系人后，单击“通讯录”链接，如下图所示。

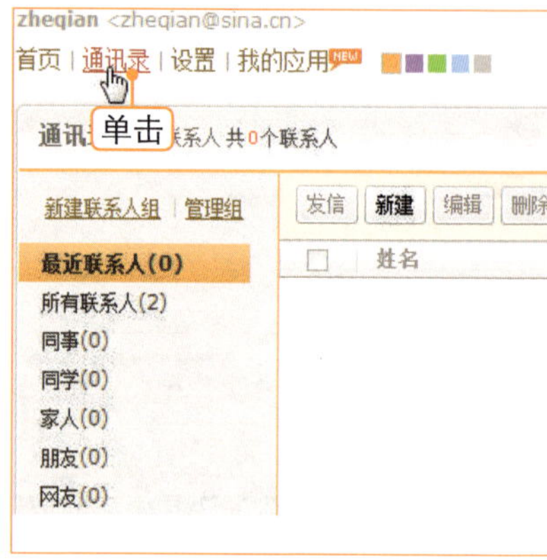

5 单击要发送的邮件链接

单击列表中的“所有联系人”链接，在弹出的下拉列表框中单击需要发送邮件的联系人，如下图所示。

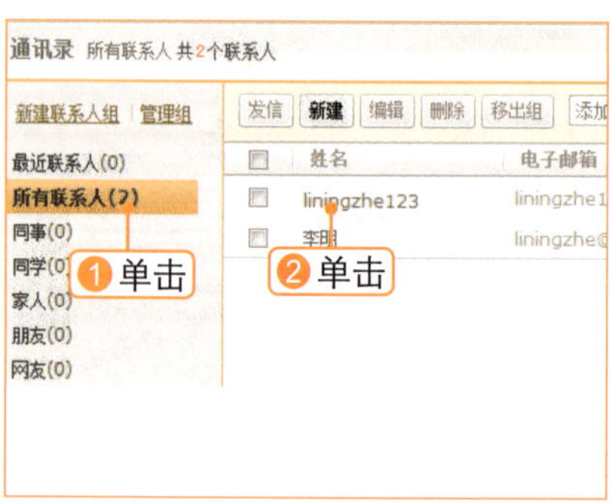

6 单击“写信”按钮

打开“查看联系人”页面，单击“写信”按钮，如下图所示。

7 显示添加的联系人邮箱地址

打开“写邮件”页面，此时在“收件人”文本框中添加了联系人的邮箱地址，如右图所示。

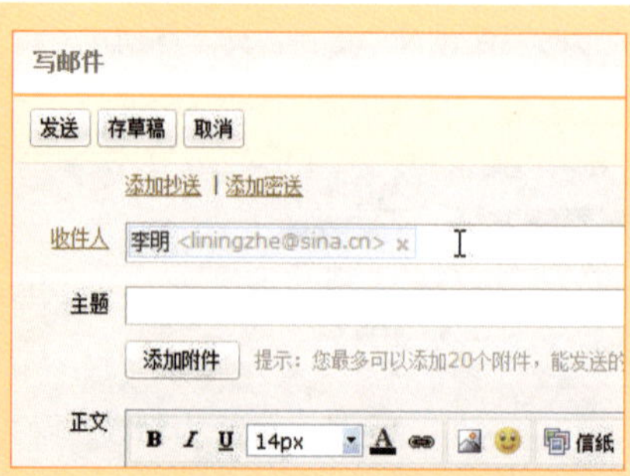

>> 6.2.4 整理邮件

当来往的邮件较多时，用户查阅邮件就变得不方便了，此时，可以对邮件进行分类整理，具体操作步骤如下：

1 单击“新建”链接

启动 IE 浏览器，登录新浪邮箱首页，单击邮件夹列表上方的“新建”链接，如下图所示。

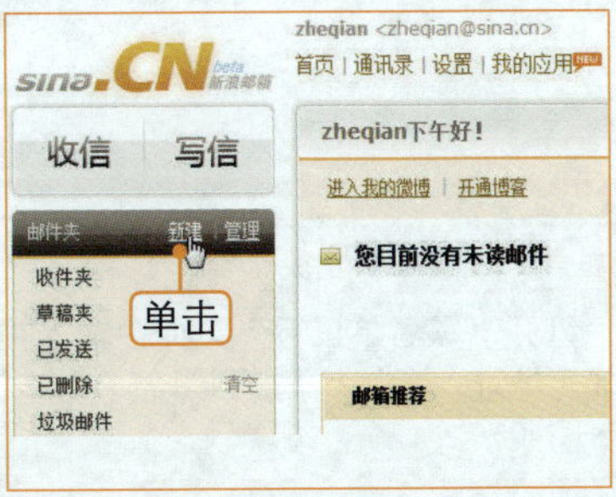

2 输入新邮件夹的名称

进入“新建邮件夹”界面，输入新邮件夹的名称，单击“确定”按钮，如下图所示。

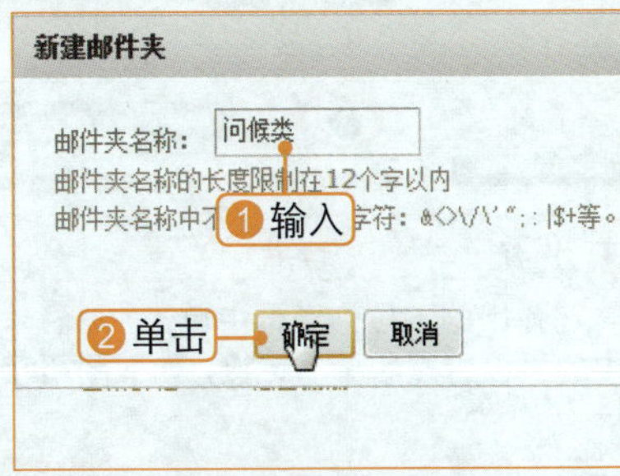

3 单击“移至”下拉按钮

选中需要整理的邮件，单击工具栏中的“移动到”下拉按钮，选择新建的邮件夹选项，如下图所示。

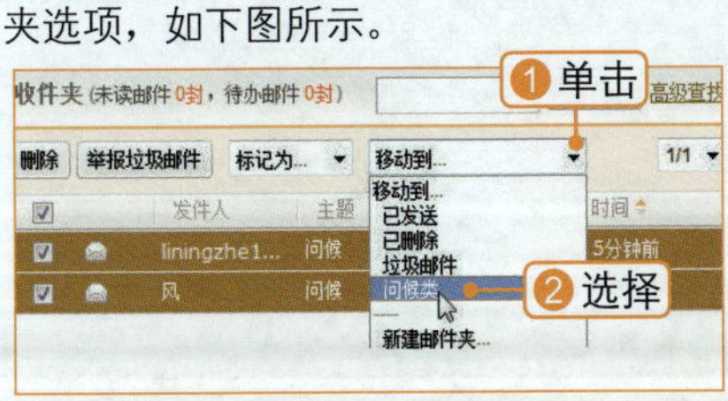

4 单击新建的邮件夹链接

单击邮件夹下方列表中新建的邮件夹链接，如下图所示。

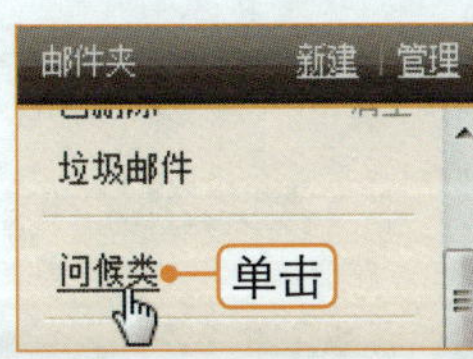

5 查看移动邮件

新打开的页面显示了收到的邮件被移至新建的文件夹中，如右图所示。

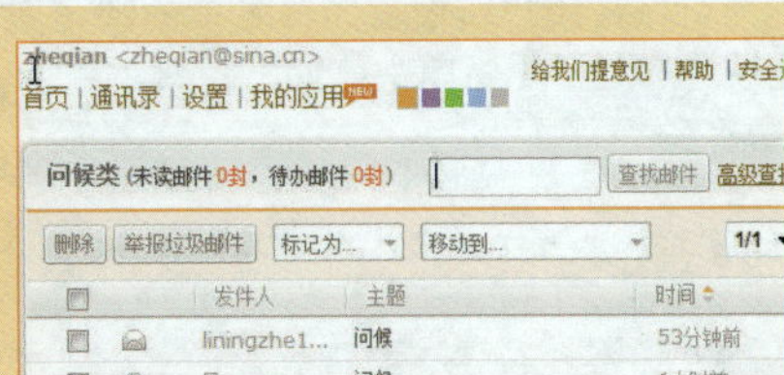

>> 6.2.5 设置黑名单

在网页邮箱中，可以将来自某人的信件添加到黑名单中，此后，系统将拒收来自黑名单清单中的联系人发来的邮件，具体操作步骤如下：

1 单击“管理”链接

启动 IE 浏览器，登录新浪邮箱，单击邮件夹上方的“管理”链接，如下图所示。

2 单击“反垃圾”链接

打开“邮箱设置”页面，单击“反垃圾”链接，如下图所示。

3 单击“设置黑名单”链接

在弹出的下拉列表框中单击“黑名单”组中的“设置黑名单”链接，如下图所示。

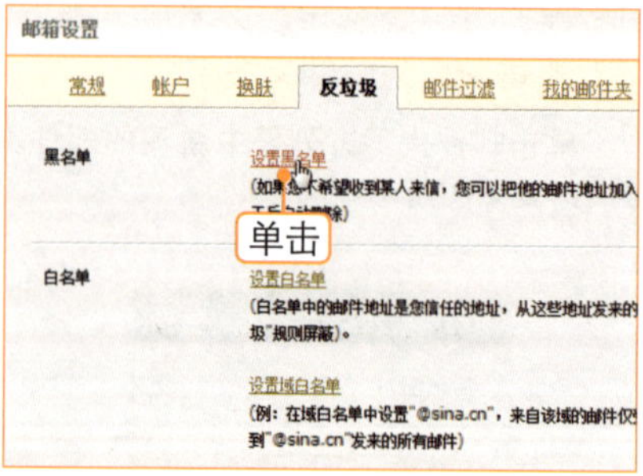

4 单击“添加到黑名单”按钮

打开“黑名单设置”页面，输入拒收的邮箱地址，单击“添加到黑名单”按钮，如下图所示。

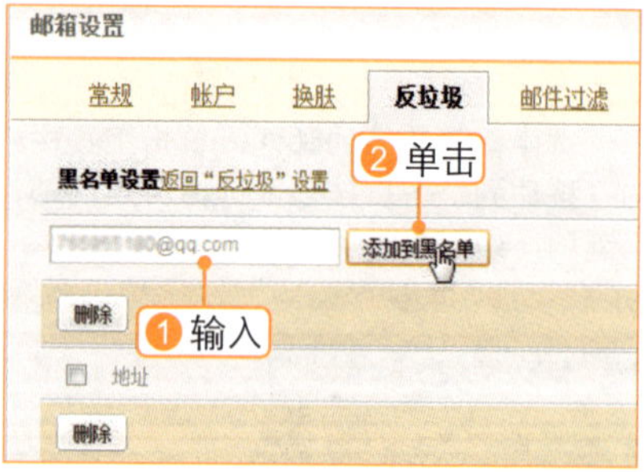

5 添加邮箱地址至黑名单

可见，用户所设置为黑名单的邮箱地址被添加到了黑名单中，如下图所示。

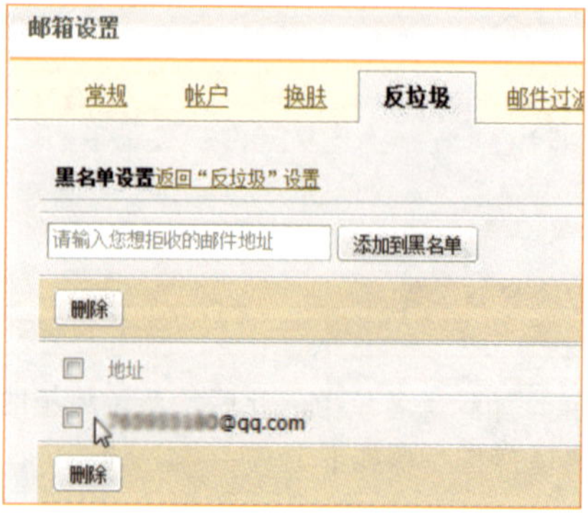

6 单击“删除”按钮

选择添加为黑名单的邮箱地址的复选框，然后单击邮箱地址下方的“删除”按钮，如下图所示。

7 单击“确定”按钮

弹出“来自网页的消息”对话框，单击“确定”按钮确认删除所选邮件地址，如下图所示。

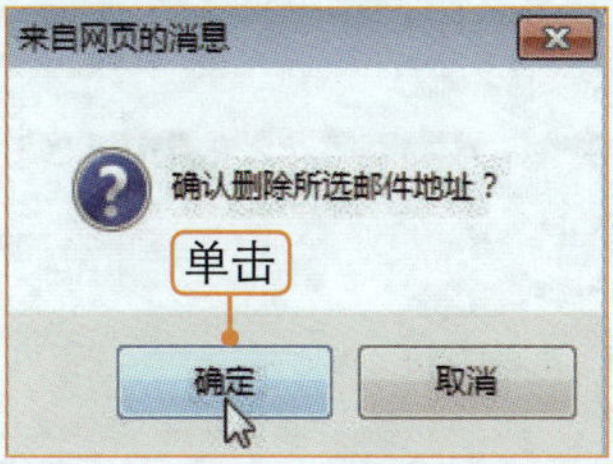

8 邮箱地址从黑名单中移除

被添加为黑名单的邮箱将从黑名单中删除，如下图所示。

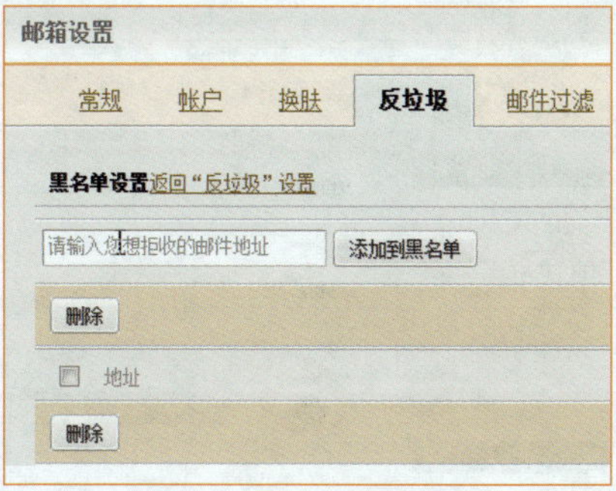

9 查看移除黑名单的邮箱

单击“问候类”链接，被添加至黑名单中的邮箱地址又回到“问候类”邮件夹中，如下图所示。

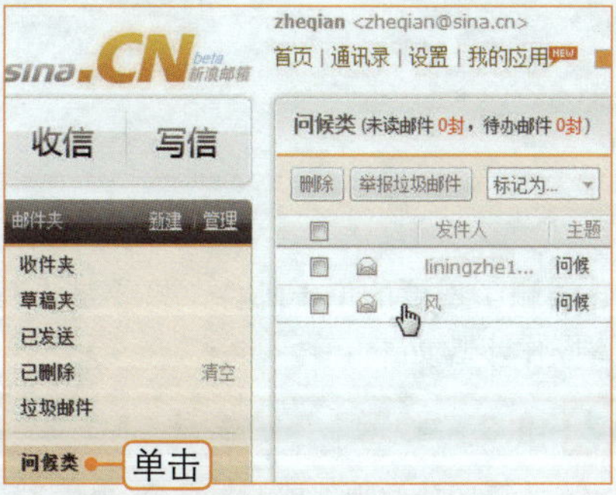

高手点拨

将域名设置为黑名单

用户也可以将一个邮件域加入到黑名单中，例如@abc.com。但应谨慎处理，因为如果这样，将无法收到以@abc.com为后缀的所有用户发来的邮件。

>> 6.2.6 删除与还原邮件

在使用免费邮箱时，需要定期对邮箱进行清理，将不需要的邮件删除掉。并且，用户还可以对不小心删除的重要邮件进行还原，下面详细介绍这些知识。

(1) 删除邮件

在邮件的管理过程中，对于一些不需要的邮件用户可以将其删除，具体的操作步骤如下：

① 单击“收件夹”链接

启动 IE 浏览器，登录新浪邮箱，单击左侧邮件夹列表中的“收件夹”链接，如下图所示。

② 单击“删除”按钮

在右侧的收件夹列表中选中要删除邮件前的复选框，单击“删除”按钮，如下图所示。

③ 删除邮件

可见，选中的邮件被删除了，如右图所示。

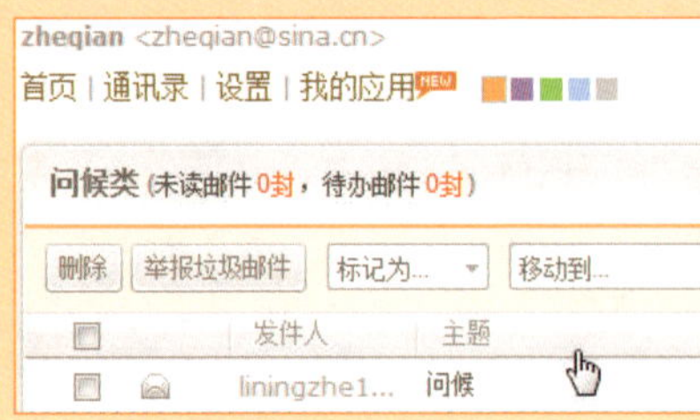

（2）还原邮件

在邮件的管理过程中，如果用户不小心误删了重要的电子邮件，只要是没有彻底删除该邮件，就可以将其找回来，具体操作步骤如下：

① 单击“已删除”链接

启动 IE 浏览器，单击邮件夹列表中的“已删除”链接，如下图所示。

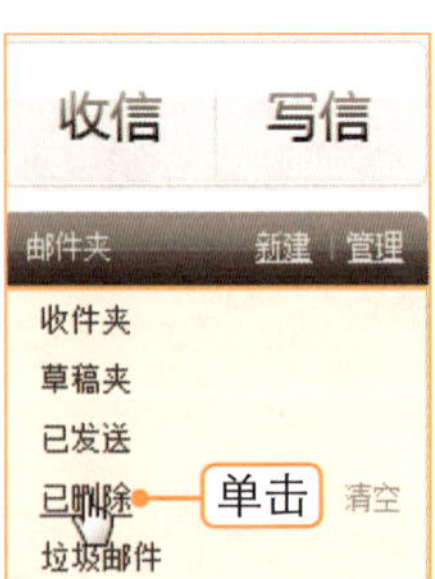

② 单击“移至”下拉按钮

选择要还原邮件前的复选框，单击“移动到”下拉按钮，选择“问候类”选项，如下图所示。

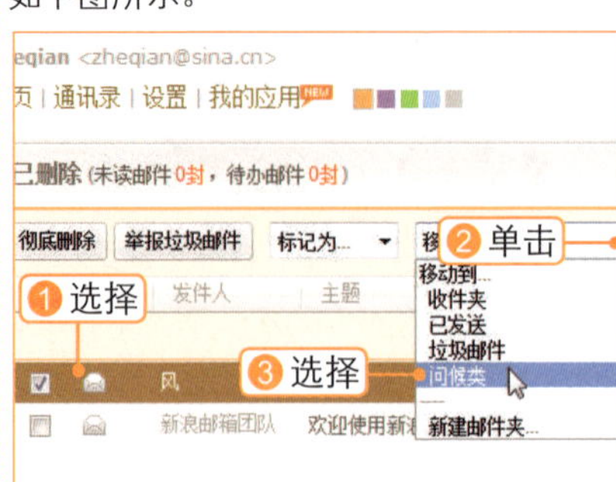

3 恢复被删除的邮件

可见，被删除的邮件又恢复至“问候类”文件夹中，如右图所示。

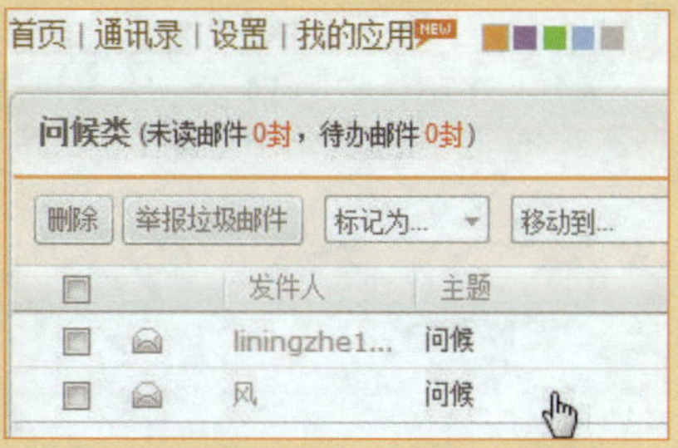

6.3 使用Windows Mail收发邮件

Windows Mail 是一款操作系统自带的优秀的电子邮件收/发管理软件。通过此软件，用户可以将网页邮箱中的电子邮件导入到本地计算机中进行查看、回复和管理。

>> 6.3.1 添加Windows邮件账户

安装 Windows Mail 后，当第一次使用时，用户需要添加邮件账户，具体操作步骤如下：

1 选择Windows Live Mail命令

单击“开始”按钮，选择“所有程序”| Windows Live Mail 命令，如下图所示。

2 单击“下一步”按钮

弹出“添加电子邮件账户”对话框，输入相关信息，单击“下一步”按钮，如下图所示。

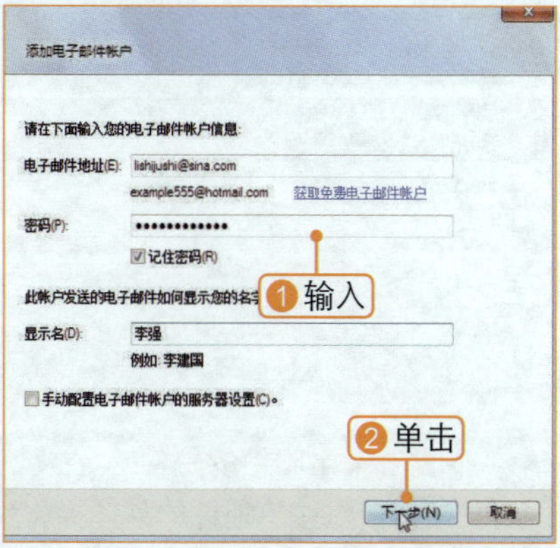

3 单击“完成”按钮

添加电子邮件账户成功后，将弹出信息提示，单击“完成”按钮，如下图所示。

高手点拨

设置常用邮箱

在设置常用邮箱地址和电子邮件服务器时，前、后的配置要一致。当再次启动 Windows Mail 时，系统会自动跳转至设置的常用邮箱。

>> 6.3.2 撰写并发送邮件

配置账户后，再次通过“开始”菜单启动 Windows Mail，即可在打开的界面中进行邮件的收/发操作了，下面详细介绍该方面的知识。

(1) 发送文本邮件

文本邮件是最常见的邮件，发送文本邮件的具体操作步骤如下：

1 选择“电子邮件”选项

启动 Windows Mail，单击“新建”按钮，选择“电子邮件”选项，如下图所示。

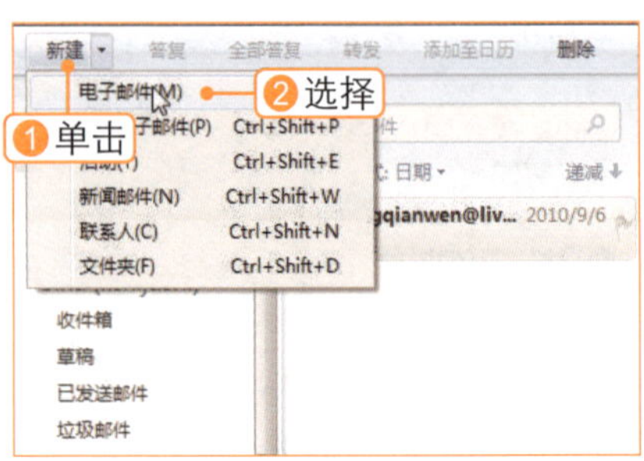

2 单击“发送”按钮

打开“问候”窗口，输入邮件的相关内容，单击工具栏中的“发送”按钮，如下图所示。

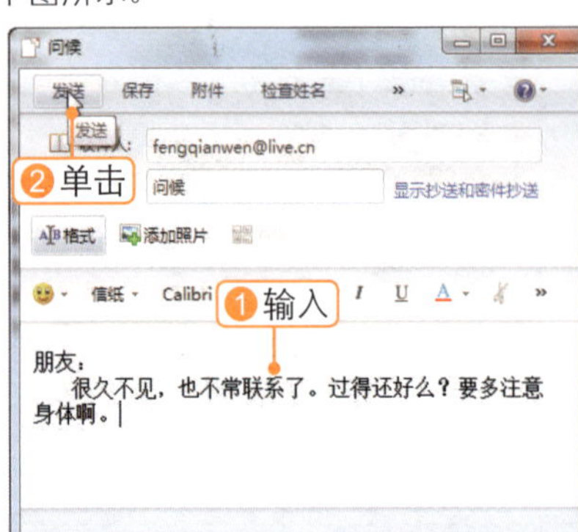

(2) 发送插带附件的邮件

发送插带附件的邮件的具体操作步骤如下：

1 选择“电子邮件”选项

启动 Windows Mail，单击工具栏中的“新建”按钮，选择“电子邮件”选项，如下图所示。

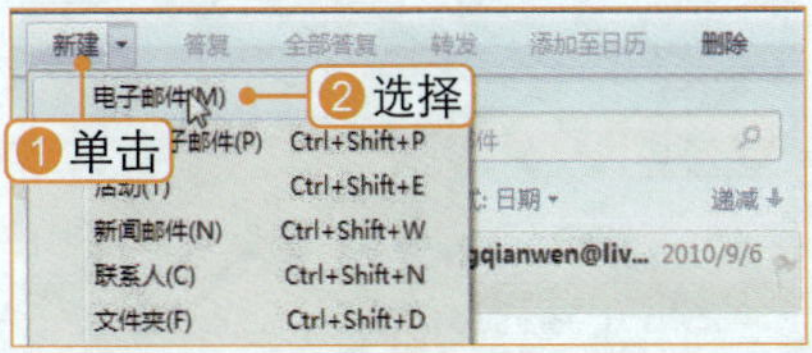

2 单击“附件”按钮

打开“问候”窗口，输入相关内容，单击工具栏中的“附件”按钮，如下图所示。

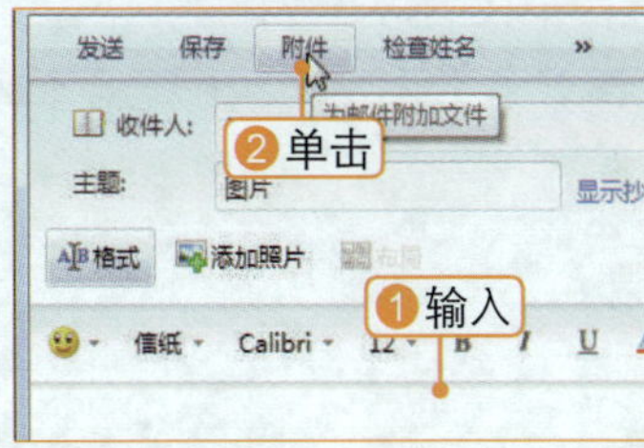

3 单击“打开”按钮

弹出“打开”对话框，选中需要发送的文件，单击“打开”按钮，如下图所示。

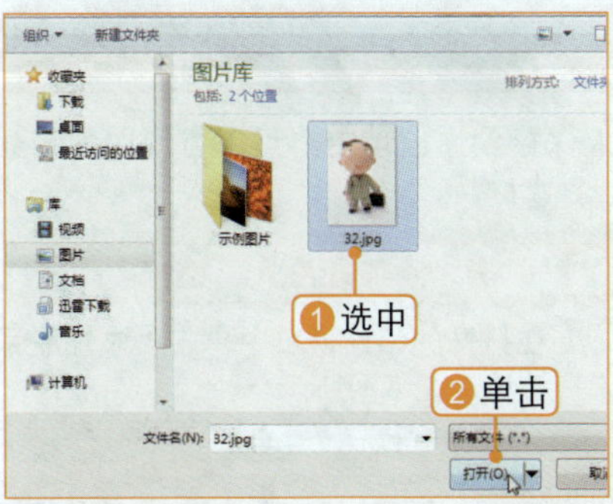

4 单击“发送”按钮

选中的文件将被添加到附件中，返回邮件窗口，输入邮件的内容，单击“发送”按钮，如下图所示。

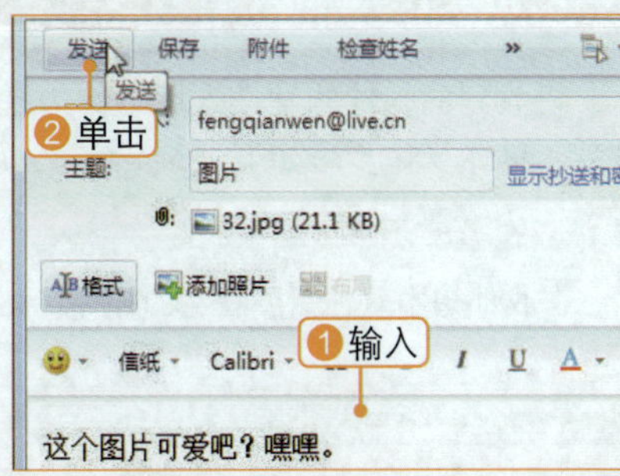

>> 6.3.3 接收并回复邮件

在 Windows Mail 的“收件箱”界面中可以查看新接收的邮件，还可以回复邮件，具体操作步骤如下：

1 单击“收件箱”链接

启动 Windows Mail，在程序主窗口左侧单击“收件箱”链接，如下图所示。

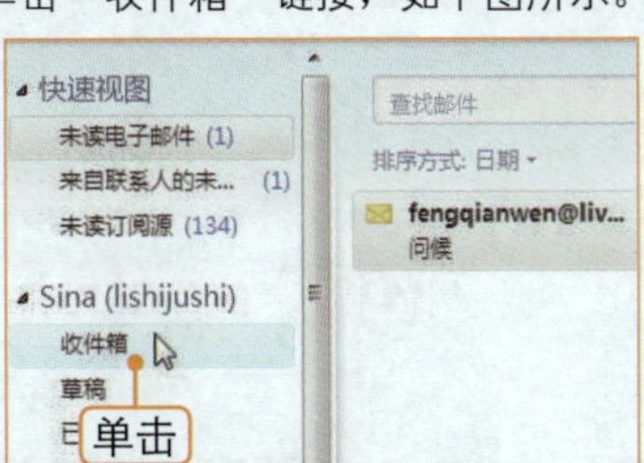

2 双击要回复的邮件

在显示的邮件列表中双击需要回复的邮件，如下图所示。

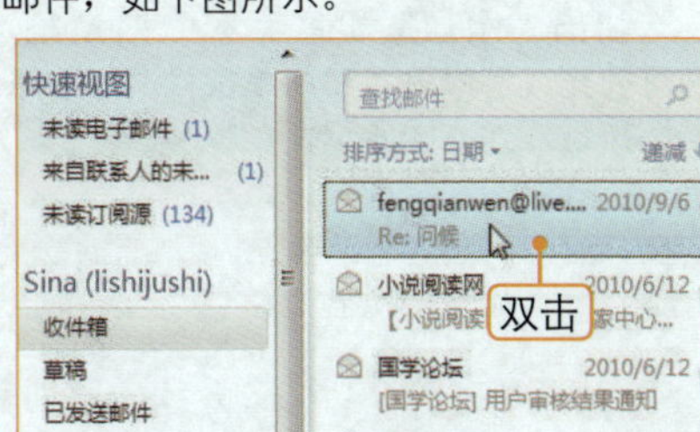

3 单击“答复”按钮

打开邮件窗口，仔细阅读邮件内容，然后在工具栏中单击“答复”按钮，如下图所示。

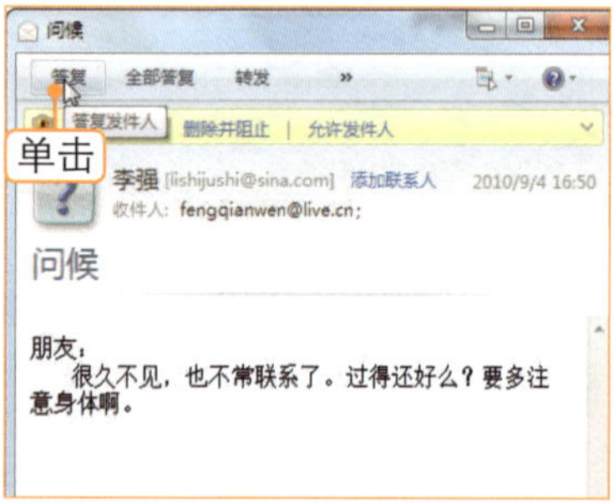

4 单击“发送”按钮

在打开的回复窗口的编辑框中输入需要回复的邮件内容，然后单击“发送”按钮，如下图所示。

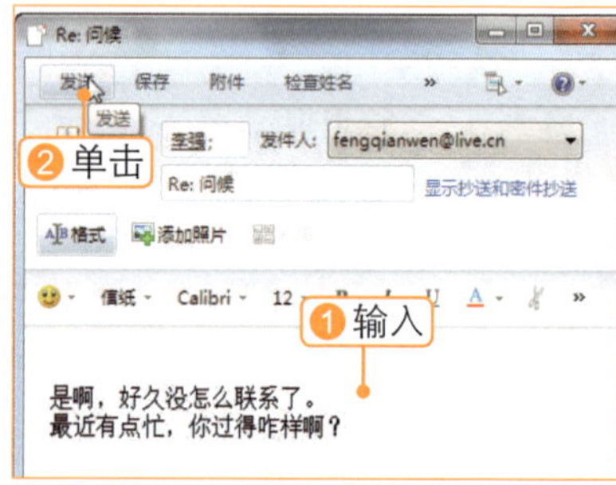

>> 6.3.4 添加联系人

将收到的邮件的发件人地址作为联系人保存到通信录中，可以方便以后与其联系，具体操作步骤如下：

1 双击要查看的邮件

在收件箱中双击需要查看的邮件，如下图所示。

2 单击“添加联系人”链接

在打开的邮件窗口中单击“添加联系人”链接，如下图所示。

3 单击“添加联系人”按钮

弹出“添加联机联系人”对话框，进行补充或者修改，然后单击“添加联系人”按钮，如右图所示。

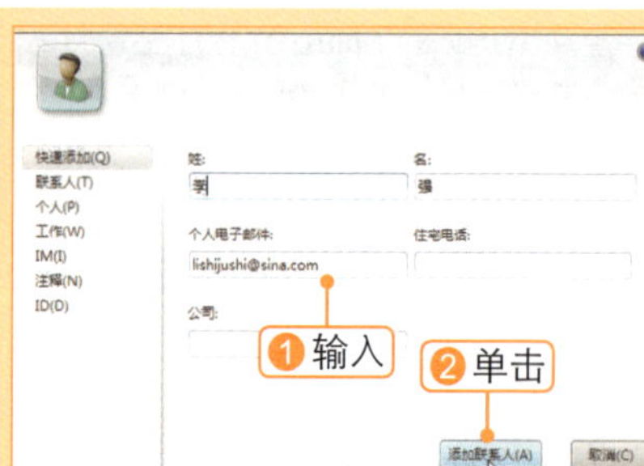

>> 6.3.5 使用信纸功能

在默认情况下，所编辑的邮件只能显示文本信息，如果需要使邮件更漂亮，可以使用 Windows Mail 的信纸功能。

(1) 使用内置信纸

在 Windows Mail 中内置了一些漂亮的信纸样式，使用内置信纸的具体操作步骤如下：

1 选择"其他信纸"选项

打开"问候"窗口，单击菜单栏中的"信纸"下拉按钮，选择"其他信纸"选项，如下图所示。

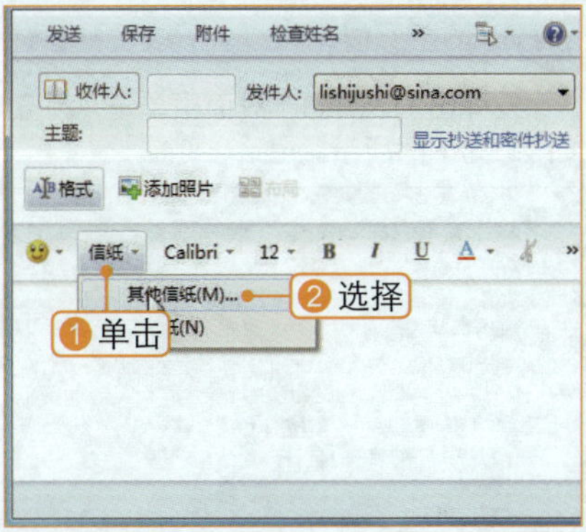

2 单击"确定"按钮

弹出"选择信纸"对话框，在列表框中选中"气泡"选项，单击"确定"按钮，如下图所示。

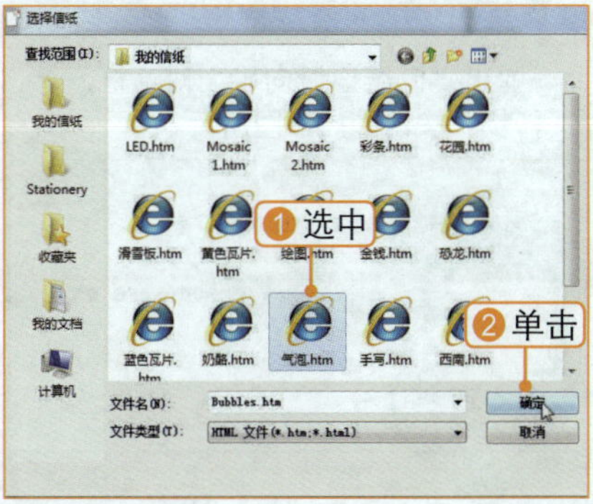

3 查看信纸效果

返回"问候"窗口，可以看到使用信纸后的效果，如下图所示。

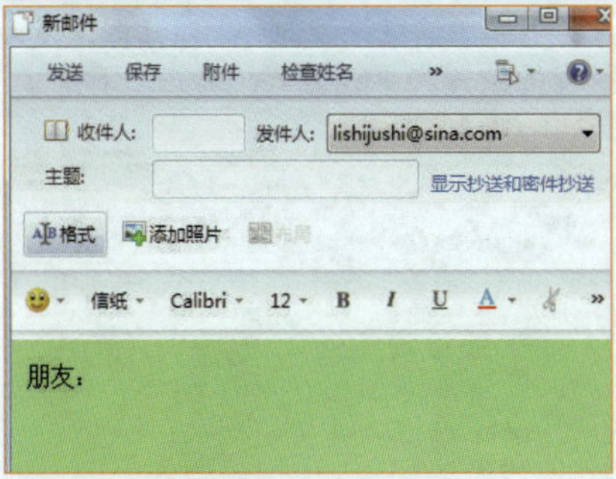

高手点拨

添加个人签名

个人签名和信纸一样可以使邮件看上去更具吸引力。用户可以将基本信息作为个人签名的一部分插入到待发邮件中，并根据需要创建多个签名。

(2) 创建信纸

如果用户对 Windows Mail 内置的信纸样式不满意，可以自定义信纸，具体操作步骤如下：

1 选择“其他信纸”选项

打开“问候”窗口，单击菜单栏中的“信纸”下拉按钮，选择“其他信纸”选项，如下图所示。

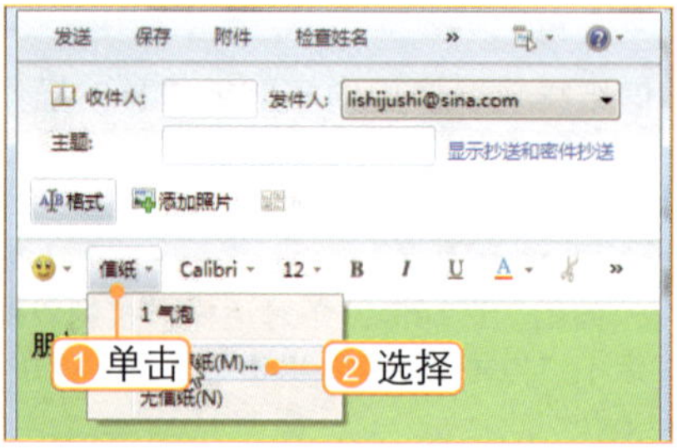

2 单击“创建信纸”按钮

弹出“选择信纸”对话框，单击“创建信纸”按钮，如下图所示。

3 单击“下一步”按钮

弹出“信纸设置向导”对话框，单击“下一步”按钮，如下图所示。

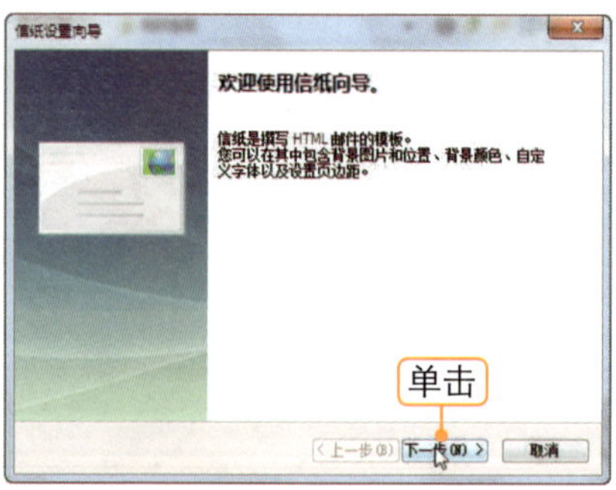

4 单击“浏览”按钮

在弹出的“背景”界面中单击“浏览”按钮，如下图所示。

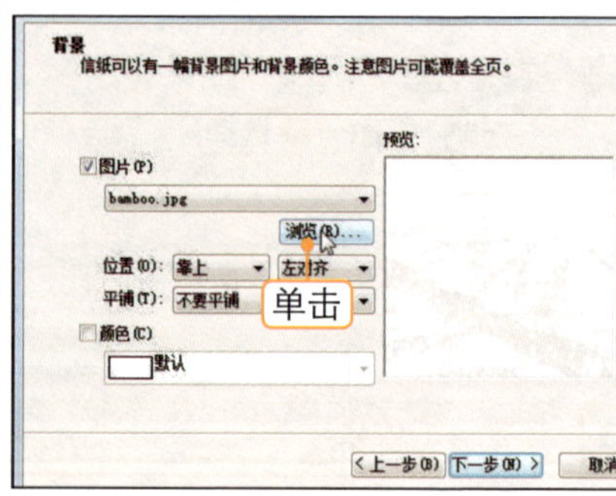

5 单击“打开”按钮

弹出“背景图片”对话框，选中需要用做信纸的背景图片，单击“打开”按钮，如下图所示。

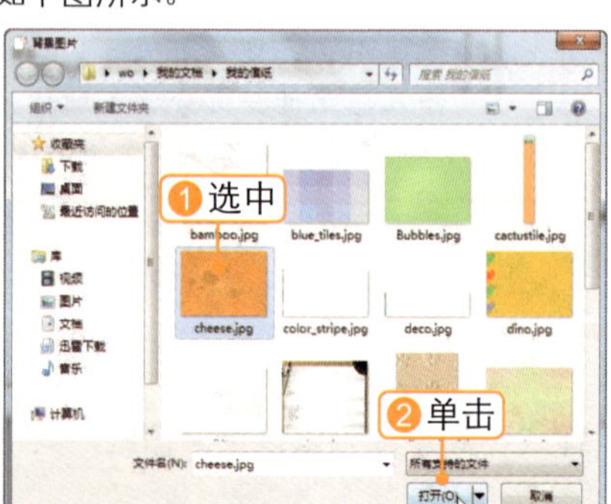

6 单击“下一步”按钮

返回“信纸设置向导”对话框，设置图片的位置和平铺方式，单击“下一步”按钮，如下图所示。

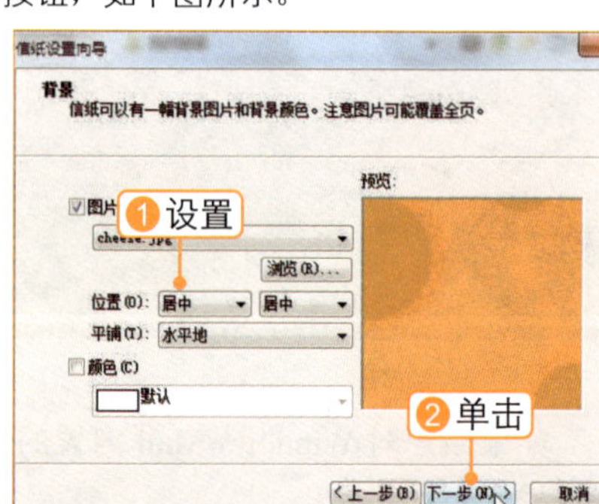

7 单击“下一步”按钮

在“字体”界面中设置用于此信纸的字体、大小及颜色，然后单击“下一步”按钮，如下图所示。

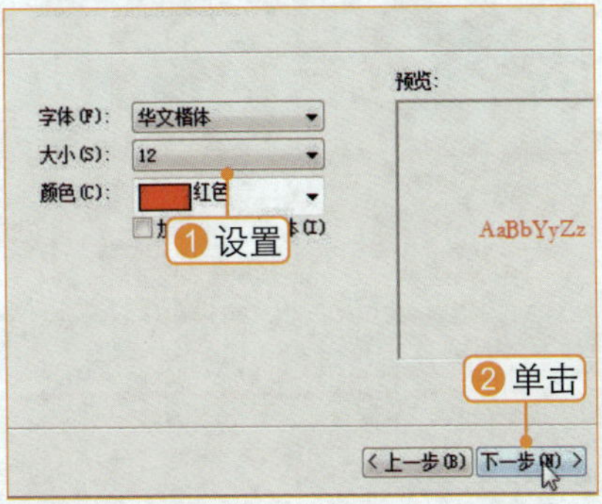

8 单击“下一步”按钮

在“页边距”界面中设置信纸的左边距和上边距宽度，单击“下一步”按钮，如下图所示。

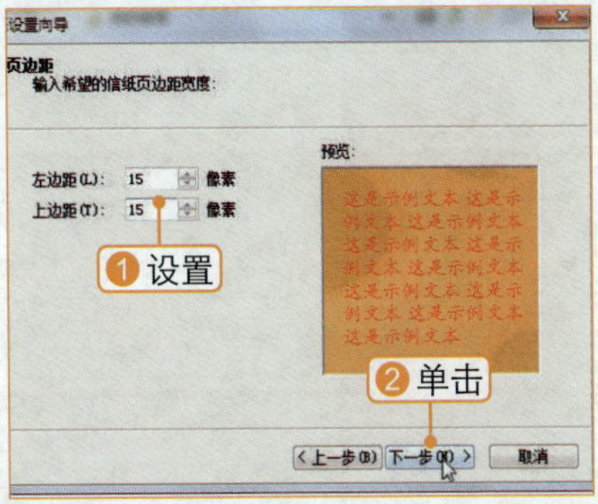

9 单击“完成”按钮

在“完成”界面中输入信纸名称，单击“完成”按钮，如下图所示。

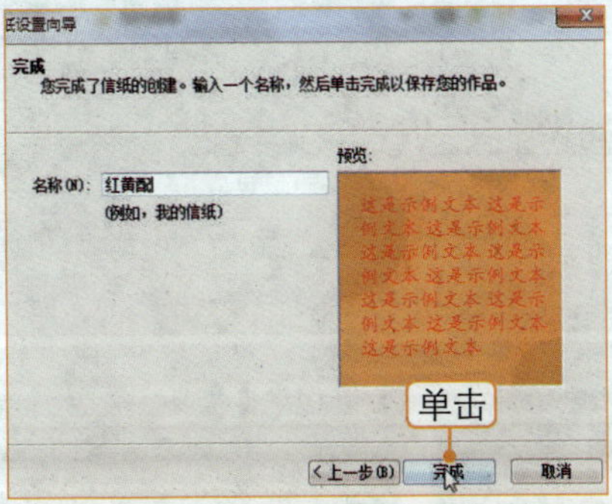

10 预览信息效果

返回“选择信纸”对话框，在“预览”窗格中即可看到信纸效果，单击“确定”按钮，如下图所示。

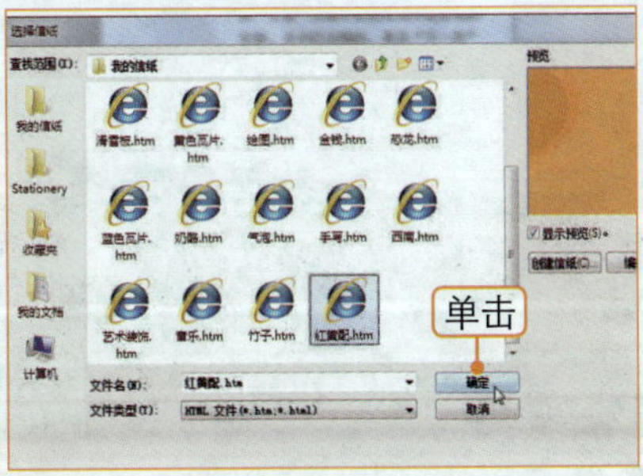

11 查看信纸效果

返回“问候”窗口，可以看到使用信纸后的效果，如右图所示。

第7章

论坛、博客与微博

网络给人们的生活带来了巨大的变化，论坛、博客和微博现已成为网络时代的风尚标志。通过本章的学习，用户可以学会如何在论坛上与天南地北的网友进行交流，以及怎样在博客和微博中秀出自己的个性。

本章重点知识

- 认识论坛、博客与微博
- 天涯社区
- 百度贴吧
- 新浪博客
- 新浪微博

7.1 认识论坛、博客与微博

在当代社会，网络已成为人们生活的一部分，其中，论坛、博客及微博更成为了网络时代的新时尚。

>> 7.1.1 认识论坛

论坛又名网络论坛 BBS，全称为 Bulletin Board System（电子公告板）或者 Bulletin Board Service（公告板服务），是 Internet 上的一种电子信息服务系统。论坛提供了一块公共电子白板，每个用户都可以在上面书写、发布信息或提出看法。论坛是一种交互性强，内容丰富而即时的 Internet 电子信息服务系统。用户在 BBS 站点上可以获得各种信息服务，还可以发布信息、进行讨论、聊天等。下面列举几个比较知名的论坛。

（1）天涯社区

天涯社区是目前国内最大的公共论坛，拥有大量的固定用户和访问量，其网址为 http://www.tianya.cn，如下图（左）所示。

（2）搜狐社区

搜狐社区号称“中文第一社区”，主要包括人文观察、情感阵营、文字天地及健康人生等栏目内容，其网址为 http://club.sohu.com，如下图（右）所示。

（3）新浪论坛

新浪论坛是全球最大的华人中文社区，也是因特网上最具知名度的综合性 BBS，拥有庞大的用户群体，其网址为 http://bbs.sina.com.cn，如下图（左）所示。

（4）西陆论坛

西陆论坛是国内规模较大、用户数量较多、口碑较好且服务完善的社区之一。西陆论坛以提供高速、稳定、开放和免费的论坛服务闻名，吸引了无数网友加入到论坛中，从而形成了越来越庞大的论坛活跃群体，其网址为 http://club.xilu.com，如下图（右）所示。

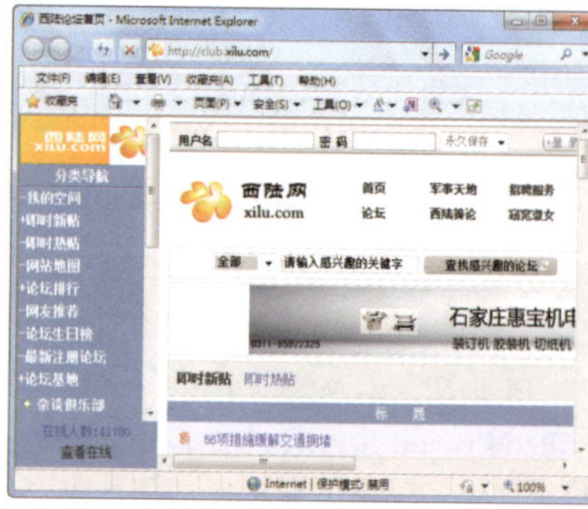

>> 7.1.2 认识博客

博客又译为网络日志、部落格或部落阁等，是一种通常由个人管理、不定期张贴新文章的网站。博客上的文章通常根据张贴时间，以倒序方式由新到旧排列。一个典型的博客结合了文字、图像、其他博客或网站的链接，以及其他与主题相关的媒体。能够让读者以互动方式留下意见，是许多博客的重要要素。

随着博客的流行，出现了很多博客网站和提供博客空间的综合性网站，下面列举一些人气比较旺的博客网站。

（1）新浪博客

新浪博客是全国最主流、最聚人气的博客频道，拥有最耀眼的娱乐明星博客、最知名的名人博客等，深受网民关注，其网址为 http://blog.sina.com.cn，如下图（左）所示。

（2）博尚网

博尚网原名“中国博客网”，它是位居中国领导地位的博客网站和博客趋势的引导者，是第一家免费的中文博客托管服务商，其网址为 http://www.blogcn.com，如下（右）图所示。

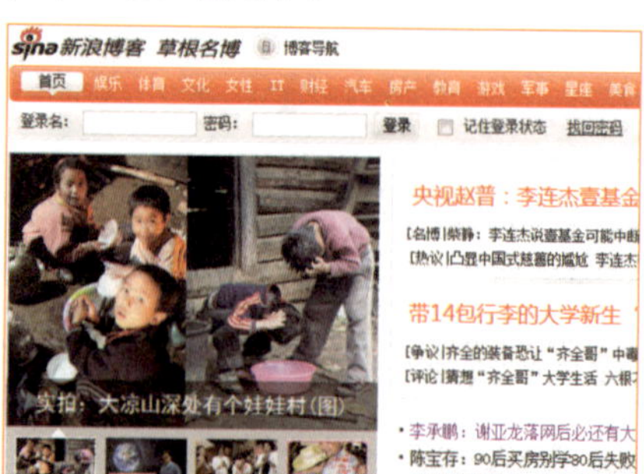

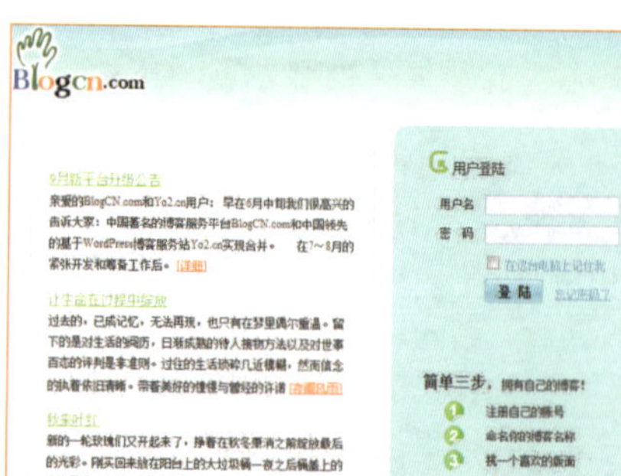

(3) 51 博客

51 博客是基于个人家园的社交网络平台，除了集成博客功能以外，还提供了相册、图库、日记、音乐盒、记事本、收藏夹和通信录 7 大专业个人数据存储功能，其网址为 http://www.51.com，如下图（左）所示。

(4) 博客网

博客网原名“博客中国”，它是第二代因特网的门户。博客网是中立、开放和人性化的精选信息资源共享平台，其网址为 http://www.bokee.com，如下图（右）所示。

>> 7.1.3 认识微博

微博是微博客（MicroBlog）的简称，它是一个基于用户关系的信息分享、传播及获取平台。用户可以通过 Web、Wap 及各种客户端组件建立个人社区，以 140 字左右的文字更新信息，并实现即时分享。

2009 年 8 月，中国最大的门户网站新浪网推出了“新浪微博”内测版，成为门户网站中第一家提供微博服务的网站，从此，微博正式进入上网主流人群的视野。下面介绍几种常见的门户网站微博。

(1) 新浪博客

新浪微博是中国门户网站新浪网推出的微博服务，于 2009 年 8 月 14 日开始内测，目前是中国用户数最大的微博产品，公众人物用户众多是新浪微博的一大特色，已覆盖大部分知名文体明星、企业高管和媒体人士，如下图（左）所示。

(2) 网易微博

界面简洁干净是网易微博的一大特点，其优势是有超过 3 亿的邮箱用户和 1 亿左右的博客用户。网易微博目前还没有“明星效应”出现，而且网易的微博字数最大限度为 163 个，网易方面表示，这是为了突出“网易 163”的品牌特点，如下图（右）所示。

（3）搜狐微博

搜狐微博正在尝试打通搜狐各产品线，如博客、社区、搜狐焦点和校友录等产品，试图进一步发挥搜狐的矩阵优势。目前，搜狐微博仅为公众人物开通认证微博，如下图（左）所示。

（4）腾讯微博

腾讯微博是由腾讯推出的，提供微型博客服务的类 Twitter 网站。2010 年 4 月 1 日，腾讯微博已经对外进行小规模测试，如下图（右）所示。

7.2 天涯社区

天涯社区以开放、包容、充满人文关怀的特色受到了全球华人网民的推崇。经过十多年的发展，天涯社区已成为华语圈熟悉网络事件的聚焦平台，是最具影响力的全球华人网上家园，下面介绍使用天涯社区的相关操作。

>> 7.2.1 注册并登录天涯社区

凡大型正规的公共论坛都会开放浏览权限，普通用户可以自由地浏览论坛中的大部分帖子的内容，有些论坛还可以进行匿名回复，但若是要在论坛中发表帖子，则需要注册成论坛用户，具体操作步骤如下：

1 单击“免费注册”按钮

启动 IE 浏览器，打开天涯社区网站，在打开的天涯社区首页单击“免费注册”按钮，如下图所示。

2 填写注册信息

填写相关信息，选择“我已经阅读并同意”复选框，单击“立即注册”按钮，如下图所示。

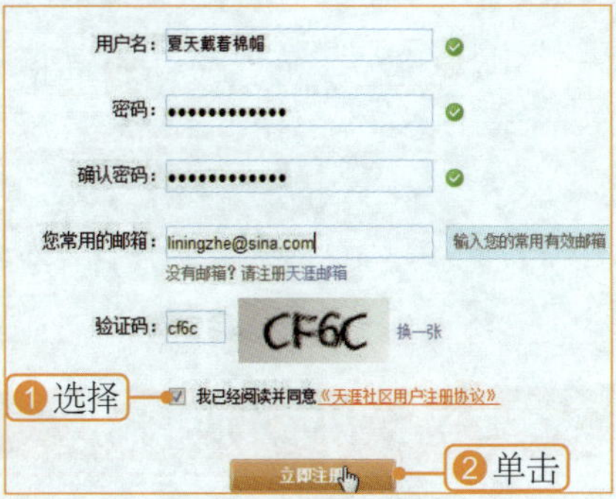

3 单开“激活账号”页面

打开“激活帐号”页面，单击“立即进入 sina.com 邮箱激活账号”按钮，如下图所示。

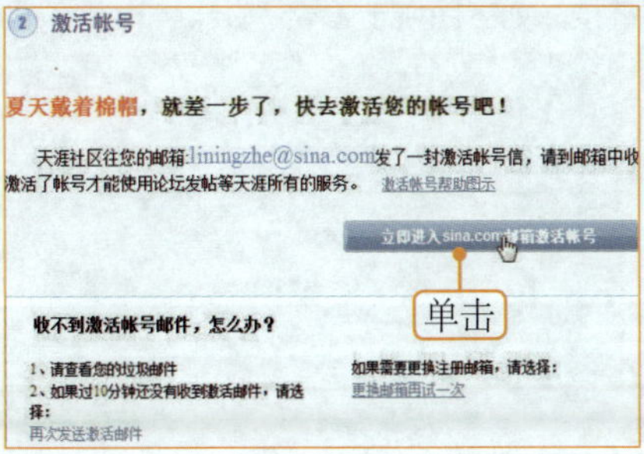

4 单击“登录”按钮

打开新浪邮箱页面，输入登录信息，单击“登录”按钮，如下图所示。

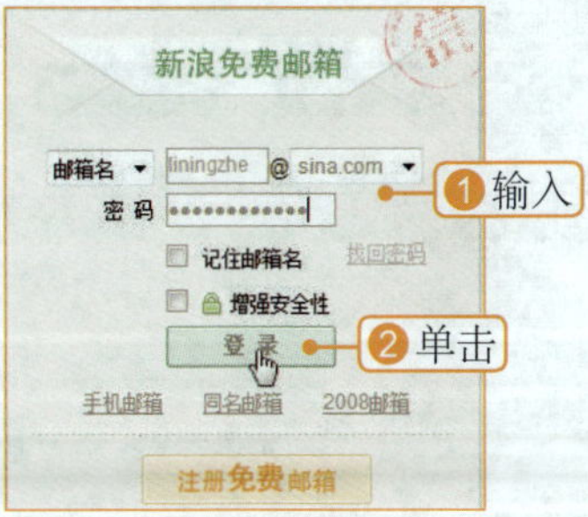

5 单击激活链接

进入新浪邮箱，在打开的邮箱收件箱中通过单击激活链接，如下图所示。

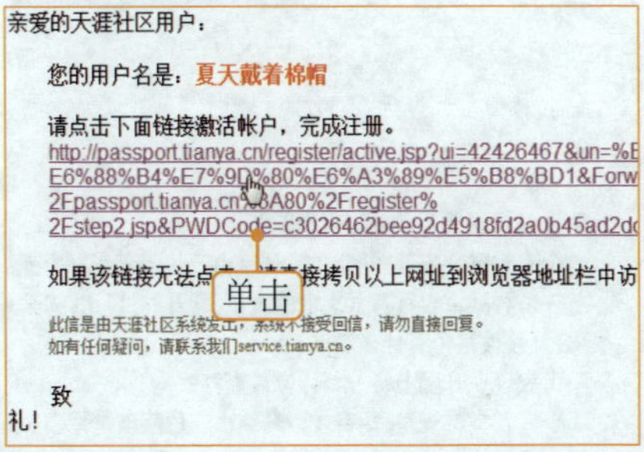

6 完成注册信息

打开“完成注册”页面，弹出已完成注册的提示信息，如下图所示。

7 单击“登录”按钮

打开“天涯社区”首页，输入用户名和密码，单击“登录”按钮，如下图所示。

8 打开“我的天涯”页面

打开“我的天涯”页面，显示相关信息，如下图所示。

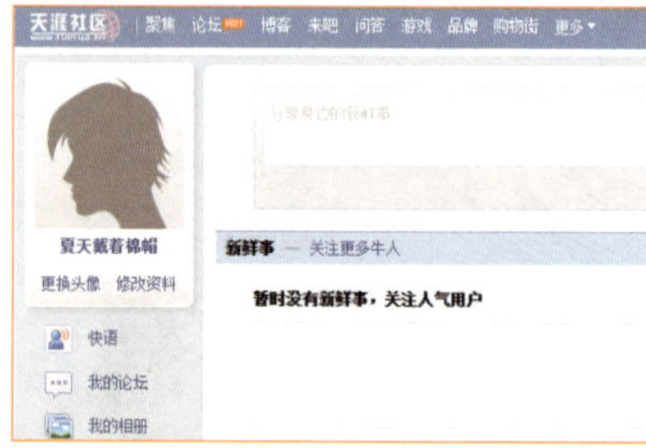

>> 7.2.2 浏览并回复帖子

用户可以对天涯社区论坛中的帖子进行浏览并回复，具体操作步骤如下：

1 单击“论坛”链接

登录天涯社区，在打开的“我的天涯”首页单击导航栏中的“论坛”链接，如下图所示。

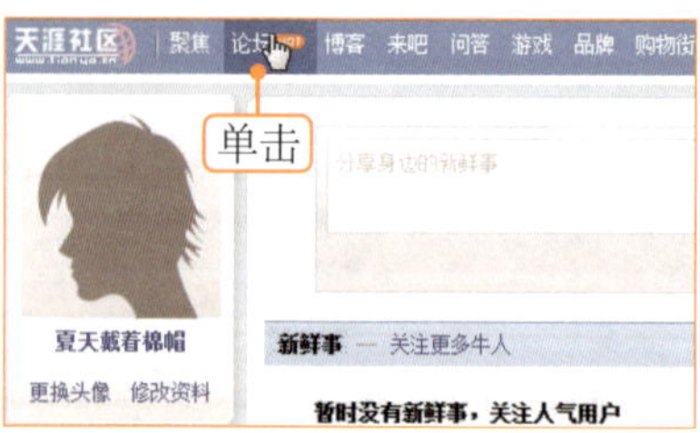

2 单击感兴趣的版块链接

打开天涯论坛，在左侧列表中展开合适的分类，在列表下方单击感兴趣的版块链接，如下图所示。

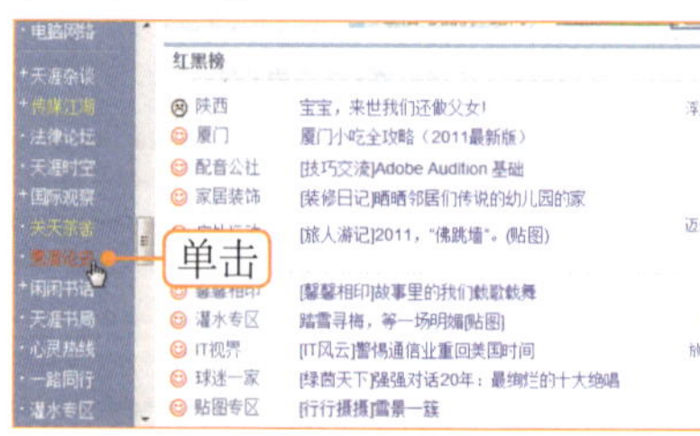

3 单击感兴趣的帖子链接

在右侧的帖子列表中单击自己感兴趣的帖子链接，如下图所示。

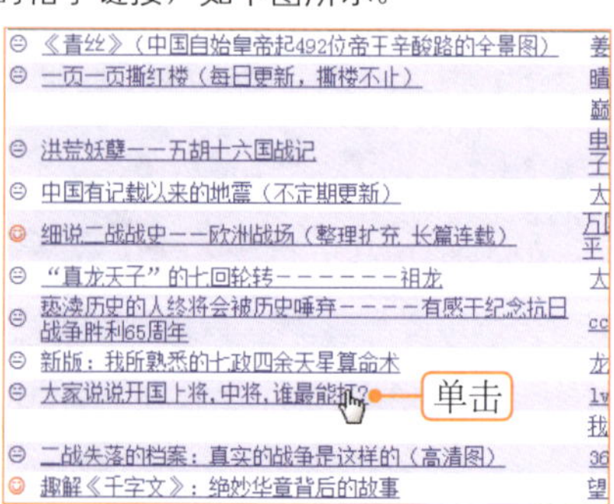

4 浏览帖子详细内容

在打开的网页中，用户即可浏览帖子的详细内容了，如下图所示。

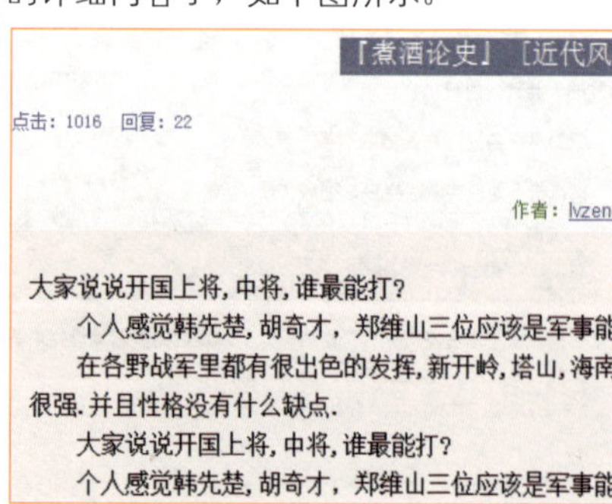

5 单击“发表”按钮

浏览完帖子后，在文本框中输入要回复的内容，然后单击“发表”按钮进行回复，如下图所示。

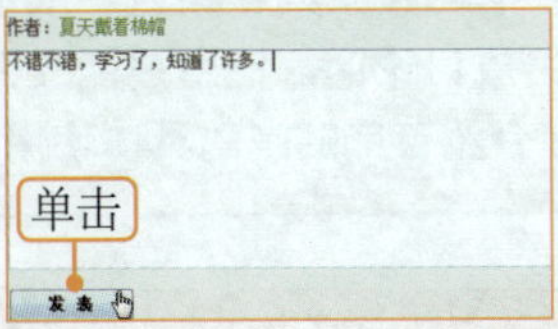

高手点拨

查看帖子

在天涯社区回复的帖子，不一定会显示在当前页面，用户可以在下面翻页的地方翻页，找到自己回复的帖子，也可以查看他人的帖子。

>> 7.2.3 发表新帖

用户可以发起新的讨论话题，让网友们由此展开讨论，具体操作步骤如下：

1 单击“论坛”链接

登录天涯社区，在打开的“我的天涯”页面单击导航栏中的“论坛”链接，如下图所示。

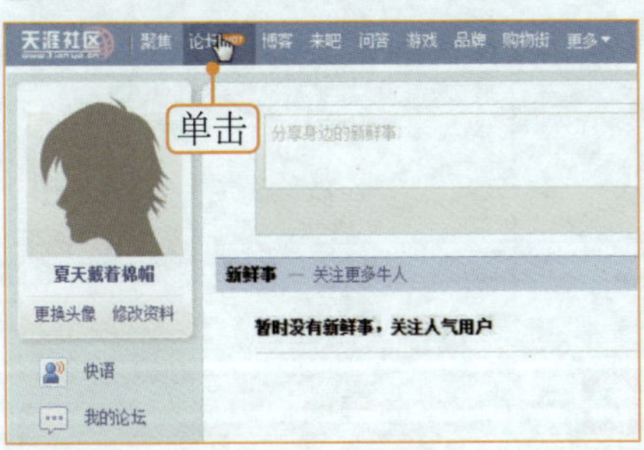

2 单击分类链接

在“论坛”页面左侧单击需要发表的帖子的分类链接，如下图所示。

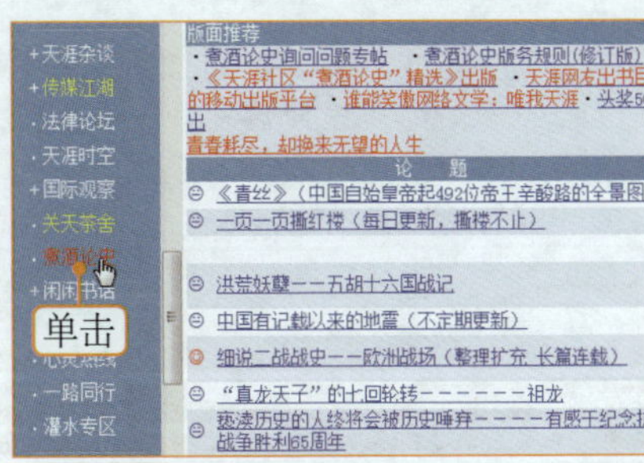

3 单击“发表帖子”按钮

单击右窗口帖子列表上方的“发表帖子”按钮，如下图所示。

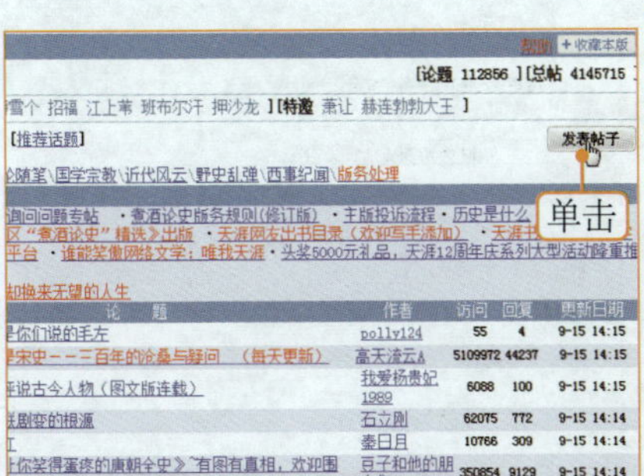

4 单击“发表”按钮

设置帖子标题和正文，选择“原创”或者“转帖”单选按钮，单击“发表”按钮，如下图所示。

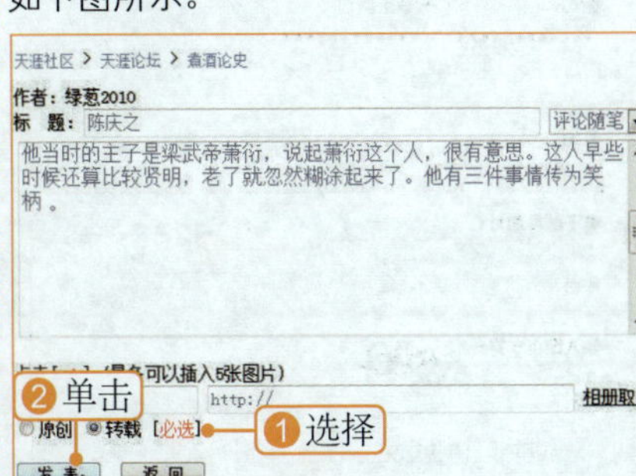

7.3 百度贴吧

贴吧是一种基于关键词的主题交流社区，它与搜索紧密结合，准确把握用户的需求，通过用户输入的关键词自动生成讨论区，使用户能立即参与交流，发布自己感兴趣的话题和想法，下面介绍百度贴吧的具体使用。

>> 7.3.1 注册百度账号

在贴吧中发表帖子，需要注册百度账号，具体操作步骤如下：

① 单击“登录”链接

打开百度首页，单击页面右上角的“登录”链接，如下图所示。

② 单击“立即注册百度账号”按钮

打开“百度个人中心登录”页面，单击“立即注册百度账号”按钮，如下图所示。

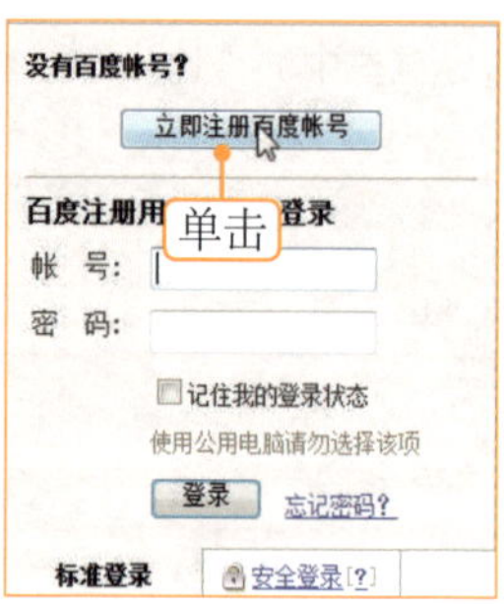

③ 单击“同意协议并提交”按钮

在显示的注册页面中设置用户名、密码、电子邮件及验证码等信息，单击“同意以下协议并提交”按钮，如下图所示。

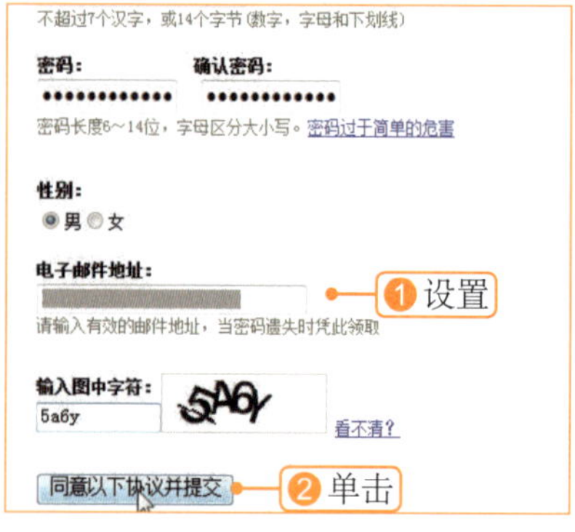

④ 进入“个人中心”页面

打开“个人中心”页面，显示注册信息，百度账号注册成功，如下图所示。

>> 7.3.2 登录百度贴吧

注册百度账号后，即可使用该账号登录百度贴吧进行操作了，具体操作步骤如下：

1 单击“贴吧”链接

打开百度首页，单击搜索框上方的“贴吧”链接，如下图所示。

2 单击“登录”链接

进入“百度贴吧”页面，单击页面右上角的“登录”链接，如下图所示。

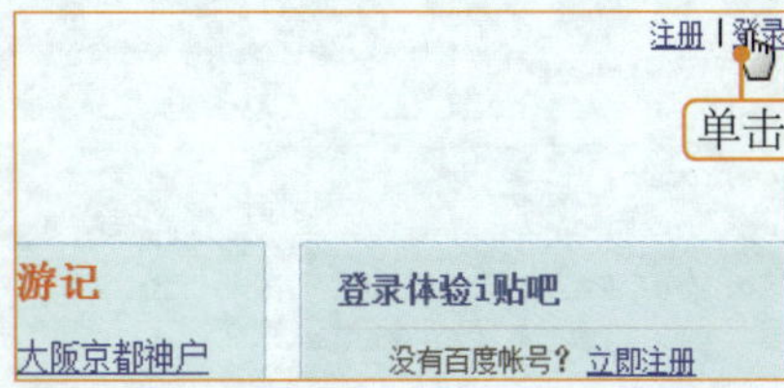

3 单击“登录”按钮

打开“百度个人中心登录”页面，输入用户名和密码，单击“登录”按钮，如下图所示。

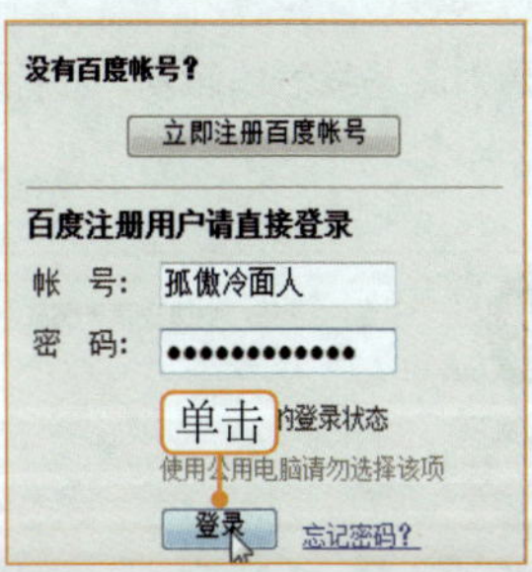

4 登录百度贴吧

登录百度贴吧成功，如下图所示。

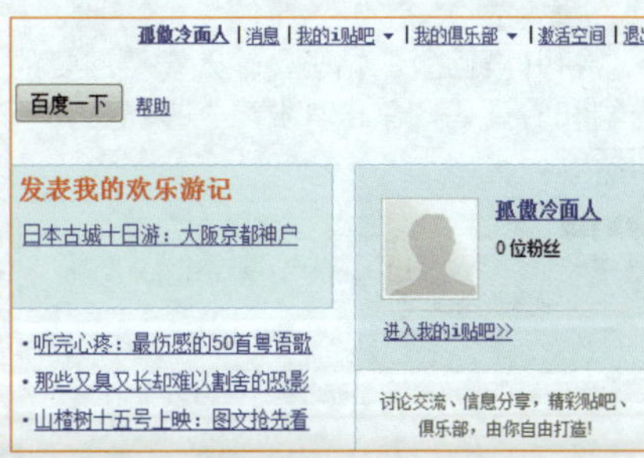

>> 7.3.3 浏览帖子

用户在百度贴吧中可以浏览自己感兴趣的帖子，具体操作步骤如下：

1 单击感兴趣的贴吧分类链接

进入“百度贴吧”页面，在“贴吧目录”栏中单击自己感兴趣的贴吧分类的链接，如下图所示。

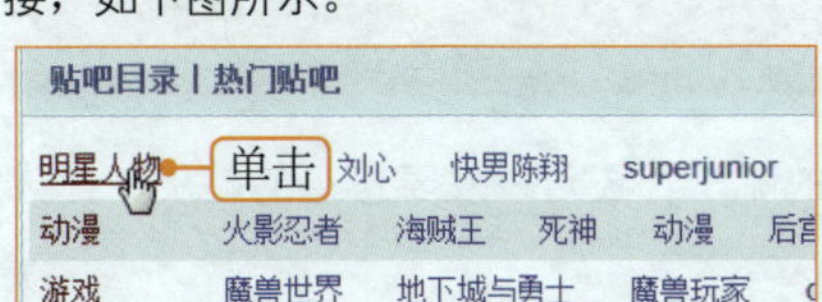

2 单击感兴趣的贴吧链接

在打开的贴吧目录中单击自己感兴趣的贴吧链接，如下图所示。

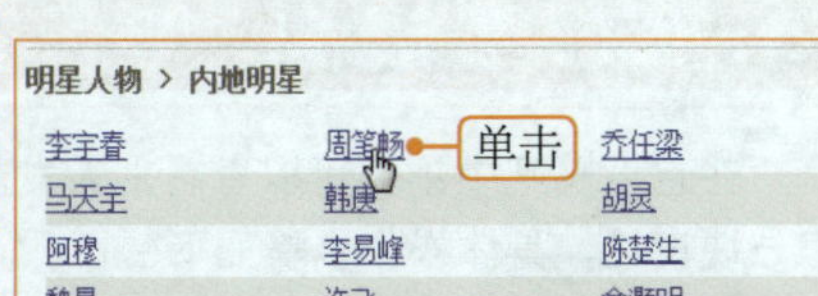

3 单击帖子标题链接

在打开的贴吧主题列表中单击自己感兴趣的帖子的标题链接，如下图所示。

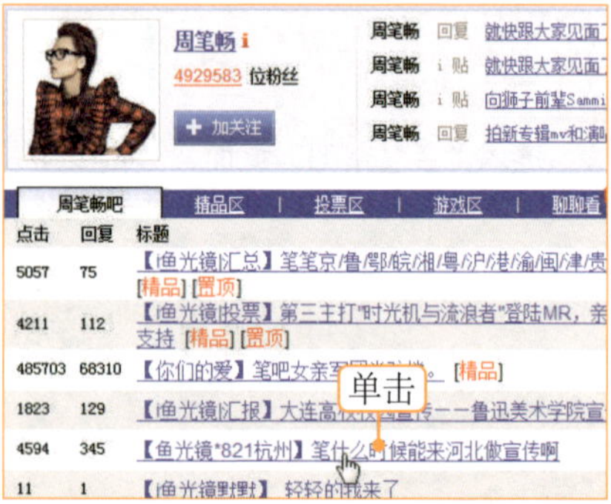

4 浏览帖子详细信息

在打开的页面中即可浏览该帖子的详细信息，如下图所示。

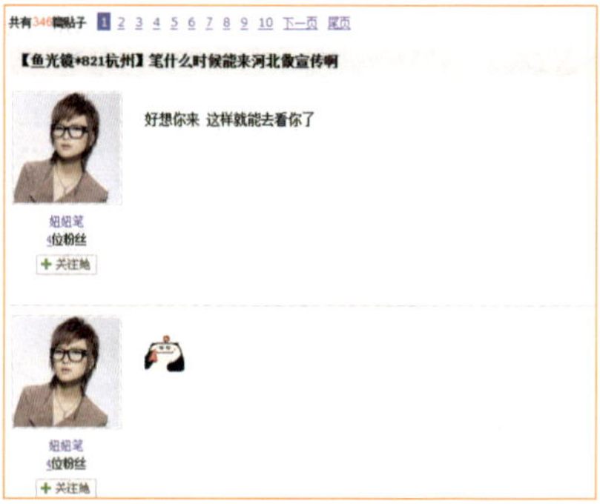

>> 7.3.4 在贴吧中回帖

在浏览帖子后，可以对帖子进行回复，具体操作步骤如下：

1 单击“发表”按钮

打开要回复的帖子，输入需要回复的内容和验证码，单击“发表”按钮，如下图所示。

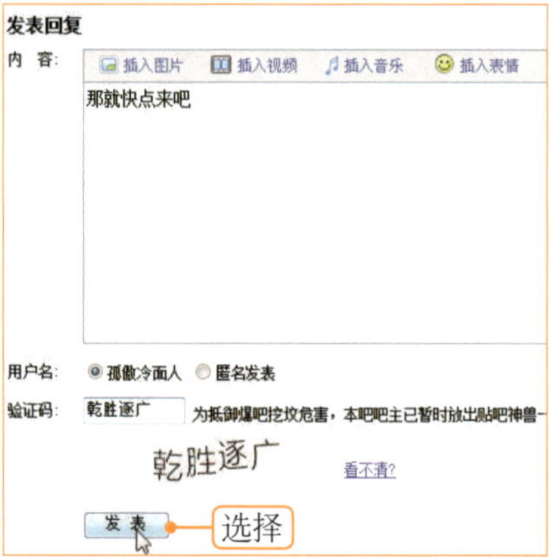

2 查看回复

查看对帖子发表的回复，如下图所示。

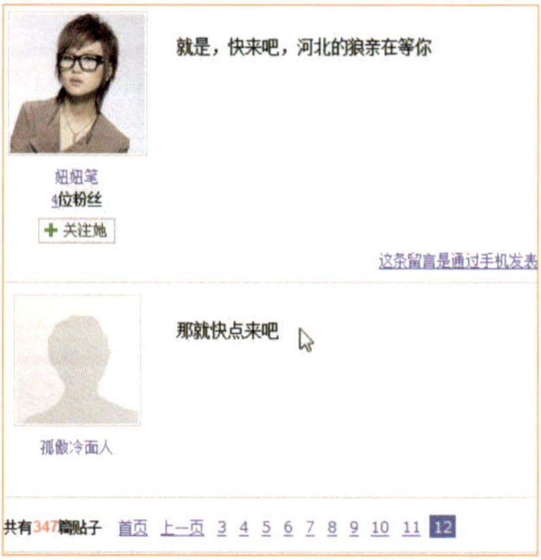

>> 7.3.5 发表新帖

在百度贴吧中不仅可以查看别人发表的帖子，还可以发表自己的帖子，让大家一块讨论，具体操作步骤如下：

1 单击“贴吧”链接

启动 IE 浏览器，打开百度首页，单击搜索框上方的“贴吧”链接，如下图所示。

2 单击“登录”链接

打开“百度贴吧”页面，单击页面右上角的“登录”链接，如下图所示。

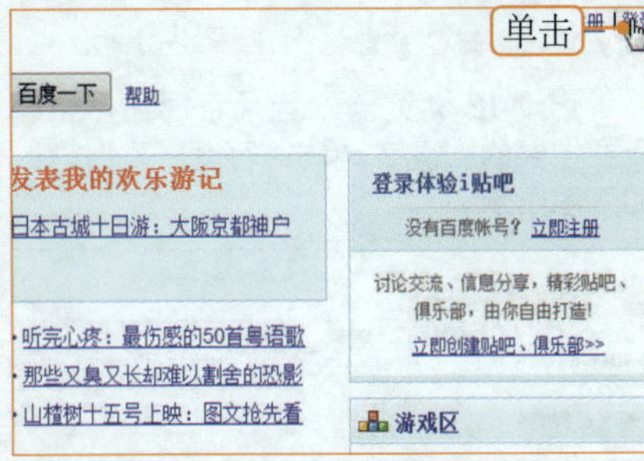

3 单击“登录”按钮

打开“百度个人中心登录”页面，输入用户名和密码，单击“登录”按钮，如下图所示。

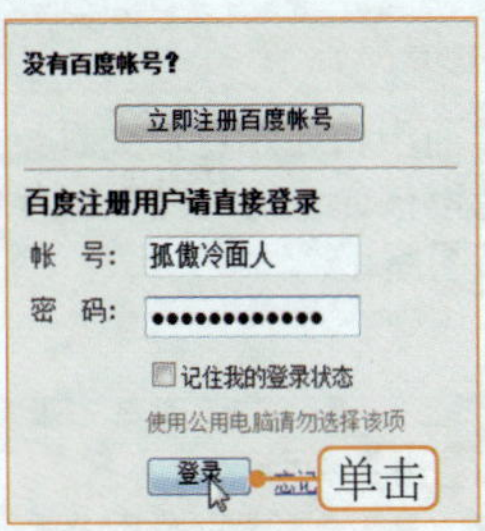

4 单击“百度一下”按钮

登录百度贴吧，在搜索框中输入贴吧的名称，单击“百度一下”按钮，如下图所示。

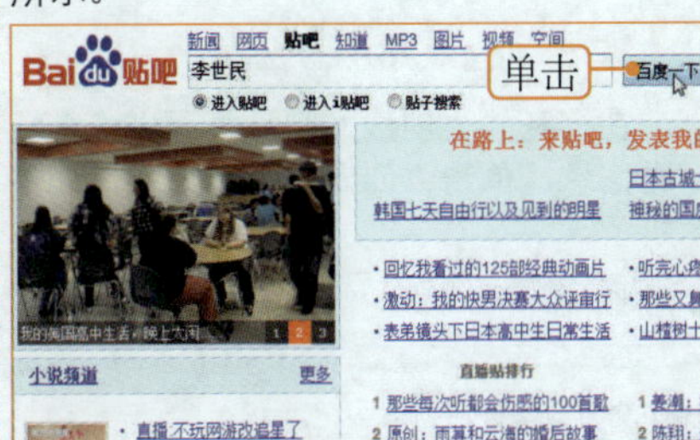

5 单击“发表帖子”按钮

输入要发表新帖的标题、内容和验证码信息，单击“发表帖子”按钮，如下图所示。

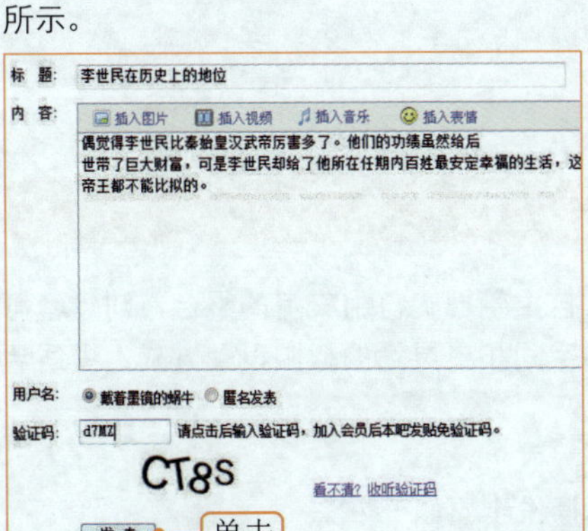

6 查看发表的帖子

在贴吧的列表中查看刚发表的帖子，如下图所示。

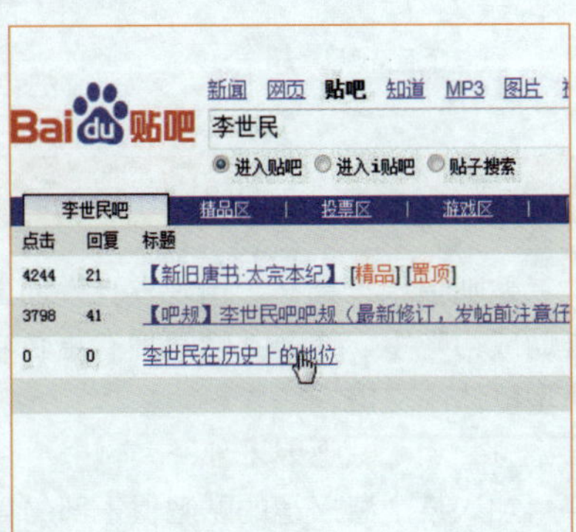

>> 7.3.6 创建贴吧

用户可以用关键字来创建新贴吧，具体操作步骤如下：

1 单击“百度一下”按钮

启动 IE 浏览器，登录百度贴吧，输入要搜索的关键字，单击“百度一下”按钮，如下图所示。

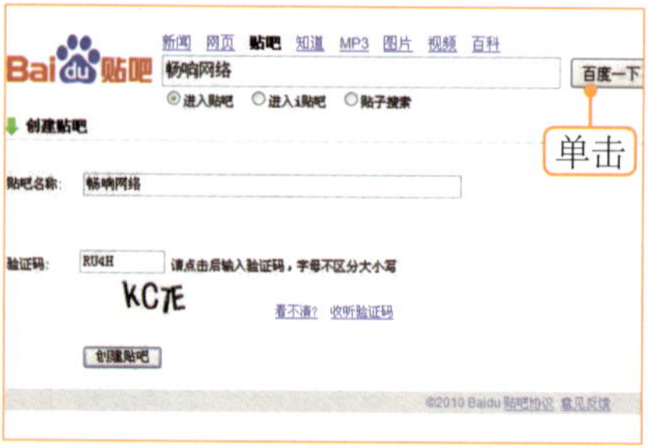

2 单击“创建此贴吧”链接

此时，页面中将显示此吧还未建立的提示信息，单击“创建此帖吧”链接，如下图所示。

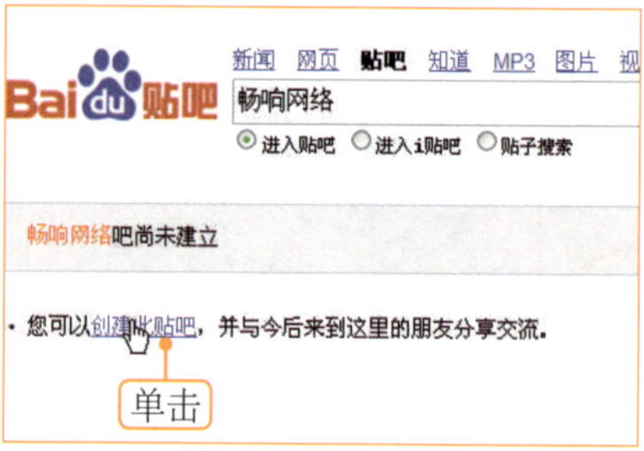

3 单击“创建贴吧”按钮

在打开的“创建贴吧”页面中输入验证码信息，单击“创建贴吧”按钮，如下图所示。

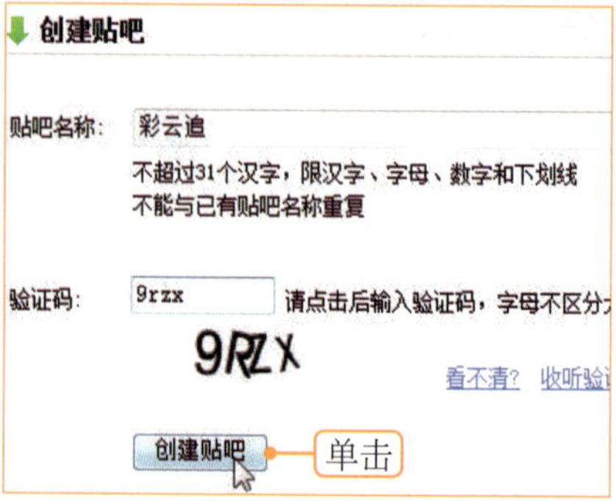

4 显示提交信息

在页面中将显示已提交系统审核的信息，等待审核通过之后贴吧就能创建成功了，如下图所示。

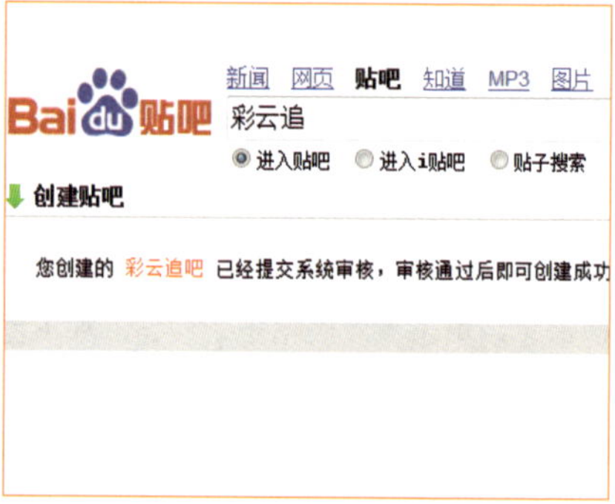

>> 7.3.7 贴吧俱乐部

贴吧俱乐部是一个由吧友自发创建、自主管理、自由交流的平台，创建者可自动成为吧主，比公共贴吧拥有更私密的空间和更灵活的权限设置方式，更适合小型群体的交流。

（1）加入贴吧俱乐部

加入某个感兴趣的贴吧俱乐部的具体操作步骤如下：

1 单击感兴趣的俱乐部目录链接

启动 IE 浏览器，登录百度贴吧，单击自己感兴趣的俱乐部目录链接，如下图所示。

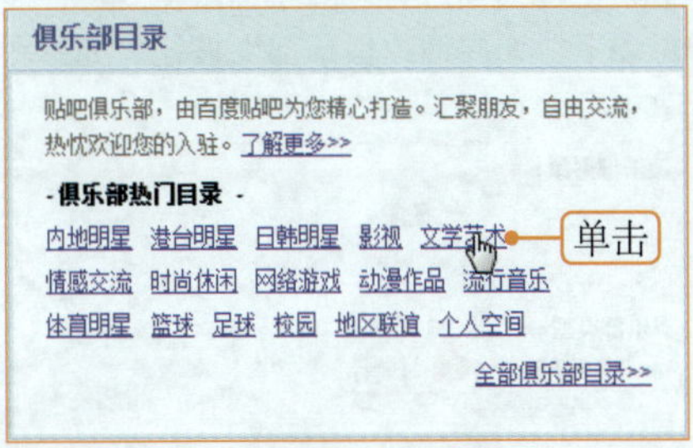

2 单击感兴趣的俱乐部名称链接

在显示的俱乐部列表中单击自己感兴趣的俱乐部的名称链接，如下图所示。

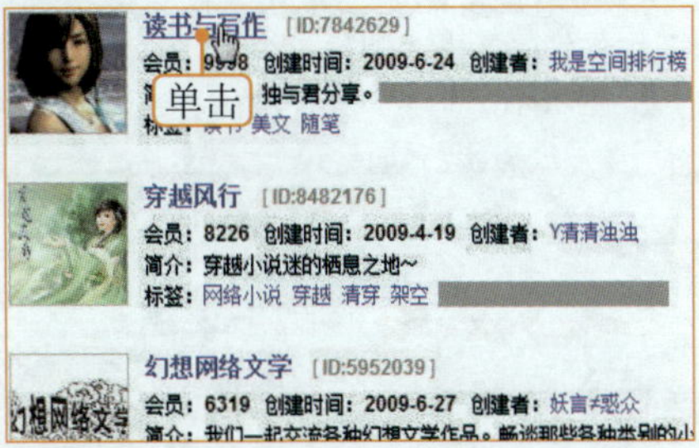

3 单击“申请加入”按钮

进入贴吧俱乐部，单击页面右下方的“申请加入”按钮，如下图所示。

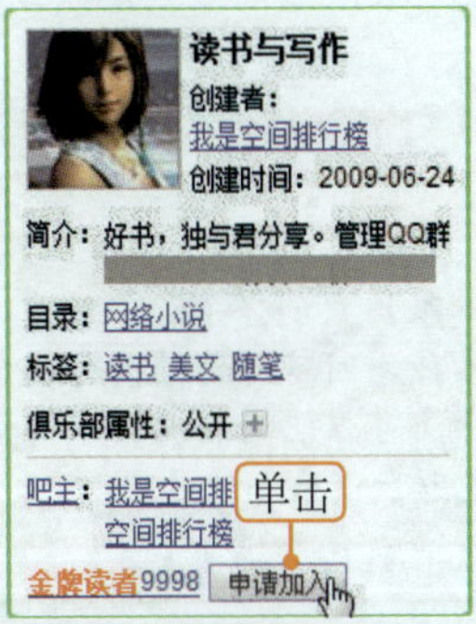

4 输入申请留言

在打开的“会员申请”页面中输入申请留言，单击“申请加入”按钮，等待吧主审核通过，之后即可申请成功，如下图所示。

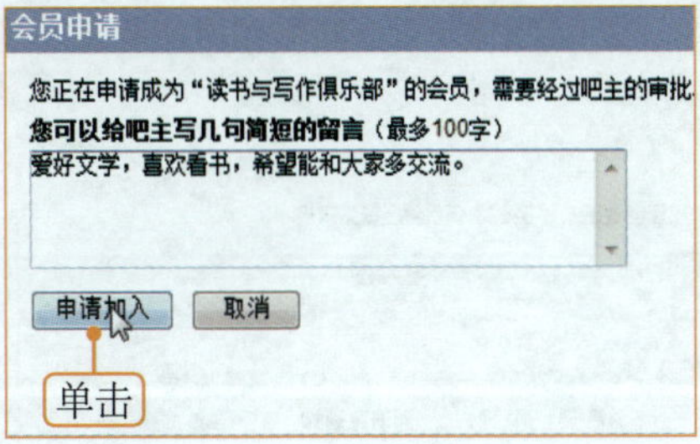

5 弹出提示信息

发送申请后，显示“申请处理中”提示信息，等待管理审核通过，如下图所示。

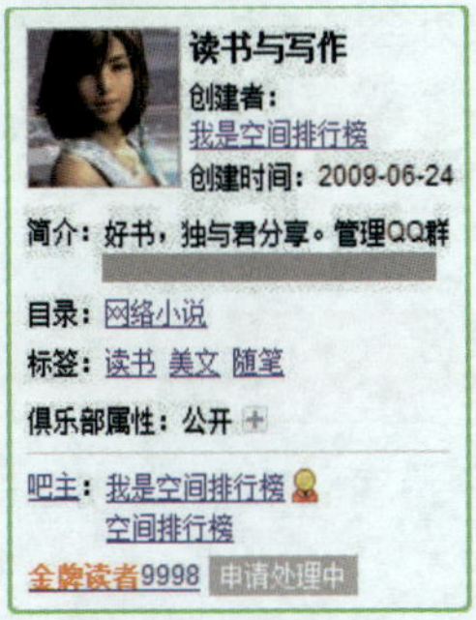

高手点拨

邀请好友

如果用户在俱乐部拥有邀请会员的权限，则可以邀请好友加入俱乐部，方法为：在俱乐部的贴子列表页右上侧，单击“本吧会员数”的链接进入会员中心，在会员中心单击切换到“会员邀请”页，选择不同的方式向自己的好友发送邀请。

（2）创建贴吧俱乐部

用户还可以创建自己感兴趣的贴吧俱乐部，如下图所示。

1 单击“创建一个俱乐部”链接

登录百度贴吧，单击“我的俱乐部”下拉按钮，单击“创建一个俱乐部”链接，如下图所示。

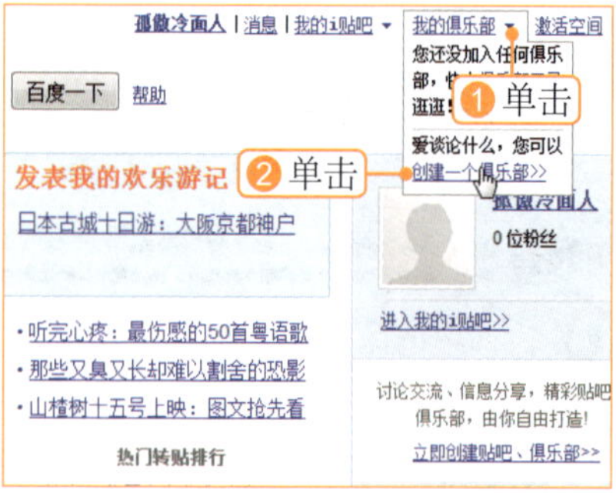

2 设置信息

选择“公开俱乐部”单选按钮，单击“同意以下协议并创建俱乐部”按钮，如下图所示。

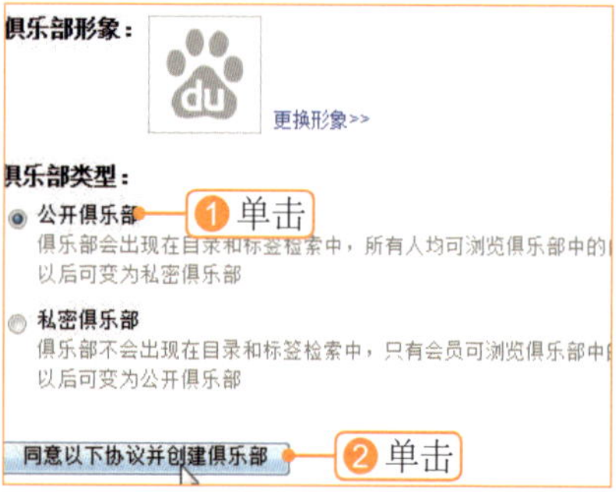

3 提交审核俱乐部

在显示的页面中将看到所创建俱乐部的 ID 号和链接地址，如下图所示。

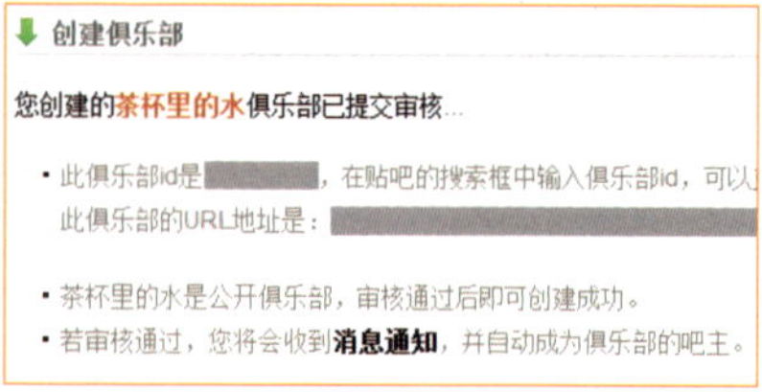

高手点拨

转让或解散俱乐部

如果用户创建了一个俱乐部，但因为各种原因不想再继续行使创建者的职责，可以使用贴吧俱乐部提供的转让或解散俱乐部的功能。

7.4 新浪博客

新浪博客是新浪网的网络日志频道，已成为全国最主流、人气颇高的博客频道之一，拥有娱乐明星博客、知性名人博客、动人情感博客、自我草根博客等。下面介绍使用新浪博客的相关操作。

>> 7.4.1 开通并登录新浪博客

在使用新浪博客之前首先应该开通自己的一个博客，开通新浪博客的具体操作步骤如下：

1 单击“开通新博客”按钮

打开新浪网站，在首页中单击“开通新博客”按钮，如下图所示。

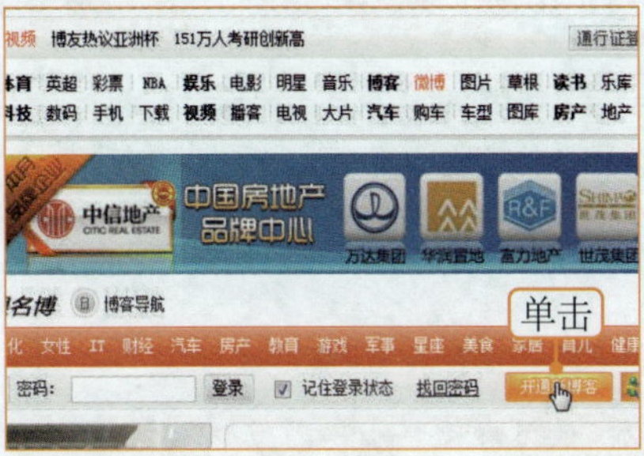

2 单击“下一步”按钮

打开“注册新浪会员”页面，填写邮箱名称和验证码信息，单击“下一步”按钮，如下图所示。

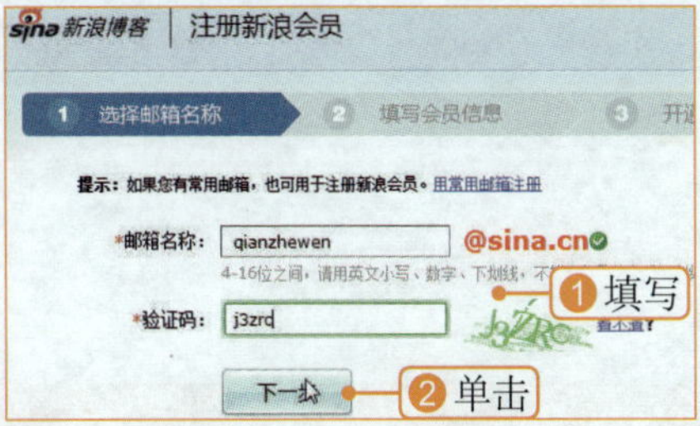

3 单击“提交”按钮

填写相关信息，选择“我已看过并同意”复选框，单击“提交”按钮，如下图所示。

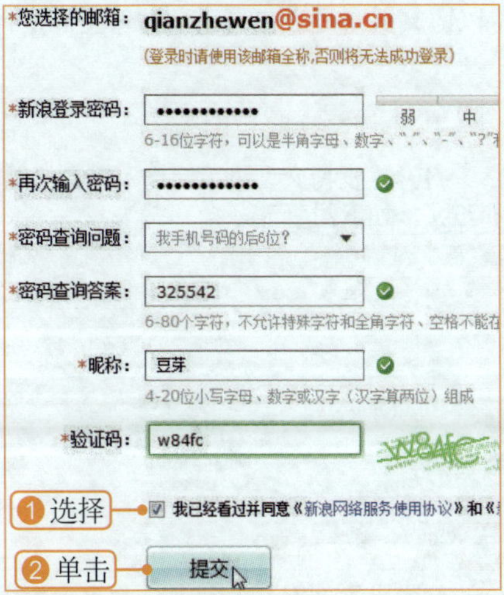

4 单击“完成开通”按钮

打开“完善您的个人资料”页面，填写相关信息，单击“完成开通”按钮，如下图所示。

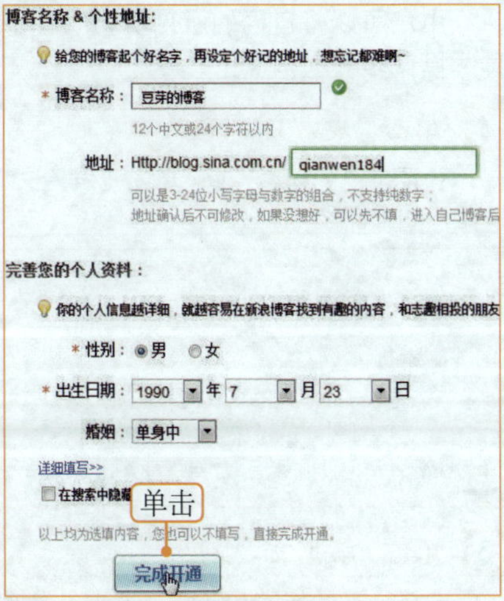

5 显示开通博客的信息

打开“开通新博客”页面，显示登录名以及博客的地址信息，如下图所示。

6 单击“我的博客”链接

返回新浪博客页面，单击“我的博客”链接，如下图所示。

7 进入博客首页

进入新建的新浪博客页面，如下图所示。

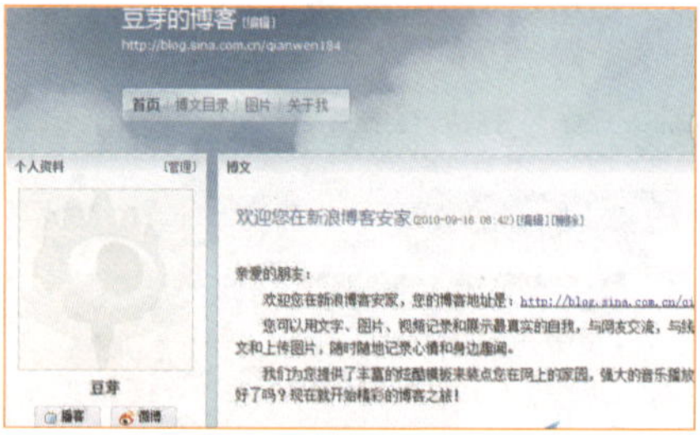

高手点拨

进入博客

如果用户有自己的新浪邮箱，可以在新浪邮箱中单击“进入我的博客”进入博客。

>> 7.4.2 发布博文

登录自己的博客空间之后，就可以发博文、上传图片及管理博客空间了，下面详细介绍这些操作。

（1）撰写并发布文字博文

用户可以将自己的所见所闻或者心情，以博文方式发表在自己的博客空间中，具体操作步骤如下：

1 单击“发博文”链接

登录自己的博客空间，单击“发博文”按钮，如下图所示。

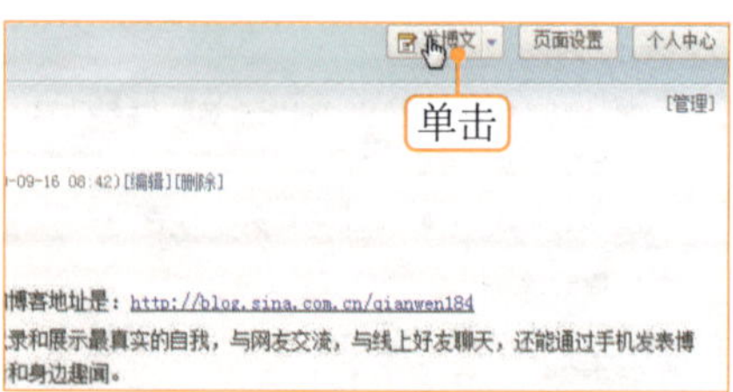

2 输入博文标题和正文

打开“发博文”页面，输入博文标题和正文，如下图所示。

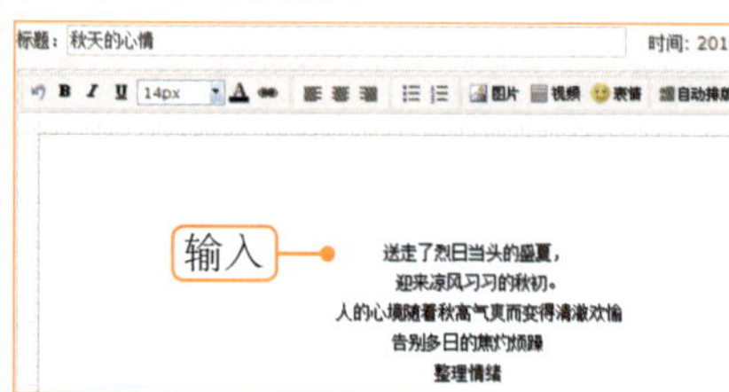

3 单击“发博文”按钮

选择合适的标签和分类，单击“发博文”按钮，如下图所示。

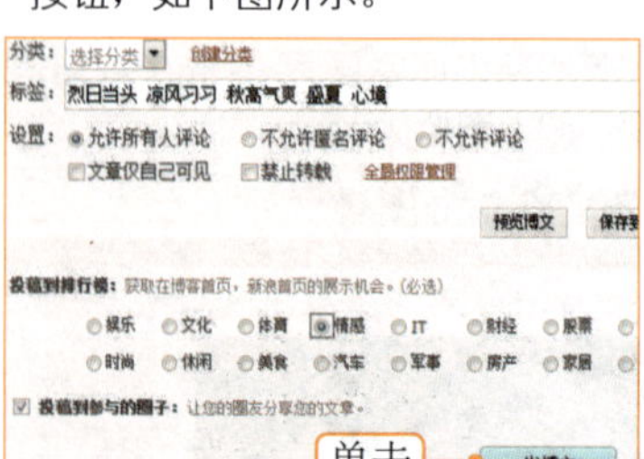

4 显示提示信息

在弹出的“提示”对话框中将显示“博文已发布成功”提示信息，单击“确定”按钮，如下图所示。

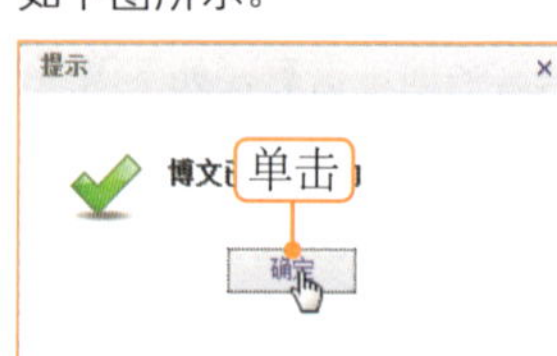

5 查看发布的博文

返回博客空间首页，即可查看刚才发布的博文，如下图所示。

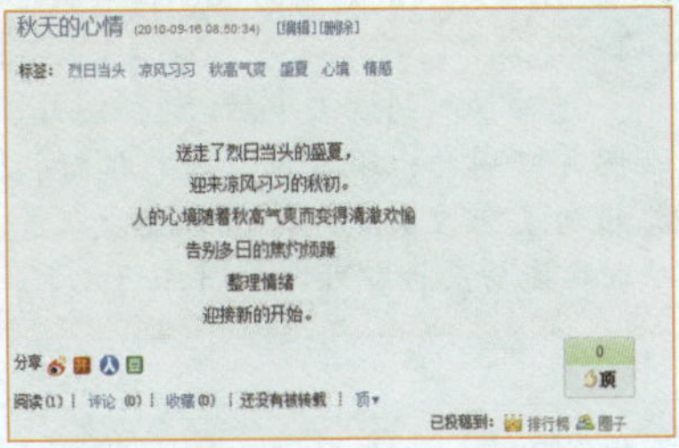

> **高手点拨**
>
> **设置字体**
>
> 在“发博文”页面的正文框上方有一行工具按钮，通过这些工具按钮可以设置博文的字体、颜色和大小等。

（2）在博文中插入本地图片

为了丰富博文的内容，让文章变得更加生动活泼，可以在博文中插入图片，具体操作步骤如下：

1 单击“插入图片”按钮

打开“发博文”页面，输入博文内容，然后单击正文框上方的“图片”按钮，如下图所示。

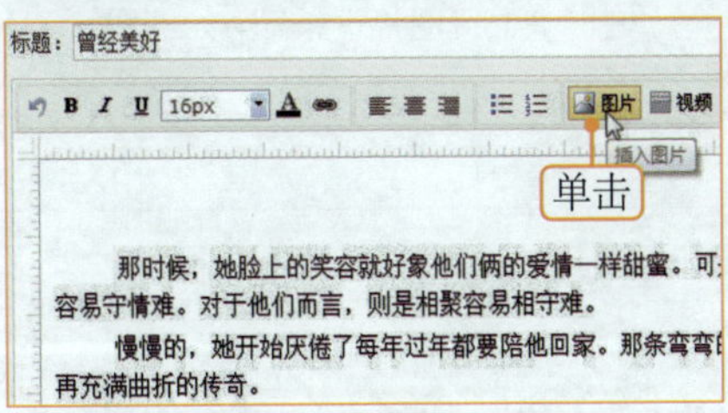

2 单击“添加”按钮

弹出“插入图片”界面，单击“添加”按钮，如下图所示。

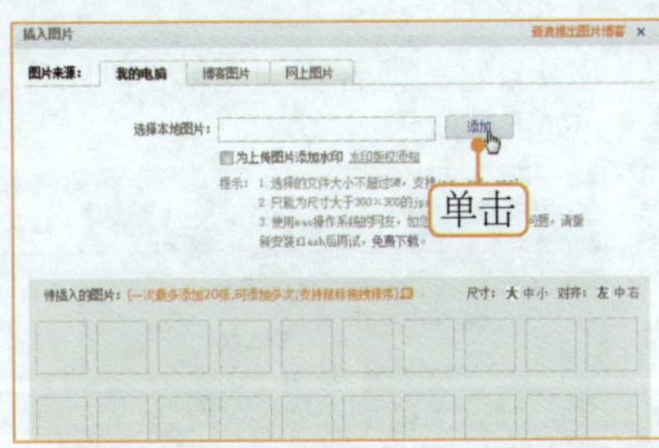

3 单击“打开”按钮

弹出“选择要上载的文件”对话框，选中需要上传的图片文件，单击“打开”按钮，如下图所示。

4 插入图片

在返回的“插入图片”界面中将显示添加的图片的缩略图，单击“插入图片”按钮，如下图所示。

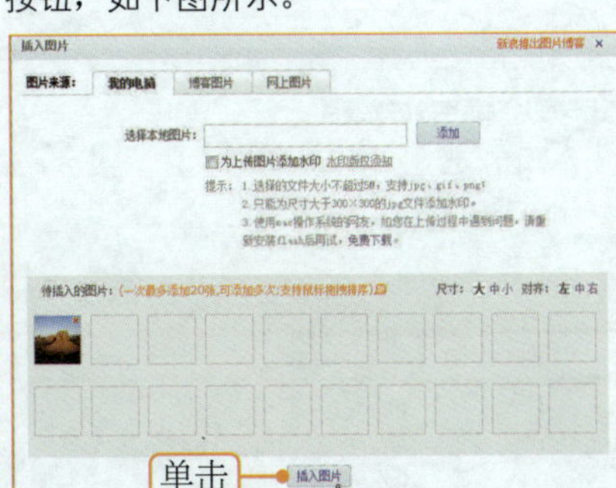

5 查看插入的图片

返回“发博文”页面查看插入到正文框中的图片，如下图所示。

高手点拨

调整图片的大小

图片插入到博文中后，选择图片，在图片四周会出现控制点，将鼠标指针指向某个控制点，待指针变为双箭头时，拖动鼠标即可调整图片的大小。

>> 7.4.3 在博客相册里上传图片

为了美化博客，丰富其内容，用户可以将自己计算机中的漂亮图片上传到博客相册里，具体操作步骤如下：

1 单击“图片”链接

登录自己的博客空间，单击“图片”链接，如下图所示。

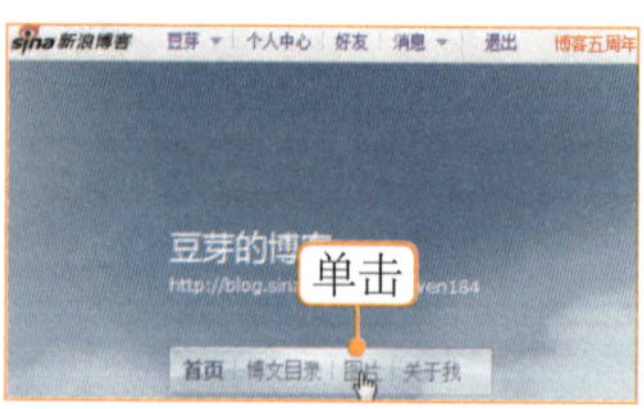

2 单击“上传图片”按钮

单击“上传图片”按钮，如下图所示。

3 单击“选择照片”链接

在打开的“上传图片”页面中单击“选择照片”链接，如下图所示。

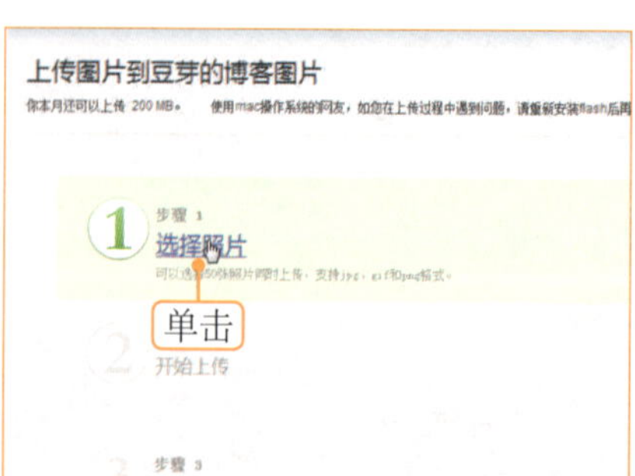

4 单击“打开”按钮

弹出“选择要上载的文件”对话框，选中要上传的文件，单击“打开”按钮，如下图所示。

5 继续添加图片

返回“上传图片”页面，单击“继续添加照片”按钮继续添加需要上传的图片，如下图所示。

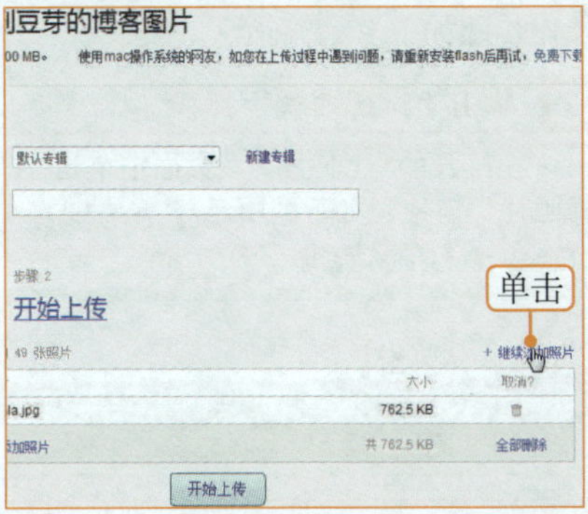

6 单击“开始上传”按钮

继续添加需要上传的图片，返回“上传图片”页面，单击“开始上传”按钮，如下图所示。

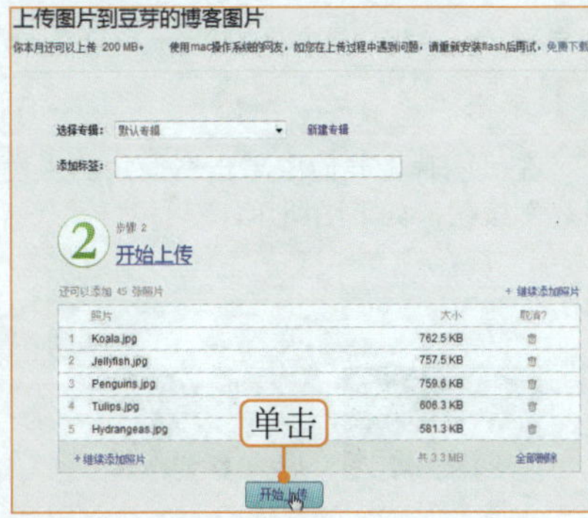

7 单击“返回你的相册”链接

上传完成后，将显示“上传完成”的提示信息，单击“返回你的相册”链接，如下图所示。

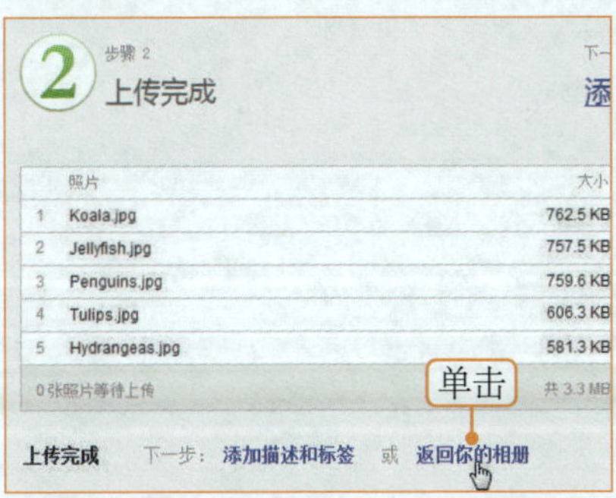

8 查看上传的图片

返回博客相册查看上传的图片，如下图所示。

高手点拨

批量上传图片

用户可以批量上传图片，在“上传图片”页面中单击“批量上传”栏的“下载上传工具”按钮，可以下载并安装批量上传工具。使用此工具可以方便、快捷地一次上传多张照片。如果不使用该工具，在博客中每次最多可上传 10 张照片，并且每张照片的大小不得超过 5MB。

>> 7.4.4 管理相册中的照片

上传到新浪博客相册中的照片，默认存放在“默认专辑”相册中，当上传的照片较多时，可以在照片上传过程中新建一个专辑来进行存放，还可以对照片进行重命名、更改描述及删除等管理，具体操作步骤如下：

1 单击“发照片”按钮

在“图片”界面中单击右上角的“发照片”按钮，如下图所示。

2 单击“选择照片”链接

在打开的“上传图片”页面中单击“选择照片”链接，如下图所示。

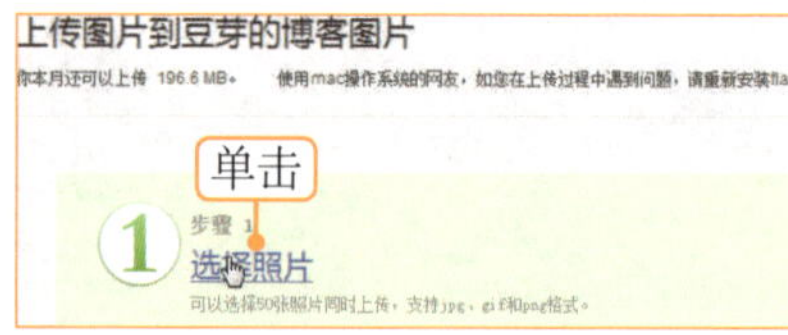

3 单击“打开”按钮

弹出“选择要上载的文件”对话框，选中要上传的文件，单击“打开”按钮，如下图所示。

4 单击“新建专辑”链接

打开“上传图片”页面，设置需要上传的图片，单击“新建专辑”链接，如下图所示。

5 弹出“新建专辑”界面

弹出“新建专辑”界面，输入相关信息，单击“确定”按钮，如下图所示。

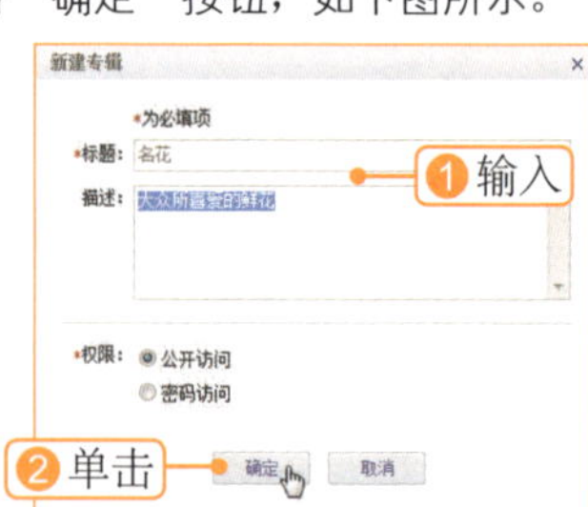

6 单击“开始上传”按钮

在返回的“上传图片”页面中单击“开始上传”按钮，如下图所示。

7 单击“返回你的相册”链接

弹出“上传完成”提示信息，单击“返回你的相册”链接，如下图所示。

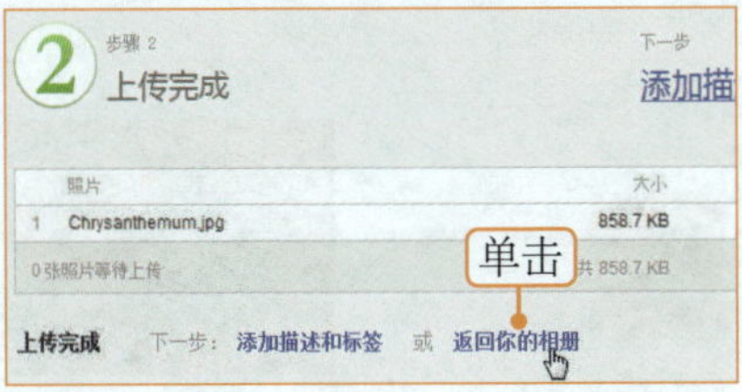

8 查看新建的专辑

返回博客图片界面，查看新建的专辑，如下图所示。

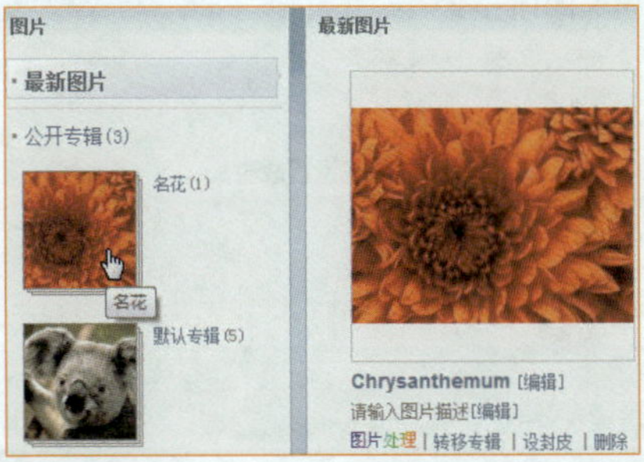

9 单击“编辑”链接

在显示的缩略图中单击照片名称右侧的“编辑”链接，如下图所示。

10 单击“保存”按钮

在显示的文本框中删除原来的名称，重新输入新的名称，单击“保存”按钮，如下图所示。

11 查看效果

查看保存修改名称后的效果，如下图所示。

12 单击“设封皮”链接

在显示的缩略图中单击照片名称下面的“设封皮”链接，如下图所示。

13 弹出“提示”对话框

弹出“提示”对话框，显示“专辑封皮设置成功”的信息，单击“确定”按钮，如下图所示。

14 查看专辑效果

查看设置封面后的专辑效果，如下图所示。

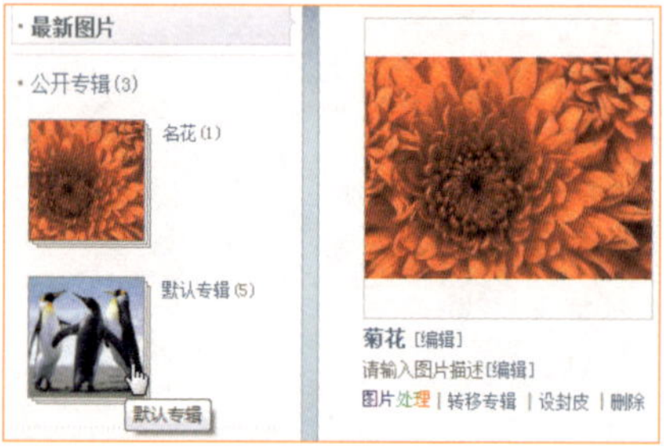

15 单击“转移专辑”链接

打开“默认专辑”相册，选择要转移的照片，然后单击照片名称下面的“转移专辑”链接，如下图所示。

16 进入“转移到专辑”界面

在“请选择您要加入的专辑”中选择“名花”单选按钮，单击“确定”按钮，如下图所示。

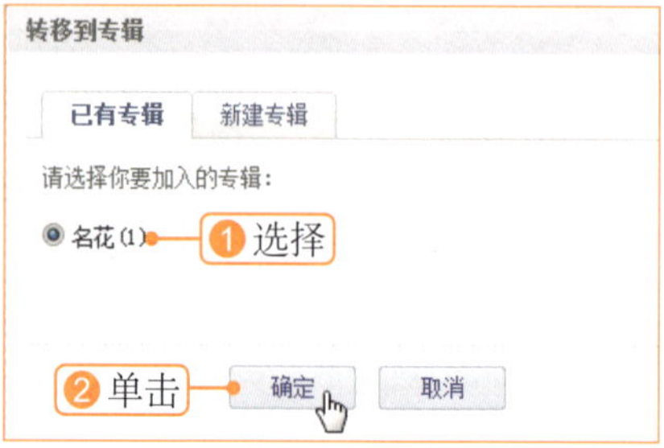

17 单击“是”按钮

在弹出的“提示”对话框中单击“是”按钮，如下图所示。

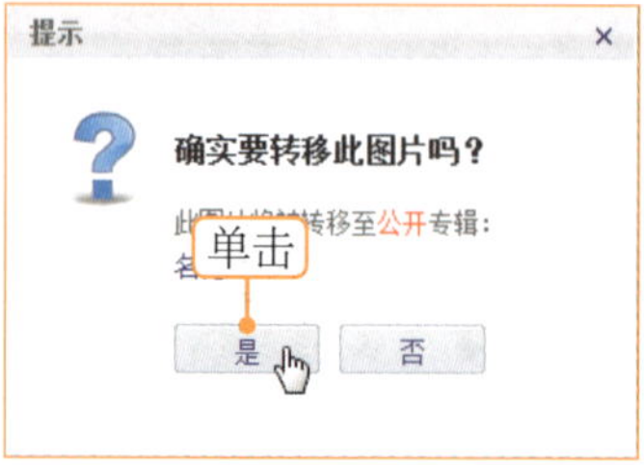

18 查看转移效果

打开“名花”专辑相册，查看转移到“名花”专辑中的照片，如下图所示。

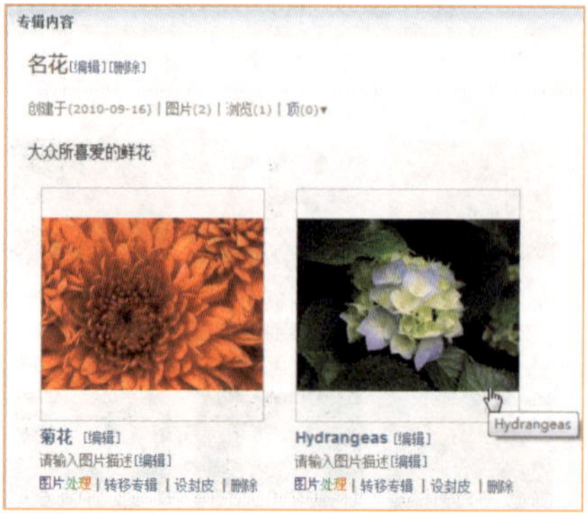

>> 7.4.5 上传视频

新浪博客提供了播客功能，用户可以将自己珍藏或制作的视频上传到博客中与网友分享，具体操作步骤如下：

1 单击“播客”按钮

登录新浪博客，单击“个人资料”栏下的“播客”按钮，如下图所示。

2 单击“上传视频”链接

打开“播客”页面，单击“上传视频”链接，如下图所示。

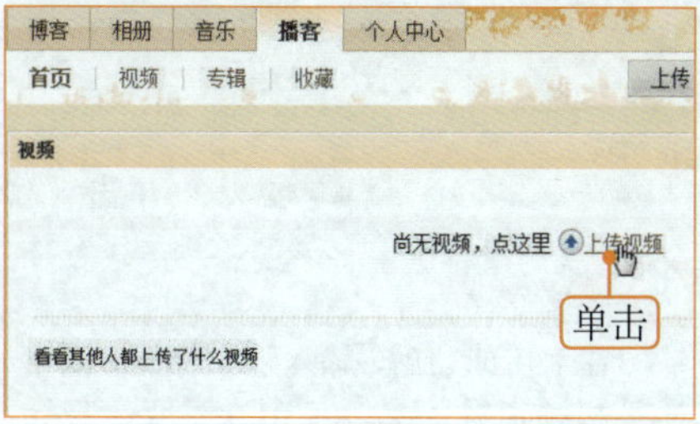

3 单击“浏览”按钮

在打开的“上传视频”页面中单击“浏览”按钮，如下图所示。

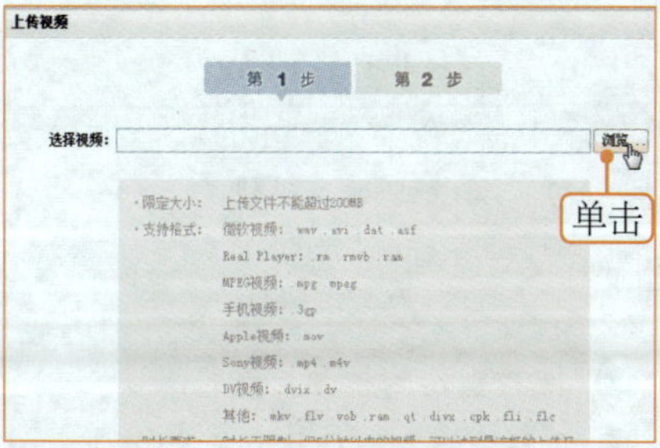

4 单击“打开”按钮

弹出“选择要上载的文件”对话框，选中要上传的文件，单击“打开”按钮，如下图所示。

5 单击“下一步”按钮

返回“上传视频”页面，选中的视频文件将出现在“选择视频”文本框中，单击“下一步”按钮，如下图所示。

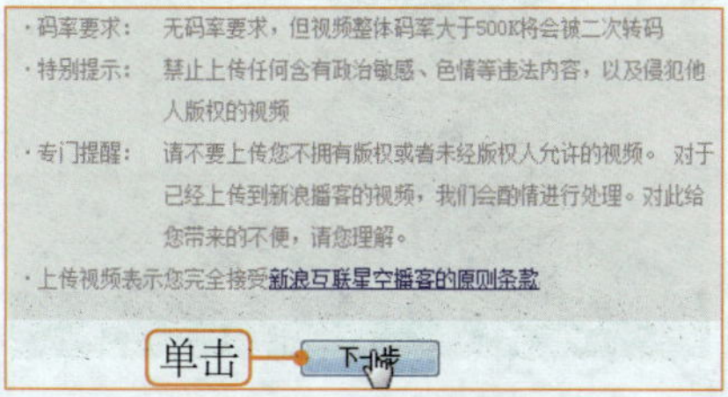

6 显示视频文件的上传进度

接下来，会显示视频文件的上传进度，如下图所示。

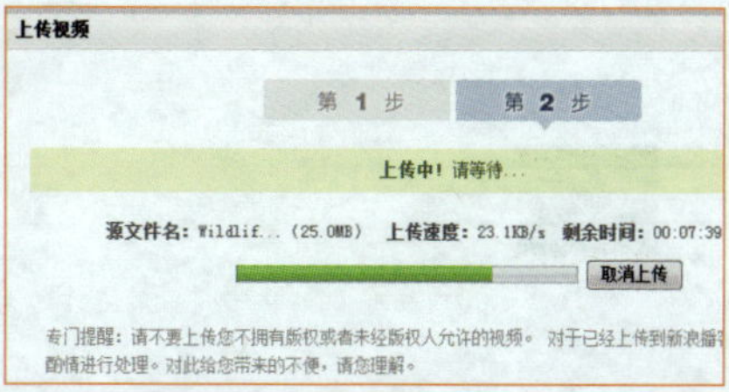

7 单击“创建新专辑”链接

在“请输入视频信息”栏中单击“创建新专辑”链接，如下图所示。

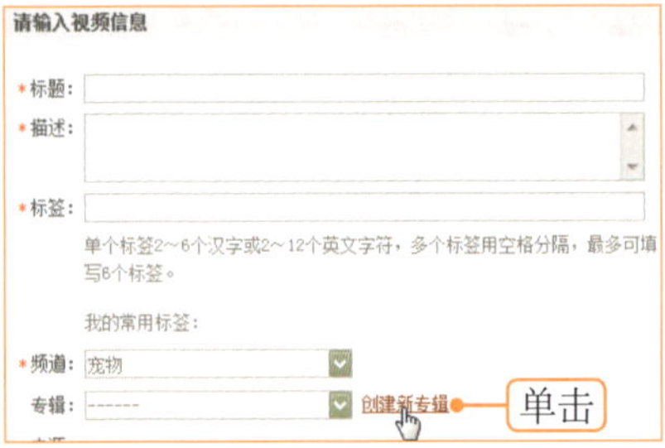

8 单击“完成”按钮

弹出“创建新专辑”对话框，在相应文本框中输入相关信息，单击“完成”按钮，如下图所示。

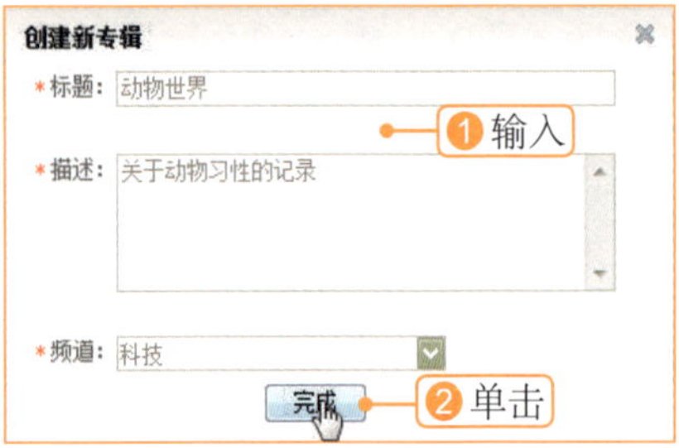

9 输入信息

在上传成功后，输入视频标题、描述、标签和频道等信息，单击“完成”按钮，如下图所示。

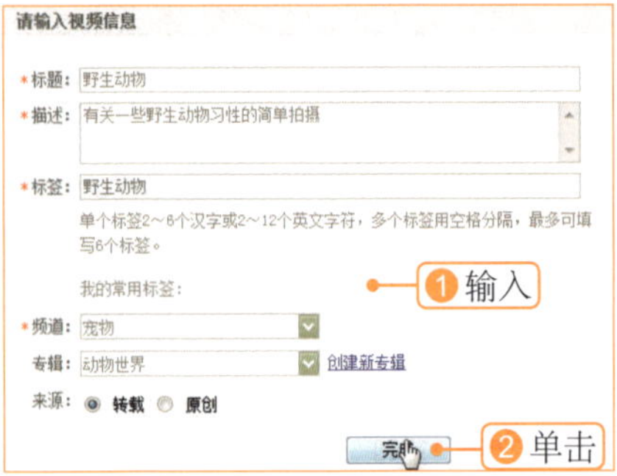

10 单击“管理视频”按钮

此时，会弹出“恭喜您，视频上传成功”提示信息，单击“管理视频”按钮，如下图所示。

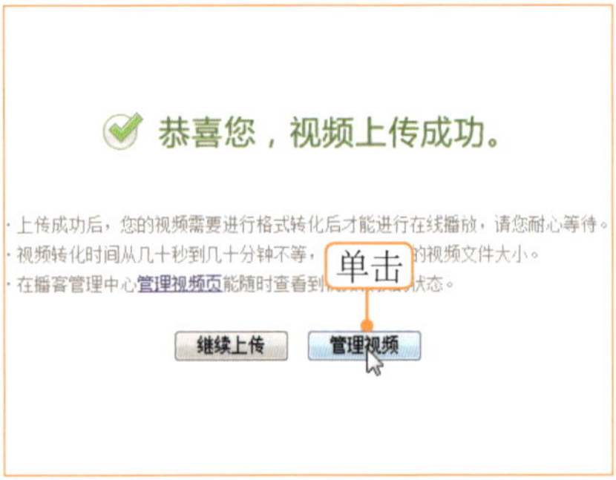

11 单击“野生动物”链接

进入播客页面，单击“野生动物”链接，如下图所示。

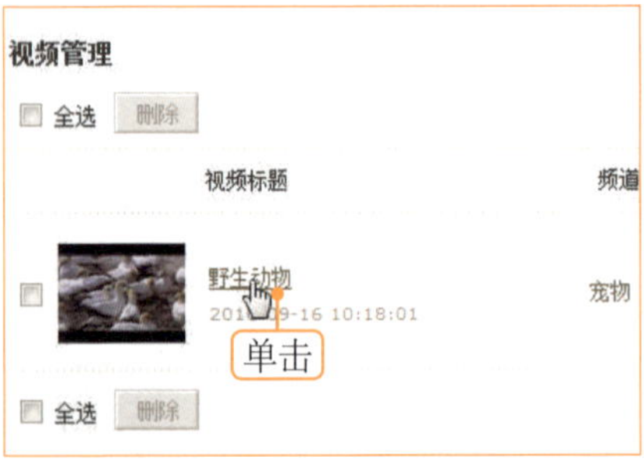

12 播放上传的视频文件

在新浪播客网中播放上传的视频文件，如下图所示。

7.5 新浪微博

新浪微博是一个由新浪网推出，提供微型博客服务的类 Twitter 网站。用户可以将自己看到的、听到的、想到的事情写成一句话，或发成一张图片，通过计算机或者手机随时随地分享给朋友。用户的朋友可以在第一时间看到所发布的信息，以便随时和用户一起分享、讨论。并且，用户还可以关注朋友，即时看到朋友们发布的信息。

>> 7.5.1 开通并登录微博

若想使用微博发送信息，用户首先应该开通微博，具体操作步骤如下：

1 单击“立即注册微博”按钮

打开新浪微博网页 http://t.sina.com.cn，单击“立即注册微博”按钮，如下图所示。

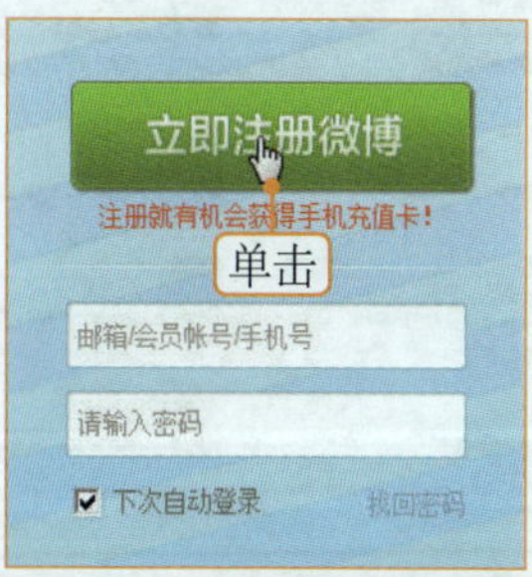

2 填写注册信息

填写相关信息，选择“我已看过并同意”复选框，单击“立即注册”按钮，如下图所示。

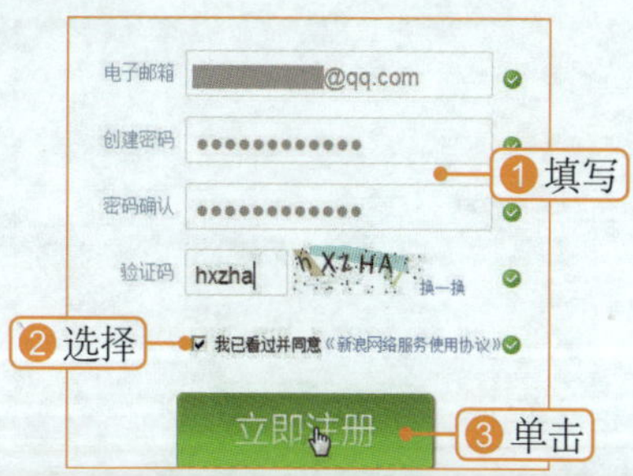

3 单击“立即查看邮箱”按钮

打开“马上激活邮件，完成注册”页面，单击“立即查看邮箱”按钮，如下图所示。

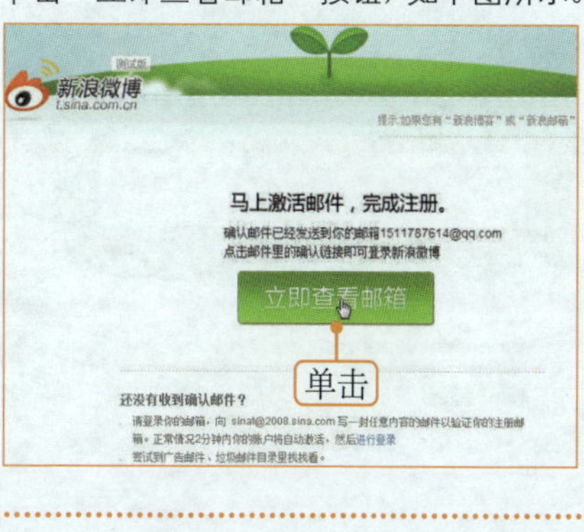

4 登录QQ邮箱

弹出“登录您的 QQ 邮箱”界面，输入相关信息，单击“登录”按钮，如下图所示。

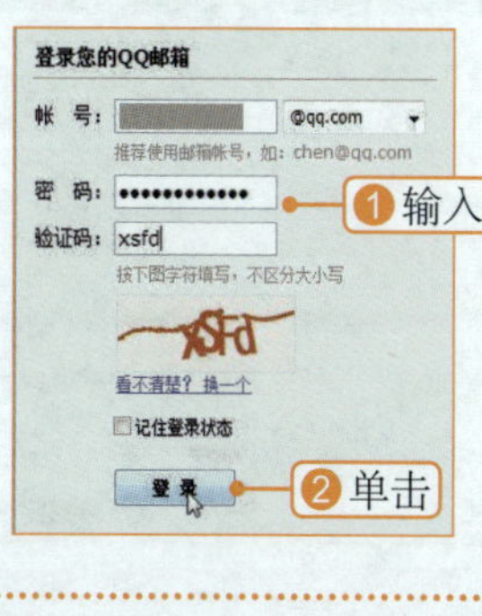

5 单击注册链接

打开邮件，单击微博邮箱发来的注册链接，如下图所示。

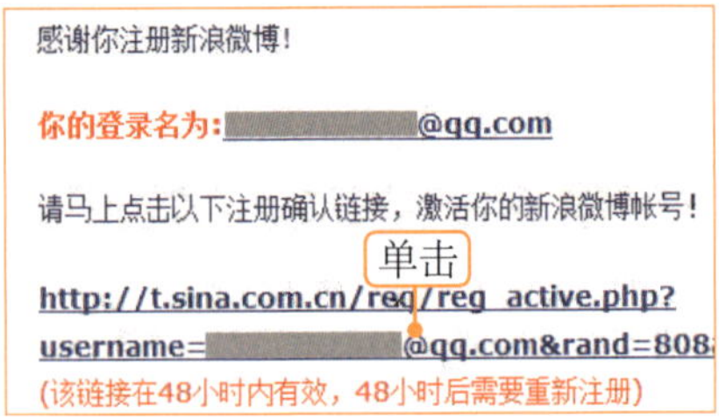

6 单击“登录”按钮

此时，会弹出“你的账户已激活，请登录”的提示信息，输入密码，单击“登录”按钮，如下图所示。

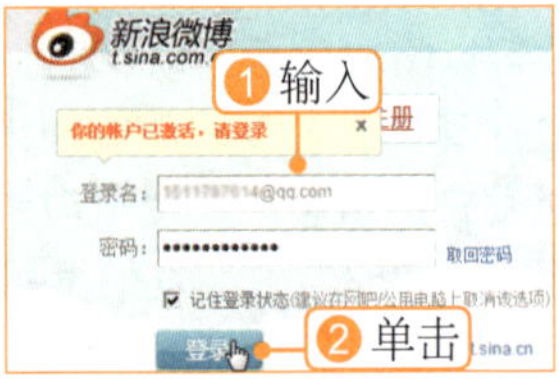

7 单击“开通微博”按钮

打开“填写基本信息”页面，填写相关信息，单击“开通微博”按钮，如下图所示。

8 单击“关注已选用户”按钮

选择要关注的名人，单击“关注已选用户”按钮，如下图所示。

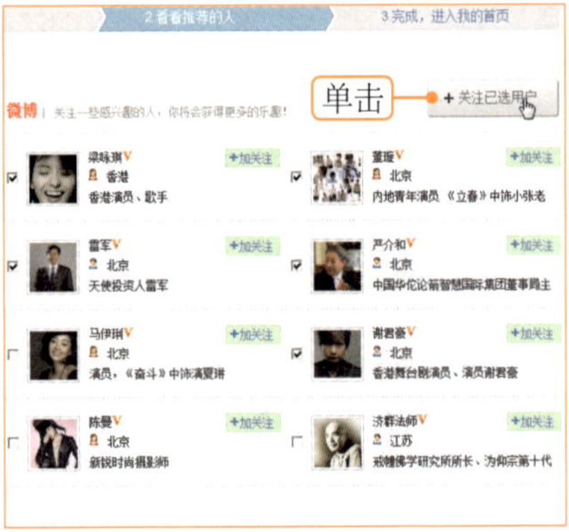

9 单击“完成”链接

此时，会弹出“关注成功”的提示信息，单击“完成”链接，如下图所示。

10 进入注册的微博首页

进入刚注册的微博首页，如下图所示。

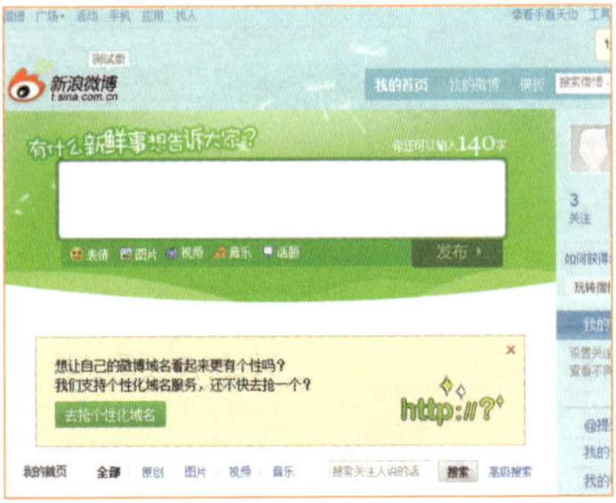

>> 7.5.2 添加关注

用户在注册并登录微博之后，就可以添加自己感兴趣的人了。

方法一：分类找人

1 单击“登录微博”按钮

打开微博，输入登录信息，选择“下次自动登录”复选框，并单击“登录微博”按钮，如下图所示。

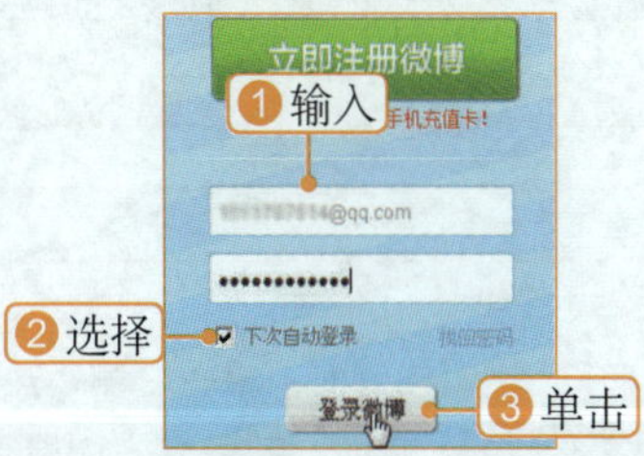

2 单击“找人”链接

登录微博，在微博首页上单击“找人”链接，如下图所示。

3 单击“找朋友”按钮

在“分类找人”栏中将默认显示“同兴趣爱好”，输入关键字，然后单击“找朋友”按钮，如下图所示。

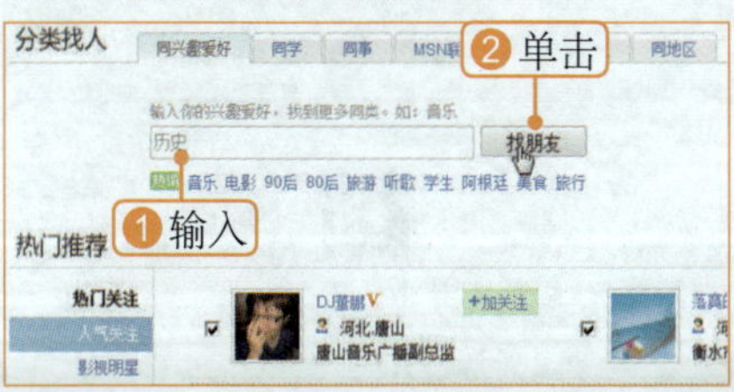

4 单击“加关注”链接

此时，将显示所有符合条件的人物，选择感兴趣的人物，在其后面单击“加关注”链接，如下图所示。

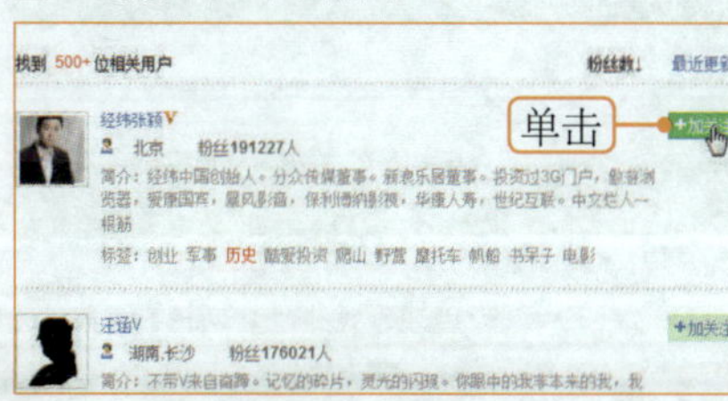

5 成功加关注

此时，按钮由亮变成灰色，表示用户成功地对感兴趣的人添加了关注，如下图所示。

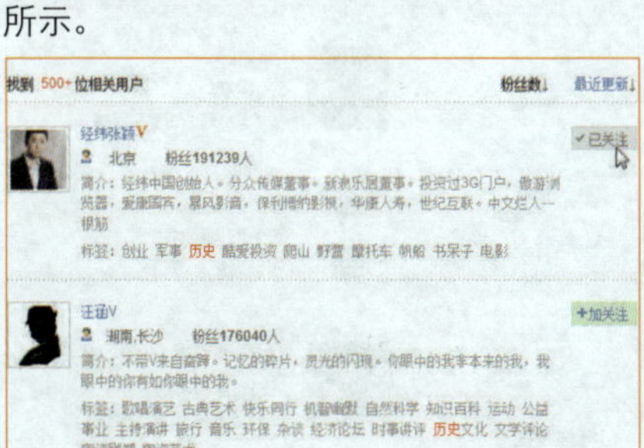

6 单击“关注”链接

返回微博首页，单击昵称下方的“关注”链接，如下图所示。

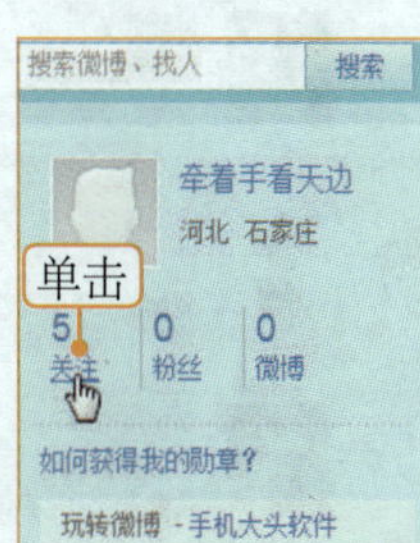

7 查看加关注的人

打开“我关注的人”页面，显示刚才加关注的人，如下图所示。

高手点拨

关注度

新浪微博的关注程度在一定程度上影响个人的 AR 值，要想受到关注，首先要把微博做好。第一步是完善自己的资料，上传真实的照片。第二步是多发表短文以使他人在登录用户的微博时有东西可看。微博中的文章可以随意发表，可以使自己的感想，也可以是最近发生的新鲜事。

方法二：利用“热门推荐”找人

1 单击“找人”链接

登录微博，在微博首页上单击“找人”链接，如下图所示。

2 单击“歌手”链接

打开“找人”页面，单击左侧“热门推荐”列表中的“歌手”链接，如下图所示。

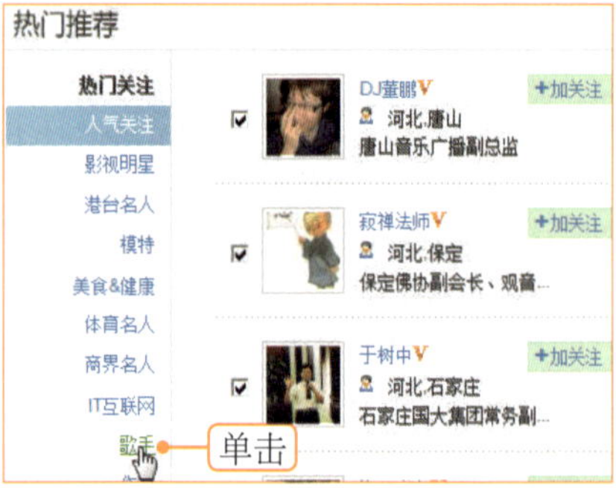

3 单击“加关注”按钮

在弹出的歌手列表中选择自己感兴趣的歌手，然后单击歌手名字右面的“加关注”按钮，如下图所示。

4 成功加关注

此时，按钮由亮变成灰色，表示用户成功地对感兴趣的人添加了关注，如下图所示。

5 单击“关注”链接

返回微博首页，单击昵称下方的“关注”链接，如下图所示。

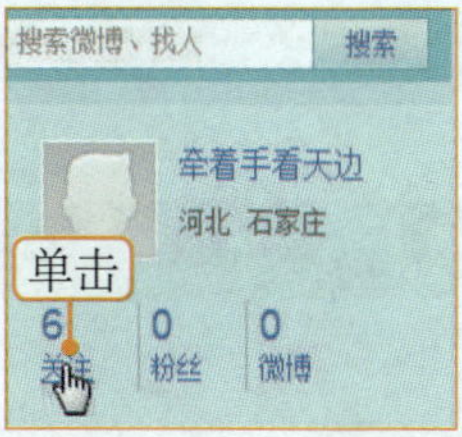

6 查看加关注的人

打开“我关注的人”页面，显示刚才加关注的人，如下图所示。

>> 7.5.3 发微博

注册微博主要是为了发微博，在与大家交流的同时让别人认识自己。在微博中发微博的具体操作步骤如下：

1 单击“发布”按钮

登录微博，在“有什么新鲜事想告诉大家”文本框中输入要发布的内容，单击“发布”按钮，如下图所示。

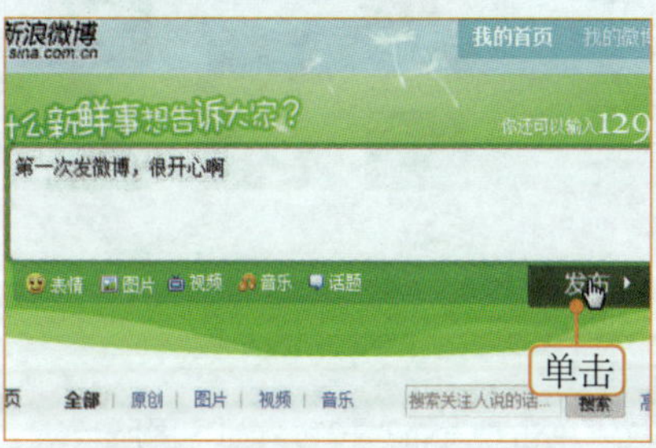

2 显示发布的微博

发布成功之后，在微博上将显示刚才用户输入的内容，如下图所示。

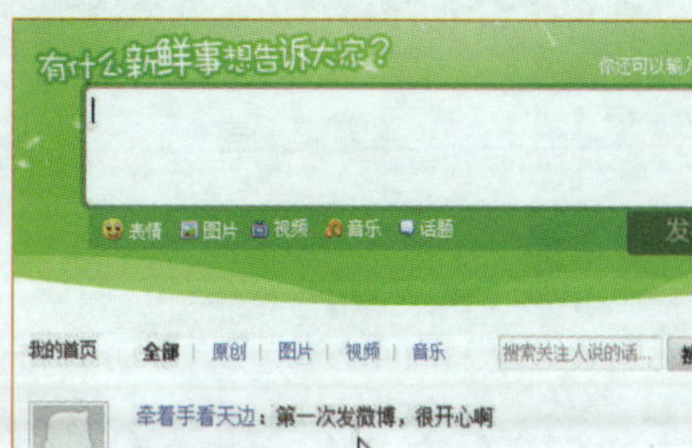

3 单击“表情”按钮

单击该文本框下的“表情”按钮，如下图所示。

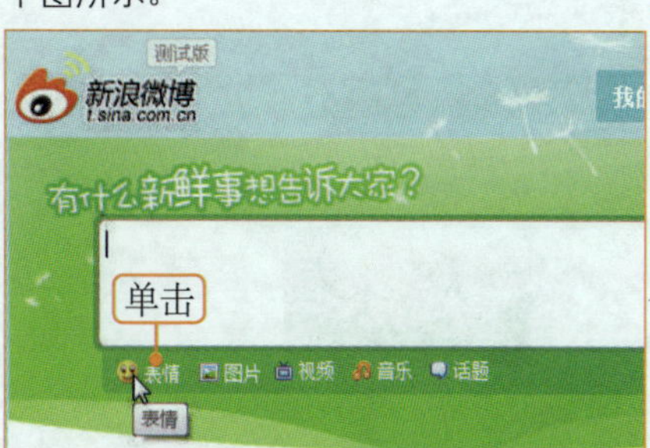

4 选择表情

在弹出的表情列表框中选择一种表情，如下图所示。

5 单击“发布”按钮

在文本框中将出现用户选择的表情，单击“发布”按钮，如下图所示。

6 显示发布的微博表情

此时，显示了发布的微博表情，如下图所示。

7 单击“从电脑选择图片”按钮

单击文本框下的“图片”按钮，弹出“上传图片”对话框，单击“从电脑选择图片”按钮，如下图所示。

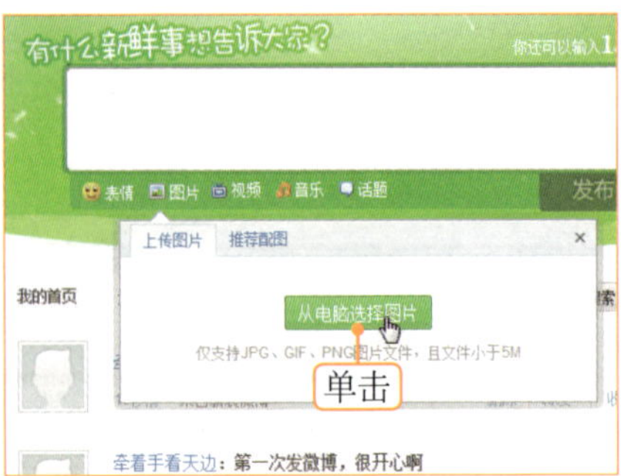

8 单击“打开”按钮

弹出“选择要加载的文件”对话框，选中要加载的文件，单击“打开”按钮，如下图所示。

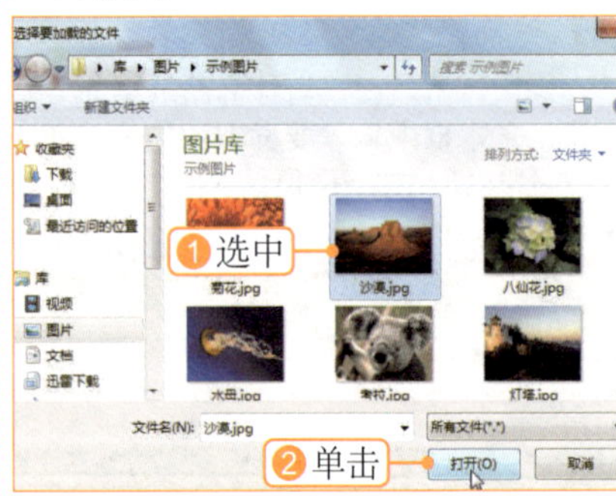

9 显示图片正在上传

弹出“请等待图片上传”提示框，显示图片正在上传，如下图所示。

10 单击“发布”按钮

单击“发布”按钮，如下图所示。

11 显示发布的图片

此时，在微博中显示了已发布的图片，如下图所示。

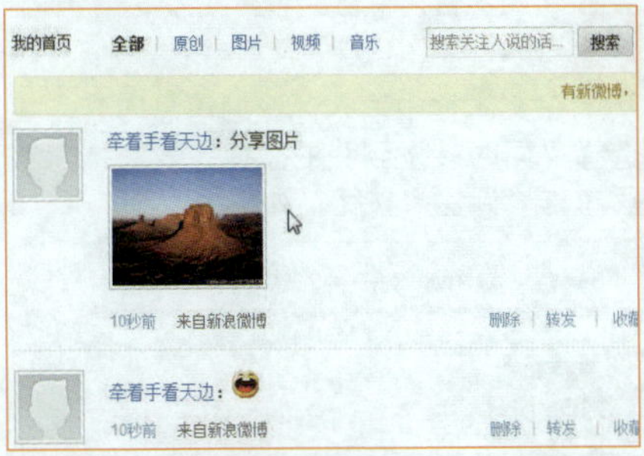

12 单击“话题”按钮

在“我的微博”首页中单击“话题”按钮，如下图所示。

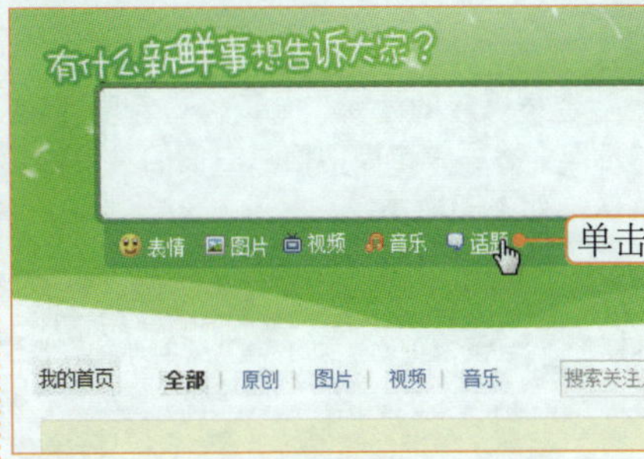

13 显示提示信息

在“有什么新鲜事想告诉大家”文本框中显示了“请在这里输入自定义话题”提示信息，如下图所示。

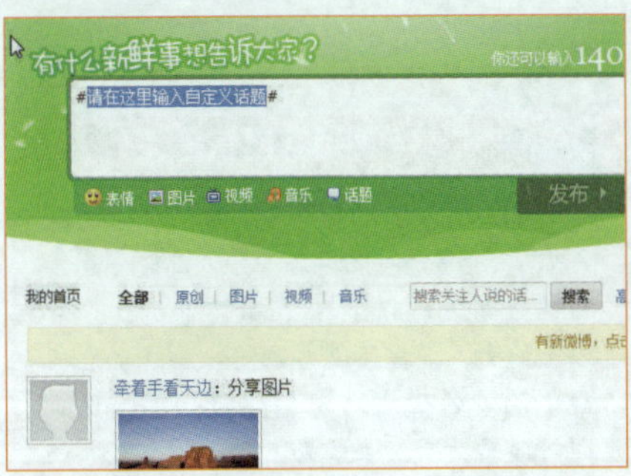

14 单击“发布”按钮

在该文本框中输入“秋风拂面”文本，然后单击“发布”按钮，如下图所示。

15 发布话题

在微博中显示了用户发布的“秋风拂面”话题，如下图所示。

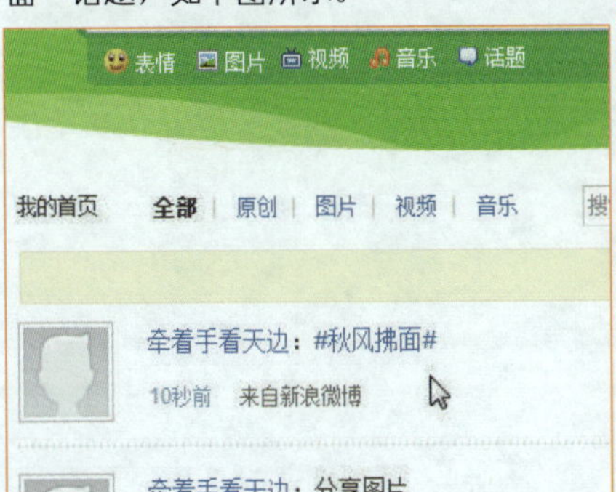

高手点拨

发微博

用户可以通过因特网、客户端、手机短信彩信、WAP等多种手段，随时随地发布信息和接受信息。并且，用户可以把自己喜欢的内容一键转发到自己的微博中（转发功能是对Twitter RT功能的改良，保留了原帖，避免在传播过程中被篡改）。

>> 7.5.4 评论他人微博

用户除了可以发表信息外，还可以评论他人的信息，具体操作步骤如下：

1 单击“评论”链接

登录“我的微博”首页，查看要评论的信息，然后单击微博信息右侧的“评论”链接，如下图所示。

2 单击“评论”按钮

在文本框中输入评论的信息内容，并选择“同时转发到我的微博”复选框，然后单击“评论”按钮，如下图所示。

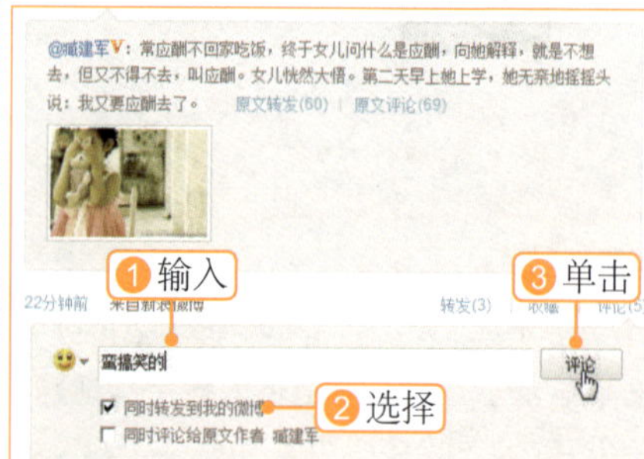

3 显示评论内容

返回微博首页，显示评论的内容，如下图所示。

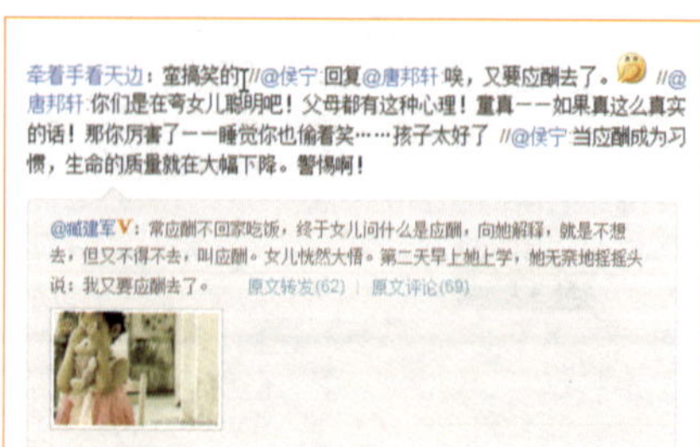

高手点拨

如何实名认证

① 确保申请者是在需要认证的范围之内；② 微博使用实名，且为最被公众熟知的姓名或称谓；③ 在微博中发表一条以上博文，并提供微博地址；④ 提供准确详实的身份说明；⑤ 提供确切可验证的即时联系方式，如邮箱、单位和个人电话等；⑥ 提供身份及工作证明的扫描件证明系本人申请。

第8章

便捷的网上生活

因特网不仅给人们带来了丰富的信息资源、便捷的通信途径、多彩的娱乐生活，还使人们的日常生活变得更加轻松、简单。本章将介绍网络在生活中的应用。

本章重点知识

- 查询日常生活信息
- 网上的便捷服务
- 网上求职
- 网上房屋出租或求租
- 网上购物

8.1 查询日常生活信息

在日常生活中，当急需查询天气预报、公交路线等时，都可以在网上轻松找到所要的信息，下面详细介绍该方面的知识。

>> 8.1.1 天气预报查询

下面以使用搜狐气象中心查询天气为例来进行介绍，搜狐首页的网址是 http://www.sohu.com，具体操作步骤如下：

1 单击“天气”链接

启动 IE 浏览器，输入搜狐网址，打开搜狐网首页，单击“天气”链接，如下图所示。

2 选中想要查询的省份

在所打开网页中选中想查询天气的省份，如下图所示。

3 查看天气情况

在弹出的列表中查看所选省份各城市的天气情况，如下图所示。

03月04日陕西省各城市天气预报		3月5日	3月6日
铜川	晴转多云	-5℃ /7℃	微风
宝鸡	晴转多云	0℃ /9℃	东风小于3级
咸阳	晴转多云	-1℃ /10℃	微风
渭南	晴转阴	0℃ /11℃	微风
延安	晴转多云	-9℃ /7℃	微风

高手点拨

查询天气

在打开查询天气的页面中，用户除了可以直接在版图上选中省份外，还可以单击“选择城市”右侧的下拉按钮，直接选择具体城市，查询城市的天气。

>> 8.1.2 网上地图查询

网上提供的地图给人们的出行带来了极大的便利，下面以百度地图为例来介绍如何使用地图，百度地图的网址是 http://map.baidu.com，具体操作步骤如下：

1 单击“更换城市”链接

启动IE浏览器，打开百度地图首页(网站默认IP所在地的城市)，如下图所示。

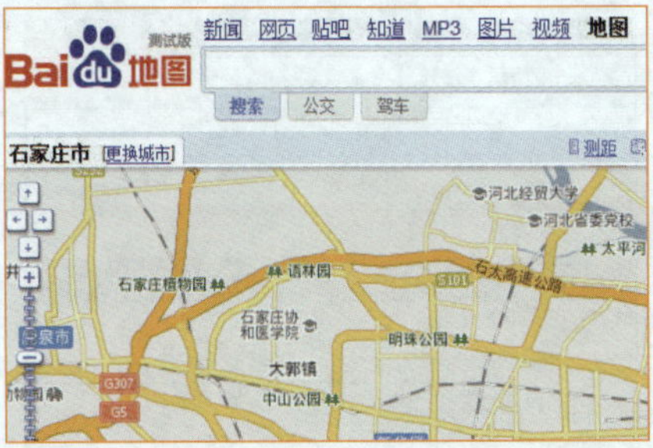

2 单击“百度一下”按钮

在搜索框中输入要查询的地点，单击“百度一下”按钮，如下图所示。

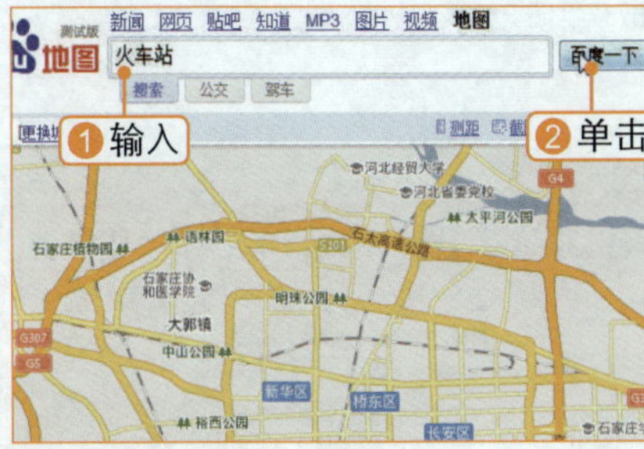

3 显示搜索结果

在页面右侧用红色字母标示了用户所搜到的地点，与地图上的地点相对应，如下图所示。

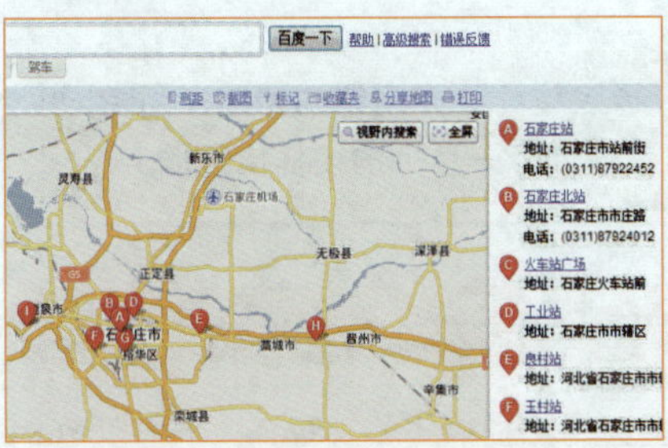

4 显示周边信息

在右侧单击“石家庄站”超链接，即可显示石家庄站周边的信息，如下图所示。

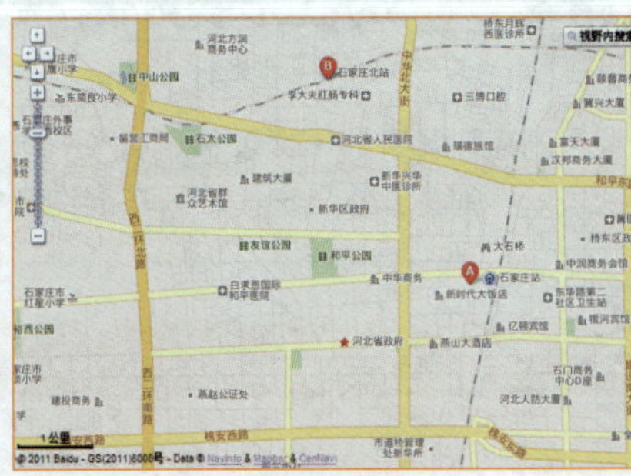

>> 8.1.3 手机号码归属地查询

在网上可以查询手机归属地，下面以网址之家为例来进行介绍，网址之家的网址是 http://www.hao123.com，具体操作步骤如下：

1 单击“查询”链接

打开“网址之家”网页，单击左侧的“生活服务”列表中的“查询”链接，如下图所示。

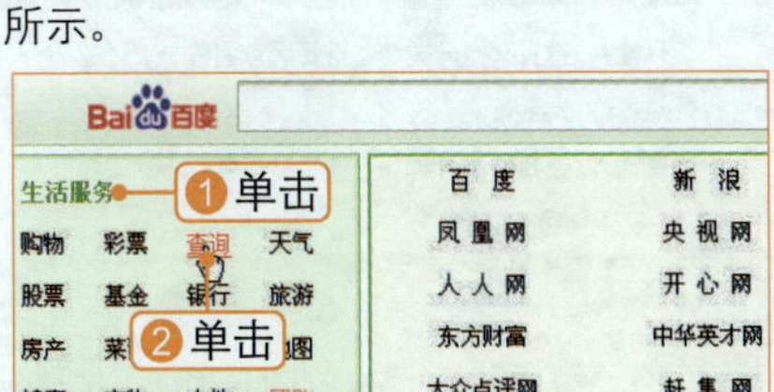

2 单击“手机号归属地查询”链接

在打开的“实用查询”网页中单击“手机号归属地查询”链接，如下图所示。

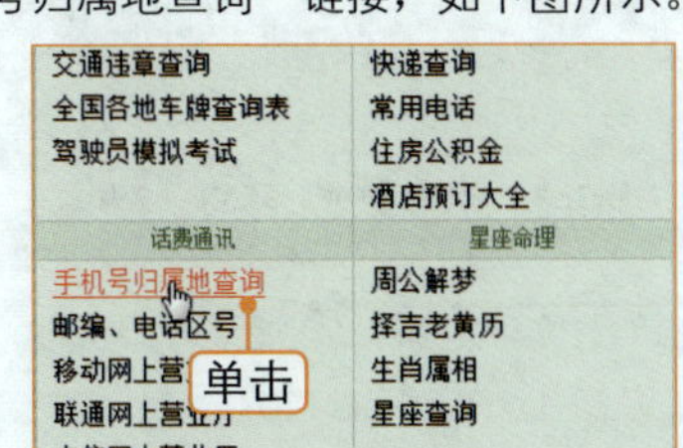

3 单击“查询”按钮

在“请输入手机号码”文本框中输入要查询的手机号码，单击“查询”按钮，如下图所示。

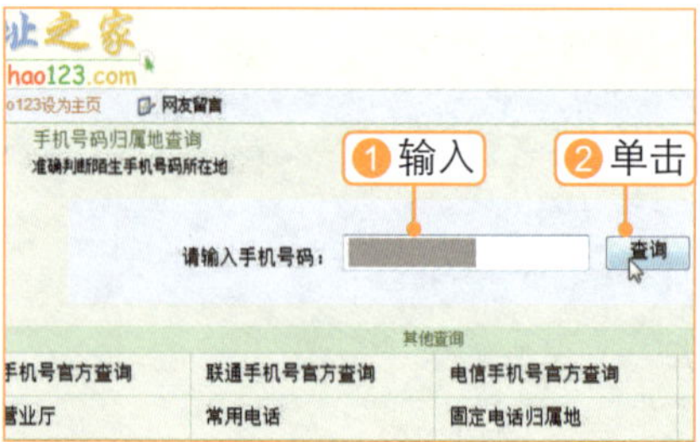

4 显示手机号码的详细信息

打开手机号码查询结果页面，显示手机卡号的所有信息，如下图所示。

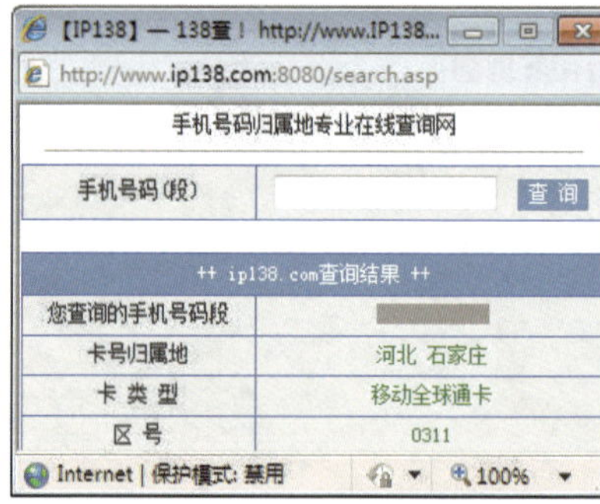

8.2 网上的便捷服务

随着网络的不断发展，人们的出行越来越离不开网络的帮助，因特网为人们提供了公交查询、列车查询及机票查询等一系列的便捷出行服务。

>> 8.2.1 网上公交查询

城市人们的生活离不开公交车，因特网为用户提供了公交查询，下面以 8684 公交网为例来进行介绍，8684 公交网的网址是 http://www.8684.cn，具体操作步骤如下：

1 切换城市

打开“8684 公交网”网页，单击“请到城市石家庄专版”链接，如下图所示。

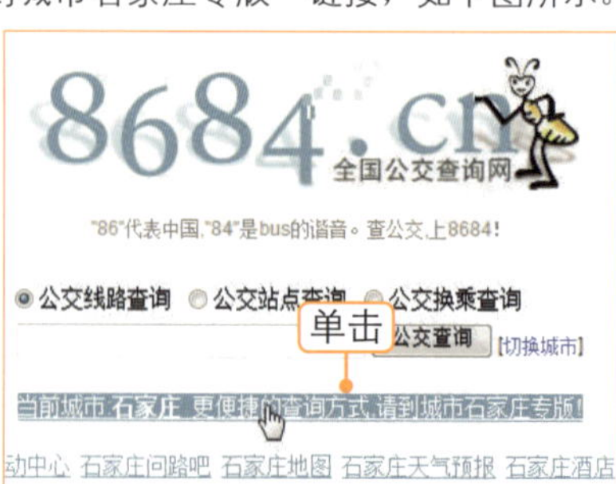

2 单击“换乘搜索”按钮

在“站点换乘”选项卡中输入站点，单击“换乘搜索”按钮，如下图所示。

3 显示换乘信息

打开“查询结果”页面，显示换乘的详细信息，如下图所示。

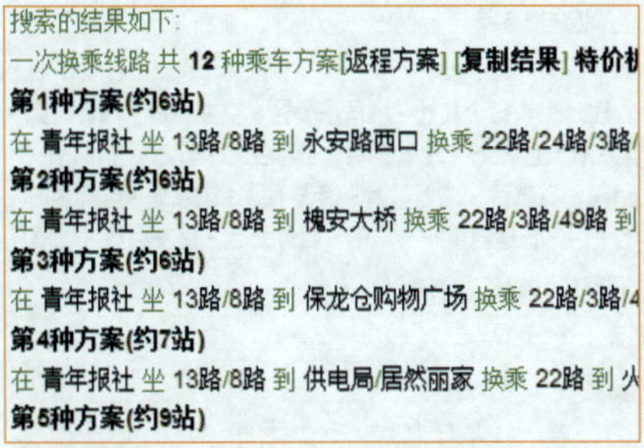

4 选择“公交线路”选项卡

返回“8684石家庄公交查询网”页面，选择“公交线路”选项卡，如下图所示。

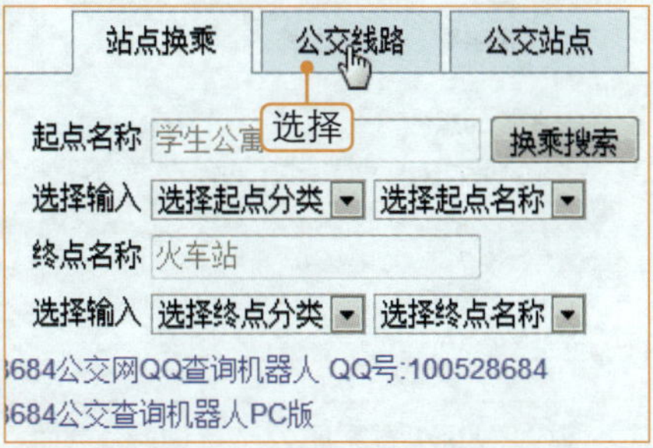

5 单击“线路搜索”按钮

在“线路名称”文本框中输入用户要查询的路线，单击“线路搜索”按钮，如下图所示。

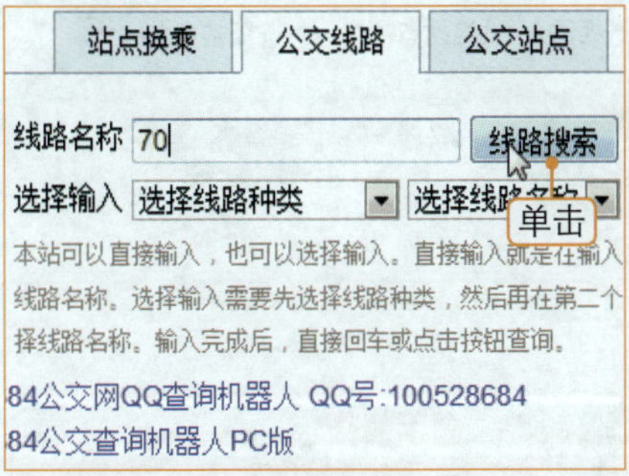

6 显示公交路线信息

打开搜索到的公交路线页面，显示公交所经过站点的详细信息，如下图所示。

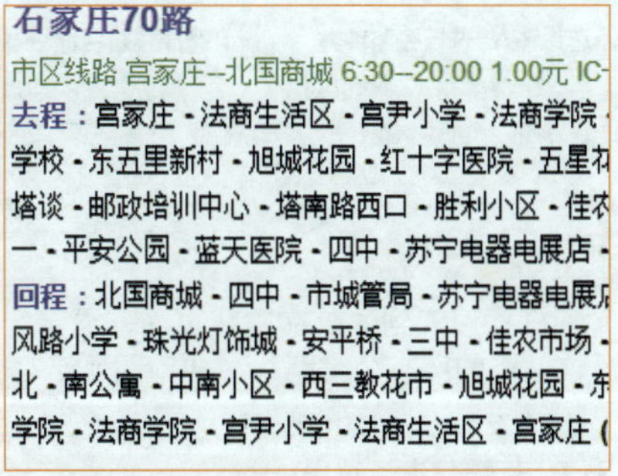

7 单击“选择线路名称”下拉按钮

在“公交线路”选项卡中单击“选择输入”下拉按钮，选择“市区线路”选项，如下图所示。

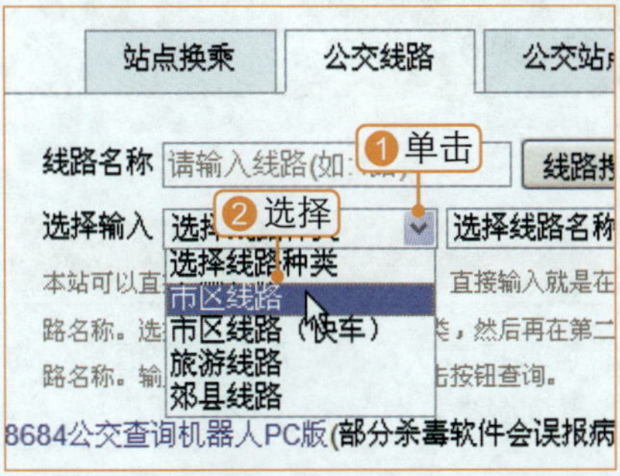

8 选择要查询的公交路线

单击“选择线路名称”下拉按钮，选择用户想要查询的选项，如下图所示。

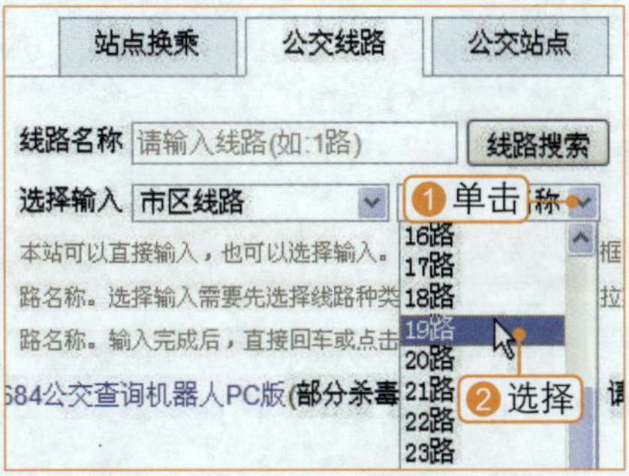

9 单击“线路搜索”按钮

单击“线路搜索”按钮，如下图所示。

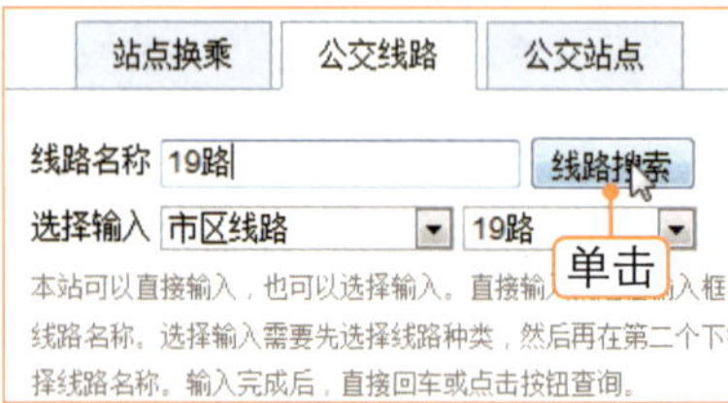

10 显示查询结果

打开搜索到的公交路线页面，显示公交所经过站点的详细信息，如下图所示。

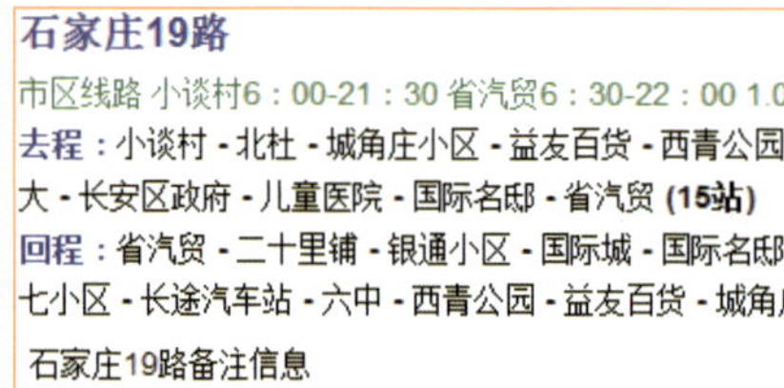

11 选择“公交站点”选项卡

返回“8684 石家庄公交查询网”页面，选择“公交站点”选项卡，如下图所示。

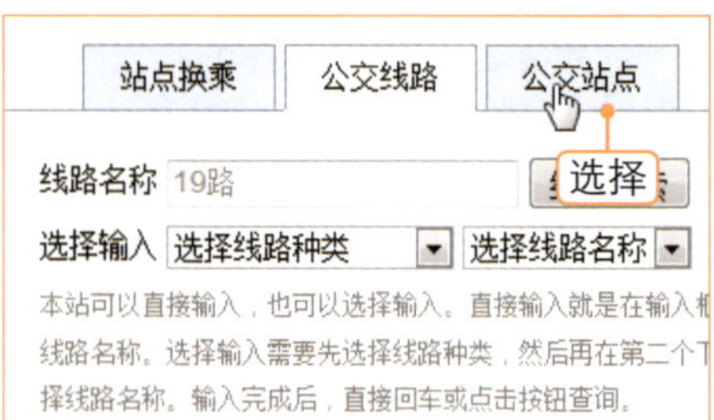

12 单击“站点搜索”按钮

在“站点名称”文本框中输入站点名称，单击“站点搜索”按钮，如下图所示。

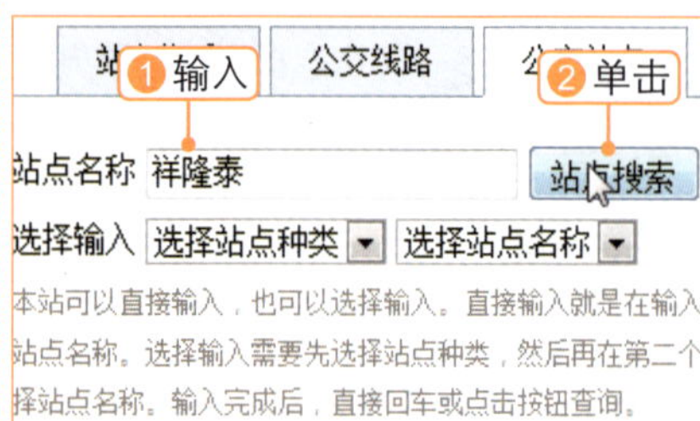

13 显示搜索信息

打开搜索到的公交路线页面，显示经过该站点的所有公交路线，如下图所示。

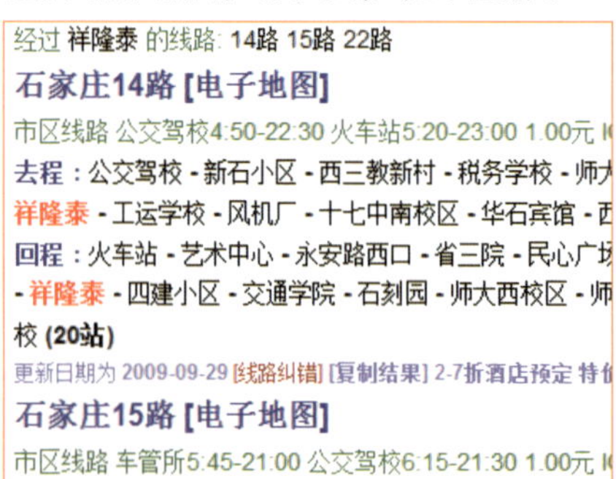

高手点拨

信息查询

在查询公交车时，有时会出现没有通过该站点的车次，因此，在输入站点名称时一般要输入超市名、学校或事业机构名，以更加准确地搜索到所需要的公交车。

>> 8.2.2 网上列车查询

随着网络的发展和旅游业的盛行，人们越来越喜欢在网上查询有关信息。为了方便出行，网络给人们提供了火车车次的查询服务，具体操作步骤如下：

(1) 通过搜索引擎查询

搜索引擎的功能十分强大，除了可以搜索常用的网页、图片、音乐视频外，还可以轻松查询火车车次，下面以百度为例进行介绍，具体操作步骤如下：

1 单击“查询”链接

打开“网址之家”网页，单击“生活服务”网站列表中的“查询”链接，如下图所示。

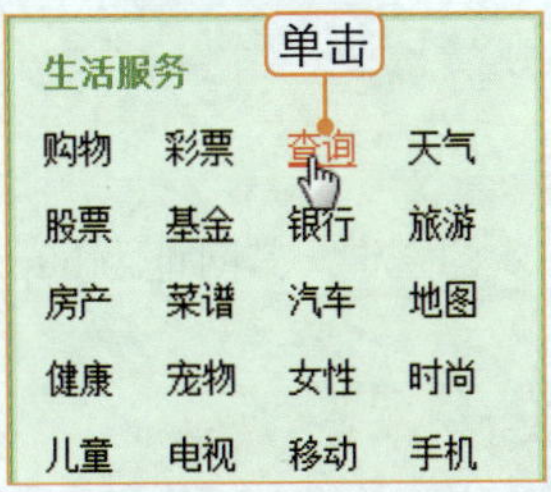

2 单击“列车时刻”链接

在打开的“实用查询”页面中单击“交通地图”栏下的“列车时刻”链接，如下图所示。

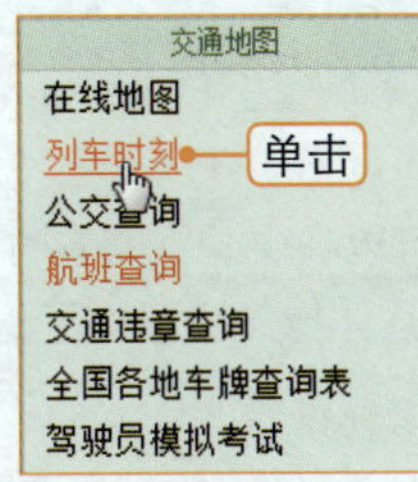

3 单击“时刻查询”按钮

选择“站站查询”单选按钮，输入站点名称，单击“时刻查询”按钮，如下图所示。

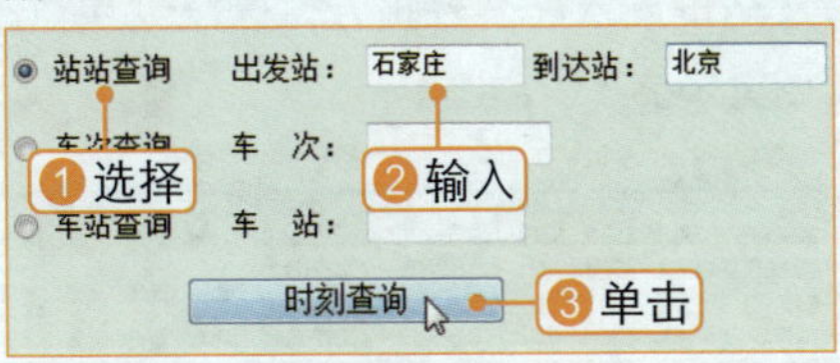

4 查看查询结果

此时，会显示所查火车时刻的详细信息，同时，还会显示火车的车次情况，如下图所示。

5 单击“时刻查询”按钮

选择“车次查询”单选按钮，输入火车车次，单击“时刻查询”按钮，如下图所示。

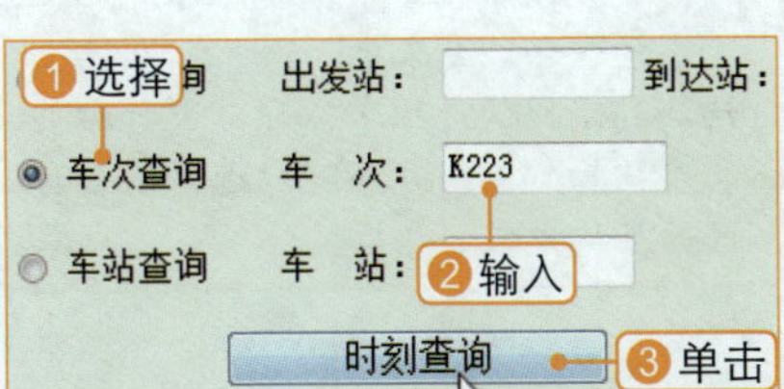

6 查看查询结果

此时，会显示所查火车时刻的详细信息，同时，还会显示火车所经站点的时刻及售票情况，如下图所示。

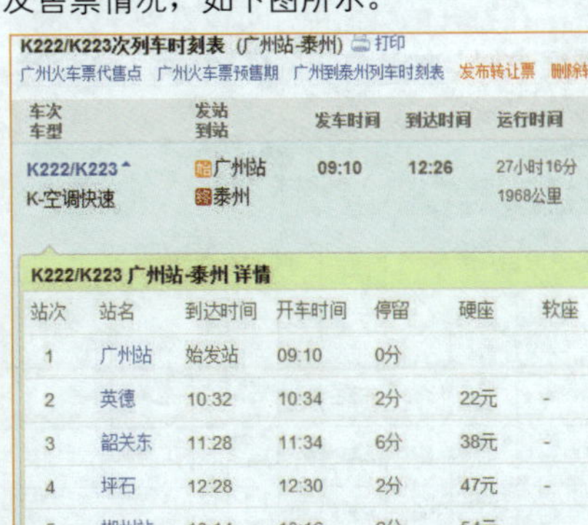

7 单击“时刻查询”按钮

选择“车站查询”单选按钮，输入站点名称，单击“时刻查询”按钮，如下图所示。

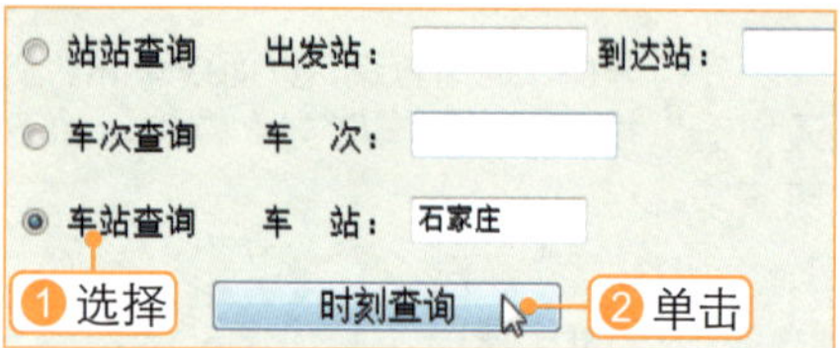

8 查看查询结果

此时，会显示所有经过所查站点的火车车次的详细情况，如下图所示。

（2）通过官方网站查询

用户可以在中国铁路官方网站中进行火车车次的查询，其网址为 http://www.tielu.org，具体操作步骤如下：

1 启动IE浏览器

启动 IE 浏览器，在地址栏里输入中国铁路的网址，按【Enter】键，打开网页，如下图所示。

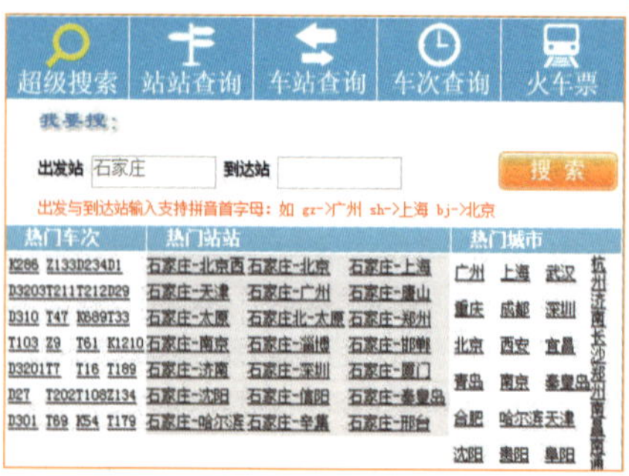

2 单击“搜索”按钮

在“出发站”和“到达站”文本框中输入要查询的站点，单击“搜索”按钮，如下图所示。

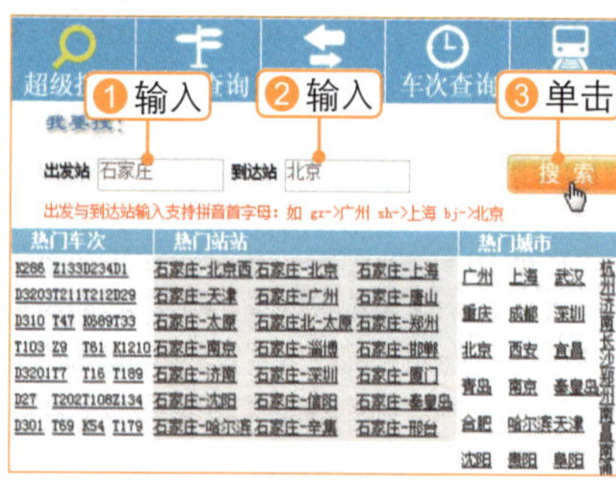

3 查看搜索的详细信息

在打开的页面中，可以看到车次的详细信息以及中转车次的信息，如下图所示。

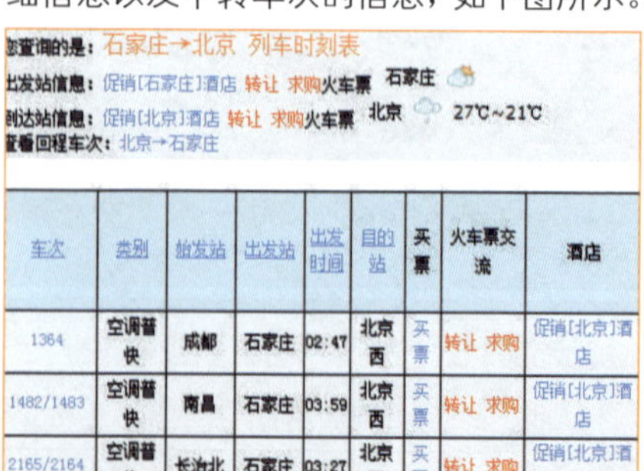

车次	类别	始发站	出发站	出发时间	目的站	买票	火车票交流	酒店
1364	空调普快	成都	石家庄	02:47	北京西	买票	转让 求购	促销[北京]酒店
1482/1483	空调普快	南昌	石家庄	03:59	北京西	买票	转让 求购	促销[北京]酒店
2165/2164	空调普快	长治北	石家庄	03:27	北京西	买票	转让 求购	促销[北京]酒店

高手点拨

搜索方式

在中国铁路网首页提供了“超级搜索”、“站站查询”、“车站查询”、“车次查询”和“火车票”5种查询方式，切换到不同的选项卡，即可进行相关的查询操作，用户还可以选择适合自己的查询方式。

>> 8.2.3 网上求医问药

通过寻医问药网人们可以进行疾病、保健等信息的咨询，从而掌握更多的疾病防治方法，寻医问药网的网址是 http://www.xywy.com，具体操作步骤如下：

1 单击“提问”按钮

启动 IE 浏览器，进入“寻医问药网”首页，单击“提问”按钮，如下图所示。

2 单击“发布问题”按钮

打开“我要提问”页面，输入相关信息，然后单击“发布问题”按钮，如下图所示。

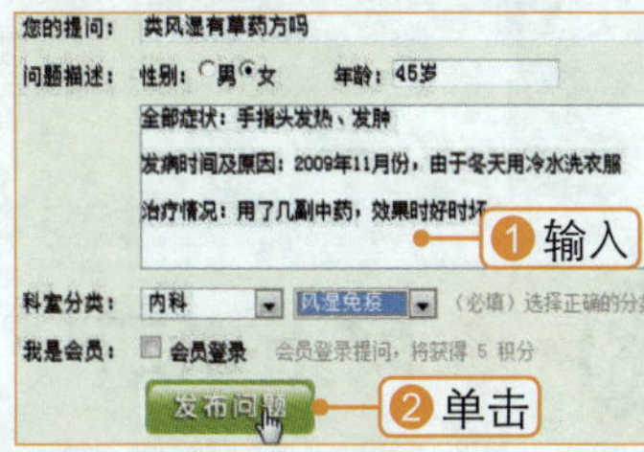

3 发布问题

此时，会弹出“问题发布成功”的提示信息，单击“跳转到问题页面”按钮，如下图所示。

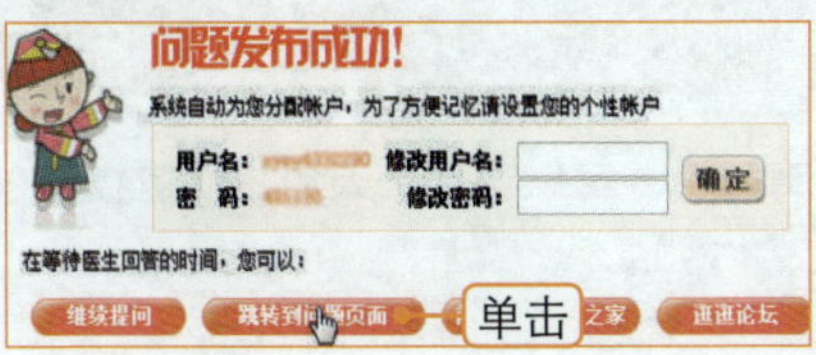

4 查看问题的回复解答

返回提问问题的页面，查看相关人员的回复解答，如下图所示。

>> 8.2.4 网上美食信息查询

在网上可以查询美食信息，下面以口碑网为例来介绍如何查询美食信息，口碑网的网址是 http://www.koubei.com，具体操作步骤如下：

1 单击“朋友聚会”链接

打开“口碑网”网页，在“类目”列表中单击“朋友聚会”链接，如下图所示。

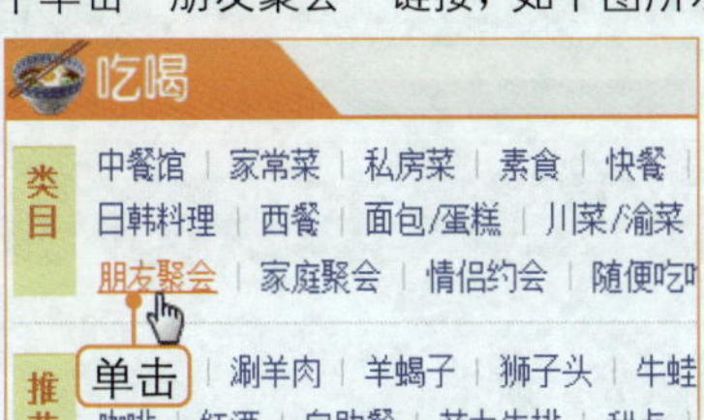

2 选择区域

在打开页面的“区域”栏中单击“桥西区”链接，如下图所示。

3 选择餐厅

在打开的页面中可以查看所有符合条件的餐厅，如下图所示。

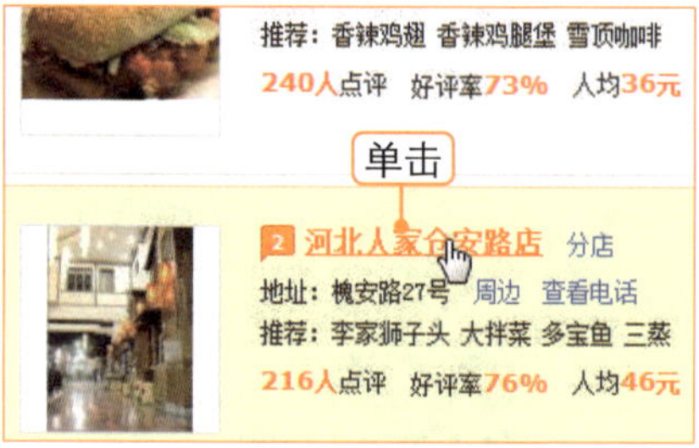

4 查看餐厅详情

进入所查页面，用户可以查看关于此餐厅的所有信息，如下图所示。

8.3 网上求职

网上求职现已成为求职的新时尚，个人通过在网上投递简历进行求职，可以省去频繁地去人才市场的麻烦，而且还增加了就业机会。

>> 8.3.1 人才网推荐

目前，网络上出现了大量的求职和招聘网站，可以帮助个人用户快速找到自己满意的工作，下面介绍几个比较不错的人才网站。

（1）智联招聘网

其网址为 http://www.zhaopin.com，如下图 (左) 所示。

（2）中华英才网

其网址为 http://www.chinahr.com/index.htm，如下图 (右) 所示。

（3）前程无忧人才网

其网址为 http://www.51job.com/，如下图（左）所示。

(4) 528 招聘网

其网址为 http://www.528.com.cn/，如下（右）图所示。

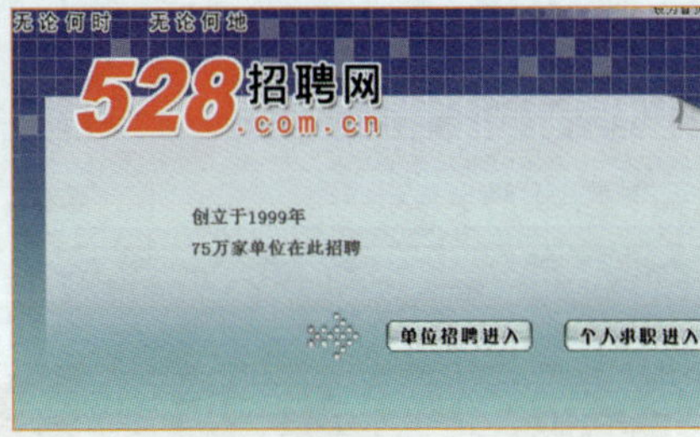

>> 8.3.2 注册个人会员并制作简历

要想通过人才网进行网上求职和招聘，无论发简历还是进行招聘，都必须注册成为该网站的会员，然后再制作个人简历。下面以中华英才网为例来介绍注册个人会员的方法，具体操作步骤如下：

1 单击“注册账户”链接

打开中华英才网，单击“注册账户”链接，如下图所示。

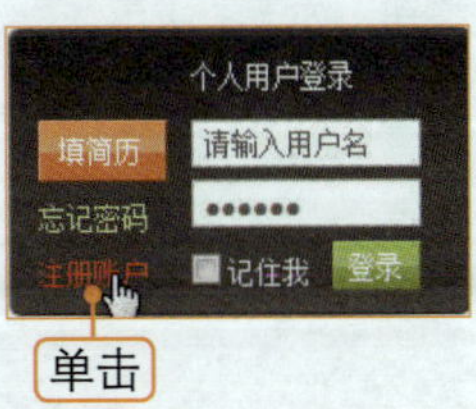

2 单击“注册填写简历”按钮

打开“注册并填写简历”页面，设置参数，然后单击“注册填写简历”按钮，如下图所示。

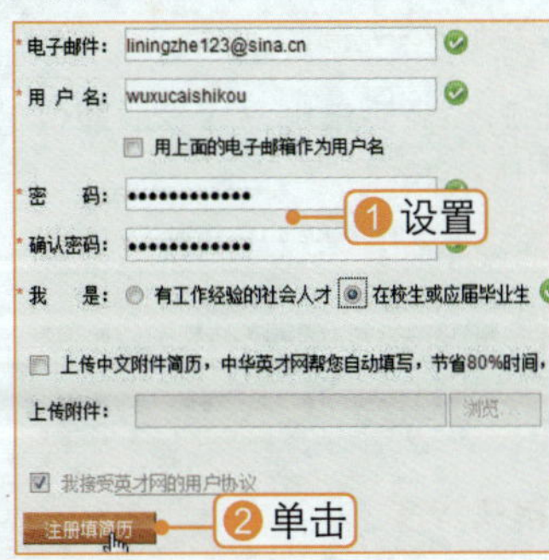

3 单击“保存”按钮

填写个人信息，单击“保存”按钮，如下图所示。

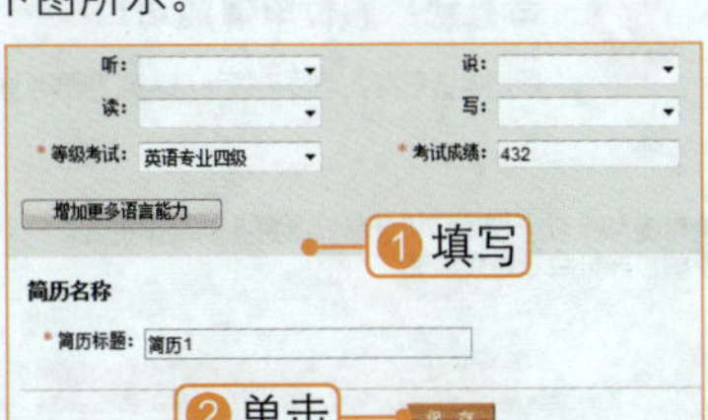

4 单击“点击这里”链接

打开“恭喜您！您的简历已保存”页面，单击“点击这里”链接，如下图所示。

5 查看制作的简历

此时，在“简历列表”选项卡下可以看到新制作简历的基本信息，如右图所示。

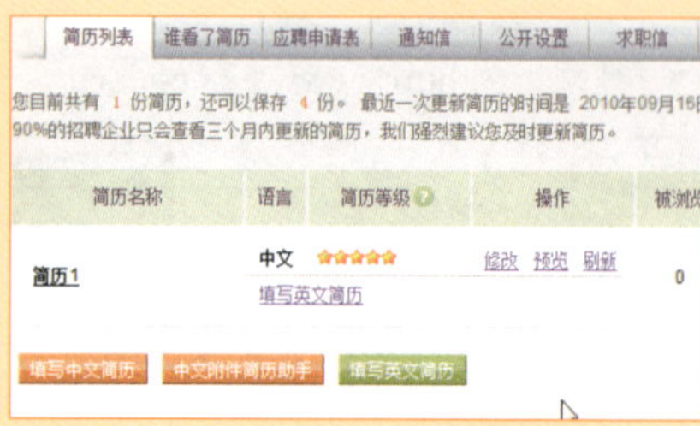

>> 8.3.3 搜索并申请职位

制作简历后，即可申请职位，具体操作步骤如下：

1 单击“找工作”链接

打开并登录中华英才网，单击导航栏上的“找工作”链接，如下图所示。

2 单击“立即搜索”按钮

在打开页面中设置搜索条件，然后单击“立即搜索”按钮，如下图所示。

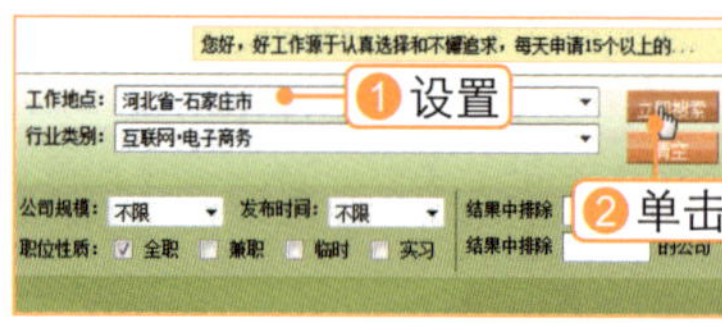

3 显示搜索的信息

此时，会显示用户搜索的职位信息，如下图所示。

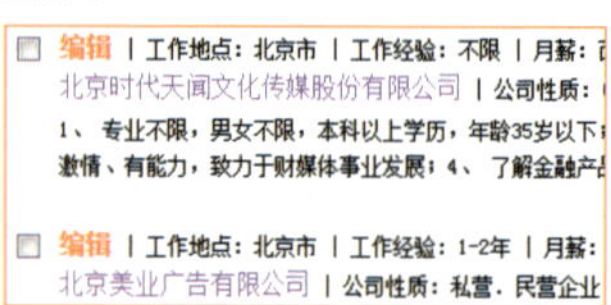

4 单击“快速申请”按钮

选择要申请职位前的复选框，单击“快速申请”按钮，如下图所示。

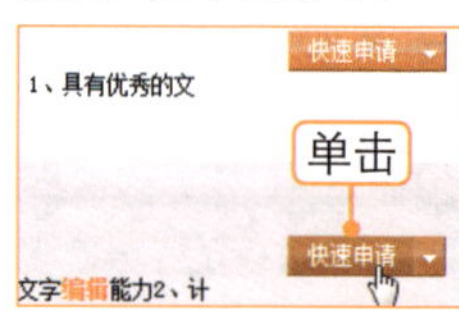

5 确认投递

弹出“您是否确定投递这份简历”提示框，单击“确定”按钮，如下图所示。

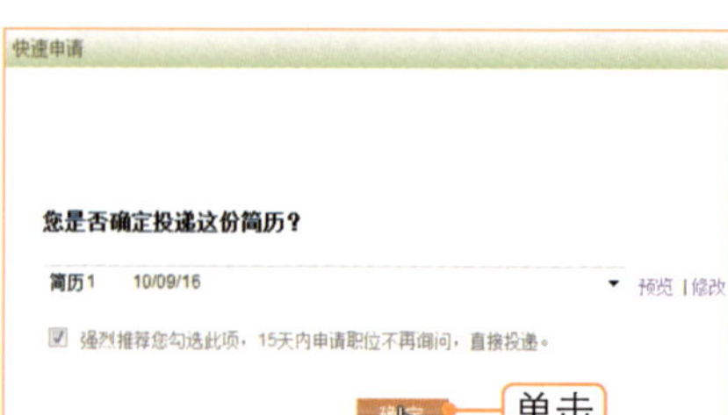

6 单击“申请记录”链接

弹出“恭喜您！职位申请成功！”提示信息，单击“申请记录”链接，如下图所示。

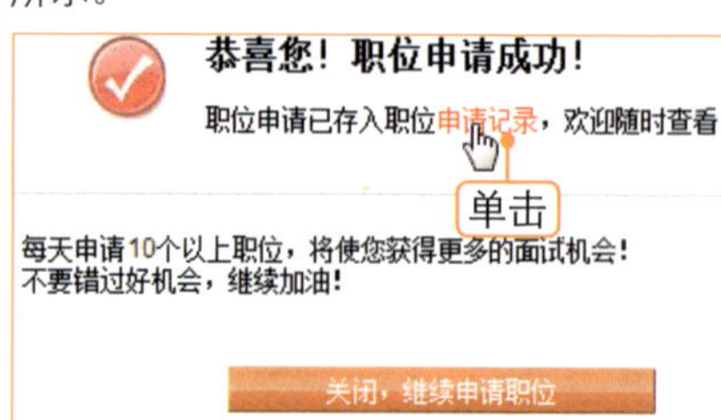

7 显示申请成功的职位

打开“申请记录”页面，显示已经申请成功的职位，单击职位的名称链接，如下图所示。

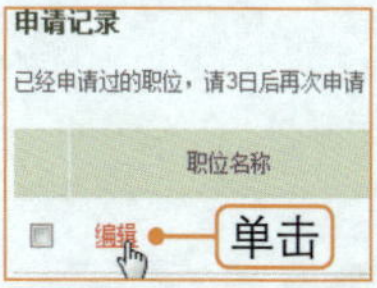

8 查看职位详情

打开职位的网页，查看申请职位的详细信息，如下图所示。

8.4 网上房屋出租或求租

在网上有许多房屋租赁网站，提供了房屋的信息，通过发布出租或求租信息，可方便快捷地进行房屋租赁。

下面以搜房网为例介绍操作方法，搜房网网址是 http://www.soufun.com，具体操作步骤如下：

1 单击“注册”链接

打开搜房网网页，在网页上方单击“注册”链接，如下图所示。

2 单击“完成注册”按钮

输入信息，选择“我已经看过并同意《搜房服务条款》”复选框，单击“完成注册”按钮，如下图所示。

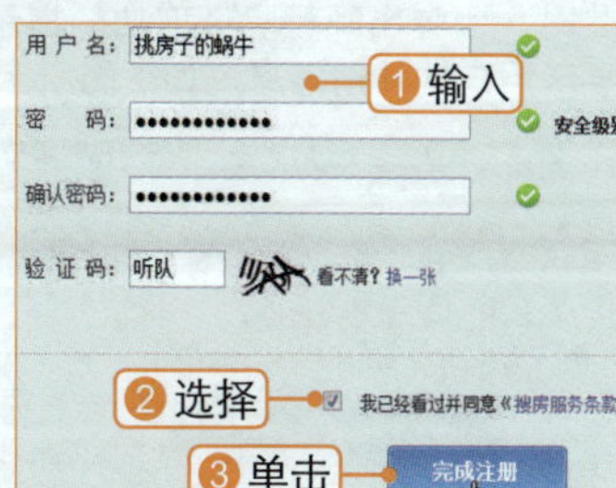

3 单击“验证邮箱”按钮

打开注册成功页面，输入邮箱地址，单击“验证邮箱”按钮，如下图所示。

4 发送验证邮箱

弹出“验证邮箱发送成功”提示信息，如下图所示。

5 单击“登录”按钮

打开“新浪邮箱”页面，输入相关登录信息，单击“登录”按钮，如下图所示。

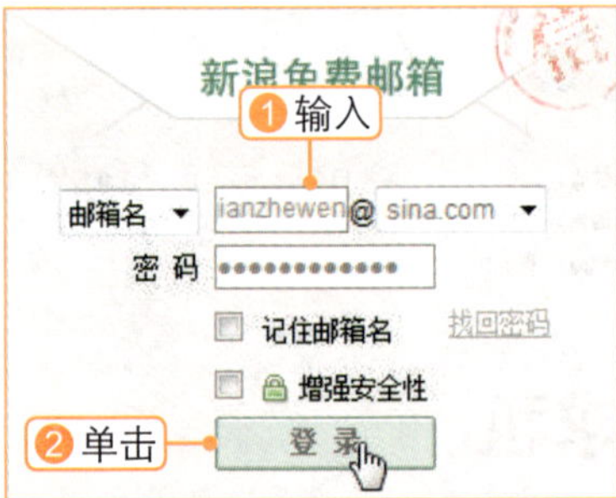

6 单击“收件夹”链接

进入新浪邮箱，在打开的邮箱首页中单击“收件夹”链接，如下图所示。

7 打开邮件

在收件夹中打开搜房网发过来的注册邮件，如下图所示。

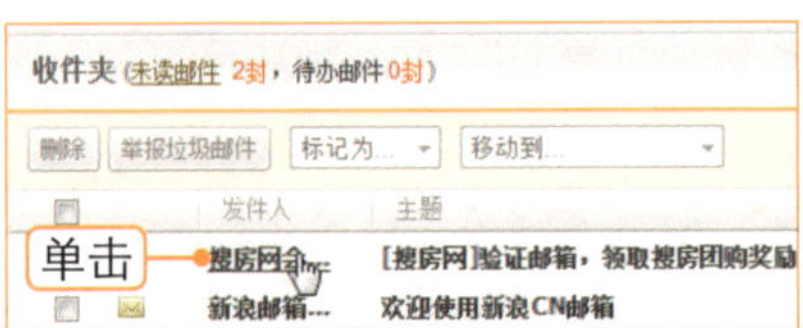

8 单击注册链接

在打开的邮件中单击注册链接，如下图所示。

9 显示注册信息

此时，会弹出邮箱验证成功的提示信息，显示用户的注册信息，如下图所示。

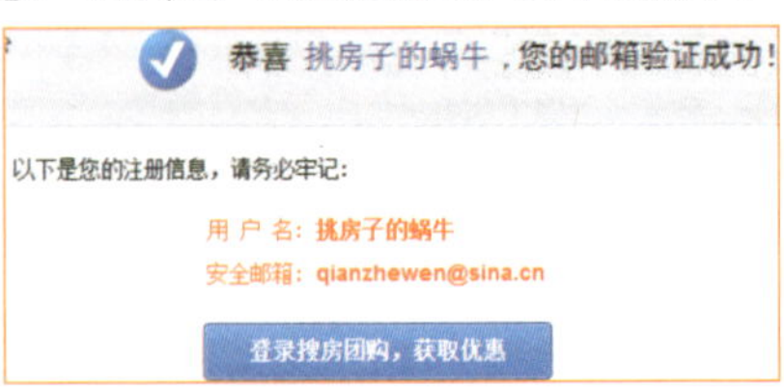

10 单击“搜房网”链接

网页自动跳转到搜房社区网，单击上方的“搜房网”链接，如下图所示。

11 单击“出租房源”链接

在打开的页面中单击“出租房源”链接，如下图所示。

12 单击“个人免费发布”链接

在打开的页面中单击“个人免费发布”链接，如下图所示。

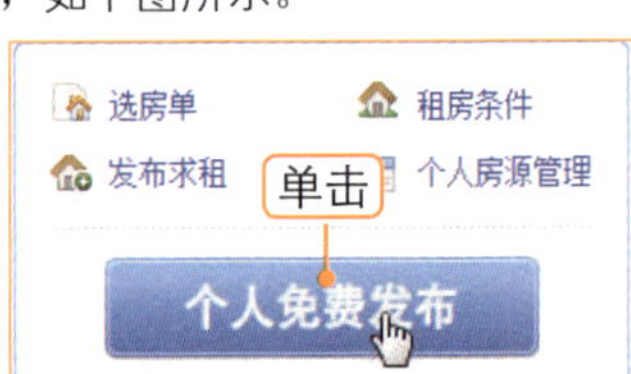

13 填写房屋信息

在打开的页面中填写房屋的相关信息，单击“确认无误，发布”按钮，如下图所示。

14 单击“管理已发布信息”链接

弹出“恭喜，信息已发布成功”提示信息，单击“管理已发布信息”链接，如下图所示。

15 查看发布的出租房信息

打开“出租出售 - 管理我的出租信息”页面，查看已发布的出租房源信息，如下图所示。

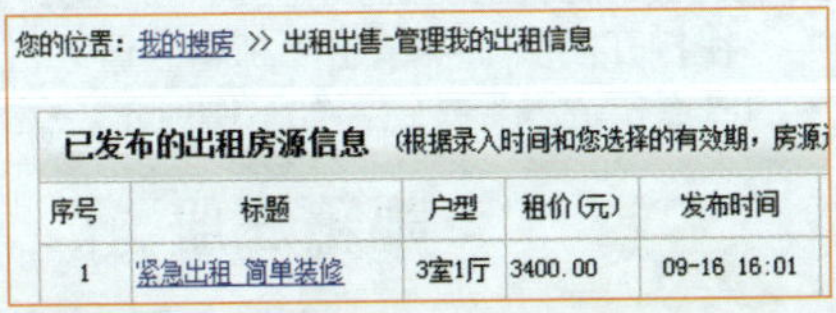

16 单击“我要租房”链接

单击“我要租房”下拉按钮，在弹出的下拉列表框中单击“我要求租”链接，如下图所示。

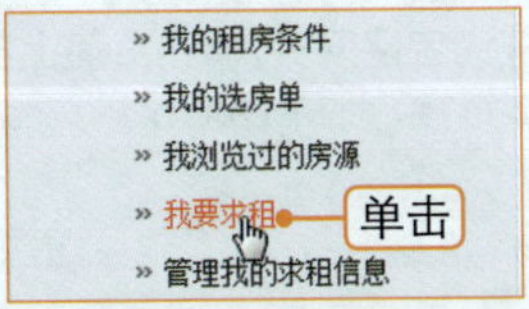

17 单击“期望区域”链接

弹出“您想通过什么方式找房子”提示页面，单击“期望区域”链接，如下图所示。

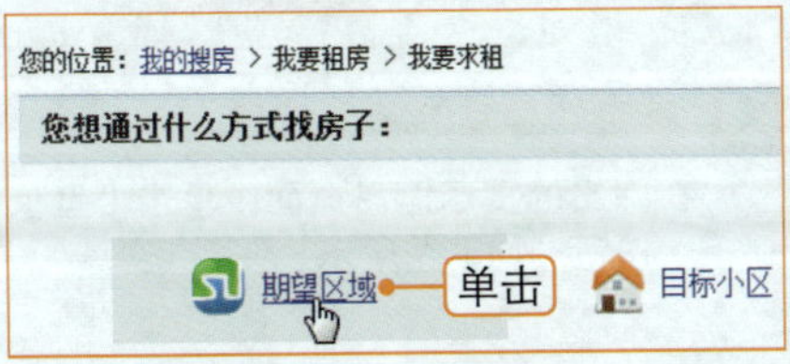

18 单击“确认无误，发布”按钮

在打开的页面中填写求租房的信息，单击“确认无误,发布”按钮,如下图所示。

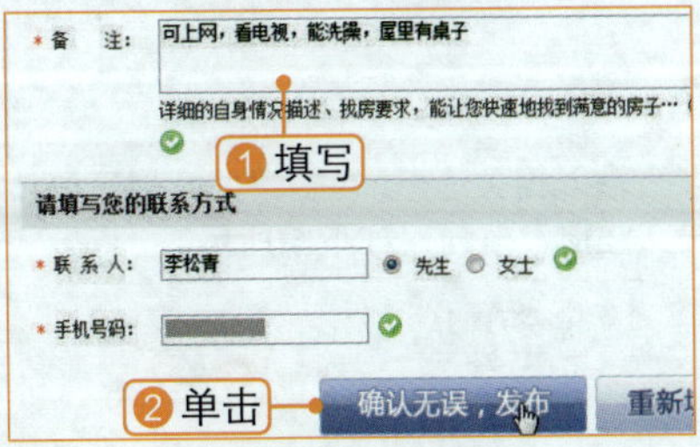

19 单击“管理已发布信息”链接

弹出“恭喜，信息已发布成功”提示信息，单击“管理已发布信息”链接，如下图所示。

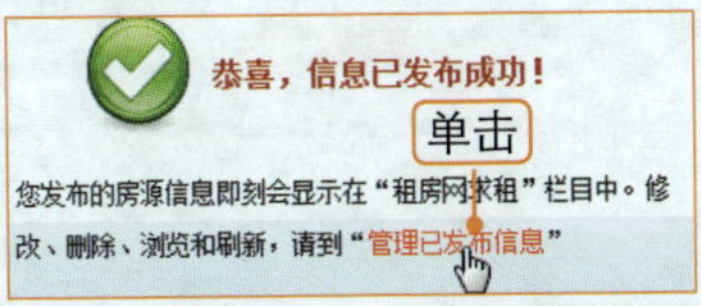

20 查看发布的求租房信息

打开“我要租房 - 管理我的求租信息”页面，查看已发布的求租房源信息，如下图所示。

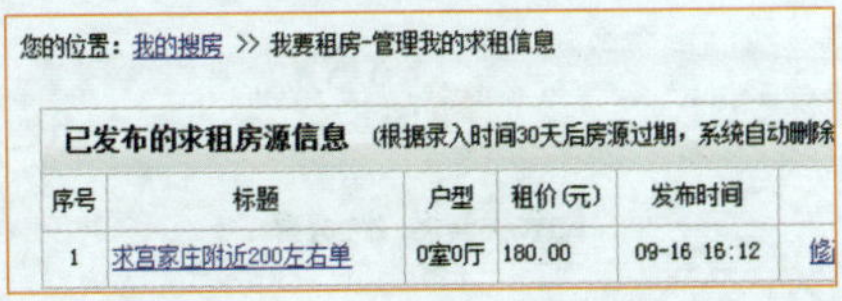

8.5 网上购物

因特网的飞速发展，使网上购物逐渐风靡起来，并受到了众人的青睐。通过网上购物，人们可以足不出户就能购买到自己想要的产品，下面来介绍如何在网上进行购物。

>> 8.5.1 注册淘宝网会员

如果要在淘宝网上享受网上购物的乐趣，首先必须注册成为淘宝网会员，会员登录网址是 https://login.taobao.com/member/login.jhtml，具体操作步骤如下：

1 单击“免费注册”链接

打开淘宝网网页，单击页面上部的“免费注册”链接，如下图所示。

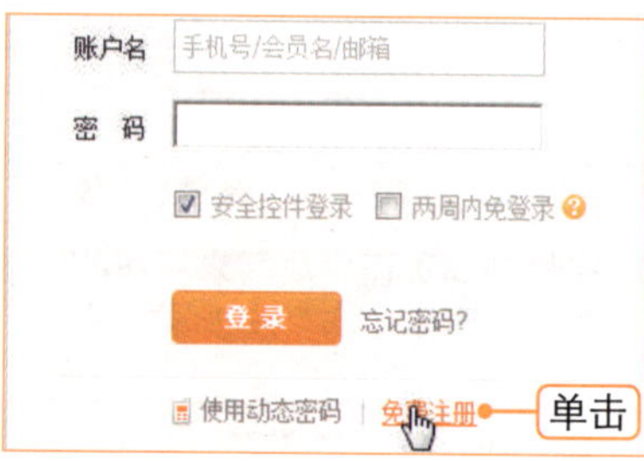

2 单击“点击进入”按钮

在打开的页面中单击“邮箱注册”栏下的“点击进入”按钮，如下图所示。

3 填写注册信息

输入相关信息，单击“同意以下协议，提交注册”按钮，如下图所示。

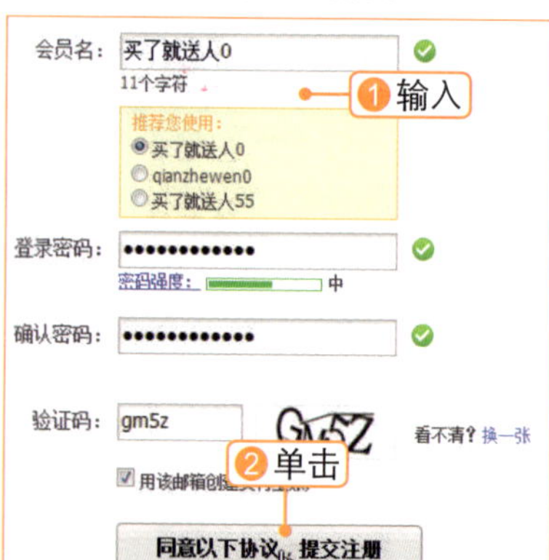

4 单击“登录邮箱”按钮

在弹出的提示信息页面中单击“登录邮箱”按钮，如下图所示。

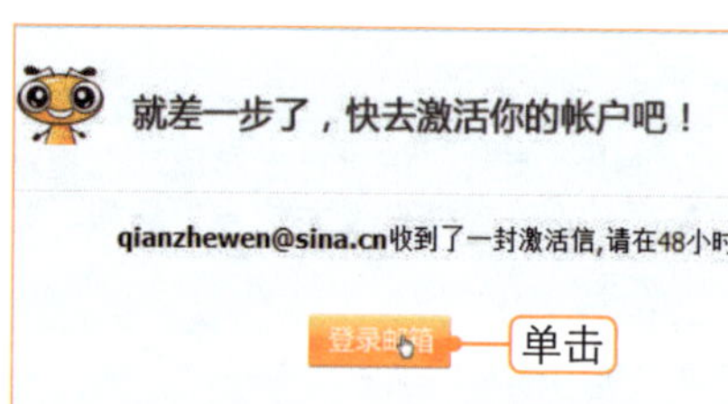

5 登录邮箱

输入登录邮箱的相关信息，单击“登录”按钮，登录刚才注册时填写的邮箱，如下图所示。

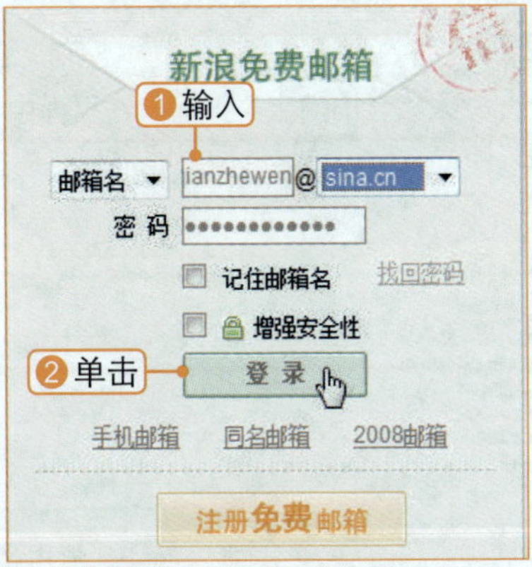

6 单击“收件夹”链接

进入新浪邮箱，在打开的邮箱首页中单击“收件夹”链接，如下图所示。

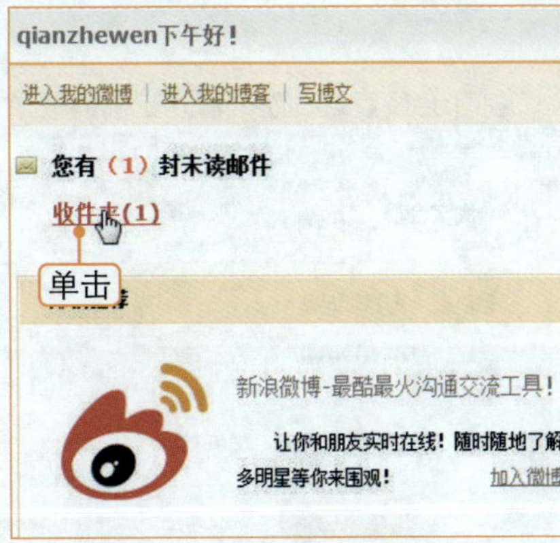

7 打开邮件

在收件夹中打开淘宝网发过来的注册邮件，如下图所示。

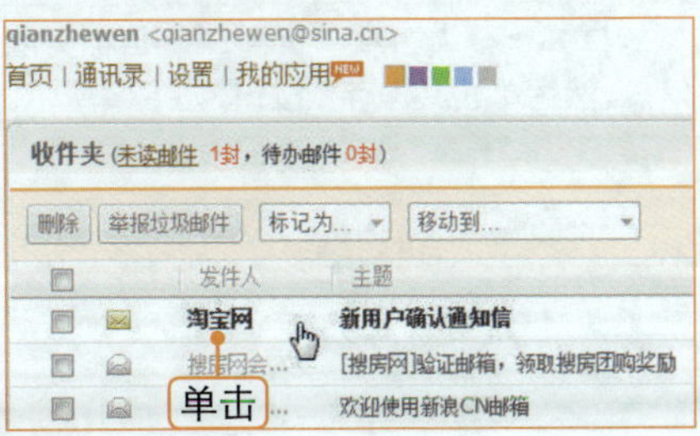

8 单击“完成注册”按钮

单击收到的淘宝网邮件中的“完成注册”按钮，如下图所示。

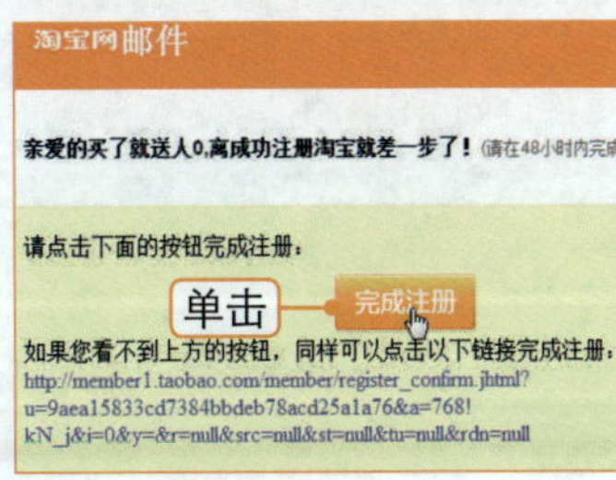

9 注册成功

在打开的页面中可以看到注册成功的提示信息，如下图所示。

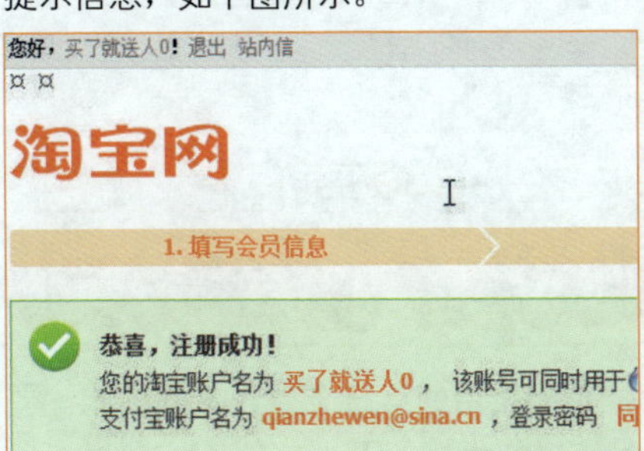

高手点拨

设置淘宝账户名

淘宝网账户名可以是文本、字母，或文本、字母与数字的结合，但是不能重名。为了便于记忆，不宜全部是字母，淘宝账户一经实名认证将是终身制的，每个身份证号只能实名注册一次。

>> 8.5.2 完善个人资料

若注册淘宝会员时只填写了会员名和电子邮箱信息，则用户可以根据需要完善其他基本信息，具体操作步骤如下：

1 单击“登录”按钮

打开会员登录页面，输入正确的登录信息，单击“登录”按钮，如下图所示。

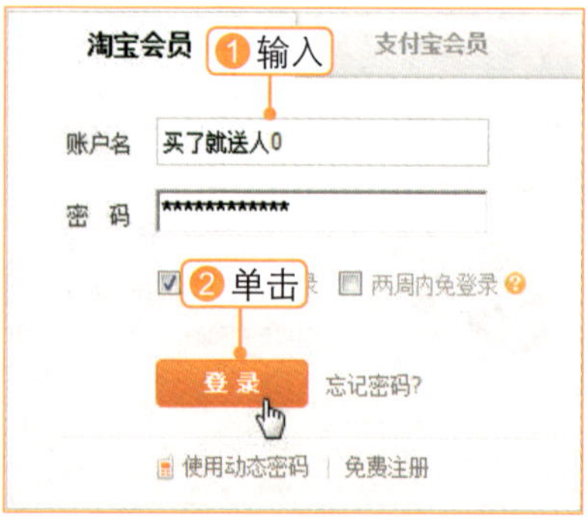

2 单击“账户管理”链接

进入“我的淘宝”页面，在页面中单击“账户管理”链接，如下图所示。

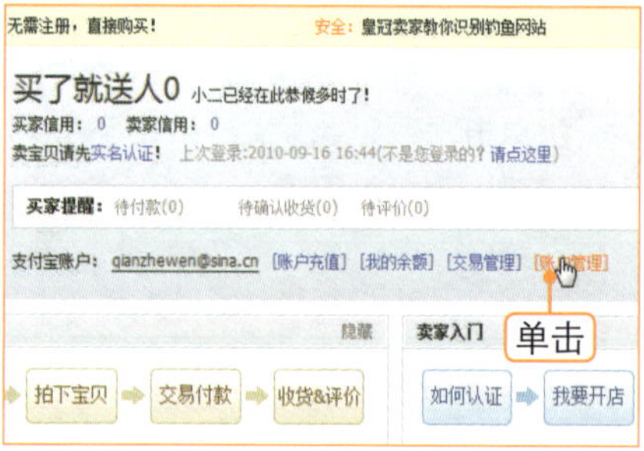

3 单击“社区信息”链接

在打开的页面中单击左侧的“社区信息”链接，如下图所示。

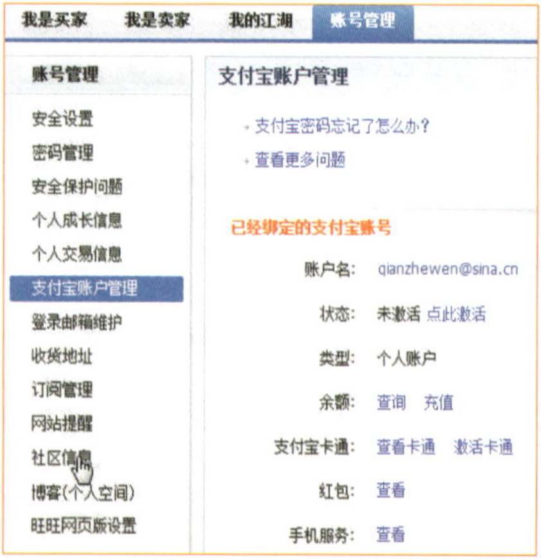

4 单击“保存”按钮

打开“个人资料”页面，填写相关的信息，然后单击“保存”按钮，如下图所示。

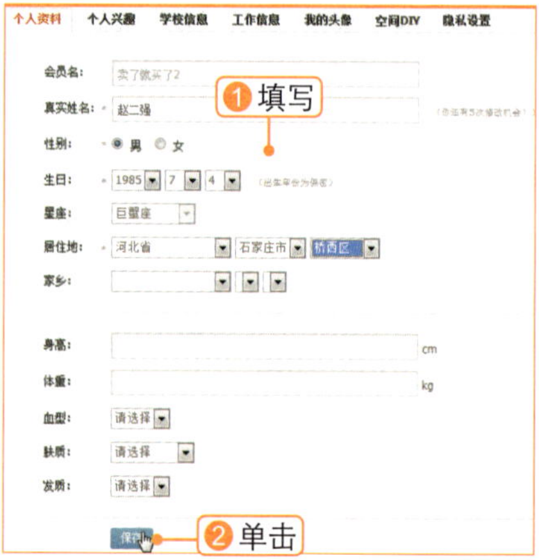

>> 8.5.3 开通支付宝

支付宝是淘宝网为保证网络交易安全，首先使用的第三方担保交易模式，要使支付宝账户正常工作，必须将其开通，具体操作步骤如下：

1 单击“账户管理”链接

进入“我的淘宝”页面，在页面中单击“账户管理”链接，如下图所示。

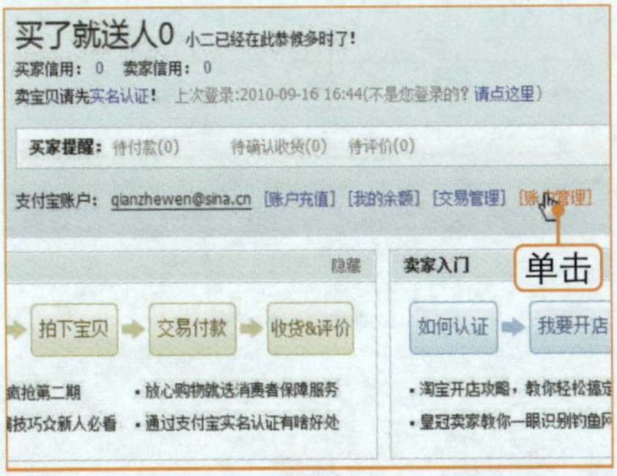

2 单击“点此激活”链接

在打开页面的“已经绑定的支付宝账号”栏中单击“点此激活”链接，如下图所示。

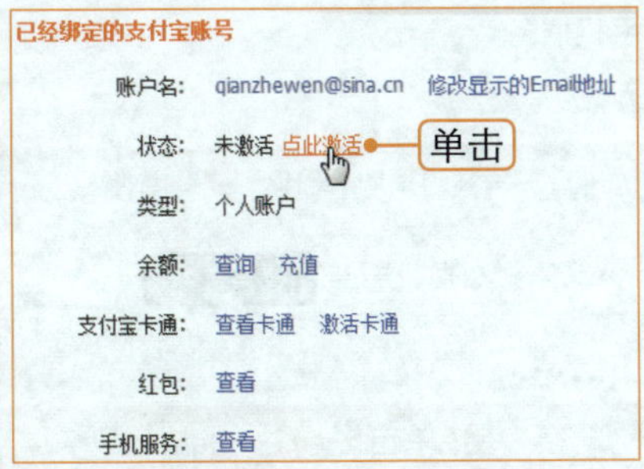

3 单击按钮

在打开的页面中填写相关信息，然后单击“保存并立即启用支付宝账户”按钮，如下图所示。

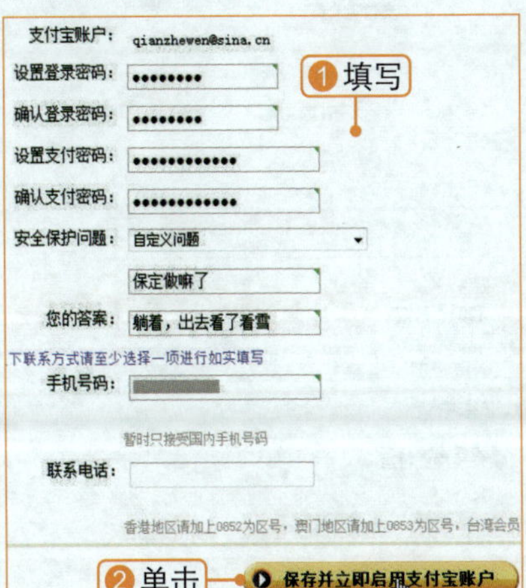

4 单击“进入我的支付宝”链接

进入“账户激活”页面，单击“点击进入我的支付宝”链接，如下图所示。

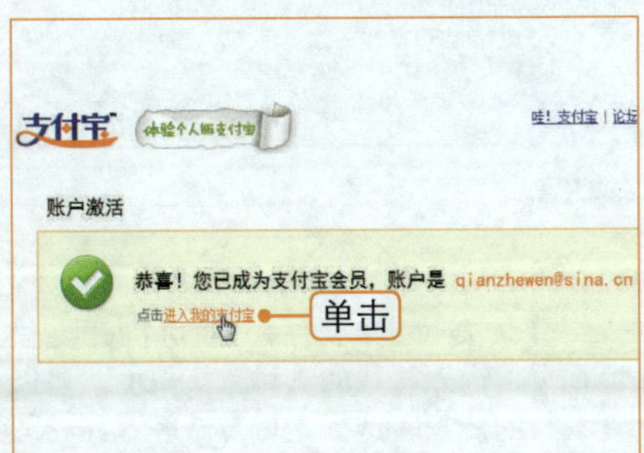

5 单击“进入安全中心”按钮

打开新的页面，单击“进入安全中心”按钮，如下图所示。

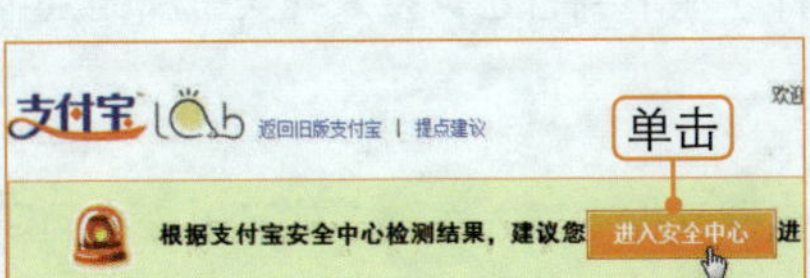

6 单击“绑定”按钮

打开“安全中心-支付宝”页面，单击“手机绑定”后的“绑定”按钮，如下图所示。

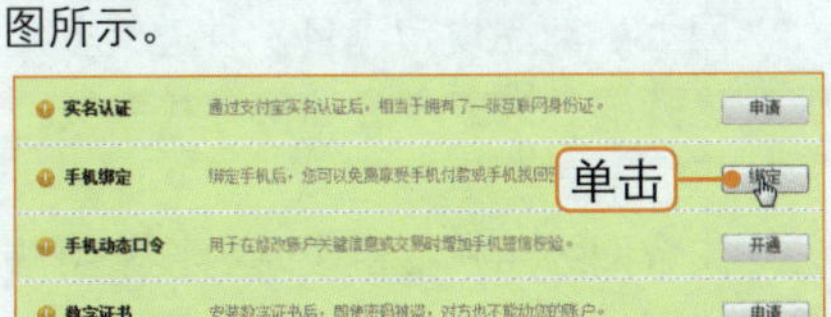

7 单击“免费绑定”按钮

打开“手机服务-支付宝”页面，输入手机号码，并单击“免费绑定”按钮，如下图所示。

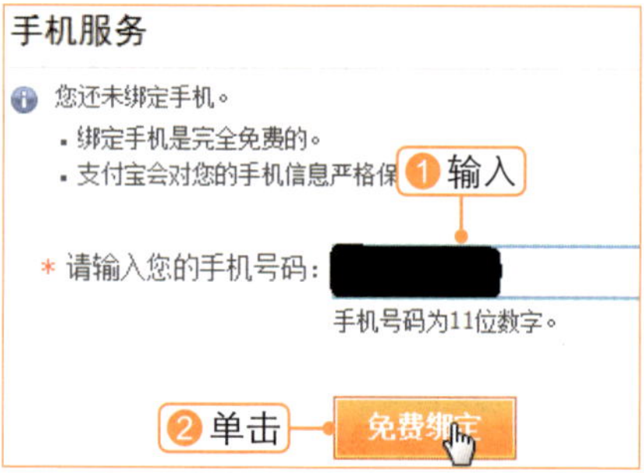

8 单击“确认绑定”按钮

输入相关信息，然后选择“我已阅读并同意”复选框，单击“确认绑定”按钮，如下图所示。

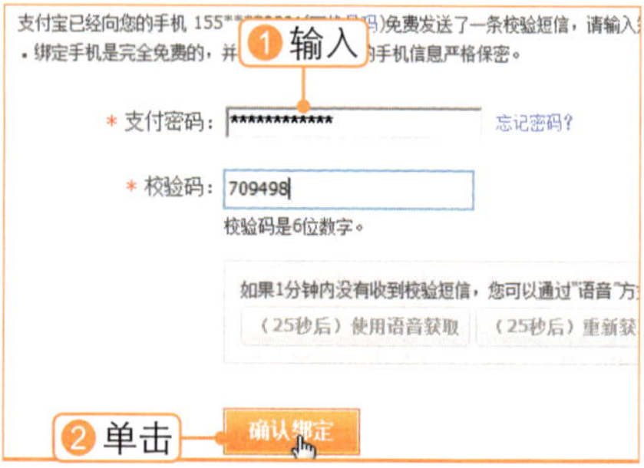

9 绑定成功

绑定成功后，可享受一些免费服务，如下图所示。

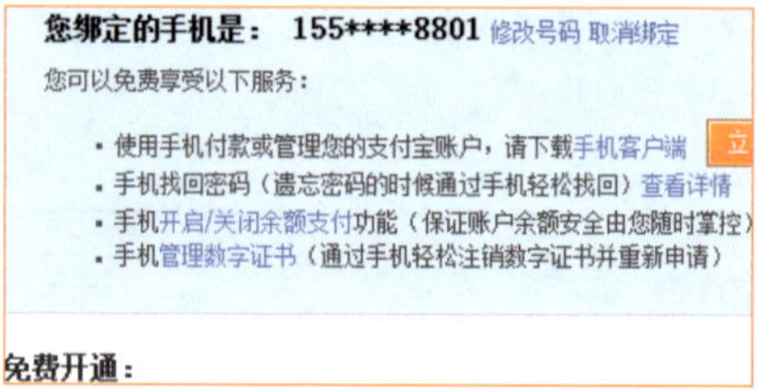

10 单击“登录”按钮

启动IE浏览器，输入相应的登录信息，单击“登录”按钮，如下图所示。

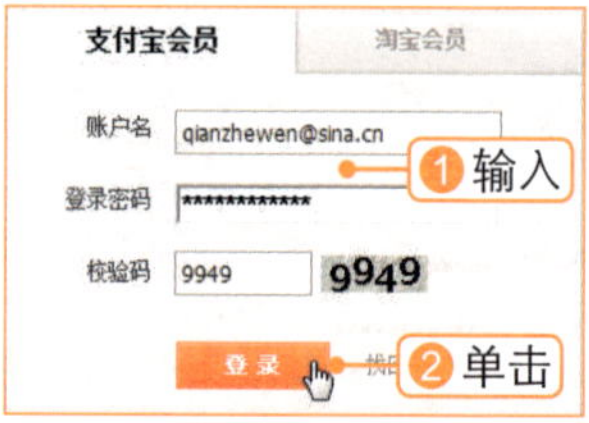

11 进入“我的支付宝”页面

登录支付宝成功后，即可打开支付宝首页，进入“我的支付宝”页面，可以查看我的账户、选择支付方式等，如右图所示。

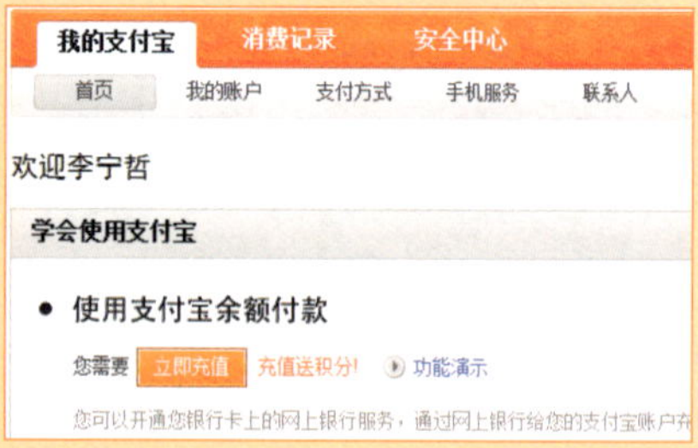

>> 8.5.4 寻找宝贝

网上的商品琳琅满目，种类繁多，怎样才能淘到自己需要又物美价廉的宝贝呢？这就需要大家学会如何寻找宝贝。

（1）直接搜索

淘宝网为用户提供了站内搜索引擎，在搜索框中输入关键字就可以查找到所需要的宝贝，具体操作步骤如下：

① 单击“搜索”按钮

登录淘宝网，在首页的搜索框内输入需要的商品名称，单击“搜索”按钮，如下图所示。

② 单击感兴趣宝贝的链接

在打开的页面中将显示搜索到的宝贝，在搜索结果列表中单击感兴趣宝贝的链接，如下图所示。

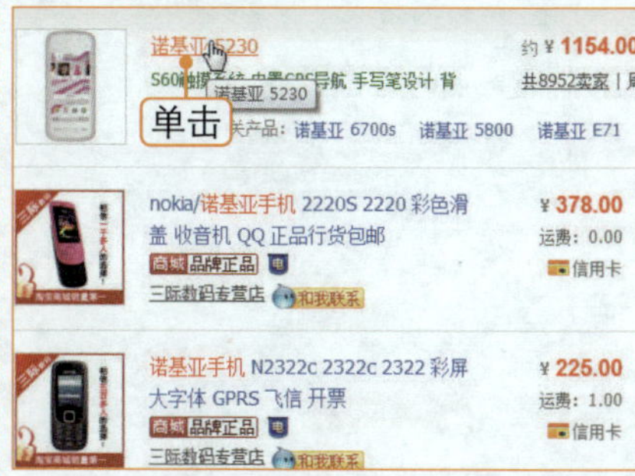

③ 查看宝贝商品详情

在打开的页面中显示了商品的名称、销量、颜色等相关信息，如右图所示。

（2）通过分类搜索宝贝

通过分类寻找宝贝可以了解更多类别的商品，使找到的相关宝贝较多，从而方便对比同类宝贝的价格、质量等。通过分类寻找宝贝的具体操作步骤如下：

① 单击感兴趣宝贝的分类链接

登录淘宝网，在“宝贝类目”栏中单击感兴趣宝贝的分类链接，如下图所示。

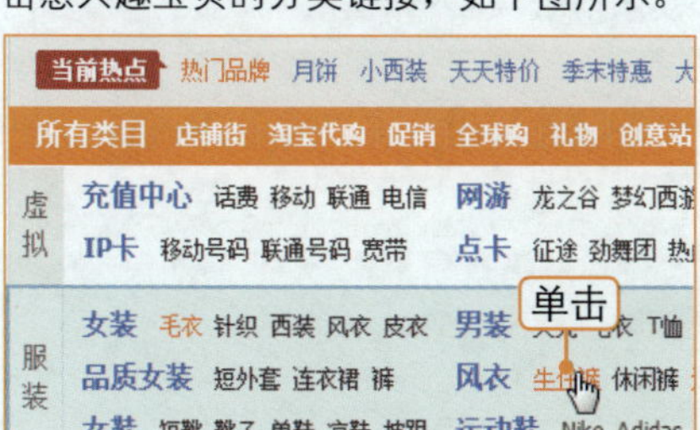

② 选择宝贝

在搜索到的宝贝列表中单击自己感兴趣宝贝的链接，如下图所示。

3 显示搜索的商品详情

在打开的页面中显示了所搜索商品的详细信息，如下图所示。

高手点拨

查询分类

在宝贝列表页面中，分别列出了几种不同的查询分类，如“按价格选择”、“按品牌选择”、“按售后服务选择”和“按成品选择”等多种查询分类，用户可以按照不同的分类进行搜索。

（3）利用筛选功能搜索宝贝

通过筛选功能可以使查询结果更准确，下面以筛选戒指为例进行介绍，具体操作步骤如下：

1 单击感兴趣宝贝的分类链接

登录淘宝网，在打开页面的“宝贝类目”中单击感兴趣宝贝的分类链接，如下图所示。

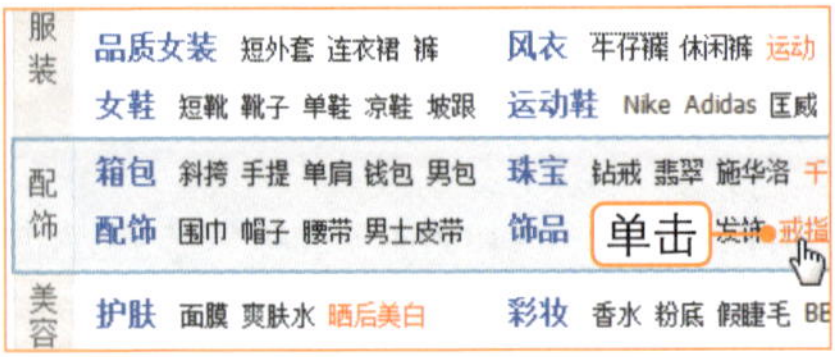

2 搜索宝贝

打开页面，输入搜索的价格范围，单击“确定”按钮，开始搜索，如下图所示。

3 单击感兴趣宝贝的链接

在显示的筛选结果中可以看到符合条件的宝贝，单击感兴趣宝贝的链接，如下图所示。

4 显示搜索商品的详情

在打开的页面中将显示所搜索商品的详细信息，如下图所示。

>> 8.5.5 购买宝贝

用户在注册淘宝会员、开通支付宝并充值后，即可购买商品了，具体操作步骤如下：

1 单击“立刻购买”按钮

登录淘宝网，打开要购买宝贝的页面，单击“立刻购买”按钮，如下图所示。

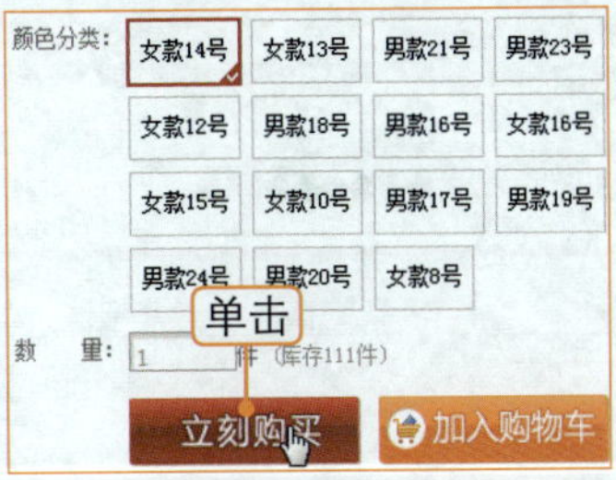

2 填写相关信息

打开“确认收货地址”页面，填写相关信息，如下图所示。

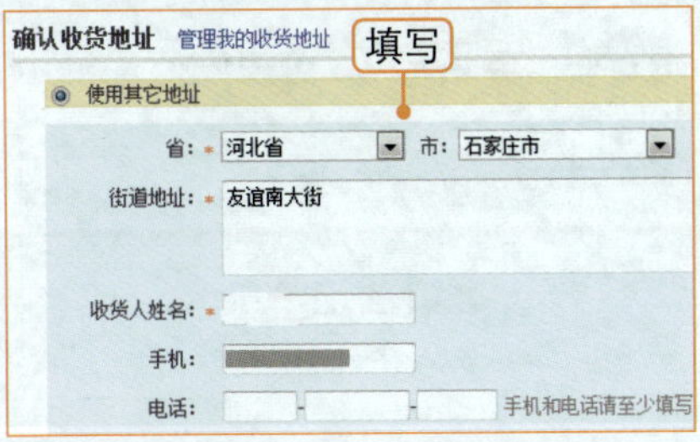

3 选择运送方式

填写需要购买宝贝的数量，在“运送方式”栏中选择运送方式，如下图所示。

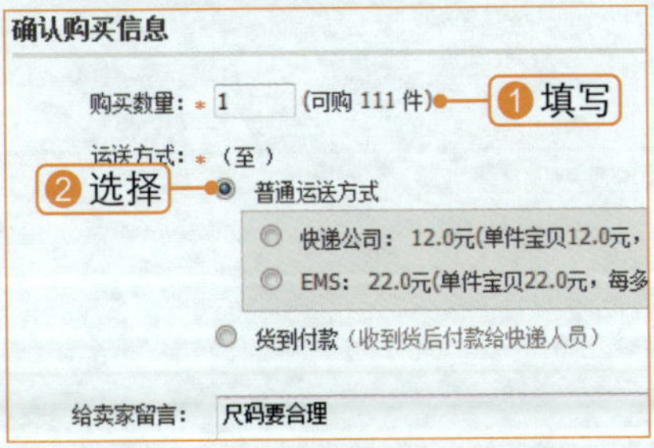

4 单击“确认无误，购买”按钮

选择“匿名购买”复选框，单击“确认无误，购买”按钮，如下图所示。

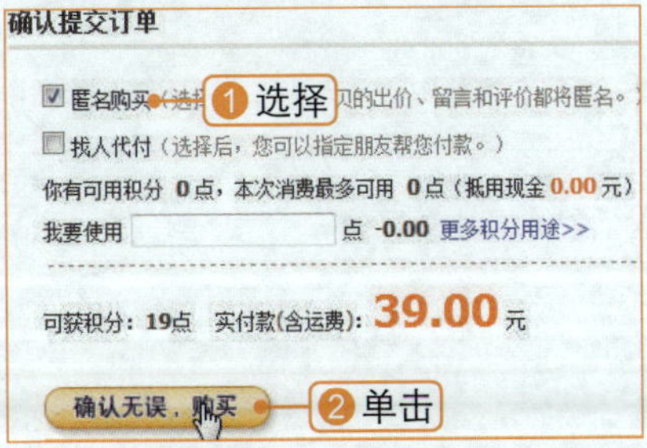

5 单击“确认无误，付款”按钮

选中用户已开通银行前的单选按钮，单击“确认无误，付款”按钮，如下图所示。

6 单击“去网上银行付款”按钮

打开“支付宝 - 网上支付”页面，单击“登录到网上银行付款”按钮，如下图所示。

7 填写相关信息

弹出“网上银行客户支付”界面，填写相关信息，然后单击“下一步”按钮，如下图所示。

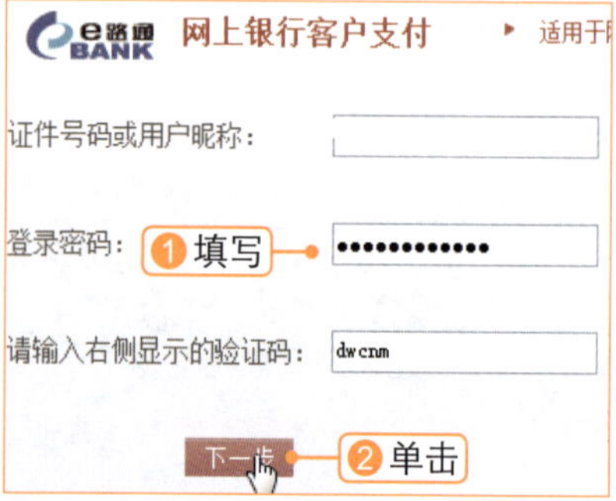

8 单击“支付”按钮

填写相关信息，单击“支付”按钮，开始交易，如下图所示。

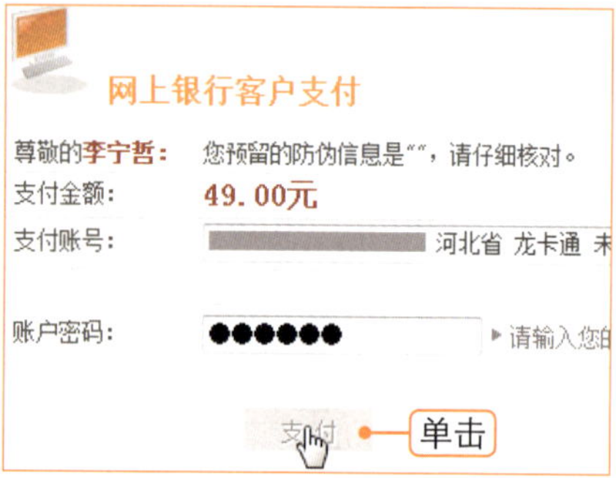

第9章

网络时尚生活

如今，网络在人们的日常生活中已经无处不在，给人们带来了方便和快捷，也使得用户越来越依赖它。本章将重点介绍网络所提供的各种服务，通过本章的学习，用户可以感受到不一样的生活方式。

本章重点知识

- 网上营业厅
- 玩转开心网
- 网上预订

9.1 网上营业厅

网上营业厅是各大运营商为了方便客户办理业务专门建设的网站，用户通过登录网上营业厅就可以办理各种业务，下面以中国移动通信网上营业厅为例来介绍如何使用网上营业厅办理业务。

>> 9.1.1 登录移动网上营业厅

要在中国移动网上营业厅中办理相关业务，首先需要使用自己的手机号进行登录，具体操作步骤如下：

1 单击用户所在地链接

进入中国移动网上营业厅，单击“快速入口”下拉按钮，然后单击用户所在地区的链接，如下图所示。

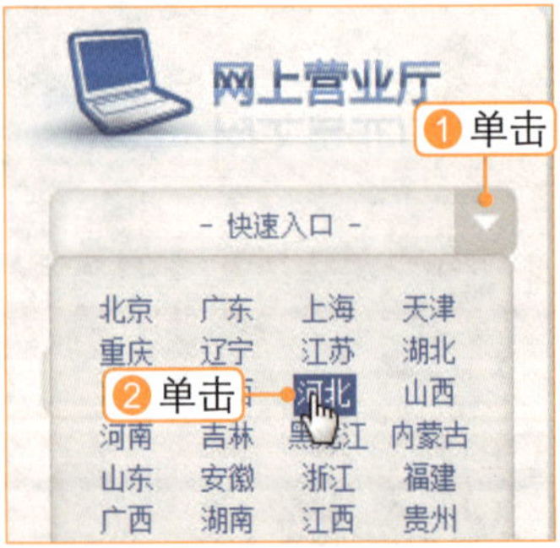

2 单击“动感地带”链接

打开用户所在地区的网上营业厅，单击“动感地带”链接，如下图所示。

3 单击“登录”按钮

输入相关信息，选择“已阅读并接受业务办理协议”复选框，单击“登录”按钮，如下图所示。

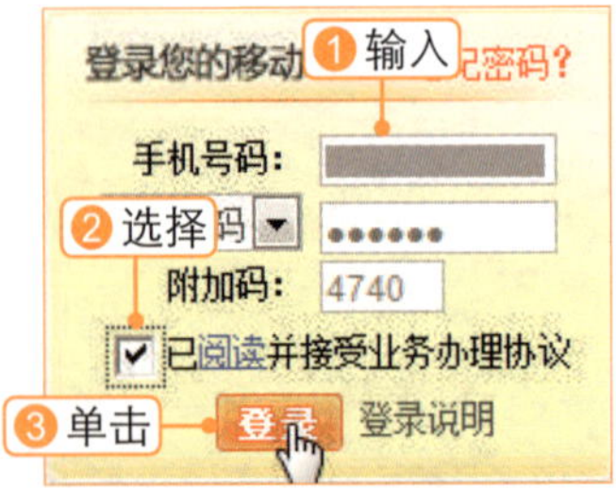

4 登录移动网上营业厅

登录移动网上营业厅，如下图所示。

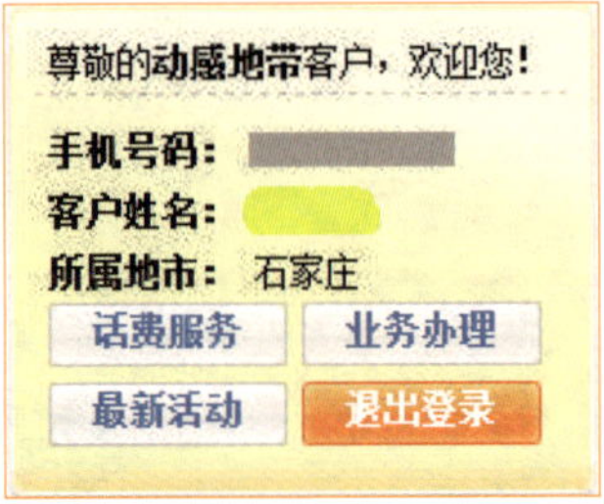

>> 9.1.2 查询话费

在登录网上营业厅后，就可以进行当月话费查询、账单查询等操作了，具体操作步骤如下：

1 单击“话费服务”链接

单击页面右侧的“话费服务”链接，如下图所示。

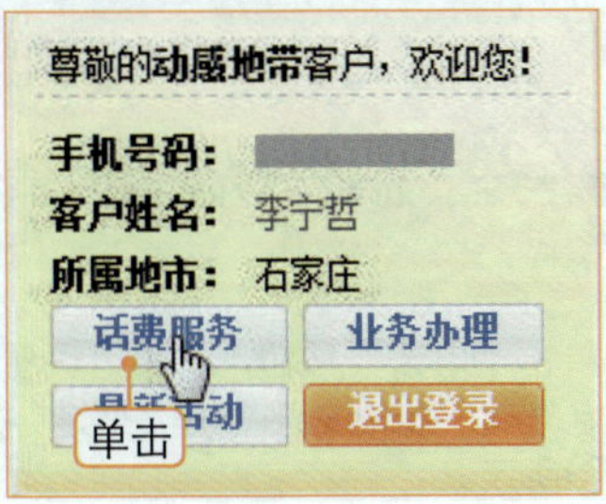

2 单击“账户余额查询”链接

在展开的列表中单击“账户余额查询”链接，如下图所示。

3 单击“查询”按钮

打开“账户余额查询”页面，单击页面下方的“查询”按钮，如下图所示。

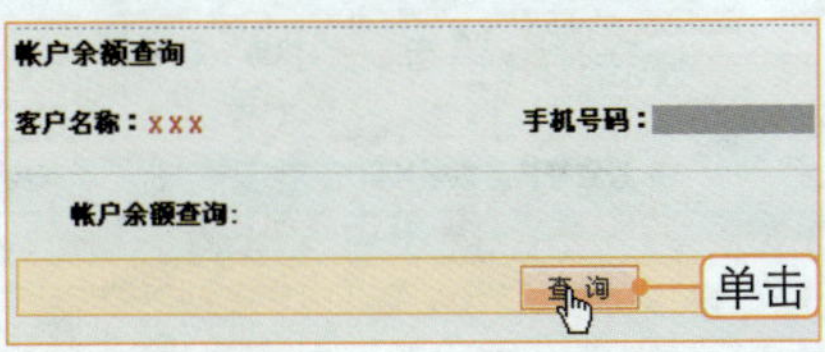

4 单击“查询”按钮

弹出“账户余额”界面，确认信息无误后单击“查询”按钮，如下图所示。

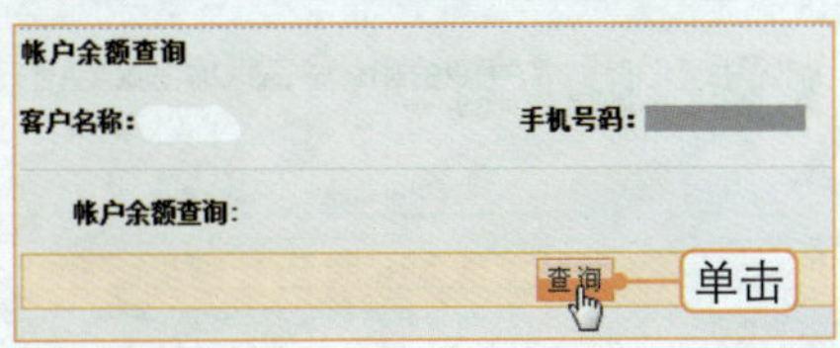

5 显示余额

稍后，在页面下方将显示手机话费余额的情况，如下图所示。

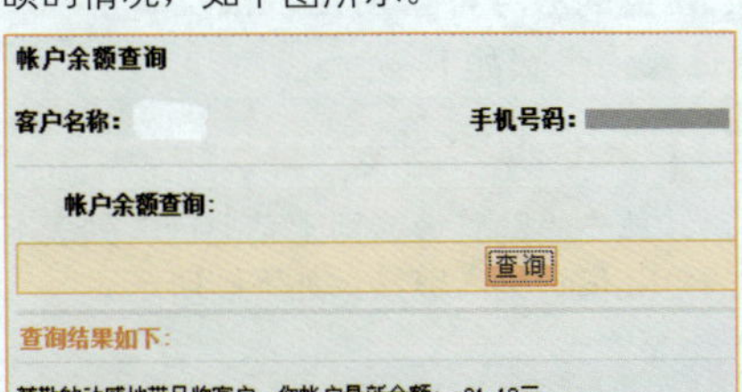

6 单击“详单查询”链接

单击网页上方的“详单查询”链接，如下图所示。

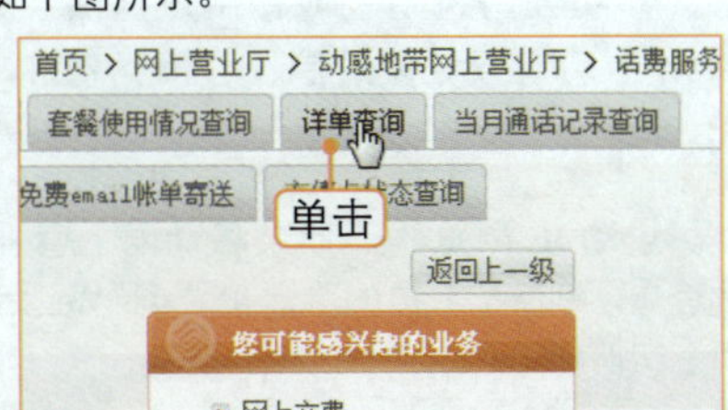

>> 9.1.3 办理业务

登录网上移动营业厅后，移动用户可以办理手机业务，具体操作步骤如下：

1 单击“业务办理”链接

登录网上营业厅，在页面左侧的自动服务版块中单击“业务办理”链接，如下图所示。

2 单击“基本业务”链接

展开右侧界面，单击“网上营业厅”下方的“基本业务”链接，如下图所示。

3 单击“呼叫转移”链接

在界面下方弹出的列表中单击“呼叫转移”链接，如下图所示。

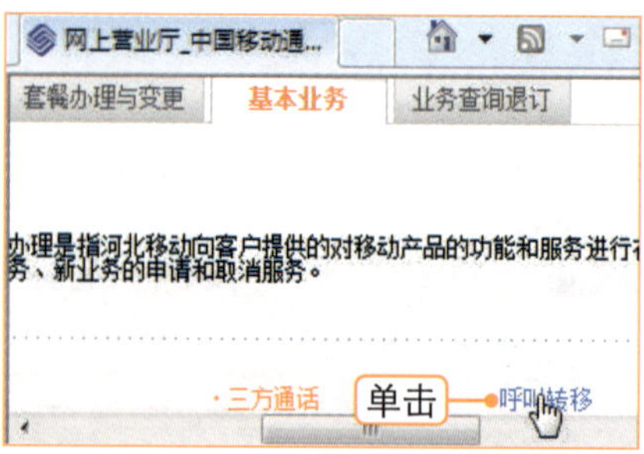

4 选择业务

单击“申请”按钮，选中“设置呼转至指定号码”单选按钮，单击“确定”按钮，如下图所示。

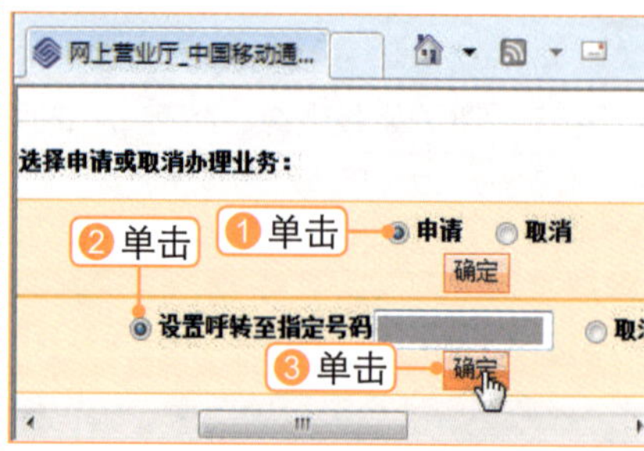

>> 9.1.4 兑换M值

移动公司为动感地带用户提供了兑换 M 值的服务，当用户手机积攒了一定的 M 值后可以兑换短信、兑换话费等，具体操作步骤如下：

1 单击“账单查询”链接

启动 IE 浏览器，登录移动网上营业厅首页，单击左上角的“账单查询”链接，如下图所示。

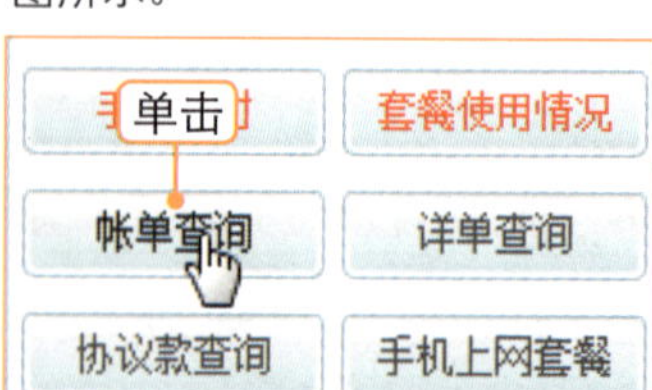

2 单击“M值计划”链接

单击“动感地带网上营业厅”列表下的“M 值计划”链接，如下图所示。

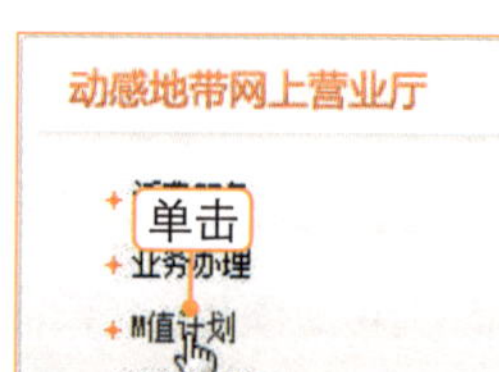

3 单击“M值总量查询”链接

在“网上营业厅”页面下单击“M值总量查询”链接，如下图所示。

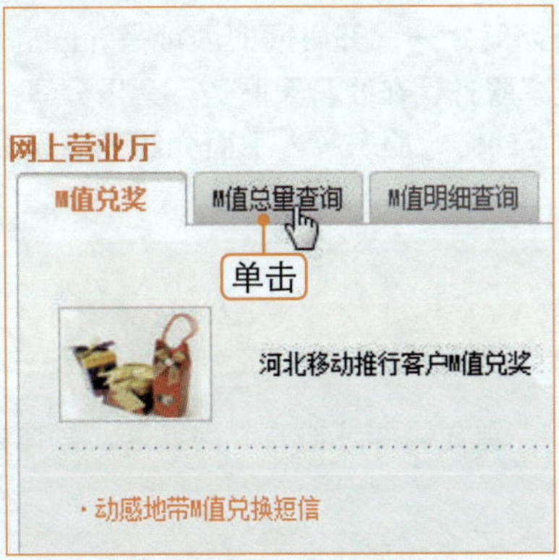

5 显示M值总量

显示M值总量的查询结果，如下图所示。

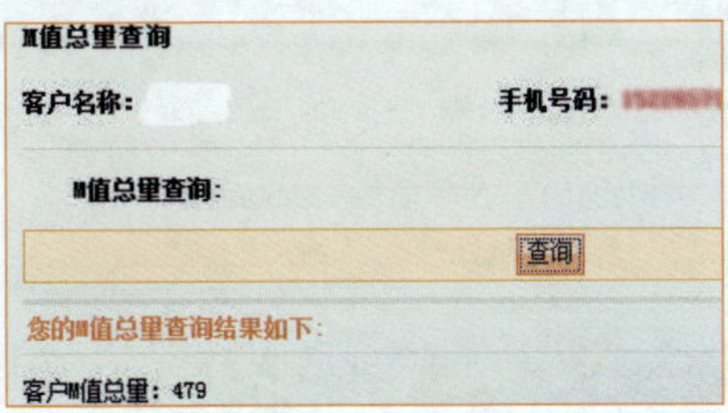

7 单击“M值兑换短信”链接

单击页面下方的“动感地带M值兑换短信”链接，如下图示。

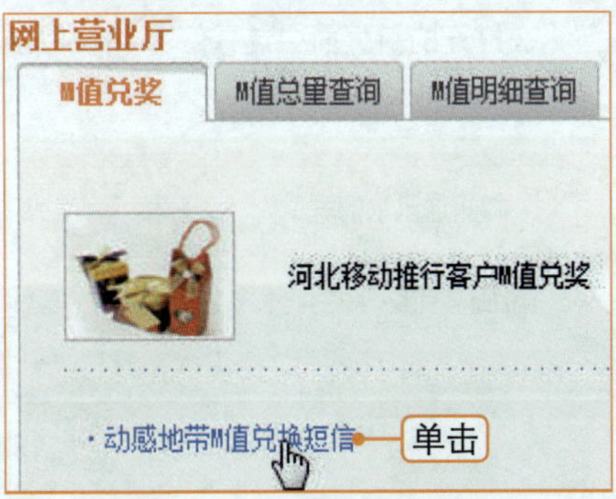

4 单击“查询”按钮

打开“您正在查询M值总量”页面，在“M值总量查询”栏下单击“查询”按钮，如下图所示。

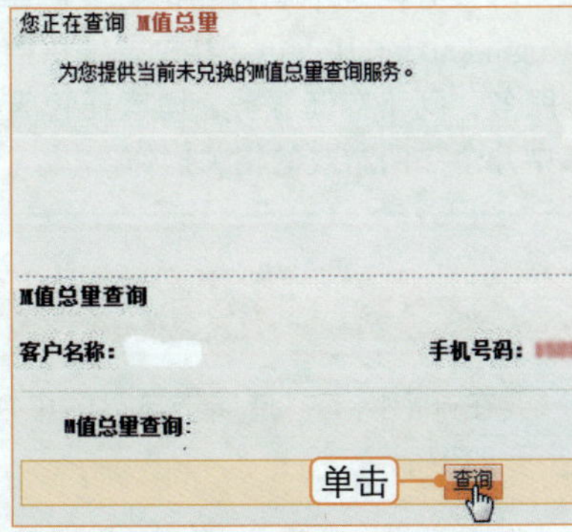

6 单击“M值兑奖”链接

单击“网页营业厅”下方的“M值兑奖”链接，如下图所示。

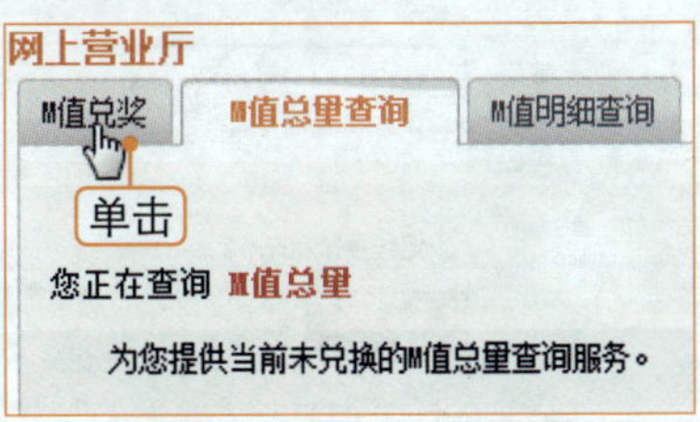

8 选择M值业务

打开“选择申请办理的业务”页面，选择“短信条数100条”单选按钮，单击“确定”按钮，如下图所示。

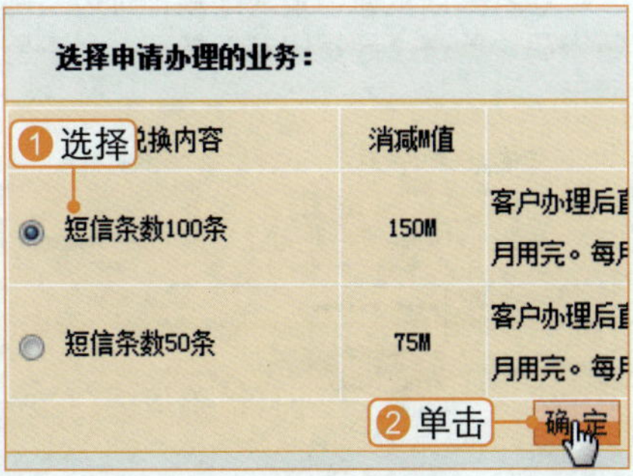

9.2 玩转开心网

开心网是中国著名的社交网络服务网站之一，开心网的网址是 http://login.kaixin001.com，其主要提供照片分享服务、在线聊天服务、音乐分享服务、网络存储服务、博客托管服务和互动游戏服务等。下面介绍开心网中几个热门游戏的相关操作。

>> 9.2.1 注册开心网账号

要在开心网上打造属于自己的个性空间，首先需要注册开心网账号，具体操作步骤如下：

1 单击“立即注册”链接

启动 IE 浏览器，输入开心网网址，然后按【Enter】键，单击“立即注册”链接，如下图所示。

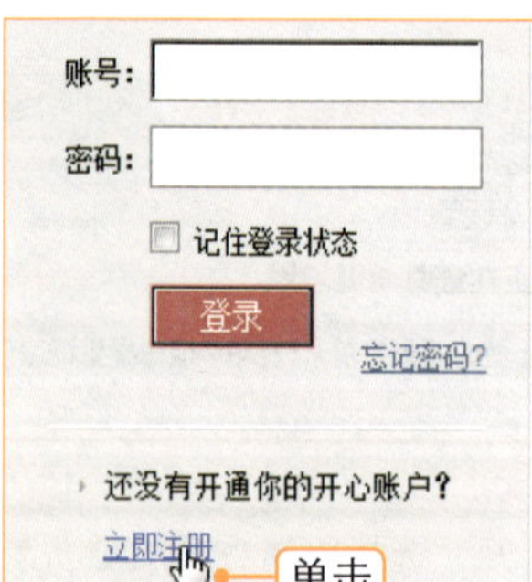

2 输入注册信息

在打开的注册页面中输入相关的注册信息，单击“同意条款，立即注册”按钮，如下图所示。

3 单击“寻找朋友”按钮

在打开的页面中输入邮箱地址以及邮箱密码，单击“寻找朋友”按钮，如下图所示。

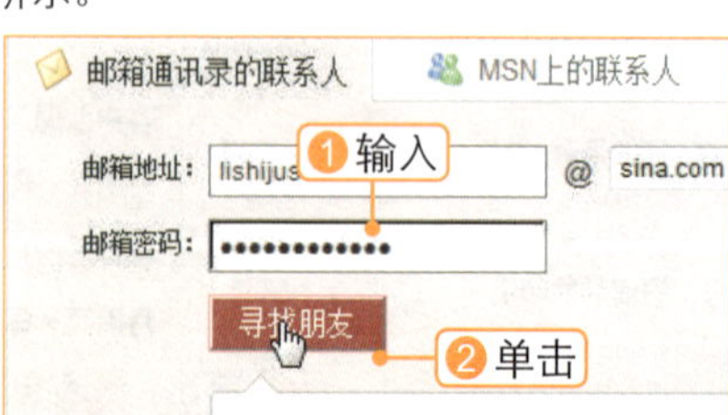

4 单击“加为好友”链接

在打开的新页面中选择好友，单击“加为好友”链接，如下图所示。

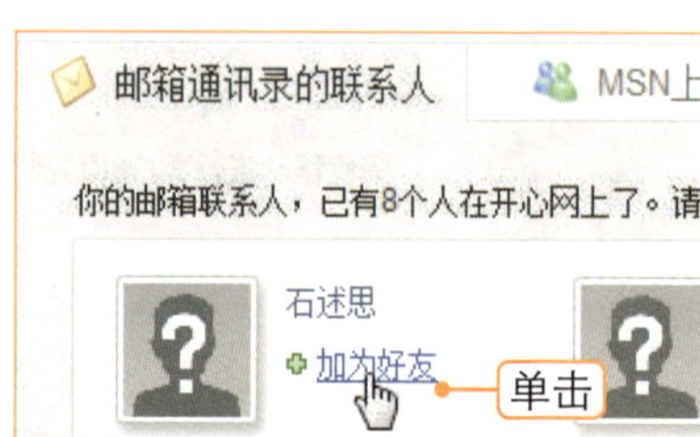

5 单击“继续”按钮

显示“已发送好友请求”提示信息，单击“继续”按钮，如下图所示。

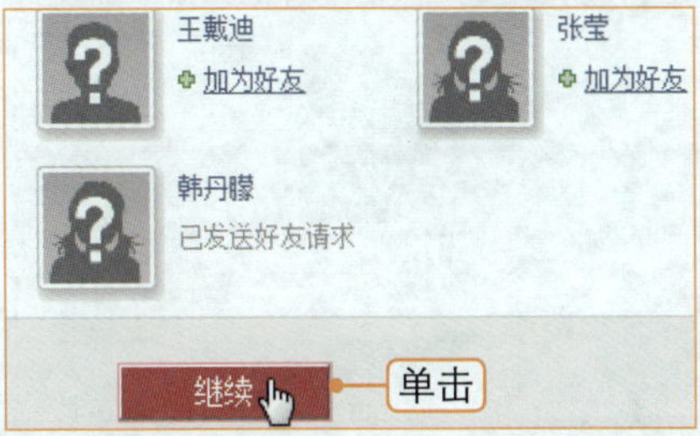

6 单击“寻找朋友”按钮

弹出“MSN上的联系人”界面，输入相关信息，单击“寻找朋友”按钮，如下图所示。

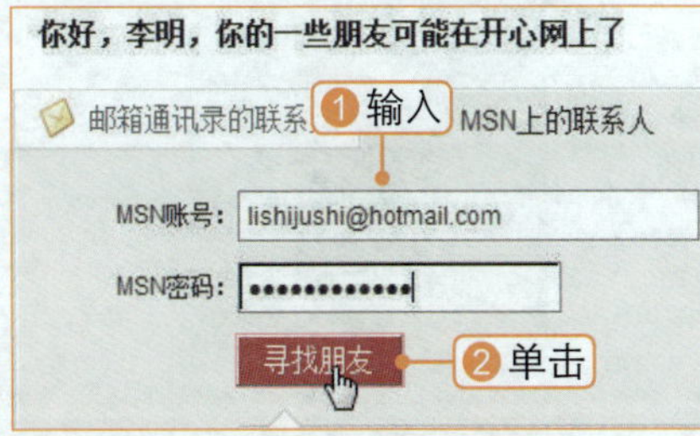

7 单击“保存并继续”按钮

在打开的“设置个人资料”页面中输入相关信息，单击“保存并继续”按钮，如下图所示。

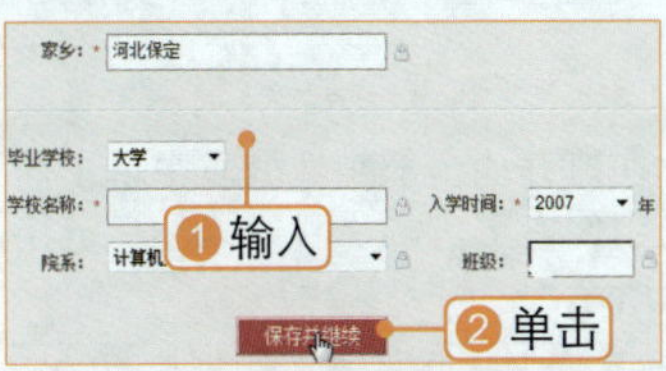

8 单击“加为好友”链接

打开“可能认识的人”页面，选择感兴趣的人，单击其头像右侧的“加为好友”链接，如下图所示。

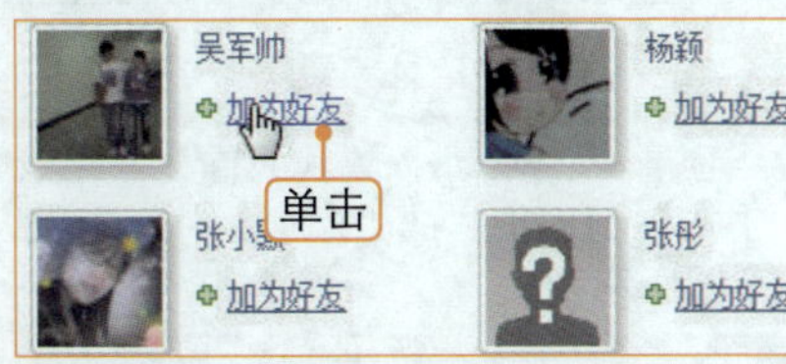

9 单击“继续”按钮

显示“已发送好友请求”提示信息，单击页面下方的“继续”按钮，如下图所示。

10 单击“浏览”按钮

打开新的页面，单击“浏览”按钮，如下图所示。

11 单击“打开”按钮

弹出“选择要加载的文件”对话框，选中要加载的文件，单击“打开”按钮，如下图所示。

12 单击“上传”按钮

返回页面，单击“上传”按钮，如下图所示。

13 单击“保存头像”按钮

打开“裁切头像照片”页面，单击“保存头像”按钮，如下图所示。

14 进入“我的首页 - 开心网”页面

设置完毕后，打开“我的首页 - 开心网”页面，如下图所示。

>> 9.2.2 添加组件

在登录开心网后，用户可以根据自己的需要添加组件，具体操作步骤如下：

1 单击“添加组件”链接

登录开心网，进入“我的首页”页面，单击左侧列表下方的“添加组件”链接，如下图所示。

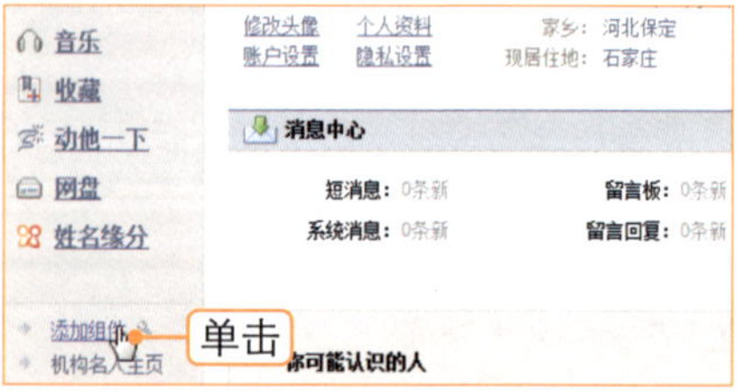

2 单击“我要添加”链接

在打开的全部组件列表中单击需要添加的组件右下方的“我要添加”链接，如下图所示。

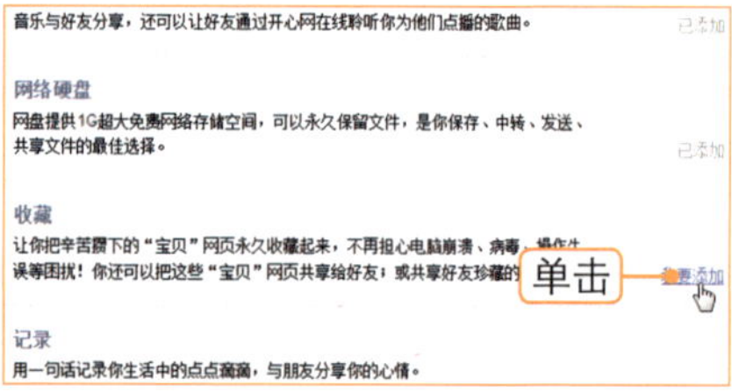

3 单击“立即添加”按钮

在打开的页面中单击“立即添加”按钮，如下图所示。

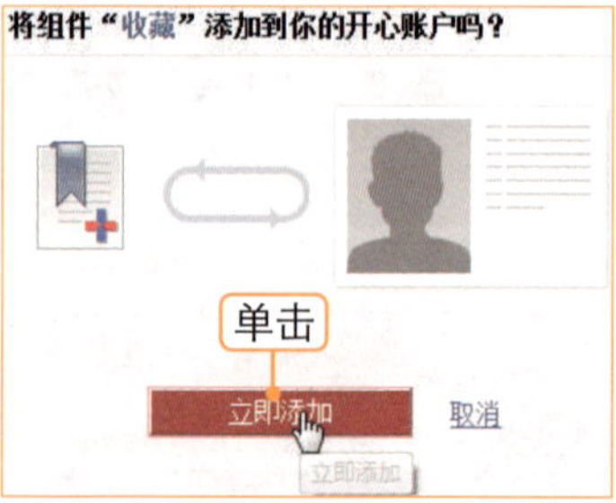

4 进入新添加的组件页面

此时，会进入新添加的组件页面，如下图所示。

>> 9.2.3 添加好友

开心网是最热门的社交网站，要在开心网中与朋友进行交流和互动，首先要将对方加为好友，具体操作步骤如下：

1 选择“查找朋友”选项

登录开心网，在“我的首页”中单击“好友”下拉按钮，选择“查找朋友”选项，如下图所示。

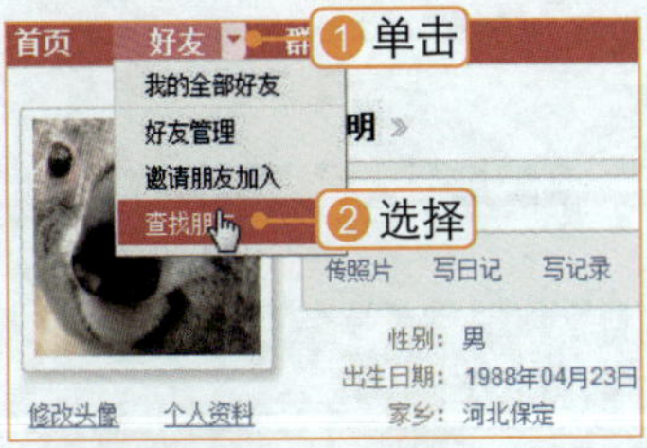

2 单击“按姓名查找”链接

在打开的“查找朋友”页面中单击合适的操作链接，例如，单击“按姓名查找”链接，如下图所示。

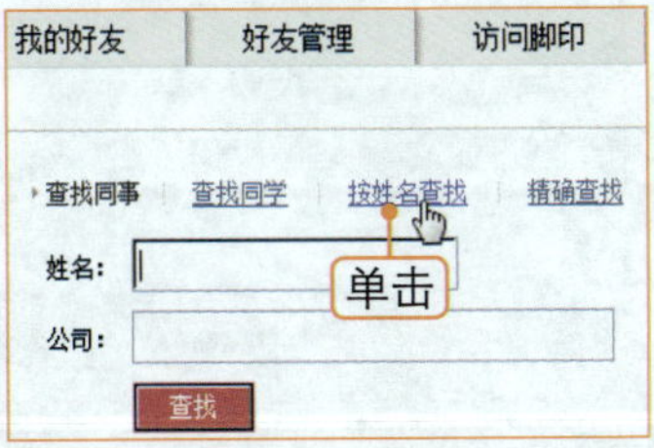

3 单击“查找”按钮

在展开的页面中设置要查找朋友的相关信息，单击“查找”按钮，如下图所示。

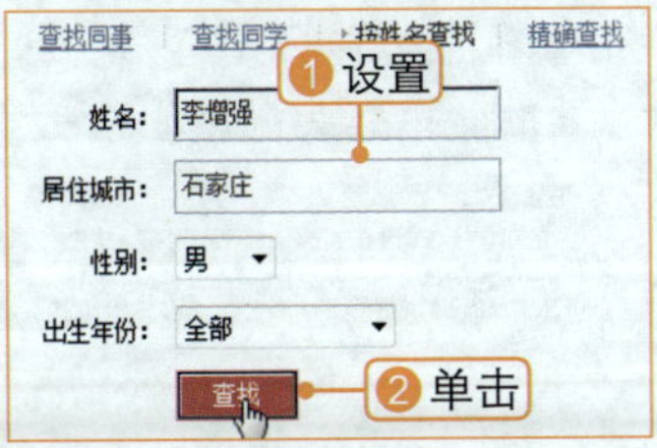

4 单击“加为好友”按钮

在搜索到的结果列表中选择符合条件的好友，单击右侧的“加为好友”按钮，如下图所示。

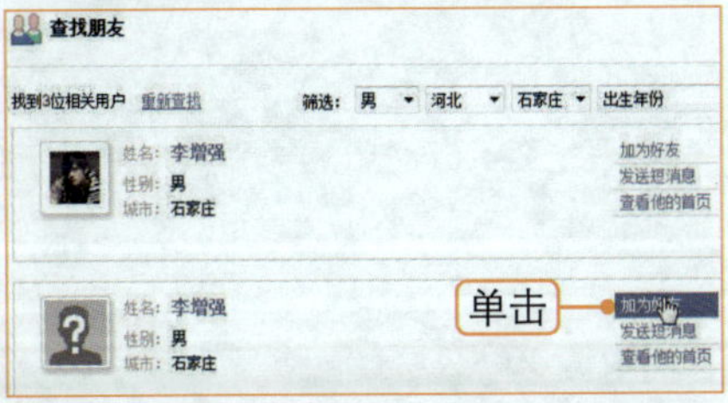

5 输入请求留言

在弹出的请求加为好友对话框中输入请求留言，单击“确定”按钮，如下图所示。

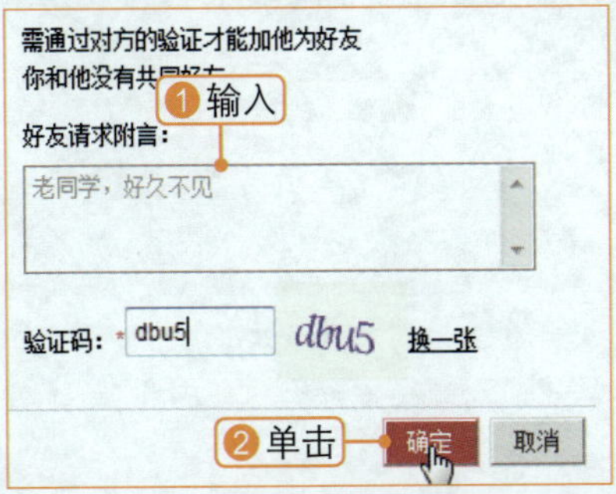

6 单击“关闭”按钮

请求发送成功后，单击“关闭”按钮，等待好友同意添加即可，如下图所示。

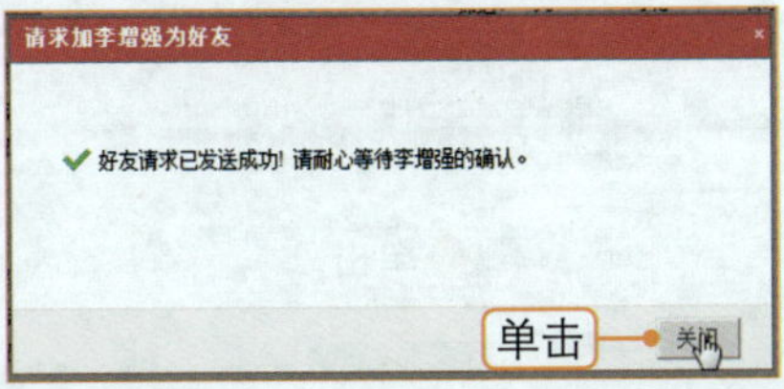

>> 9.2.4 “买房子”游戏

“买房子”游戏深受广大用户的喜爱，玩该游戏的具体操作步骤如下：

（1）装饰房子

1 单击“添加组件”链接

登录开心网，进入“我的首页”页面，单击左侧列表下方的“添加组件”链接，如下图所示。

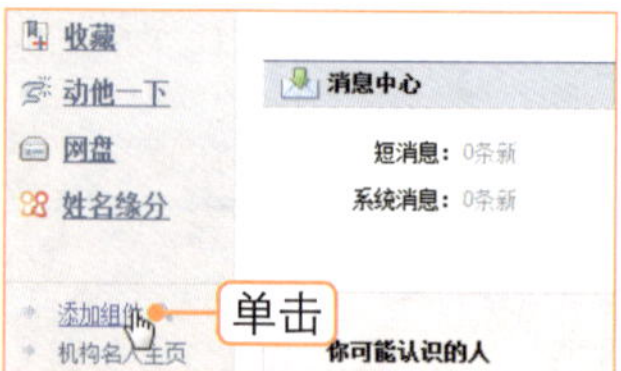

2 单击“我要添加”链接

在打开的全部组件列表中单击“买房子送花园”组件右方的“我要添加”链接，如下图所示。

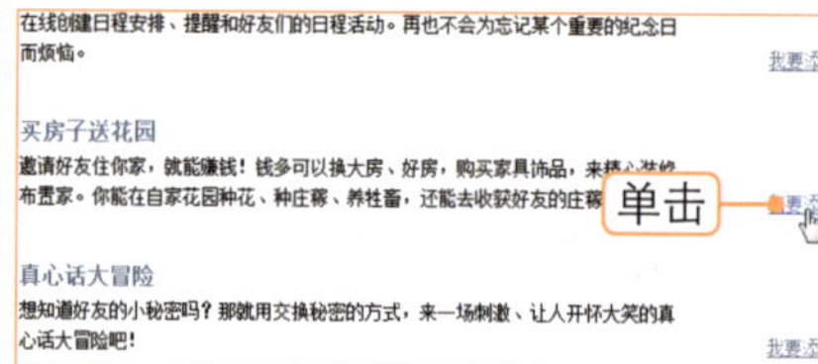

3 单击“立即添加”按钮

在打开的页面中单击“立即添加”按钮，如下图所示。

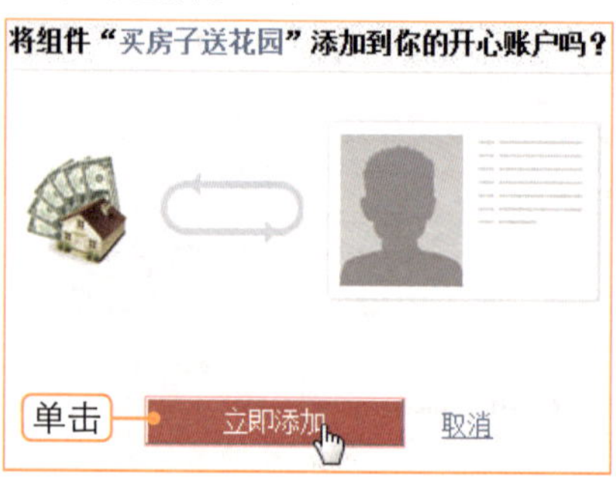

4 弹出“游戏向导”对话框

弹出“游戏向导”对话框，单击“下一步”按钮，如下图所示。

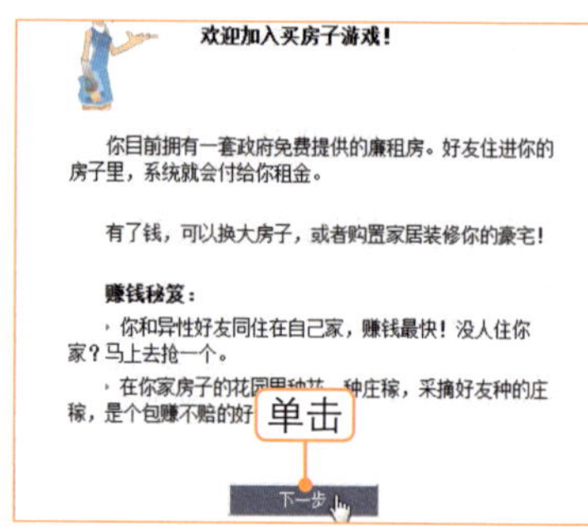

5 单击“开始游戏”按钮

单击“请选择你要闯荡的城市”下拉按钮，选择城市，然后单击“开始游戏”按钮，如下图所示。

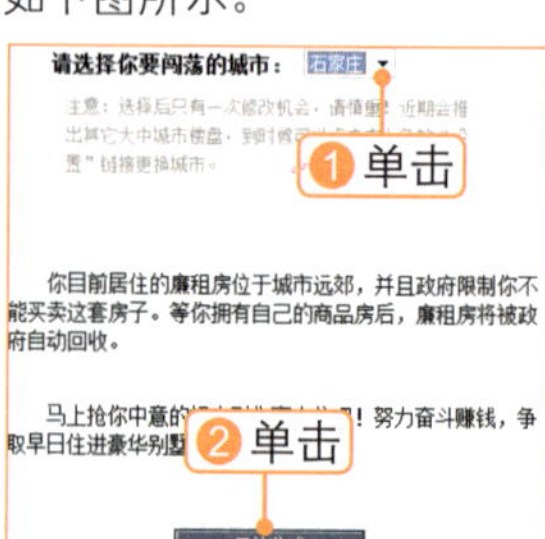

6 单击“进入我的房间”链接

在“游戏：买房子”页面中单击“房子”下方的“进入我的房间”链接，如下图所示。

7 单击“粉饰房间”按钮

单击房间画面，在进入的房间装扮页面中单击“粉饰房间”按钮，如下图所示。

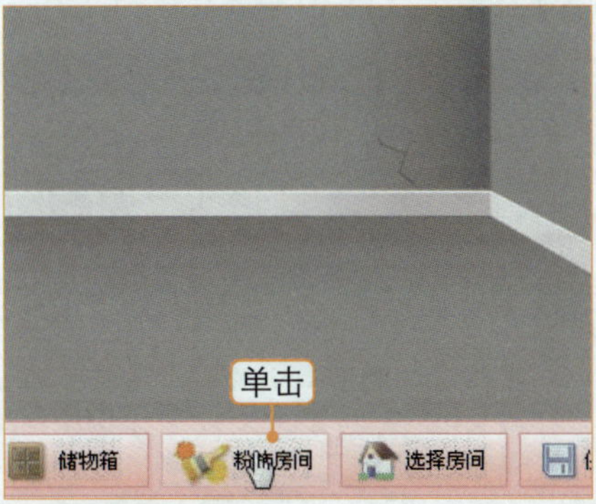

8 选择颜色

在弹出的颜色列表中选择自己喜欢的颜色，如下图所示。

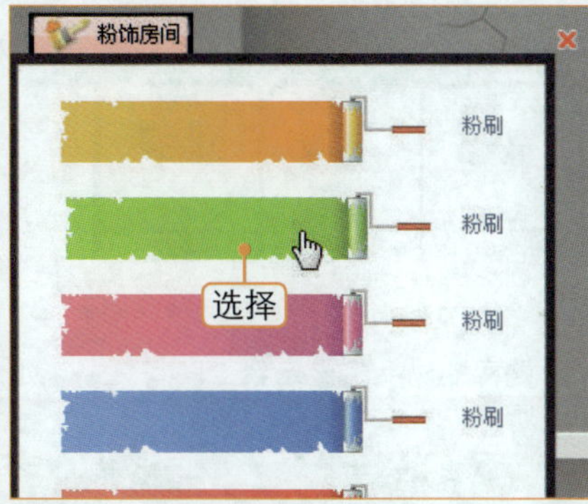

9 粉刷房间

可见，房间被粉刷成了所选择的颜色，如下图所示。

10 关闭颜色列表

单击颜色列表右上方的“关闭”按钮，关闭颜色列表，如下图所示。

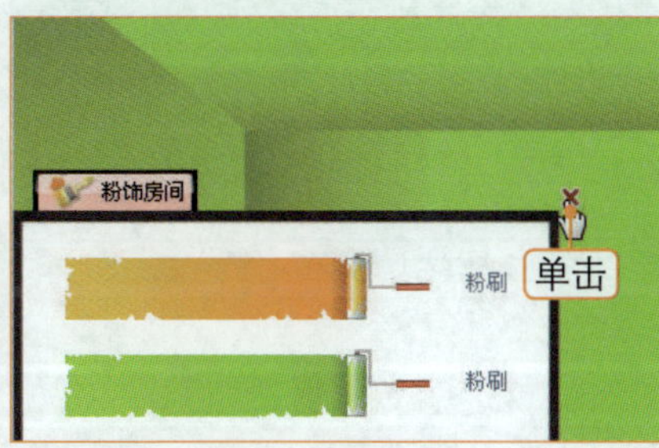

11 单击“购买物品”按钮

单击“购买物品”按钮，如下图所示。

12 单击要购买装饰物品的分类链接

在弹出的下拉列表中单击要购买装饰物品的分类链接，如下图所示。

13 单击“买”按钮

在左侧栏中显示了分类的物品，选择需要的物品，单击“买”按钮，如下图所示。

14 显示购买成功提示信息

在弹出的“购买”对话框中将显示购买成功的提示信息，单击“确定”按钮，如下图所示。

15 在“房间”中查看购买的物品

购买的物品将显示到“房间”中，如下图所示。

16 单击“保存房间”按钮

单击房间画面右下角的“保存房间”按钮对装扮的房间进行保存，如下图所示。

17 保存“房间”

在弹出的“保存”对话框中单击“确定”按钮，如右图所示。

（2）在“花园”里“种菜”

1 单击“买房子”链接

返回开心网首页，单击左侧列表中的“买房子”链接，如下图所示。

2 选择“花园”选项卡

在打开的“买房子”界面中选择“花园”选项卡，如下图所示。

3 单击“商店”按钮

进入“花园”界面，单击界面右上角的“商店”按钮，购买“种子”等物品，如下图所示。

4 选择“物品”

弹出“商店”对话框，挑选适合自己的物品，然后单击选中的物品，如下图所示。

5 单击“购买”按钮

在弹出的对话框中输入要购买种子的数量，单击“购买”按钮，如下图所示。

6 购买种子成功

弹出“购买种子成功”提示框，单击“确定”按钮，如下图所示。

7 关闭商店

单击“商店”对话框右上角的“关闭”按钮，如下图所示。

8 单击播种

单击“花园”界面下方的“播种”链接，如下图所示。

9 单击"种子"图标

显示购买的"种子"，单击"种子"图标选中"种子"，如下图所示。

10 在"耕地"上"播种"

把种子"播种"在可以耕作的"空地"上，如下图所示。

11 在其他"空地"上"播种"

按照上述方法依次"种植"其他空地，如下图所示。

高手点拨

选择种子

在商店里购买种子时，只能购买同等级别以内的种子，要尽量种有防御期的植物，如冬虫夏草、灵芝、雪莲、珙桐、人参果、何首乌和人参等，这些比较贵，但果实也贵，配合牧草种，可以防止牧场没有饲料的情况。

（3）"收获"成熟的"菜"

用户在空地上播下种子后，经过一段时间的"生长"，种子会"生根发芽"直至"成熟"，然后用户就可以"收获"了，具体操作步骤如下：

1 单击"买房子"链接

启动IE浏览器，登录开心网首页，单击左侧列表中的"买房子"链接，如下图所示。

2 选择"花园"选项卡

在打开的"买房子"界面中选择"花园"选项卡，如下图所示。

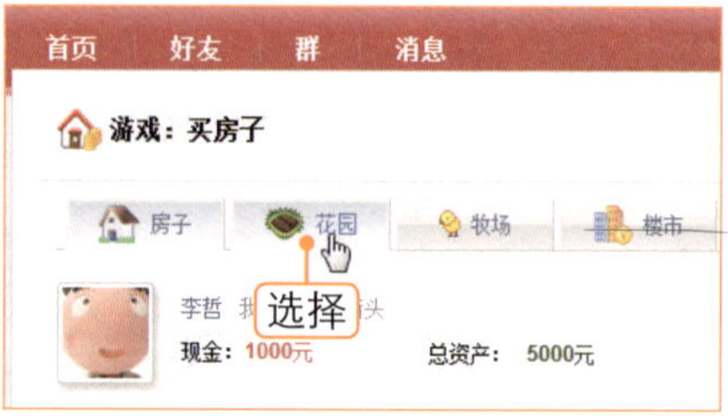

3 单击“收获”按钮

进入“花园”界面，单击界面下方的“收获”按钮，如下图所示。

4 收获“作物”

当鼠标指针变成手状时，在有“作物”的耕地单击进行“收获”。在收获后耕地上会留下“枯萎”的作物，如下图所示。

5 单击“商店”按钮

单击界面右上方的“商店”按钮，如下图所示。

6 单击“全部出售”按钮

弹出“仓库”对话框，显示收获的全部“作物”，然后单击“全部出售”按钮，如下图所示。

7 “售出”仓库中的“植物产品”

弹出提示对话框，提示是否确定将仓库中的植物产品全部出售，单击“确定”按钮，如下图所示。

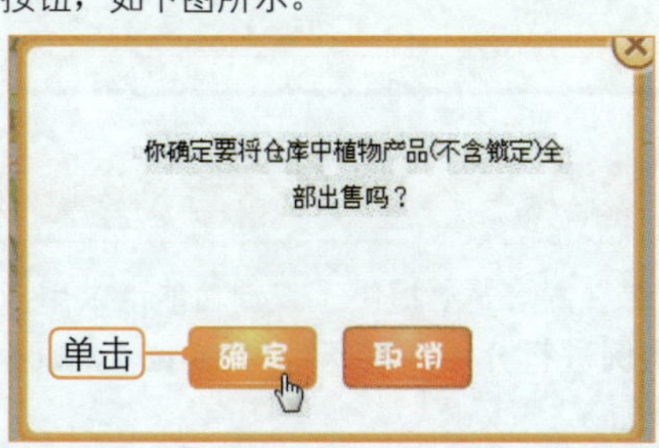

8 显示“售出产品”的提示信息

弹出卖出果实和共获利润的信息，单击“确定”按钮，如下图所示。

9 铲除“枯萎作物”

将鼠标指针指向“枯萎作物”的“耕地”处，会有一“犁地”工具出现在“耕地”上方，单击即可，如下图所示。

10 “铲除”完毕

此时，“枯萎作物”会被“犁地”工具铲除，如下图所示。

11 在“牧场”里“养动物”

选择“牧场”选项卡，可见游戏界面上方的按钮与“花园”中的按钮是相同的，如下图所示。

高手点拨

花园菜地数

在开心网的花园里，随着级别的增长可以开垦的地数也在增长，到25级就可以开垦15块菜地，从40级开始增加菜地，从140开始，增加一块爱心地，爱心地的数量增加了，每个人可种的爱心地的数量也会相应增加。但牧场没有改变，仍然最多只能养12只动物。

9.3 网上预订

电子商务为忙碌的现代生活提供了极大的便利，通过网络，人们可以进行网上预订，从而节省了大量的时间，下面介绍在网上预订机票和酒店的相关知识。

>> 9.3.1 查询飞机航班

为了乘客旅行方便，各大航空公司都在官方网站上提供了查询功能，供用户查询飞机航班。在此，以东航航空公司为例进行介绍，其网址为 http://www.ce-air.com/mu/main/index.html，具体操作步骤如下：

1 打开“东航官方网站”首页

启动IE浏览器，在地址栏中输入东航航空的网址，然后按【Enter】键，打开首页，如下图所示。

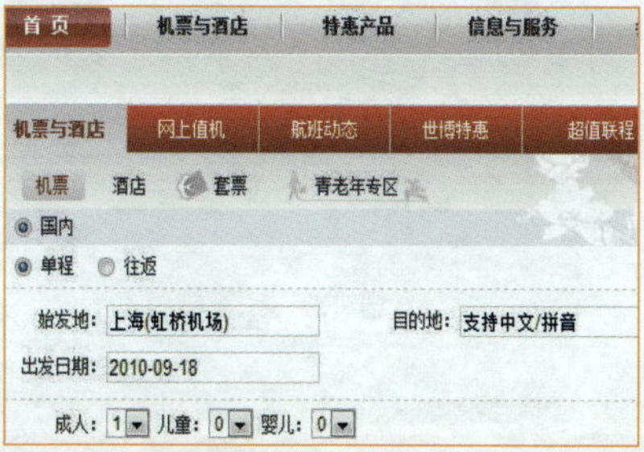

2 单击“查询”链接

在打开的页面中设置相关信息，然后单击“查询”链接，如下图所示。

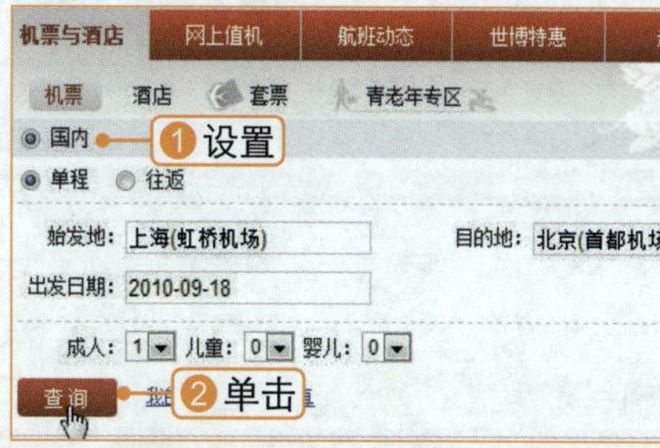

3 查看航班信息

在显示的搜索结果中，即可看到查询的航班时间、价位等详细信息，如右图所示。

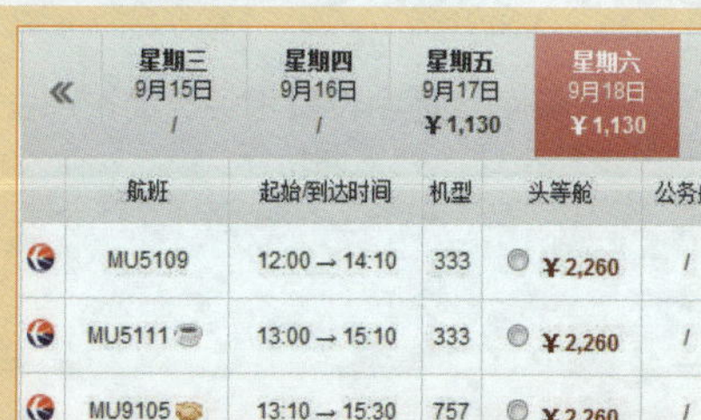

>> 9.3.2 预订机票

用户可以根据需要在网上预订机票，具体操作步骤如下：

1 单击“预订机票”链接

打开东航官方网站，单击“机票与酒店”链接，然后单击“预订机票”链接，如下图所示。

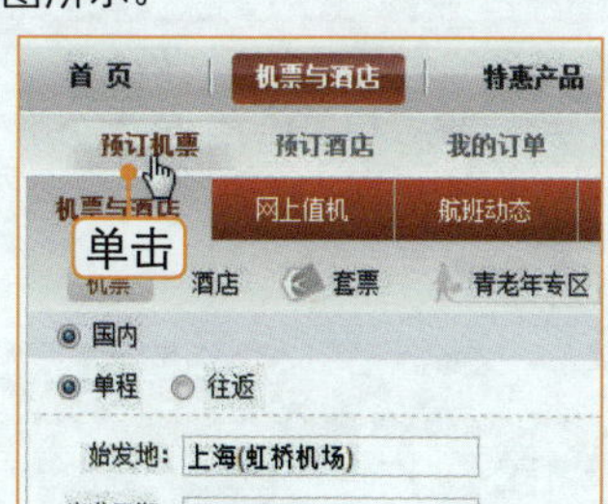

2 单击“查询”按钮

在“航班查询”栏中填写始发地、目的地和出发日期等信息，单击“查询”按钮，如下图所示。

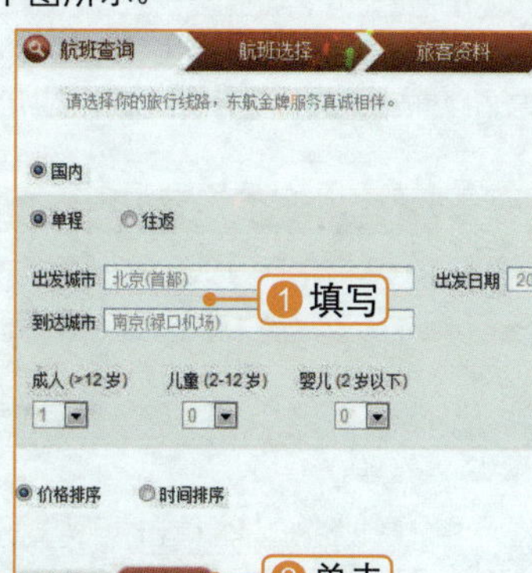

3 选择航班和机舱

在打开的“航班选择”页面中选择需要乘坐的航班和机舱，如下图所示。

4 单击“快速购买”按钮

在“非会员”对话框中输入验证码信息，单击“快速购买”按钮，如下图所示。

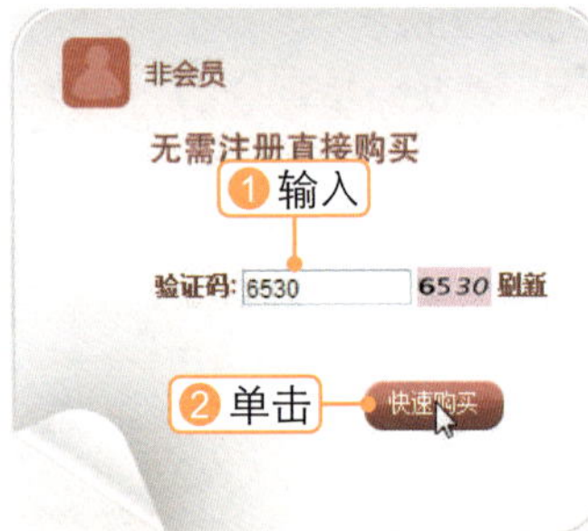

5 填写相关资料信息

在打开的页面中设置相关选项，单击“下一步”按钮，如下图所示。

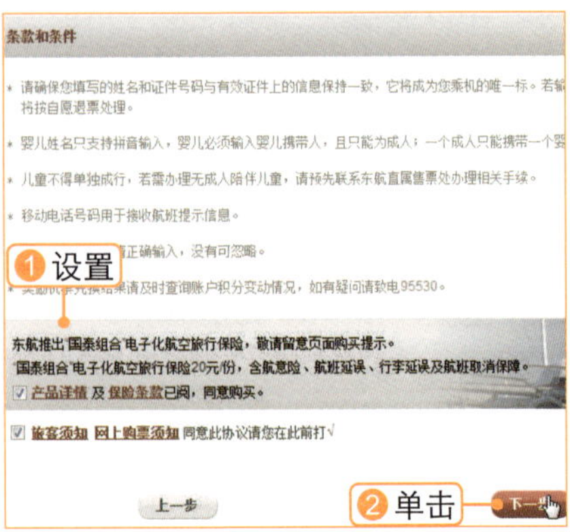

6 确认填写的相关资料

在“资料确认”栏中查看相关信息，单击“确定”按钮，如下图所示。

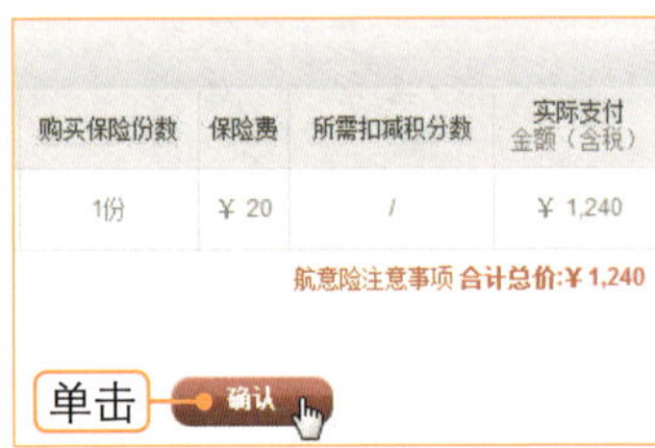

7 单击“支付”按钮

在“支付”页面中选择“中国建设银行”单选按钮，单击“支付”按钮，如下图所示。

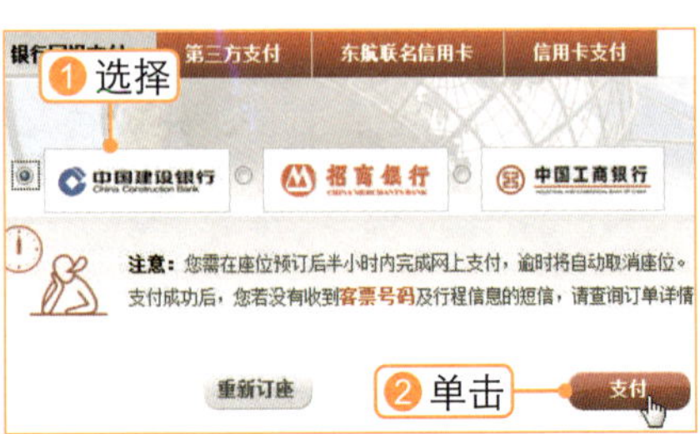

8 填写相关信息

在打开的页面中选择“网上银行客户支付”选项，填写相关信息，单击“下一步”按钮，如下图所示。

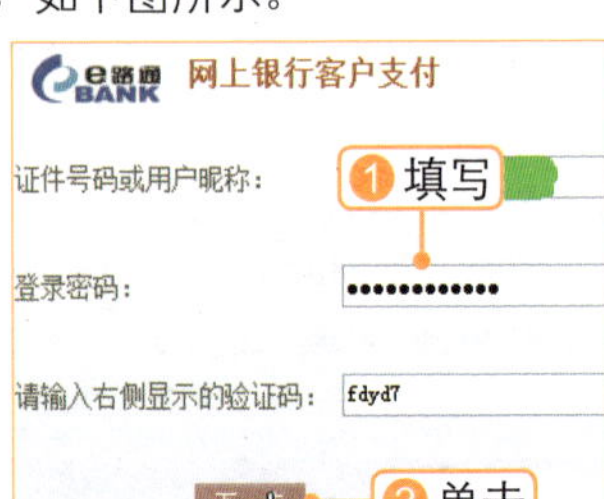

9 单击“支付”按钮

打开“网上银行客户支付”页面，输入密码，单击“支付”按钮，即可预订机票了，如下图所示。

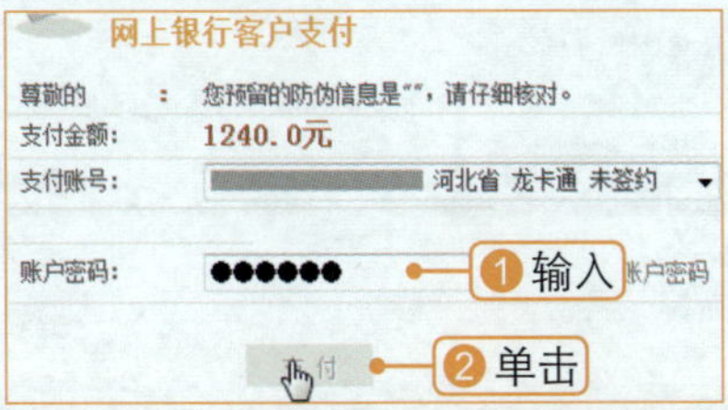

高手点拨

网上银行

使用网上银行有利有弊，一方面方便了用户的日常生活，另一方面网络的不安全因素带来了不少风险。目前，使用网上银行有两种方式，一种是采用动态口令卡，另一种是使用U盾。

>> 9.3.3 预订酒店

通过网络，用户不仅可以阅读机票，还可以预订酒店，从而为外出旅行的人提供很大的方便，具体操作步骤如下：

1 单击“国内酒店”链接

启动IE浏览器，进入携程旅行网首页（网址为http://www.ctrip.com），单击“酒店”链接，如下图所示。

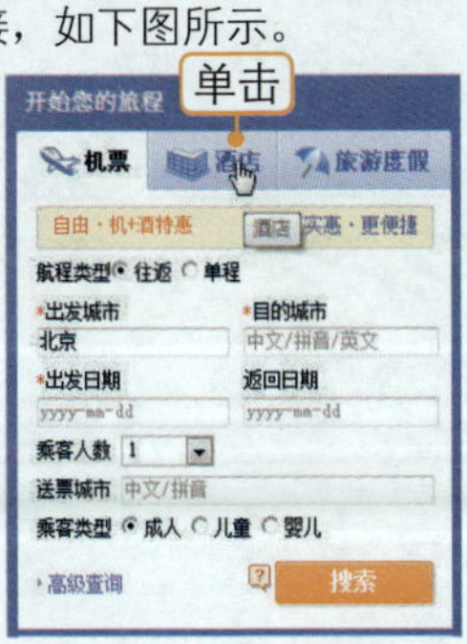

2 单击“搜索”按钮

选择“国内酒店”单选按钮，输入相关信息，然后选择价位，单击“搜索”按钮，如下图所示。

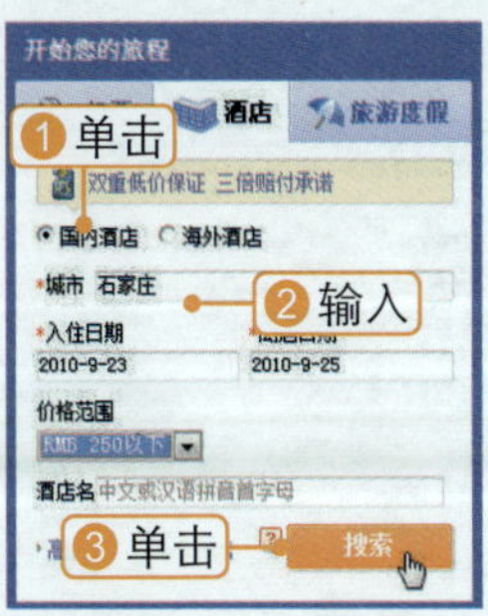

3 选择酒店

此时，将显示符合查询要求的所有酒店，单击酒店房型对应的“预订”按钮，如下图所示。

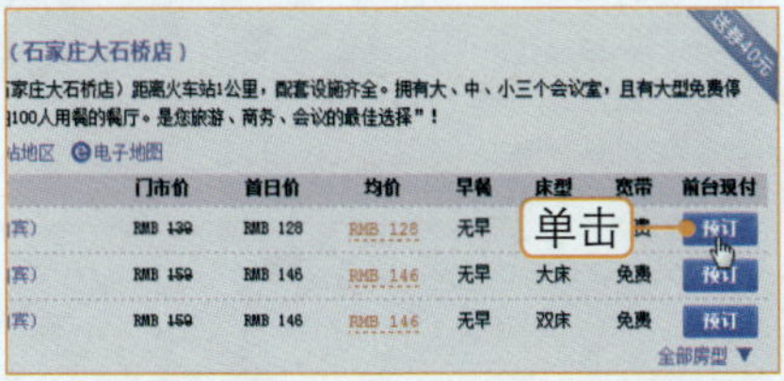

4 单击“直接预订”按钮

打开“会员登录”页面，输入用来预定酒店的手机号，单击“直接预订”按钮，如下图所示。

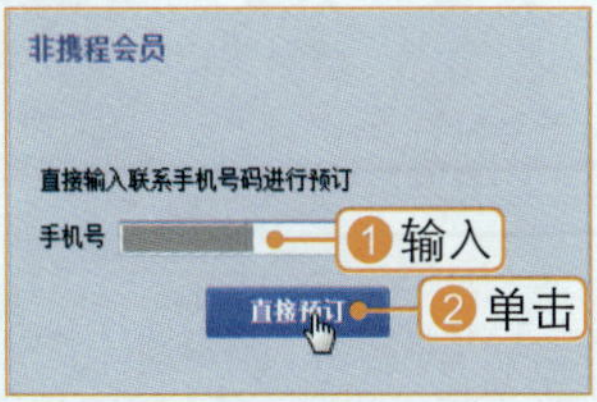

5 填写相关信息

填写相关信息，选择“一定安排宽带”复选框，单击“下一步”按钮，如下图所示。

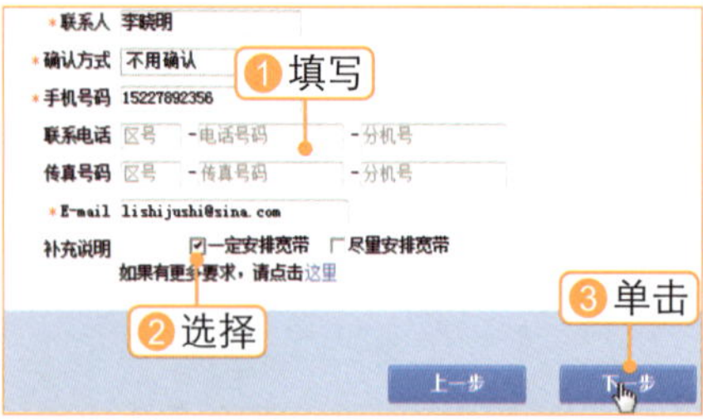

6 单击“提交订单”按钮

打开“核对预订单信息”页面，核对订单信息后，单击“提交订单”按钮，如下图所示。

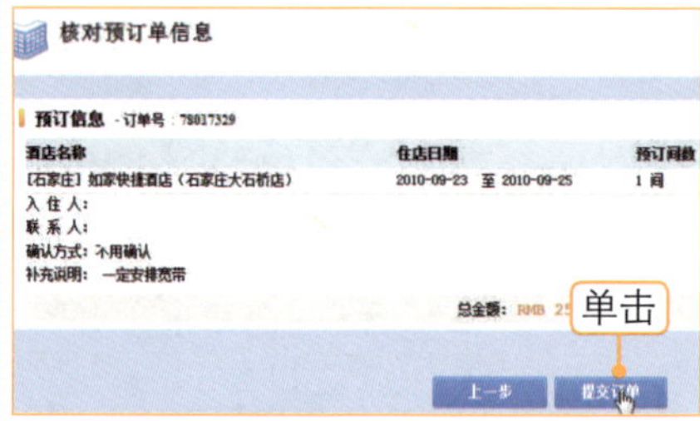

7 显示房间信息

打开“提交预订单”页面，弹出“订单已提交”信息，显示预定酒店房间的信息，如下图所示。

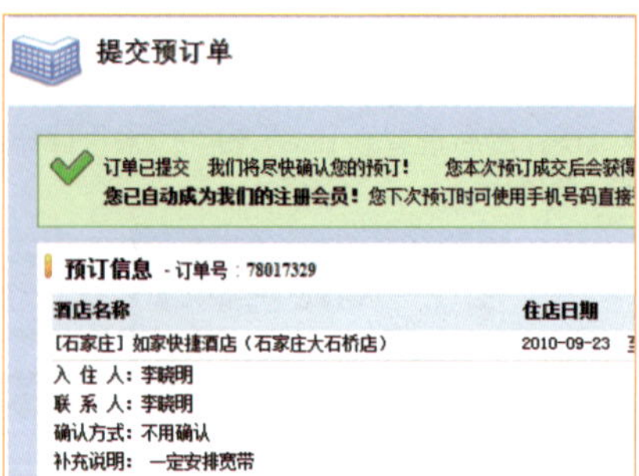

高手点拨

如何取消预订

用户可以在订单对应的最晚取消时间和修改时间之前，通过网上的“订单管理”界面取消预订；或者致电网站预订部，请工作人员取消预订。

第10章 网上阅读与学习

阅读可以丰富人们的思想，提高人们对生活的认识，使人们学习到更多的知识。随着网络的不断发展，越来越多的读书网站和论坛相继出现，提供了各种各样的图书，并且大多是免费的，本章将详细介绍该方面的知识。

本章重点知识

- 在线读书
- 超星图书阅览器
- 使用Zcom阅读电子杂志
- 下载并阅读电子书
- 网上学习

10.1 在线读书

人们在闲暇之余还可以在网上阅读小说，目前，许多图书网站都提供了大量的小说供读者在线阅读，下面推荐几个优秀的读书网站。

（1）腾讯读书频道

其网址为 http://book.qq.com，如下图（左）所示。

（2）小说阅读网

其网址为 http://www.readnovel.com，如下图（右）所示。

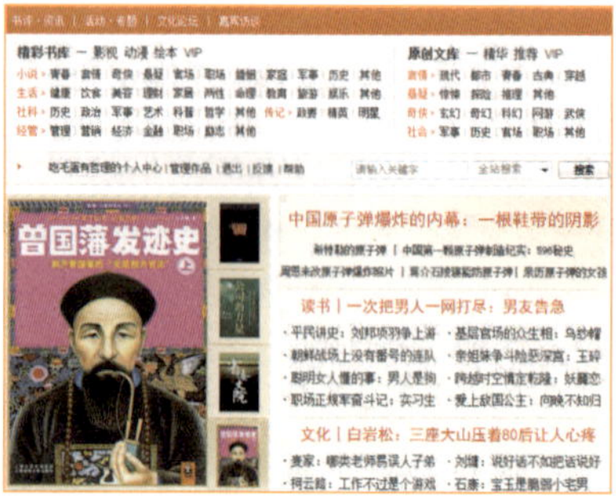

（3）起点中文网

其网址为 http://www.qidian.com，如下图（左）所示。

（4） 在线小说吧

其网址为 http://www.zxxs.com.cn，如下图（右）所示。

>> 10.1.1 在网上看小说的具体操作

在每个网站上阅读小说的方法是一样的，下面以“起点中文网”为例进行介绍，在线阅读的具体操作步骤如下：

1 单击小说类别

打开“起点中文网”首页，在导航栏中单击感兴趣小说的类别链接，如下图所示。

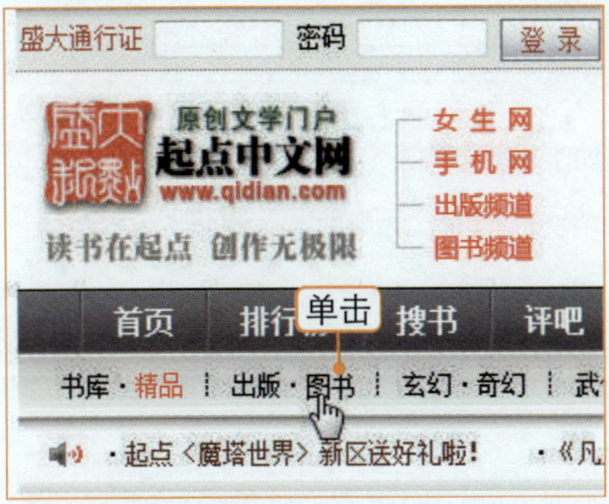

2 单击小说的名称链接

在打开的页面中，单击“图书周订阅榜”栏下感兴趣小说的名称链接，如下图所示。

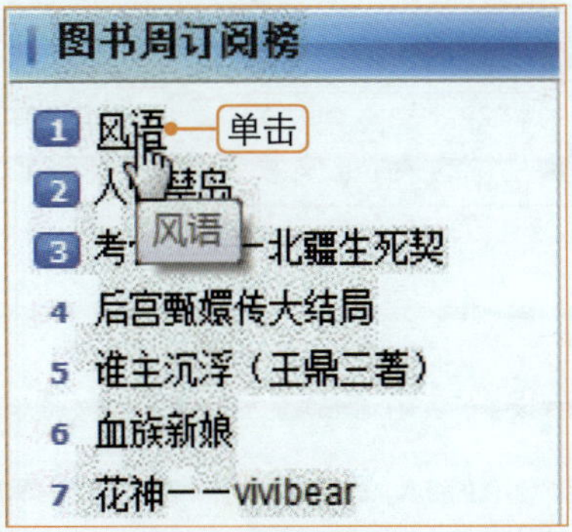

3 单击“点击阅读”链接

在打开的页面中可以看到有关该图书的简介，单击左侧的“点击阅读”按钮，如下图所示。

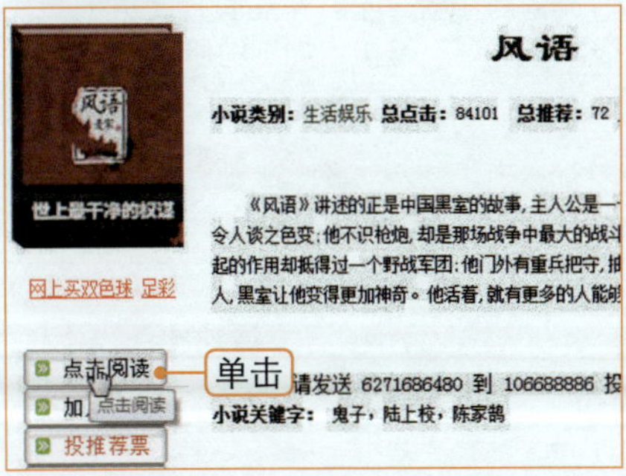

4 选择小说章节

在显示的小说章节列表中单击需要阅读章节的标题链接，如下图所示。

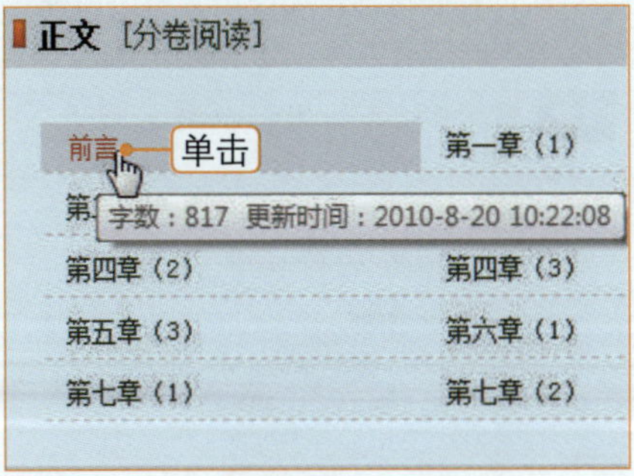

5 查看章节内容

在打开的网页中可以看到该章节的详细内容，如下图所示。

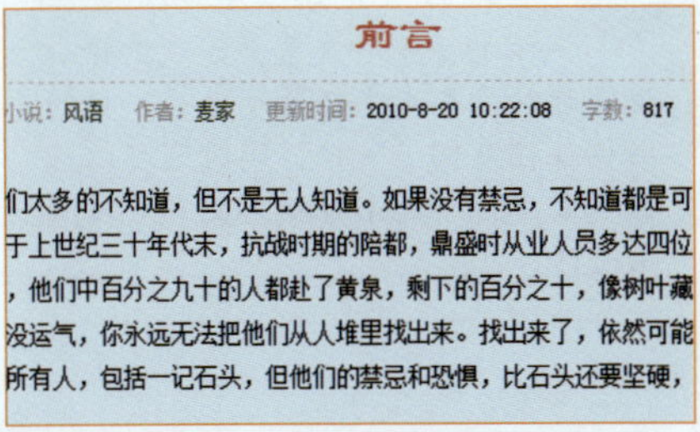

高手点拨

在线阅读

在阅读小说的过程中，可以按【←】键打开上一章，按【→】键打开下一章，还可以更改字体的显示大小和阅读底色，以及设置全屏阅读。

>> 10.1.2 查看评论及发表书评

在网上阅读图书时，可以查看网友们对该小说的评论，也可以发表评论，具体操作步骤如下：

1 打开小说章节

打开“起点中文网”，找到并打开感兴趣小说的某个正文章节，如下图所示。

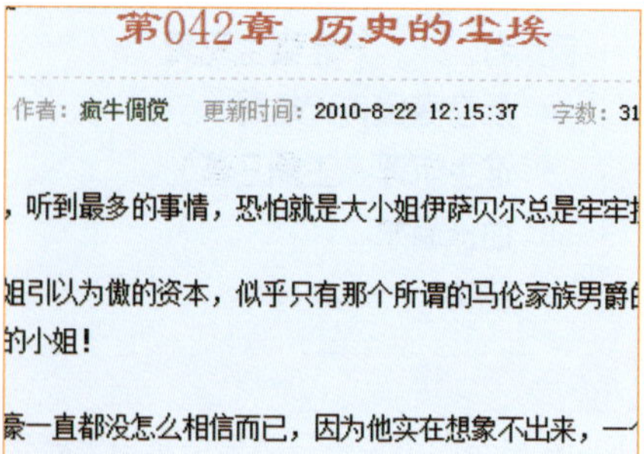

2 单击“去书评区”链接

单击页面右侧的“去书评区”链接，如下图所示。

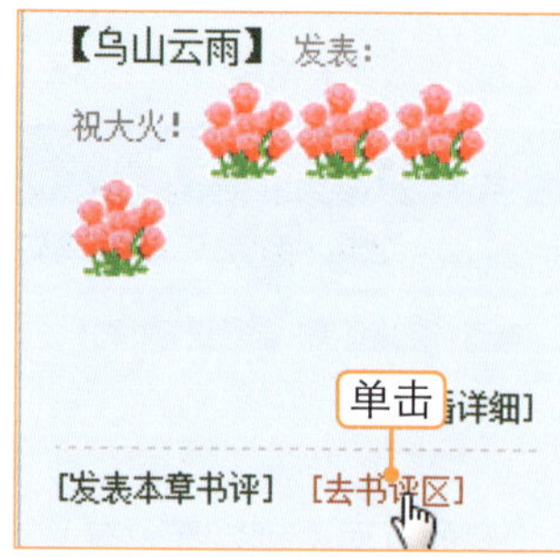

3 查看小说书评

在打开的页面讨论区中，可以看到有关此小说的所有书评，如下图所示。

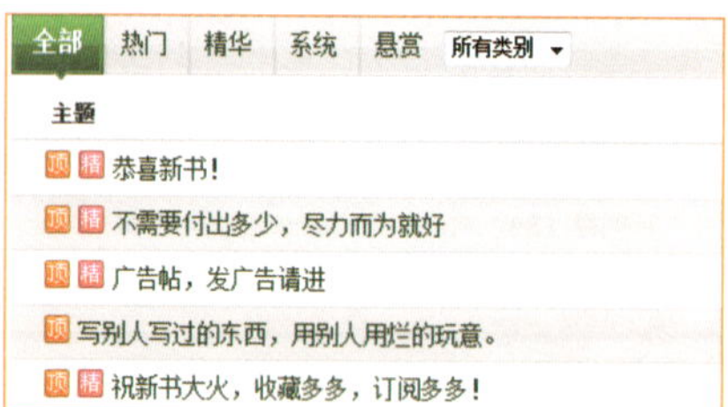

4 单击“发表本章书评”链接

返回小说章节，单击页面上方的“发表本章书评”链接，如下图所示。

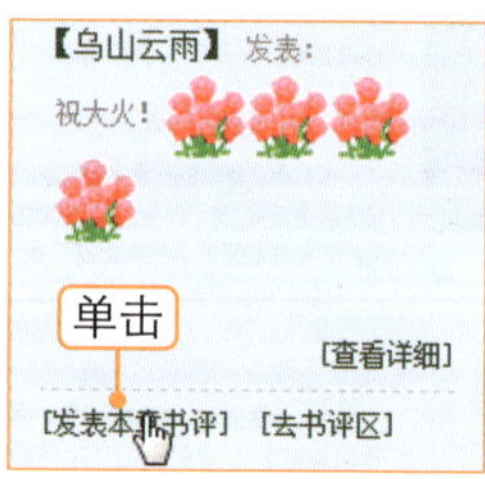

5 单击“发表帖子”按钮

选择“对本章节点评”单选按钮，输入评论内容和验证码，单击“发表帖子”按钮，如下图所示。

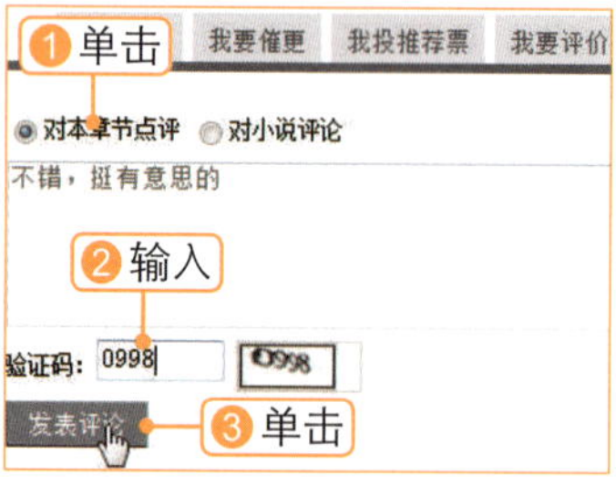

高手点拨

选择小说

网上的小说种类繁多，在选择小说阅读时，查看书评便于选择，好的书评往往有阅读价值，同时还可以选择一本小说中的书评精彩的部分章节来阅读。

10.2 超星图书阅览器

超星图书阅览器是网上数字化图书馆的图书阅览器，通过该软件可以阅读到国家图书馆的庞大书库，囊括文学、计算机等十三类的图书，对于读者来说，无疑可以足不出户，遍读天下书。

>> 10.2.1 下载并安装超星图书阅览器

如果要使用超星图书阅览器，首先需要下载并安装超星图书阅览器软件，具体操作步骤如下：

1 启动IE浏览器

打开超星图书阅览器的官方下载网站，单击“北京镜像下载”按钮，如下图所示。

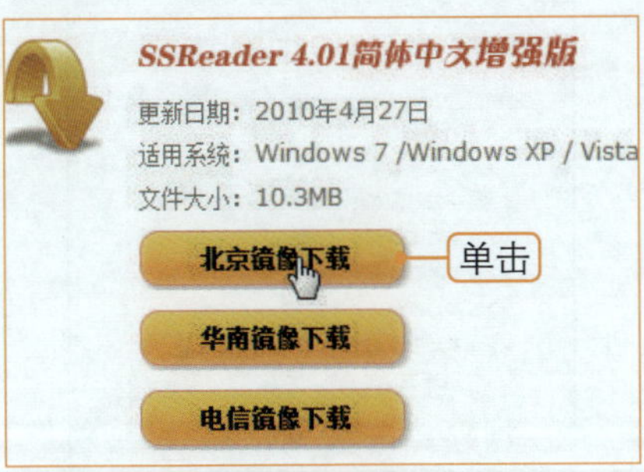

2 单击“立即下载”按钮

弹出迅雷“建立新的下载任务”对话框，单击“立即下载”按钮，如下图所示。

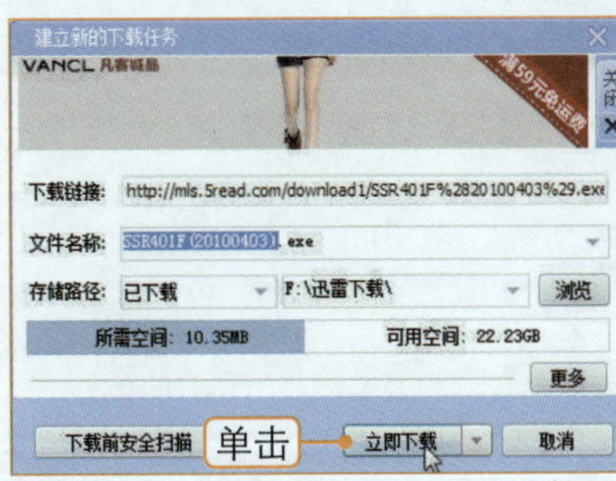

3 双击已下载的程序

下载完成后，在下载路径中双击已下载的程序，如下图所示。

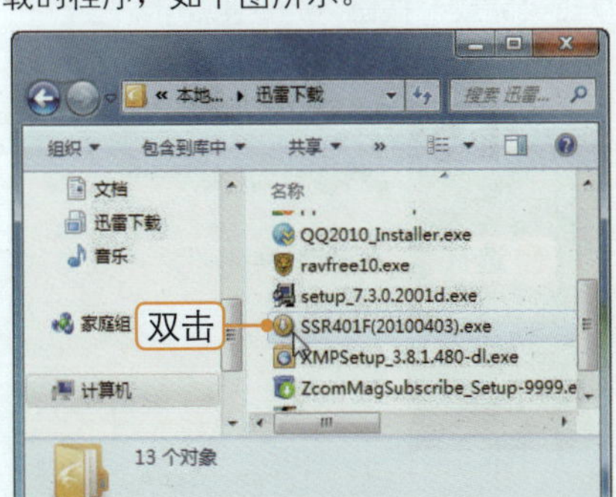

4 单击“是”按钮

弹出“超星阅览器 4.0 安装”提示框，单击“是”按钮开始安装，如下图所示。

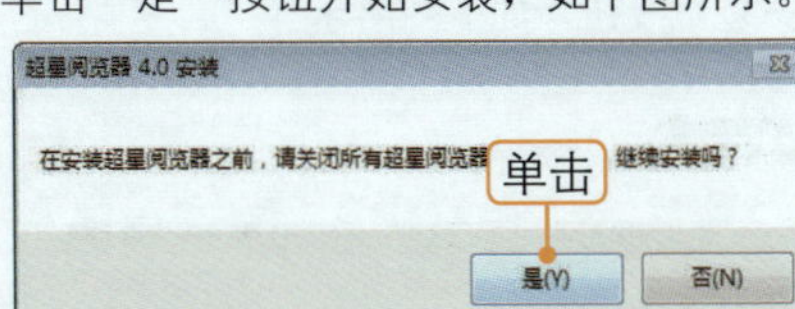

5 单击“下一步”按钮

在弹出的安装向导对话框中单击“下一步”按钮，如下图所示。

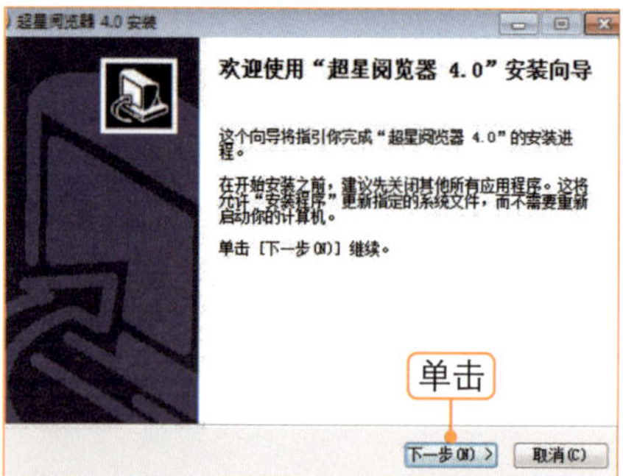

6 单击“我接受”按钮

在弹出的“许可证协议”对话框中单击“我接受”按钮，如下图所示。

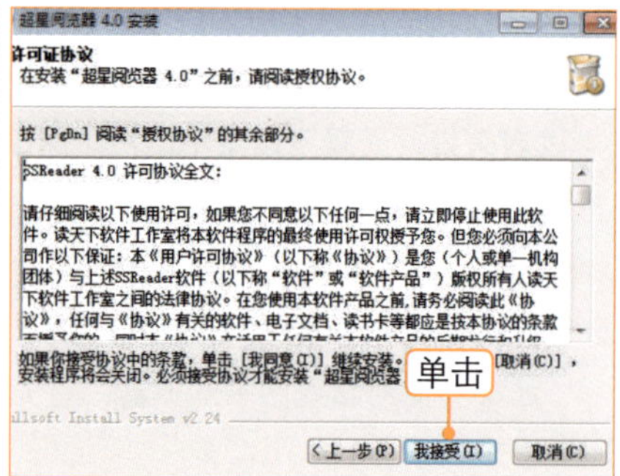

7 单击“浏览”按钮

弹出“选择安装位置”对话框，单击“浏览”按钮更改安装路径，如下图所示。

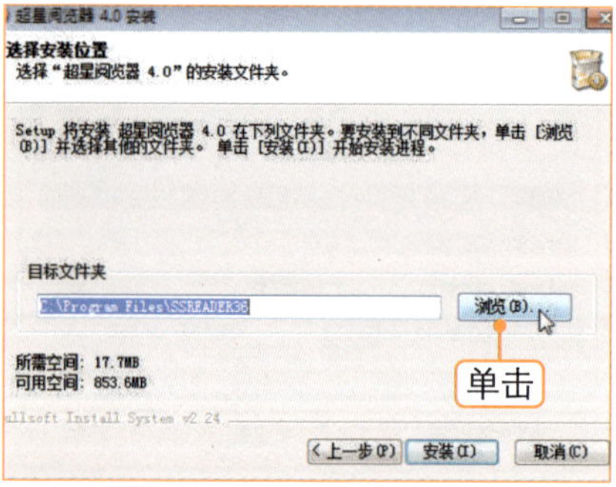

8 选择安装路径

弹出“浏览文件夹”对话框，选择安装路径，单击“确定”按钮，如下图所示。

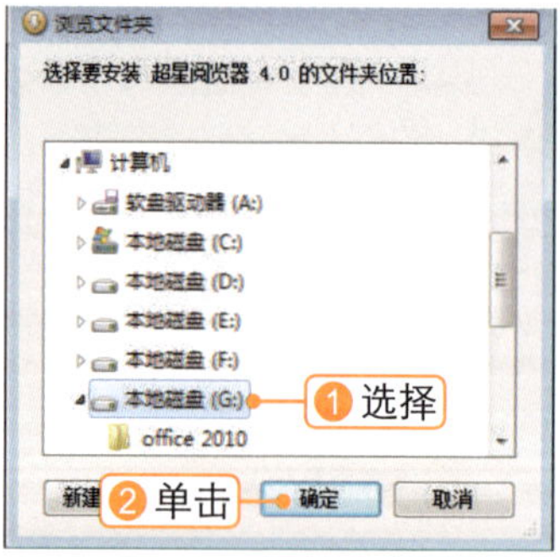

9 单击“安装”按钮

返回“选择安装位置”对话框，单击“安装”按钮，如下图所示。

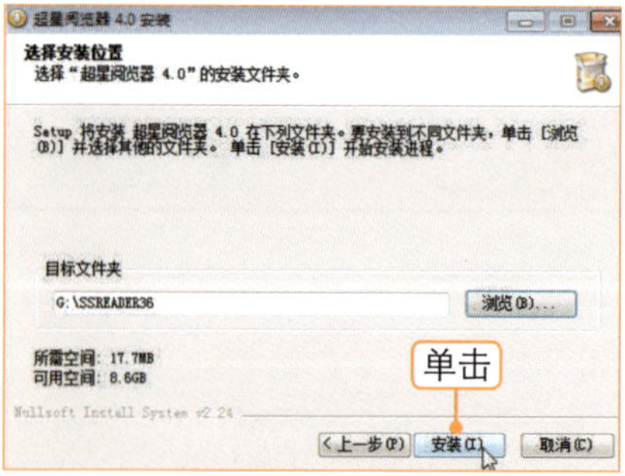

10 单击“安装”按钮

选择“运行 超星阅览器 4.0”复选框，单击“完成”按钮，如下图所示。

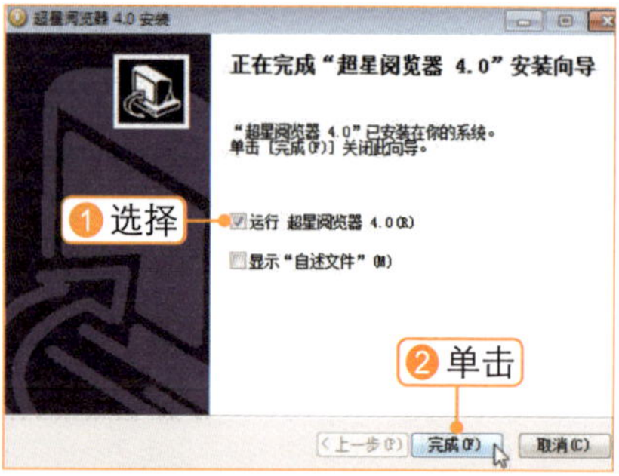

11 安装成功

安装成功后，将弹出超星阅览器用户登录界面，如下图所示。

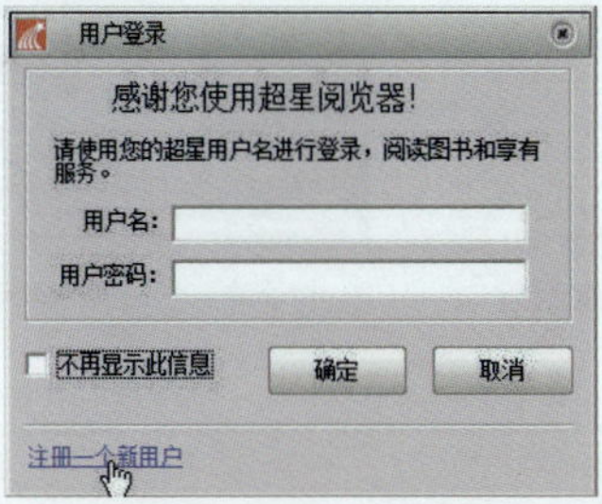

高手点拨

如何在线增加"文字识别"功能

阅读书籍时，在书籍阅读页面右击，在弹出的快捷菜单中选择"文字识别"命令，在所要识别的文字上画框，则框中的文字即会被识别成文本显示在弹出的面板中，选择"导入编辑"单选按钮可以在编辑中修改识别结果，单击"保存"即可将识别结果保存为TXT文本文件。

>> 10.2.2 注册新用户并阅读书籍

在安装"超星阅览器"后，用户还不能直接使用，还必须注册登录才可以阅读书籍，具体操作步骤如下：

1 单击"注册一个新用户"链接

在"用户登录"窗口的下方单击"注册一个新用户"链接，如下图所示。

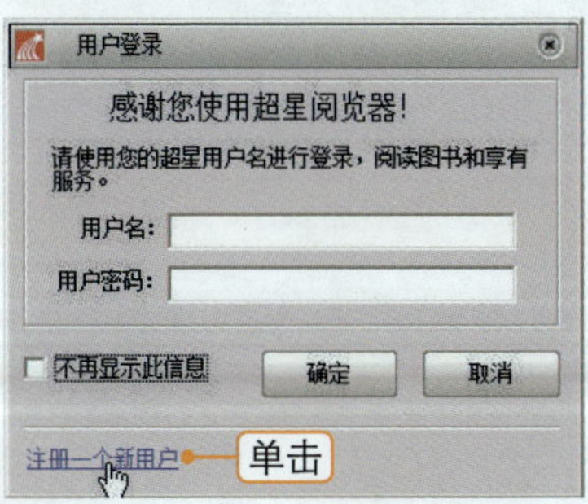

2 单击"注册"按钮

输入相关信息，选择"我已阅读并同意"复选框，单击"注册"按钮，如下图所示。

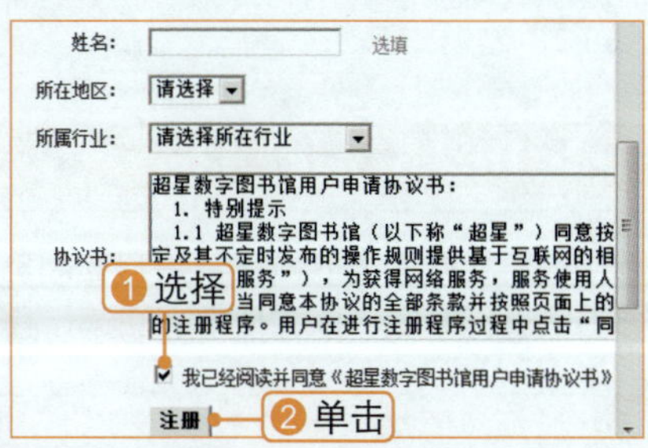

3 单击"点击登录"链接

打开"注册成功"页面，单击"点击登录"链接，进入超星阅览器页面，如下图所示。

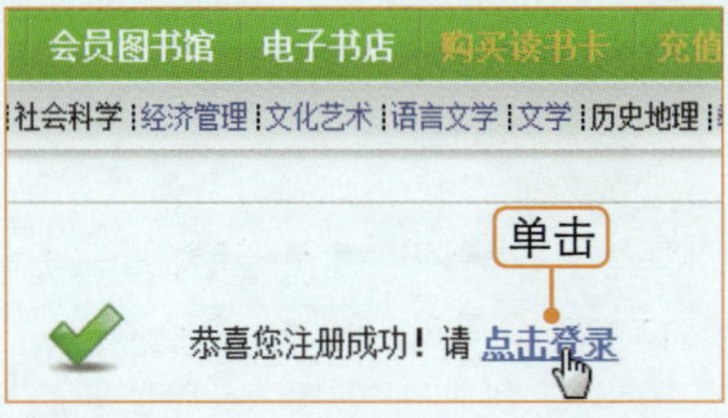

4 单击"登录"按钮

打开"用户登录"页面，输入相关信息，单击"登录"按钮，如下图所示。

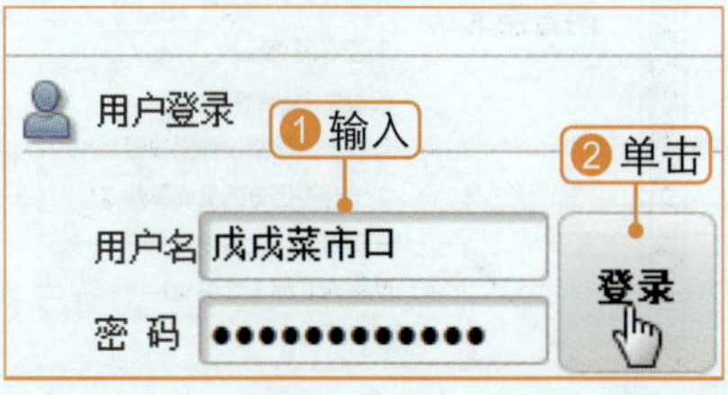

5 选择图书类别

在“免费图书分类”列表中单击想要阅览图书的分类名称链接，如下图所示。

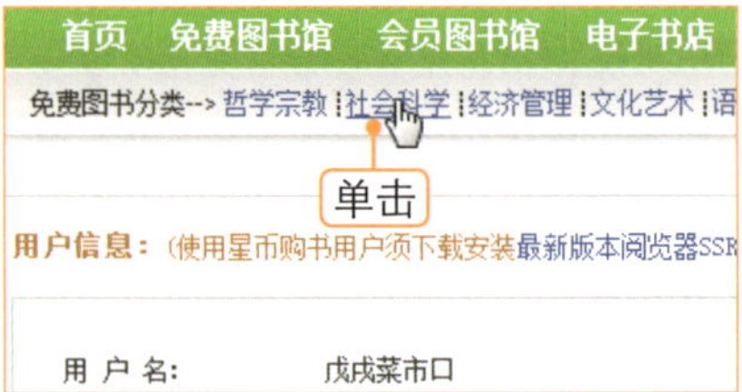

6 选择图书

在打开的页面中，用户可以单击自己感兴趣图书的名称链接，如下图所示。

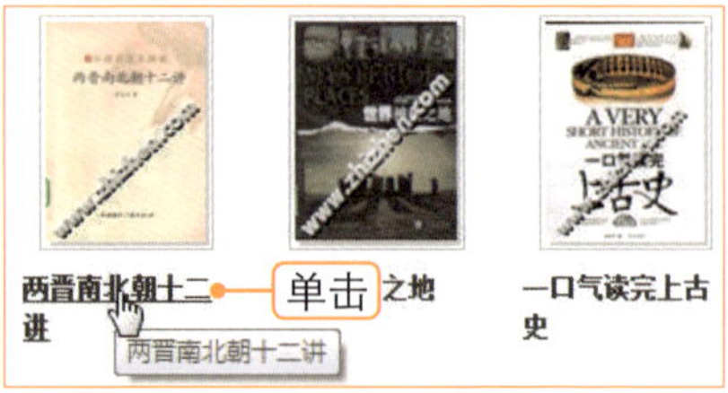

7 阅读图书

此时，用户就可以拖动鼠标进行图书的阅览了，如下图所示。

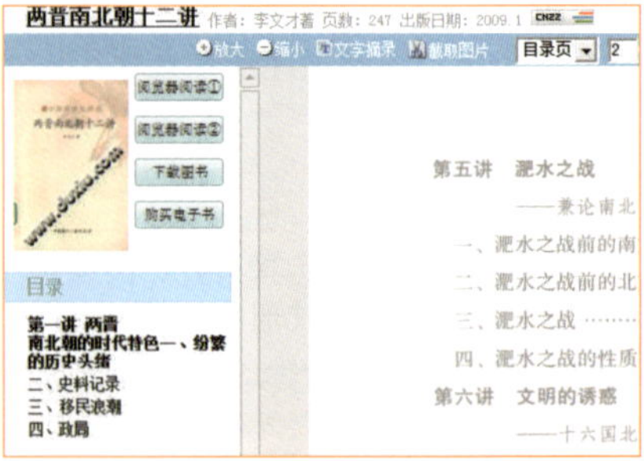

高手点拨

如何剪切图像

阅读书籍时，在书籍阅读页面右击，在弹出的快捷菜单中选择“剪切图像”命令，在所要剪切的图像上画框，剪切结果就会保存在剪贴板中，通过“粘贴”命令可以粘贴到“画图”等工具中进行修改或保存。

>> 10.2.3 添加书签

书签就好比是收藏夹，用户在阅览图书的时候可以把自己喜欢的图书添加到书签里进行收藏，以方便下次阅读，具体操作步骤如下：

1 选择“添加”命令

选择“书签”|“添加”命令，如下图所示。

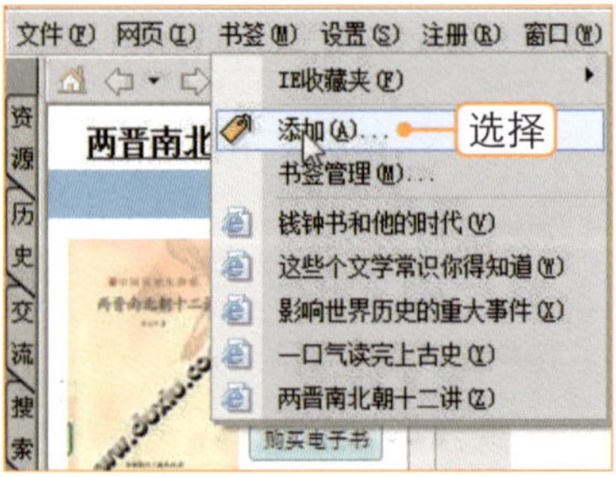

2 输入备注信息

弹出“添加书签”对话框，输入备注，单击“确定”按钮，如下图所示。

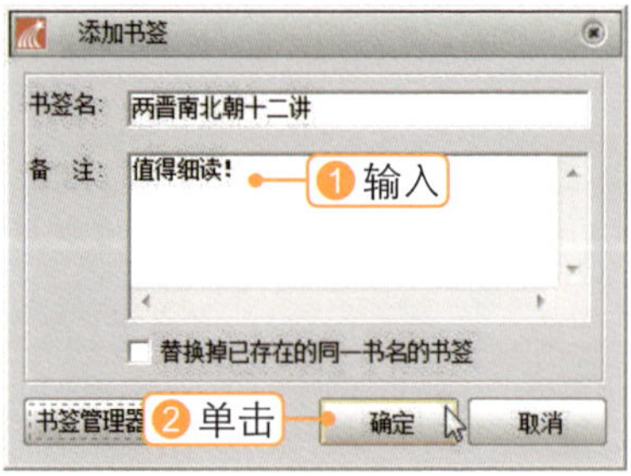

3 添加书签

单击菜单栏中的“书签”菜单项，可见上述添加的书签出现在了弹出的下拉菜单中，如下图所示。

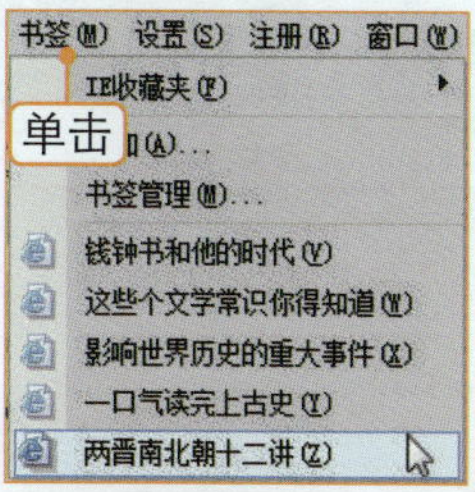

高手点拨

更换阅读底色

在“设置”菜单中选择“页面显示”，在“背景”选项的“图片”中选择要更换的底色，即可更换阅读底色。

>> 10.2.4 管理书签

在用户添加的书签增多后，需要对书签进行相关的管理，具体操作步骤如下：

1 打开“免费图书馆”页面

登录“超星阅览器”，打开“免费图书馆”页面，如下图所示。

2 选择“书签管理”命令

选择“书签”|“书签管理”命令，如下图所示。

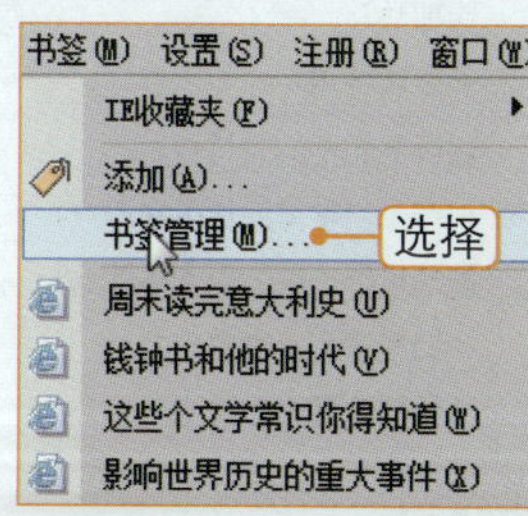

3 弹出“书签管理器”对话框

弹出“书签管理器”对话框，如下图所示。

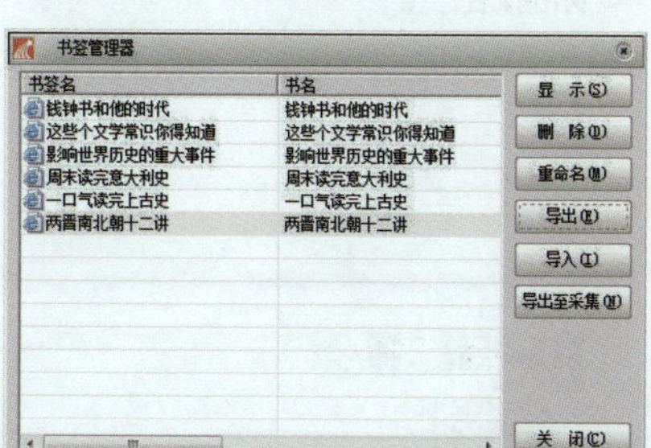

4 移除书签

选中“周末读完意大利史”选项，单击“删除”按钮，则此书签将被移除，如下图所示。

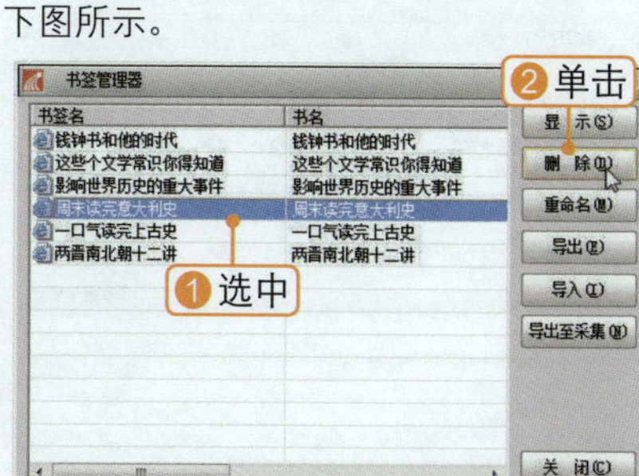

5 单击“是”按钮

弹出“删除”提示框，单击“是”按钮，如下图所示。

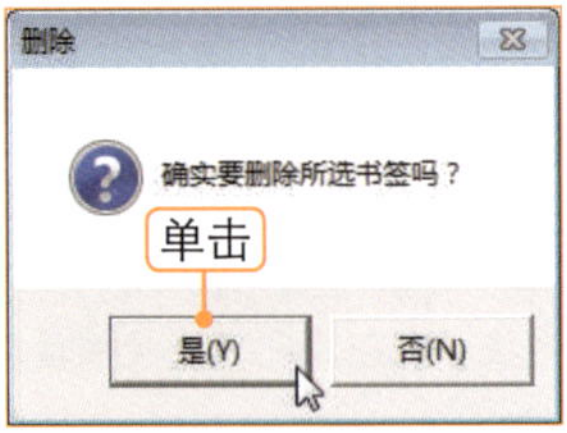

6 关闭书签管理器

单击“关闭”按钮，如下图所示。

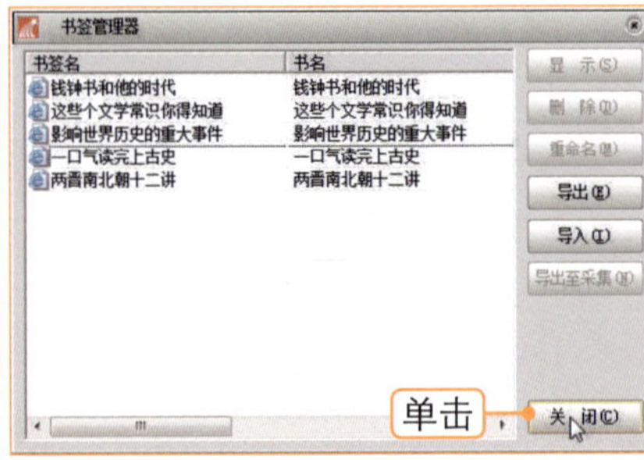

7 查看被删除的书签

返回“免费图书馆”页面，单击“书签”菜单项，可见“周末读完意大利史”书签被删除了，如下图所示。

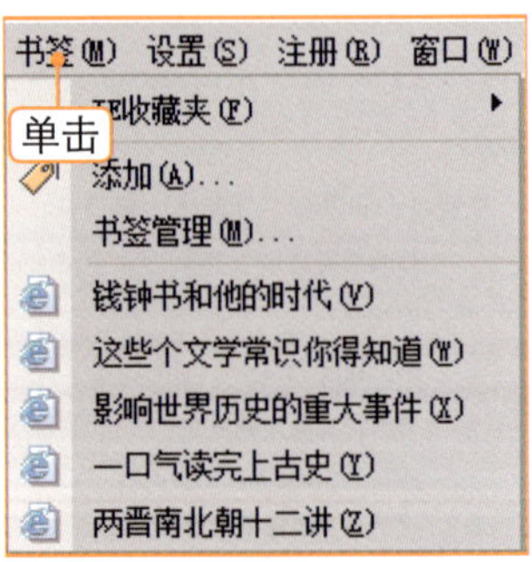

8 选择“书签管理”命令

选择“书签”|“书签管理”命令，如下图所示。

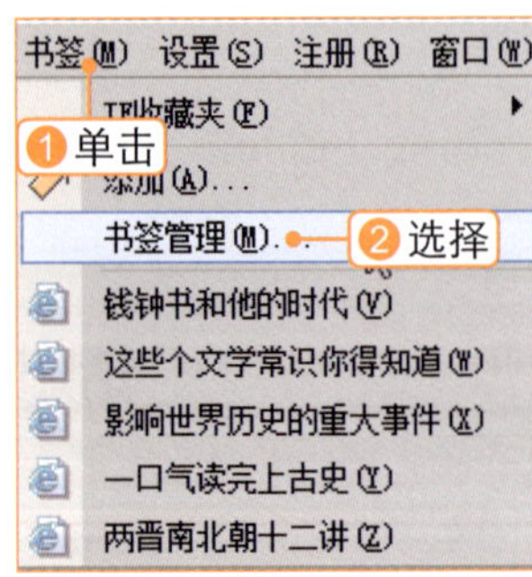

9 单击“显示”按钮

弹出“书签管理器”对话框，选中“两晋南北朝十二讲”，单击“显示”按钮，如下图所示。

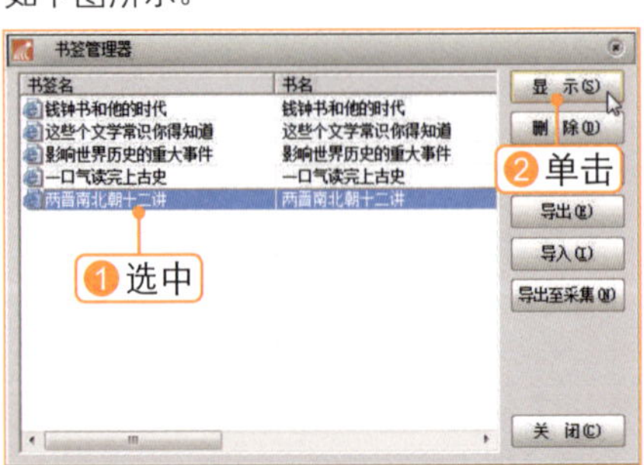

10 显示图书内容

此时，将出现“两晋南北朝十二讲”页面，供用户阅览，如下图所示。

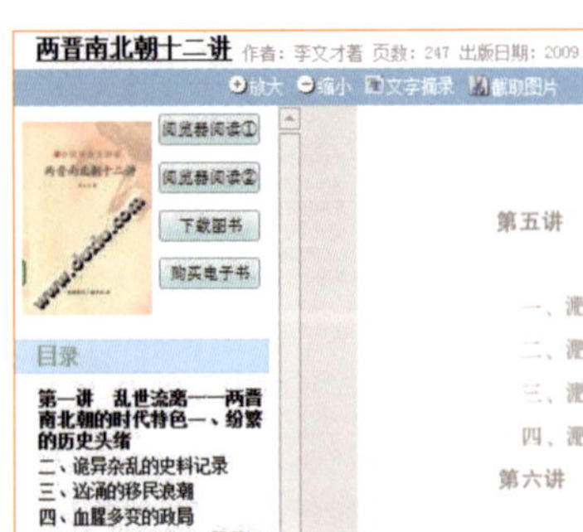

11 选择“管理书签”命令

返回“免费图书馆”页面，选择“书签”|“管理书签”命令，如下图所示。

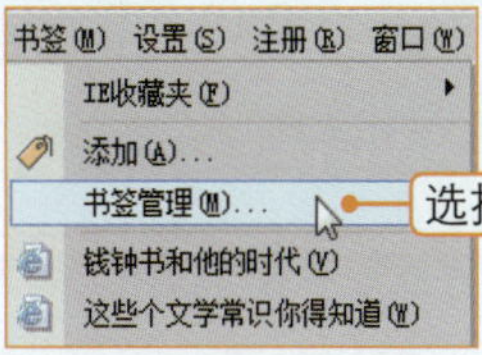

12 单击“导出”按钮

弹出“书签管理器”对话框，选中“两晋南北朝十二讲”，单击“导出”按钮，如下图所示。

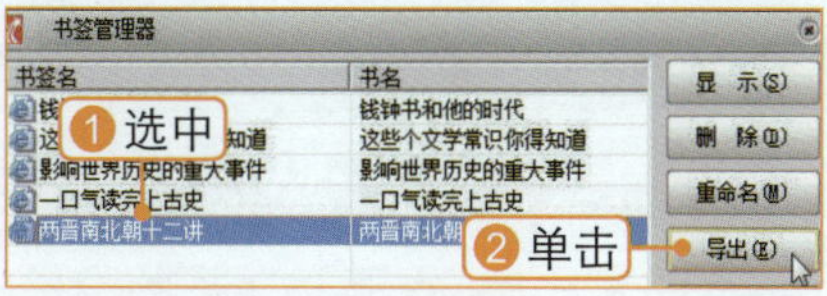

13 单击“保存”按钮

弹出“导出”对话框，选择文件保存的位置，输入文件名，然后单击“保存”按钮，如下图所示。

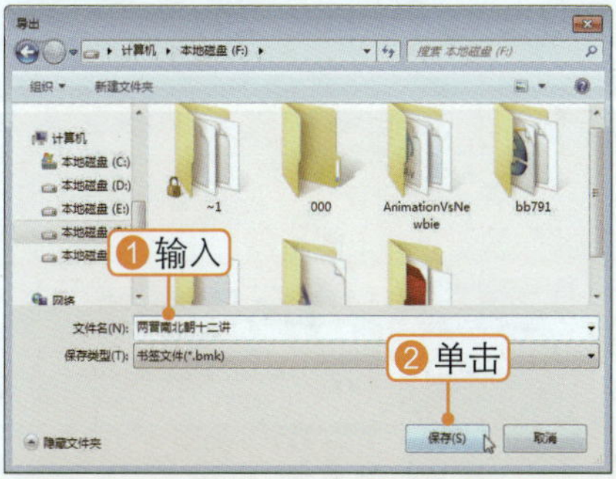

14 弹出“导出”提示框

弹出“导出”提示框，单击“确定”按钮，如下图所示。

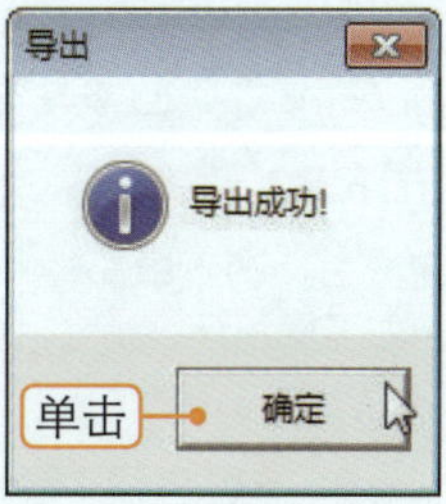

15 查看导出的文件

此时，在目标位置可以查看导出的文件，如右图所示。

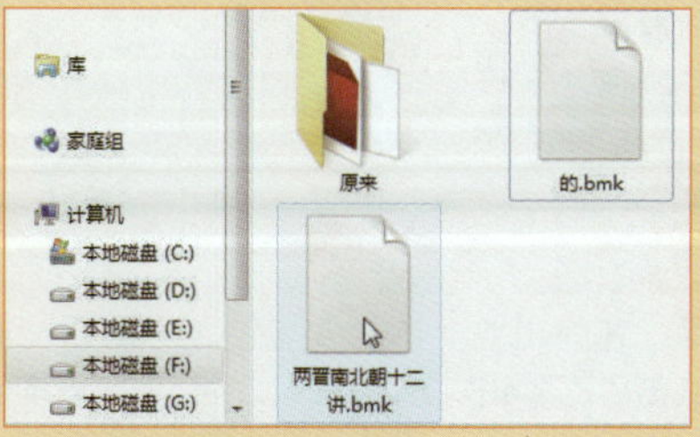

10.3 使用Zcom阅读电子杂志

Zcom 杂志订阅器是一款专门为下载杂志提供的管理软件，具备杂志搜索、高速下载、自动管理等功能。下载杂志后，用户可以在断网的情况下随时翻阅杂志，方便了网友间的互相传阅，并可作为永久珍藏。

>> 10.3.1 下载并安装Zcom

要使用 Zcom 杂志订阅器，首先应该下载并安装 Zcom 杂志订阅器软件，具体操作步骤如下：

1 启动IE浏览器

在打开的 Zcom 杂志订阅器官方网站中单击“立即下载”按钮，如下图所示。

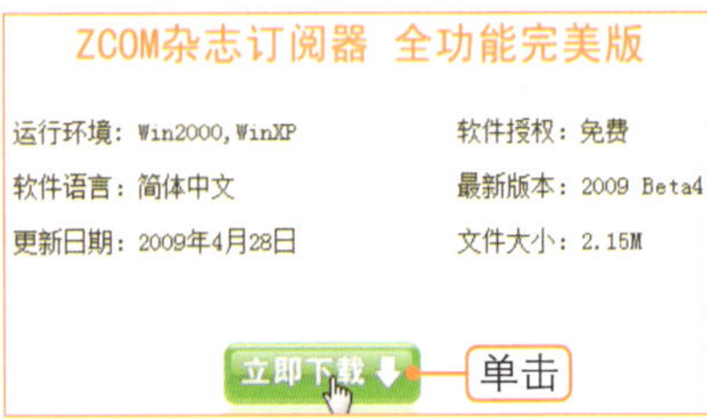

2 单击“立即下载”按钮

弹出迅雷“建立新的下载任务”对话框，单击“立即下载”按钮，如下图所示。

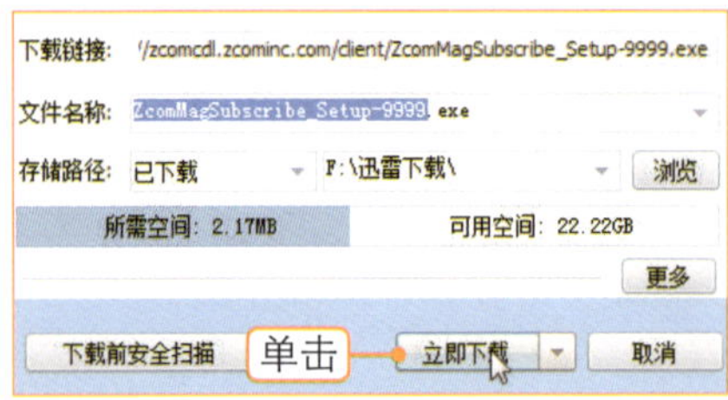

3 双击已下载的程序

下载完成后，在下载路径中双击已下载的程序，如下图所示。

4 单击“下一步”按钮

在弹出的安装向导对话框中单击“下一步”按钮，如下图所示。

5 单击“浏览”按钮

在弹出的“选择安装位置”对话框中单击“ZCom 娱乐空间安装目录”文本框右侧的“浏览”按钮，如下图所示。

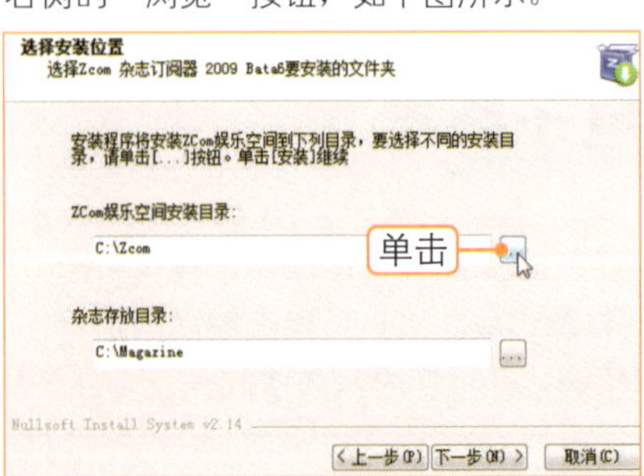

6 选中文件夹

在弹出的“浏览文件夹”对话框中选择需要安装到的文件夹，单击“确定”按钮，如下图所示。

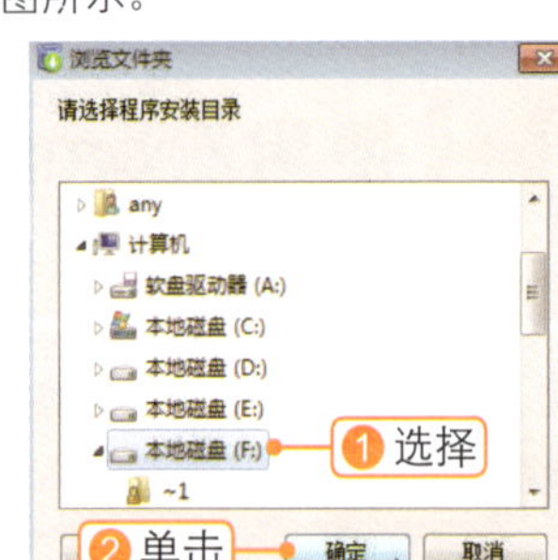

7 设置存放路径

返回“选择安装位置”对话框，设置杂志存放的路径，单击“下一步”按钮，如下图所示。

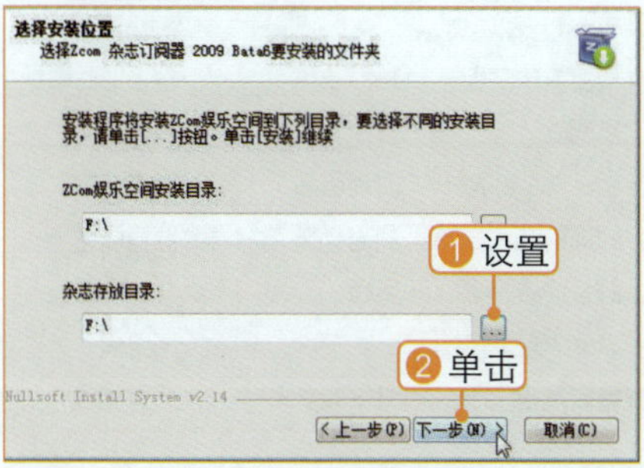

8 选择是否安装工具栏

在弹出的对话框中取消选择“安装Google工具栏”复选框，单击“下一步”按钮，如下图所示。

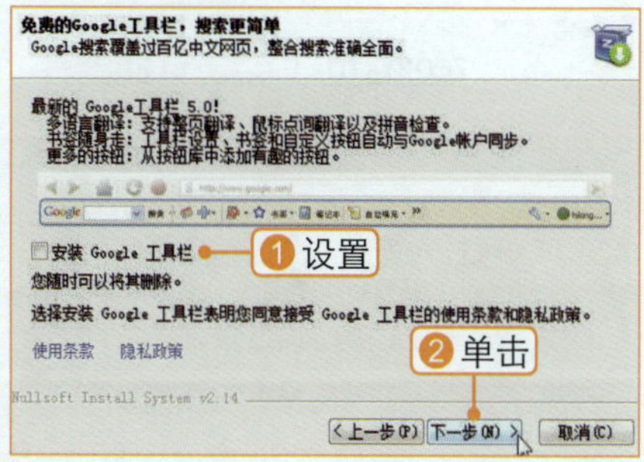

9 显示Zcom安装进度

显示Zcom杂志订阅器软件的安装进度，如下图所示。

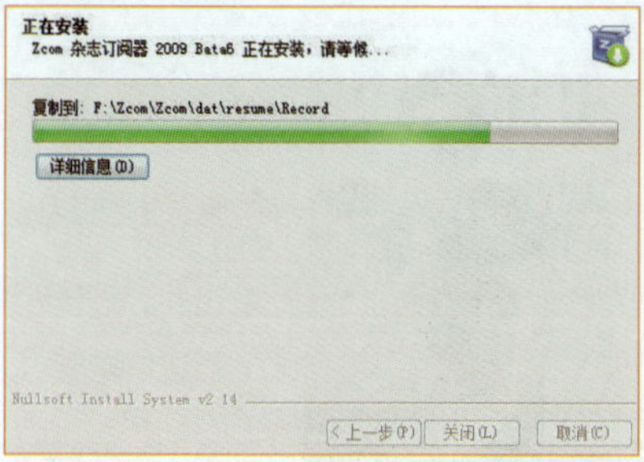

10 单击“关闭”按钮

弹出“安装完成”提示框，单击“关闭”按钮，如下图所示。

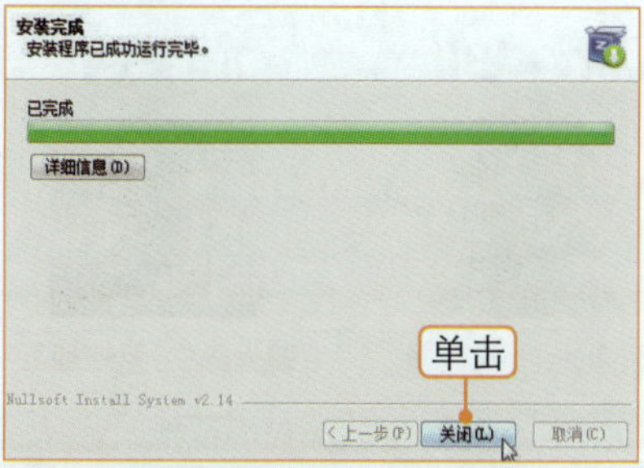

11 显示快捷方式

此时，Zcom杂志订阅器的快捷方式出现在桌面上，如右图所示。

>> 10.3.2 下载并阅读杂志

Zcom软件安装成功后，用户就可以使用它下载阅读杂志了，具体操作步骤如下：

① 启动Zcom杂志订阅器

启动 Zcom 杂志订阅器，单击“ZCOM首页”链接，如下图所示。

② 选择杂志

打开“Zcom 电子杂志”页面，选择“所有杂志分类”栏中的杂志分类，单击杂志链接，如下图所示。

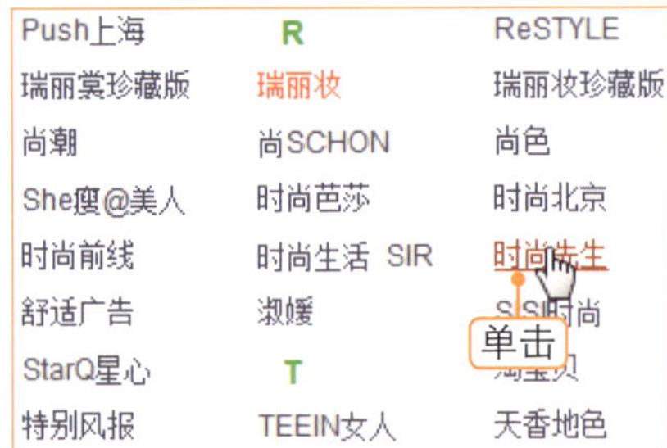

③ 选择杂志期刊

在打开的页面中将看到该杂志的所有期刊，单击浏览感兴趣的期刊链接，如下图所示。

④ 单击“立即下载”按钮

在打开的页面中单击“立即下载”按钮，如下图所示。

⑤ 选择下载文件的保存路径

弹出迅雷“建立新的下载任务”对话框，选择保存路径，单击“立即下载”按钮，如下图所示。

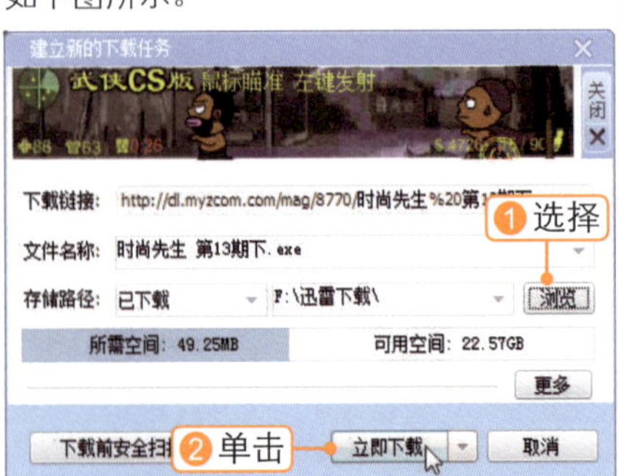

⑥ 双击文件

在下载路径中找到下载的文件，双击文件，如下图所示。

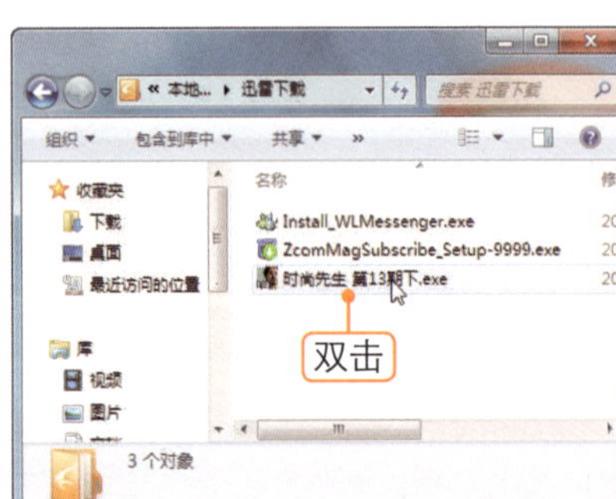

7 查看杂志的详细内容

在打开的窗口中，即可查看该杂志的详细内容了，如下图所示。

高手点拨

电子杂志的分类

电子杂志的主要分类有女性、男性、汽车、财经、数码、明星、母婴、时尚、家居、影视、音乐、游戏、健康、美食、娱乐、动漫、宠物、教育、商业、文化、新闻、旅游、情感、人物、艺术和运动等。

10.4 下载并阅读电子书

每个网站的资源都在不断地更新，为了防止喜欢的文章或者小说被替换，用户可以将其下载到本地计算机中进行保存，下面以在天下电子书网中下载电子书为例进行介绍。

1 选择电子书类别

打开“天下电子书”的网站，单击导航栏中的“名人传记”链接，如下图所示。

2 选择小说

在打开的页面中显示了所有符合条件的小说，单击感兴趣小说的名称链接，如下图所示。

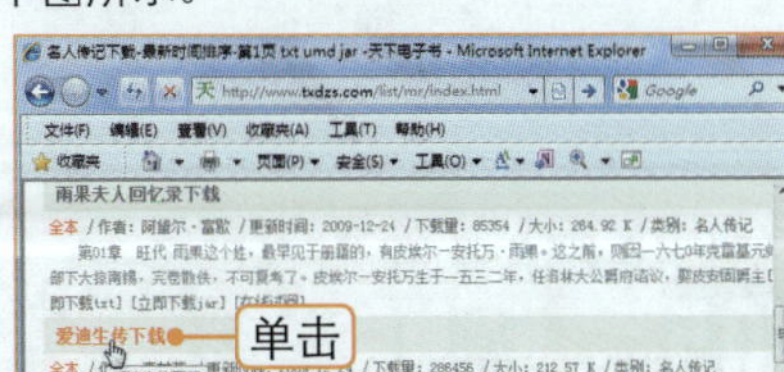

3 单击“迅雷高速下载”链接

在打开的网页中单击“爱迪生传 TXT 下载”栏下的“迅雷高速下载”链接，如下图所示。

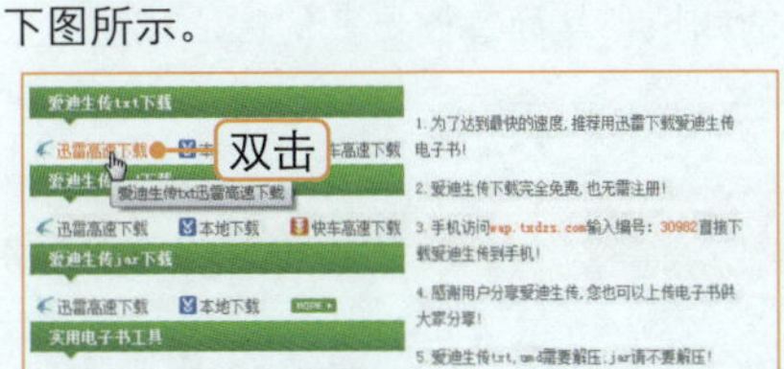

4 单击“立即下载”按钮

弹出迅雷“建立新的下载任务”对话框，设置文件的存储路径，单击“立即下载”按钮，如下图所示。

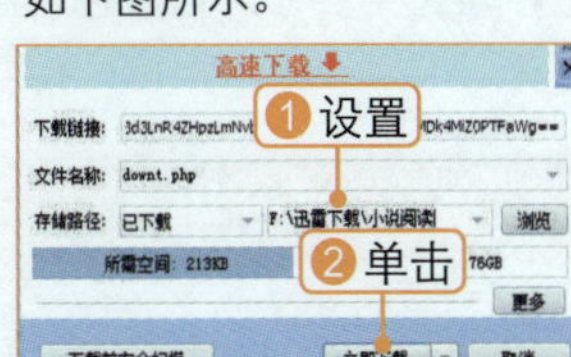

5 选择“解压到当前文件夹”命令

在文件的存储路径中右击选中的下载文件，在弹出的快捷菜单中选择“解压到当前文件夹”命令，如下图所示。

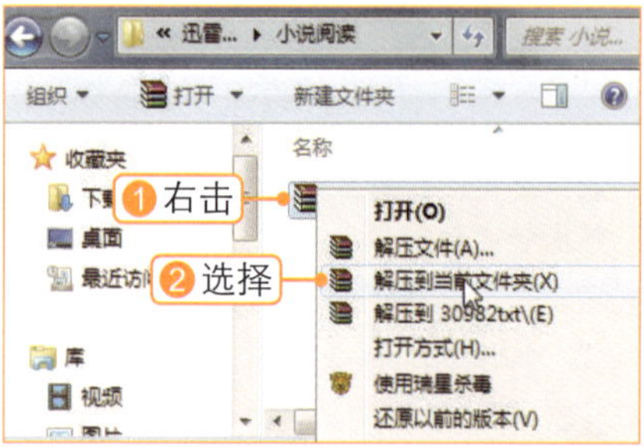

6 双击解压文件

在文件的存储路径中双击选中的解压文件，如下图所示。

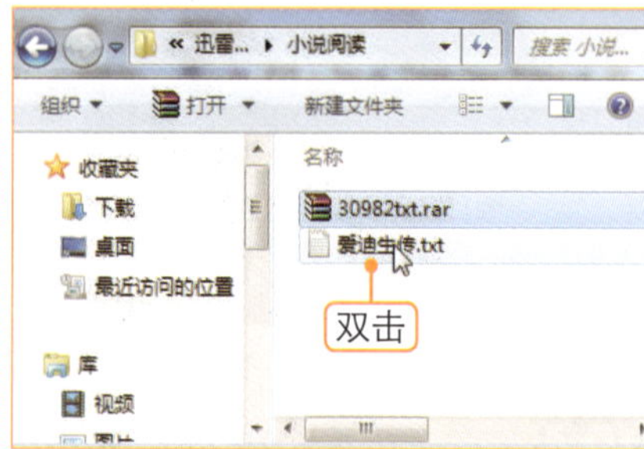

7 阅读小说

打开记事本，拖动窗口右侧的滑块，就可以阅读小说了，如下图所示。

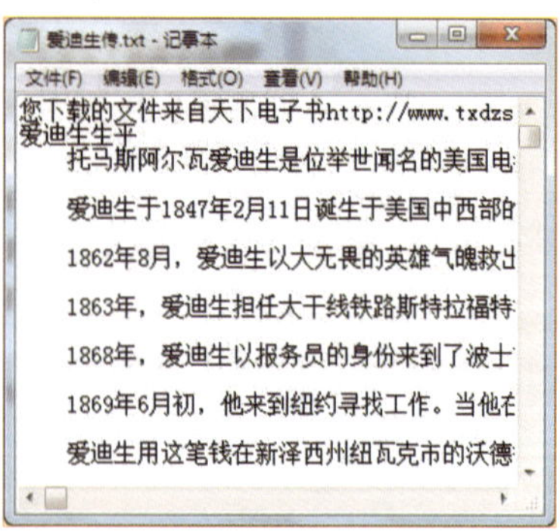

高手点拨

设置下载文件

在记事本中打开文件阅读比较麻烦，用户可以把文本复制到Word文字处理软件中，对文字、段落进行设置。

10.5 网上学习

随着社会的日益发展，人们对教育以及学习的渴求也变得越来越强烈，但由于人们工作等原因，没有固定的时间去专门学习，通过网络，人们可以更好地充实自己，让自己了解多方面的知识，从而掌握更多的生活技能。

>> 10.5.1 网站推荐

网上提供人们学习的网站有很多，下面列举一些常见的学习网站，供用户参考。

（1）腾讯读书频道

大榕树数学教研网是一家集小学初中到高中数学类的网站，不仅有丰富的课件，还有众多国内名师的在线指导，而且所有资料一律免费。该网站的办站理念是“大榕树是你我的，让我们一起共同努力把它搞得更好吧！”这不仅让中小学生在线学习，还可以帮助家长们辅导孩子，是一个不错的在线学习网站，其网址为 http://www.shuxue.net，如右图所示。

（2）51009 在线学习网

51009 在线学习网旨在打造中国最大的在线学习网，其提供视频、试题、电子书、英语学习资料、免费论文、学习教程等下载，包括许多有关的考试资讯，是一家相当不错的学习类网站，其网址为 http://www.51099.com，如右图所示。

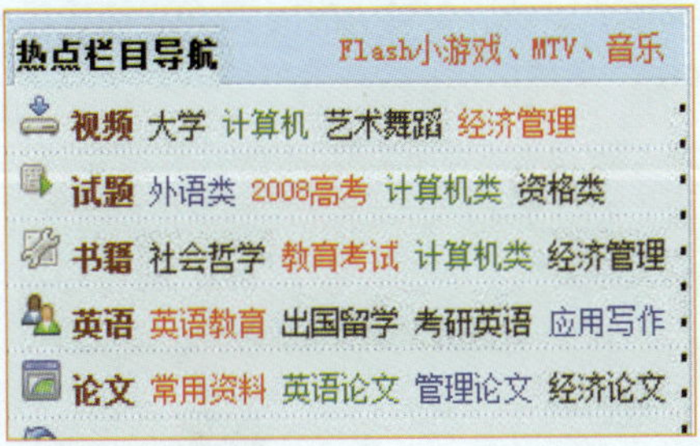

（3）“学习啦”在线学习网

“学习啦”在线学习网是一个学习、互助的平台，主要提供学习方法指导、记忆力/脑力提升教程、成功指南、英语学习指导、论文指导、免费学习资料下载等各种在线学习服务，其网址为 http://www.xuexi.la，如右图所示。

（4）爱思英语网

爱思英语（原中国英语学习网）是国内最大的英语资讯、英语学习资源中心。免费提供英语学习工具，交流英语学习方法，共享英语学习教材，为英语爱好者提供了最新、最全的英语资讯，其网址为 http://www.24en.com，如右图所示。

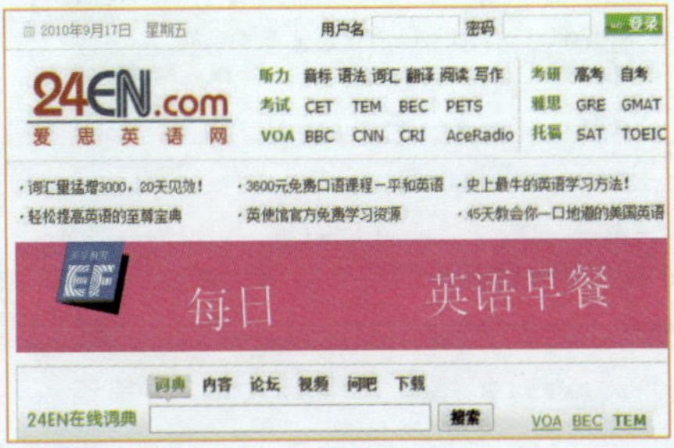

（5）论文免费下载网

论文免费下载网是供用户免费下载论文的网站，该网站内容丰富且多样，是人们写论文不错的参考网站，其网址为 http://paper.dic123.com，如右图所示。

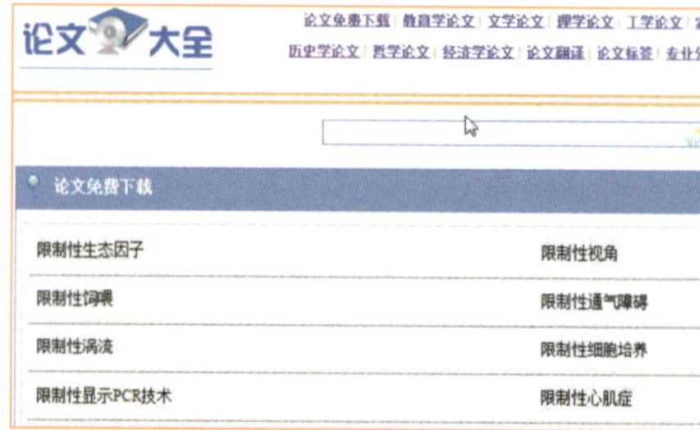

>> 10.5.2 Adobe Reader阅读器

使用 Adobe Reader 阅读器，可以直接阅读下载的 PDF 论文，但在使用之前需要先下载、安装 Adobe Reader 阅读器，具体操作步骤如下：

1 启动IE浏览器

打开 Adobe Reader 阅读器下载网站，在打开页面的上方单击“下载地址”按钮，如下图所示。

2 单击“迅雷高速下载”按钮

在打开的页面中单击“9.30 简体中文版”栏下的“迅雷高速下载”按钮，如下图所示。

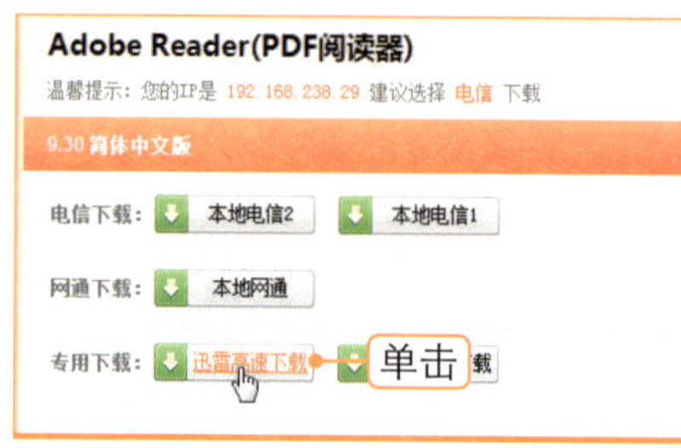

3 单击“立即下载”按钮

弹出迅雷“建立新的下载任务”对话框，设置存储路径，然后单击“立即下载”按钮，如下图所示。

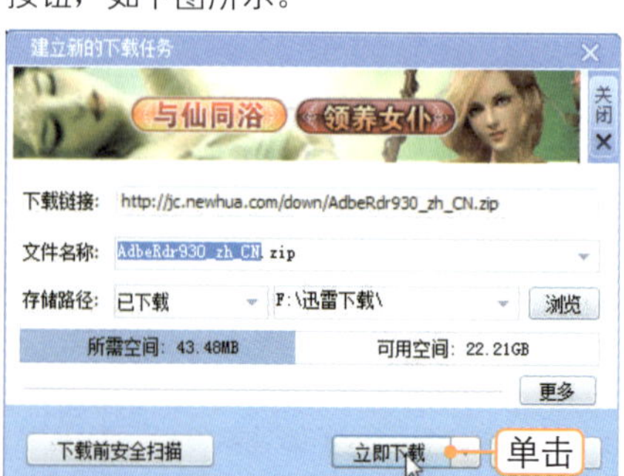

4 选择“解压到当前文件夹”命令

在文件的存储路径中右击选中的下载文件，在弹出的快捷菜单中选择“解压到当前文件夹”命令，如下图所示。

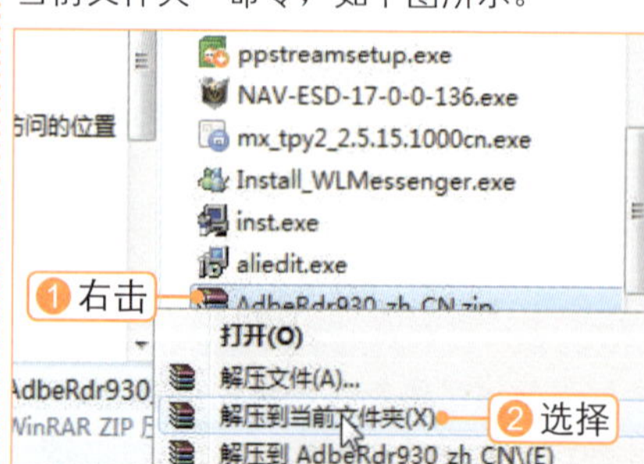

5 解压压缩文件

对压缩文件进行解压，显示解压进度，如下图所示。

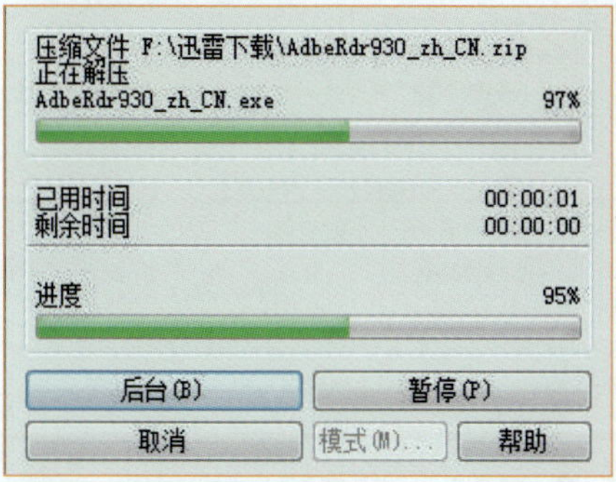

6 双击解压文件

在文件的存储路径中双击选中的解压文件，如下图所示。

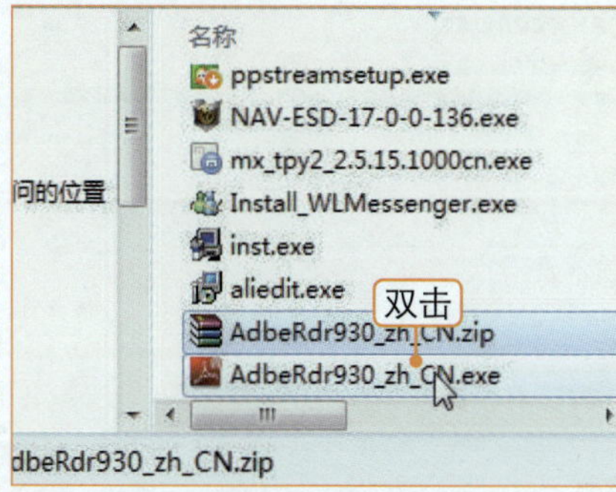

7 显示程序的处理进度

弹出 Adobe Reader 9.3 对话框，显示程序的处理进度，如下图所示。

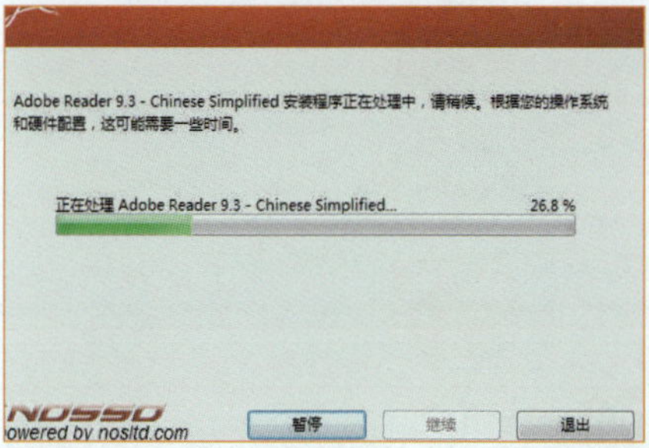

8 单击"更改目标文件"按钮

弹出"目的地文件夹"对话框，单击"更改目标文件夹"按钮，如下图所示。

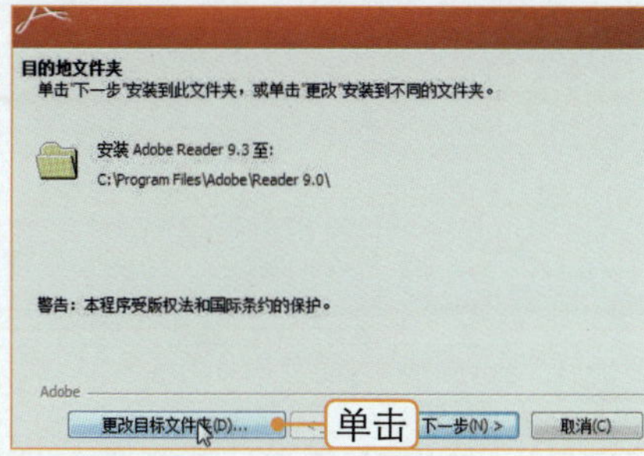

9 设置文件存储路径

弹出"更改当前目的地文件夹"对话框，设置文件的存储路径，单击"确定"按钮，如下图所示。

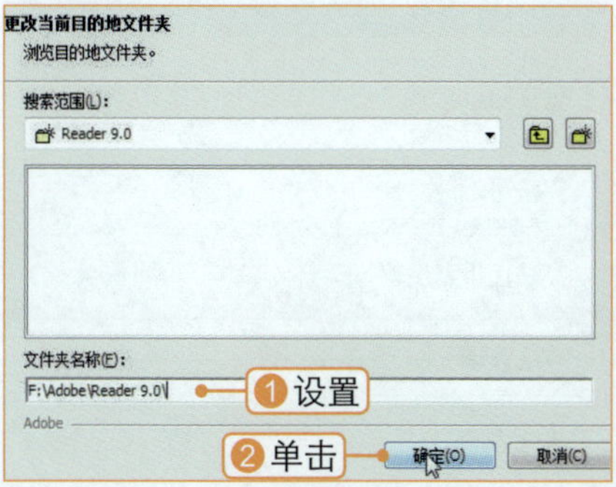

10 返回"目的地文件夹"对话框

返回"目的地文件夹"对话框，单击"下一步"按钮，如下图所示。

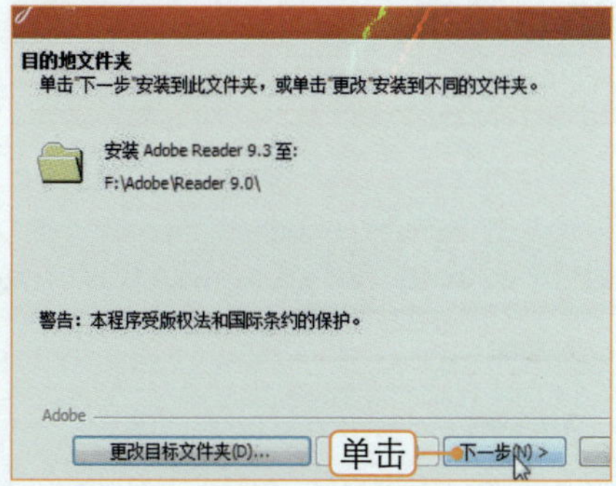

11 单击“安装”按钮

弹出“已做好安装程序的准备”对话框，单击“安装”按钮，如下图所示。

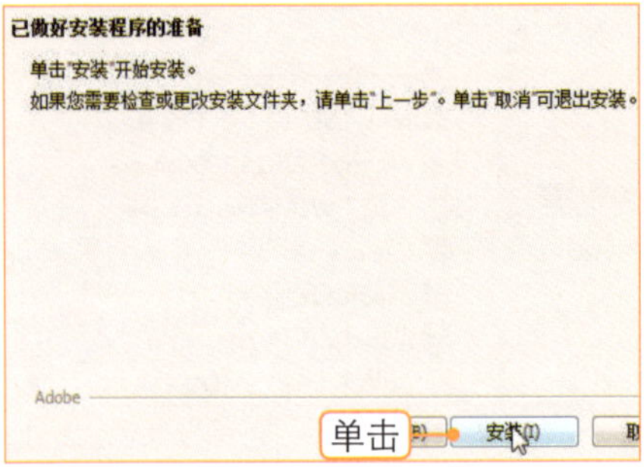

12 显示安装进度

弹出“正在安装 Adobe Reader 9.3”对话框，显示安装进度，如下图所示。

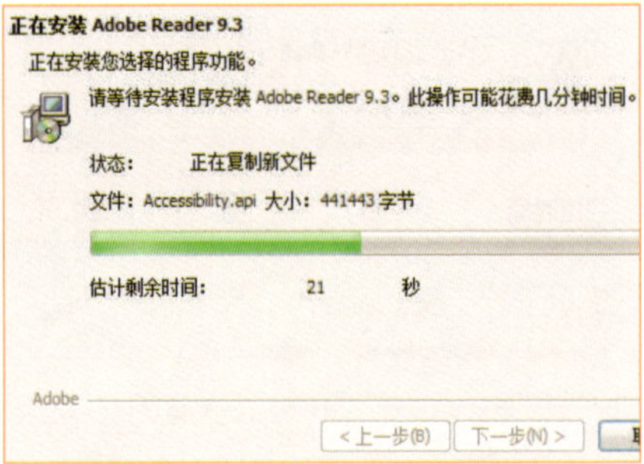

13 安装完成

弹出“安装完成”对话框，单击“完成”按钮，如下图所示。

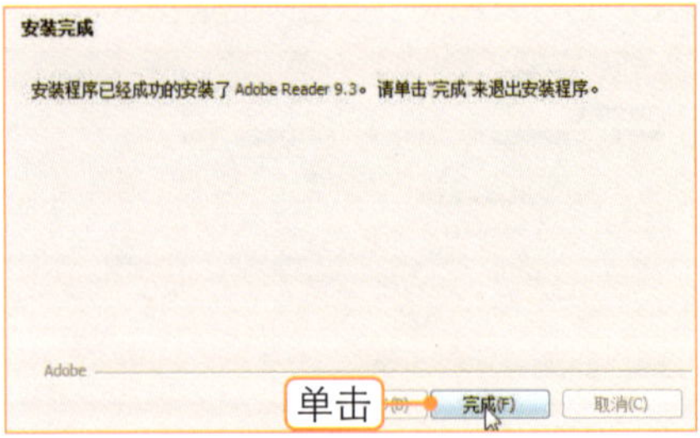

14 显示Adobe Reader 9的快捷方式

此时，在桌面上会显示已安装成功的 Adobe Reader 9 的快捷方式，如下图所示。

15 选择论文的分类链接

启动 IE 浏览器，在地址栏中输入论文免费下载的网址，按【Enter】键，然后在打开的首页中单击导航栏中的“论文免费下载”链接，如下图所示。

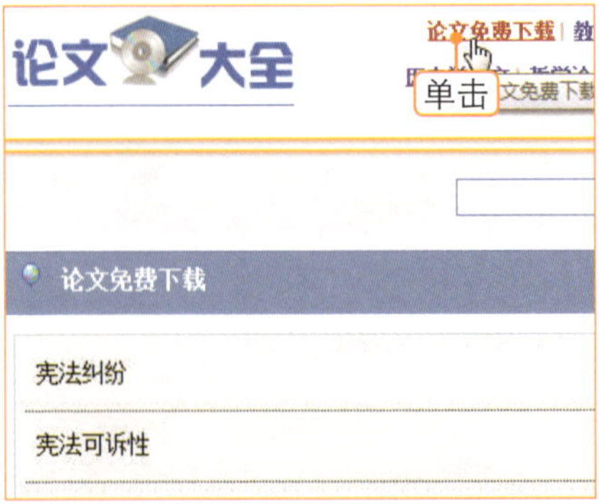

16 选择论文

在打开的页面中将显示所有符合条件的论文，选择需要的论文，单击论文的名称链接，如下图所示。

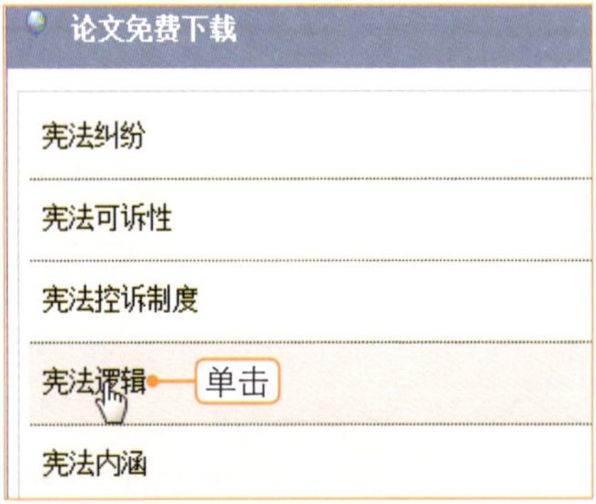

17 下载论文

打开论文页面，在“下载论文”栏后单击红色的文本链接下载论文，如下图所示。

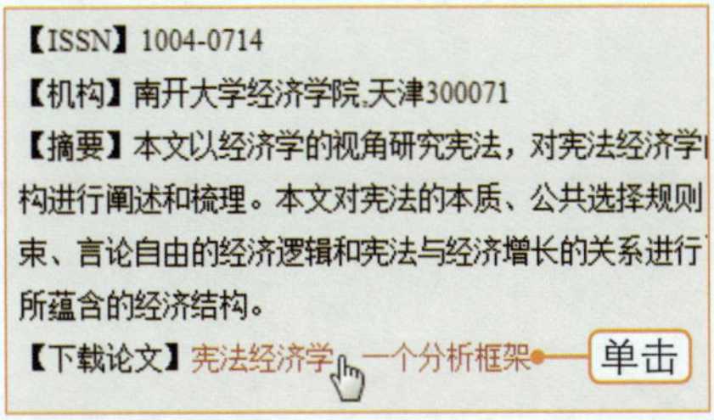

18 保存论文

打开 FDP 格式页面，单击“单击以保存本文件至您的计算机或其他位置”按钮，如下图所示。

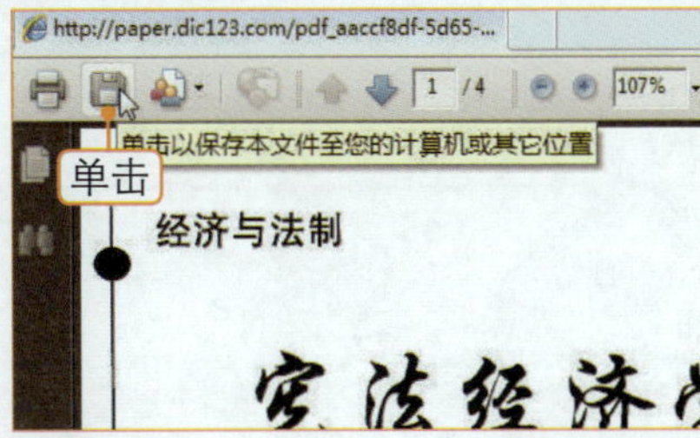

19 单击“保存”按钮

弹出“保存副本”对话框，设置保存路径，单击“保存”按钮，如下图所示。

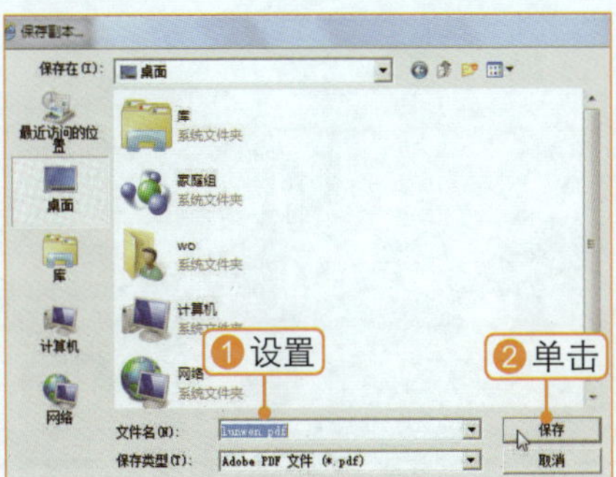

20 打开论文

此时，下载的论文文档出现在桌面上，右击该文档，在弹出的快捷菜单中选择“使用 Adobe Reader 9 打开”命令，如下图所示。

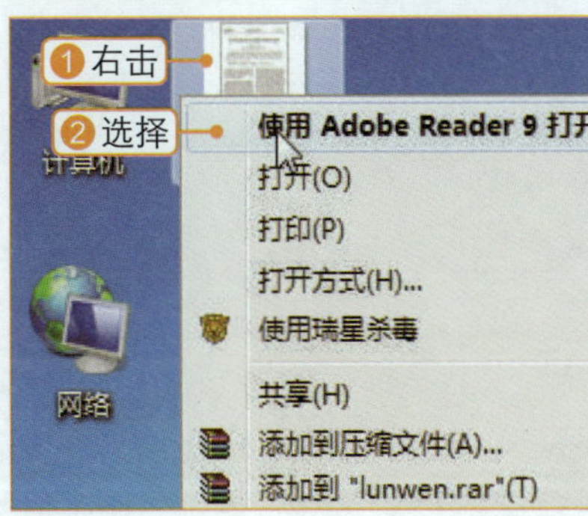

21 查看下载的论文文档

在 Adobe Reader 9 中查看下载的论文文档，如下图所示。

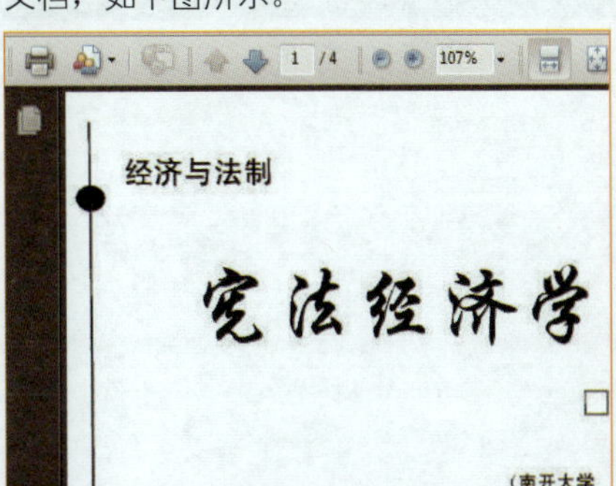

高手点拨

将PDF转成Word文档

使用 ScanSoft PDF Converter for Microsoft Word 这款 Office 插件，可以在 Word 软件中直接通过“文件”|“打开”命令来打开 PDF 文档。在转换文件时，插件首先捕获 PDF 文档中的信息，分离文字同图片，表格和卷，再将其统一到 Word 中，并完全保留原来的格式和版面设计。

第11章

网络影音

除了可以在网上搜索和下载网络资源外，用户还可以通过网络进行娱乐。在 Internet 上人们可以随心所欲地听音乐、看电影，本章将重点讲解网络的休闲娱乐方面。

本章重点知识

- 在网上听音乐
- 在网上看电视
- 在网上看电影

11.1 在网上听音乐

音乐是人们生活中不可缺少的元素，也是网上娱乐的重要组成部分，网络给用户提供了大量丰富的音乐。

>> 11.1.1 在音乐网站上免费听歌

音乐可以培养人的想象力，也在无形中影响着一个人的气质，提高人的修养。现在，网络上出现了许多专业性的音乐网站。下面列举一些免费的常用音乐网站，

（1）一听音乐网

一听音乐网是中国最大的在线音乐网站，集正版音乐、原创歌曲平台、网络电台为一体，拥有丰富的正版音乐库、原创歌曲展示平台（可乐频道）和精彩纷呈的电台节目（一听音乐台），其网址是 http://www.1ting.com，如右图所示。

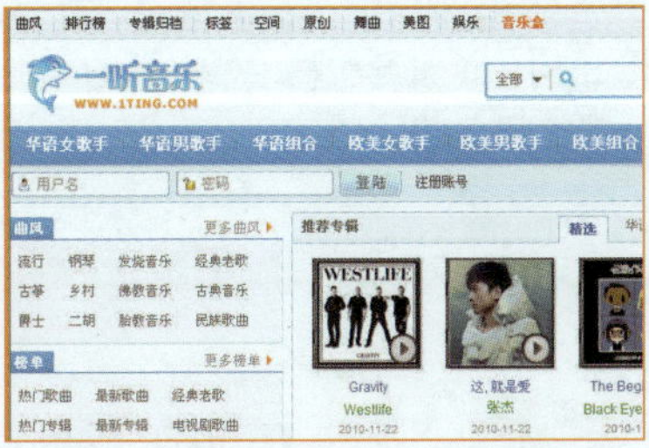

（2）QQ 音乐

QQ 音乐是腾讯公司推出的一款免费的音乐播放器，向广大用户提供了方便流畅的在线音乐、丰富多彩的音乐社区服务，海量乐库在线试听、卡拉 OK 歌词模式、最流行新歌在线首发、手机铃声下载和超好用音乐管理等绿钻用户还可享受高品质音乐试听、正版音乐下载、免费空间背景音乐设置、MV 观看等特权，其网址是 http://music.qq.com/，如右图所示。

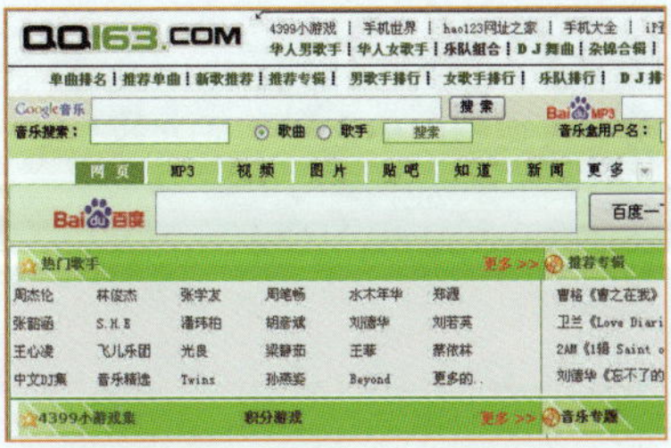

（3）爱听音乐网

爱听音乐网是一个以提供音乐相关服务为基础的娱乐网站，爱听音乐网同时是一个由用户做主的网络空间，在该空间中用户可以存储和分享有价值的原创歌曲和图片，其网址是 http://www.aiting.com，如右图所示。

（4）九天音乐网

九天音乐网是目前国内权威的正版音乐网站，拥有国内曲目数量最大，歌曲收录最全的音乐数据库，提供了超过 75 万首曲目的正版数字音乐和原创、翻唱音乐，以及与音乐相关的听、载、看、唱、写等全方位服务，其网址是 http:www.9sky.com，如右图所示。

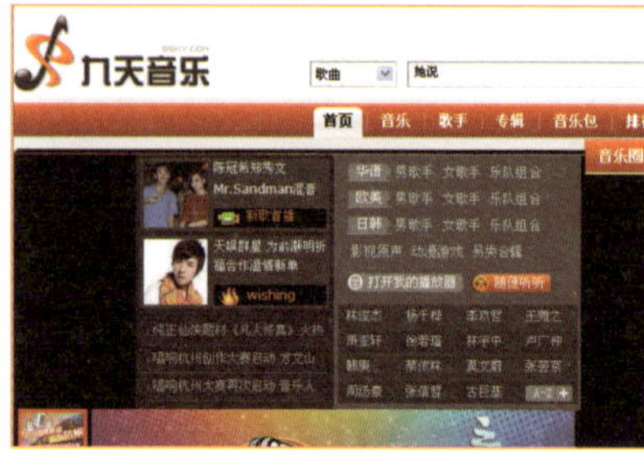

音乐网站大多提供了免费的音乐在线视听功能，下面以“一听音乐网”为例进行介绍，具体操作步骤如下：

1 选择歌曲类别

启动 IE 浏览器，输入网址，打开一听音乐网，单击导航栏中感兴趣的类别链接，如下图所示。

2 选择歌手

在打开的名称列表页面中单击想要试听的男歌手的图片链接，如下图所示。

3 选择试听的歌曲

在打开的页面中选择感兴趣的歌曲名称前的复选框，单击列表下方的“播放”按钮，如下图所示。

4 聆听音乐

在打开的页面中等待缓冲完成，之后即可聆听音乐了，如下图所示。

>> 11.1.2 使用千千静听在线听歌

千千静听是一款支持各种音频格式的优秀的媒体播放软件，其界面小巧玲珑、操作便捷，深受网友的喜爱。

（1）在线安装“千千静听”软件

要使用千千静听在线试听歌曲，首先需要进行下载安装，具体操作步骤如下：

1 单击“立即下载最新版”按钮

进入千千静听官方网站，单击“立即下载最新版”按钮，如下图所示。

2 单击“立即下载”按钮

弹出迅雷“建立新的下载任务”对话框，单击“立即下载”按钮，如下图所示。

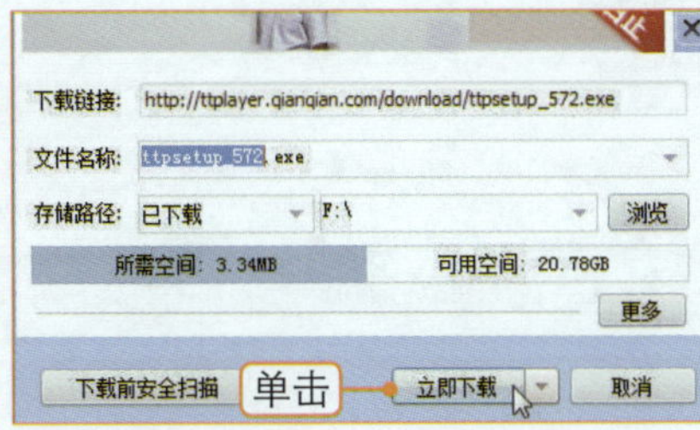

3 单击“开始”按钮

下载完成后，双击下载的程序，弹出“千千静听安装程序”界面，单击“开始”按钮，如下图所示。

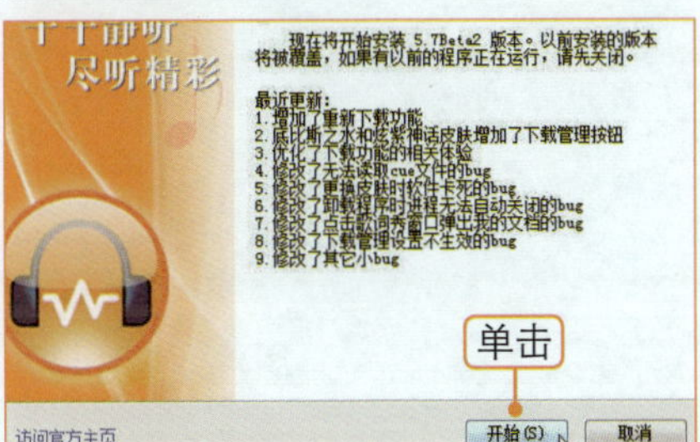

4 单击“我同意”按钮

在弹出的“许可证协议”界面中单击“我同意”按钮，如下图所示。

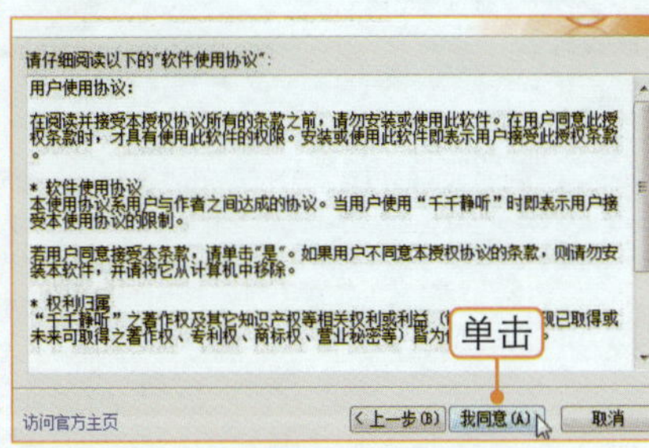

5 选择安装组件

在弹出的“选择要安装的组件”界面中选择要安装的组件，单击“下一步”按钮，如下图所示。

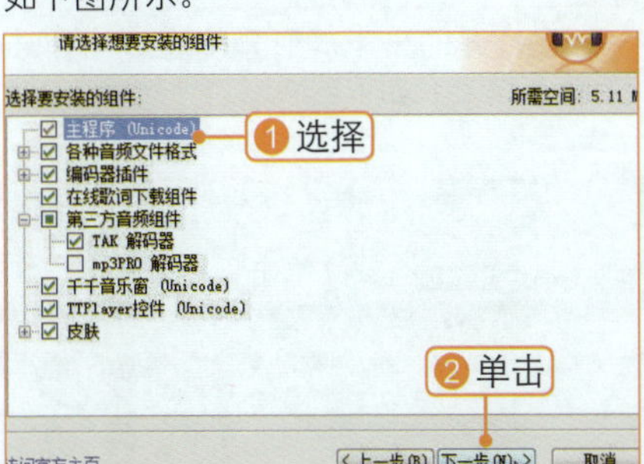

6 选择安装路径

弹出“目标文件”界面，选中“F 盘”，单击“下一步”按钮，如下图所示。

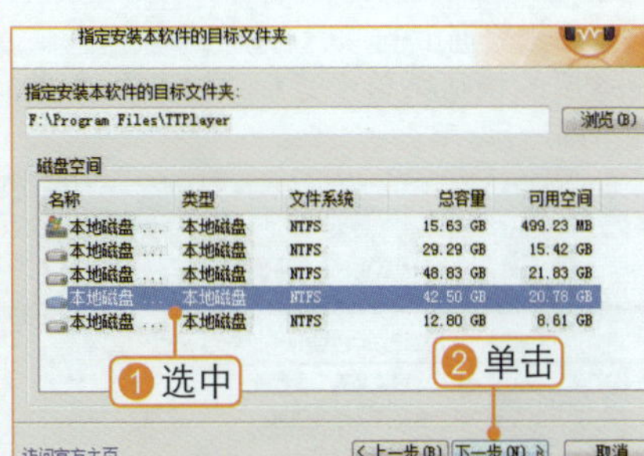

7 选择附加任务

弹出“附加任务”界面，设置参数如下图所示，单击“下一步”按钮。

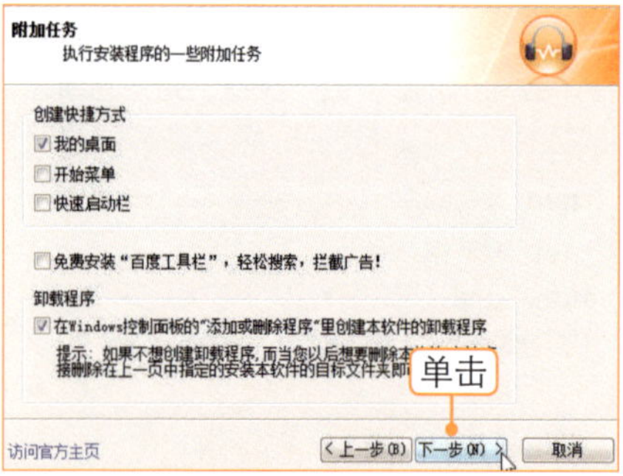

8 显示安装进度

弹出“复制文件”界面，显示安装进度，如下图所示。

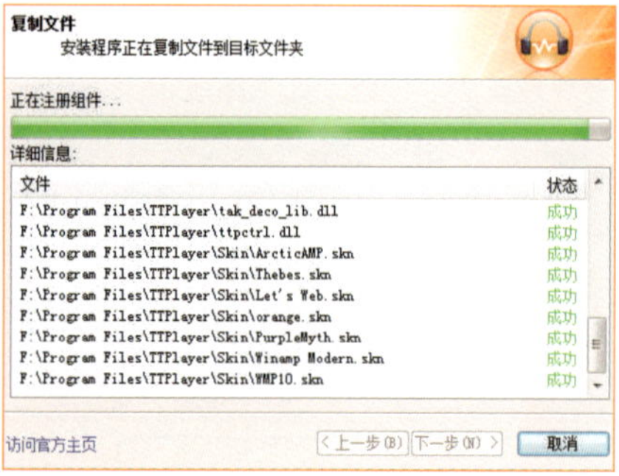

9 安装千千静听软件

在弹出的新界面中取消选择的复选框，单击“完成”按钮，如下图所示。

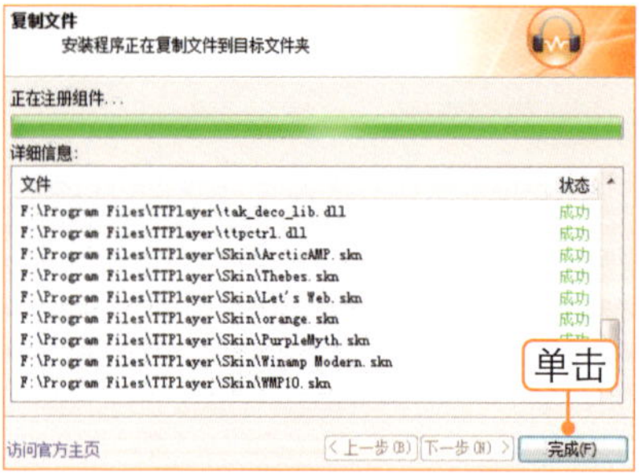

10 安装成功

此时，千千静听快捷方式出现在桌面上，表示该软件安装完成，如下图所示。

（2）在线听音乐

安装千千静听之后，就可以利用它在线听音乐了。下面以选择某个歌手的歌曲进行试听为例来进行介绍，具体操作步骤如下：

1 选择“打开”命令

右击桌面上的“千千静听”快捷方式，在弹出的快捷菜单中选择“打开”命令，如下图所示。

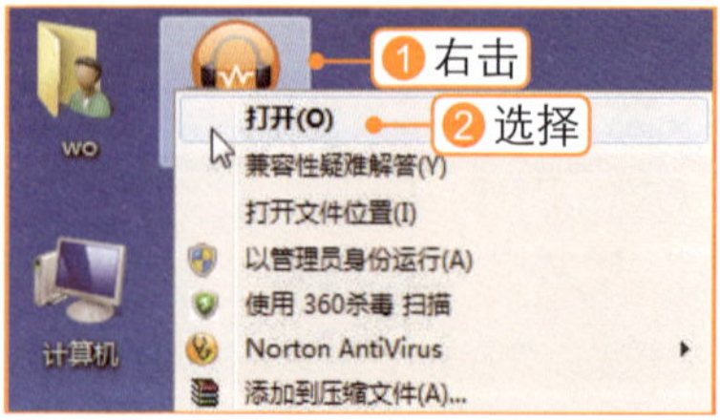

2 单击“歌手”链接

在打开的千千静听乐库窗口中单击“歌手”链接，如下图所示。

3 选择歌手

弹出歌手列表，单击“凤凰传奇”链接，如下图所示。

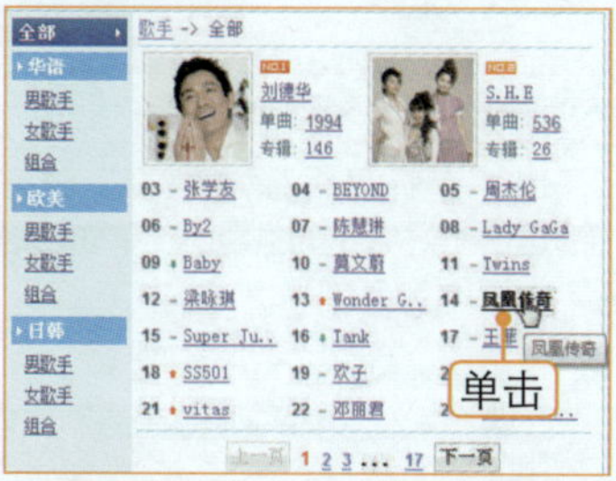

4 选择歌曲

在歌曲列表中单击需要试听歌曲的名称链接，如下图所示。

5 播放音乐

此时，歌曲将自动添加到播放列表中，等待缓冲完成后，即可开始播放音乐，如下图所示。

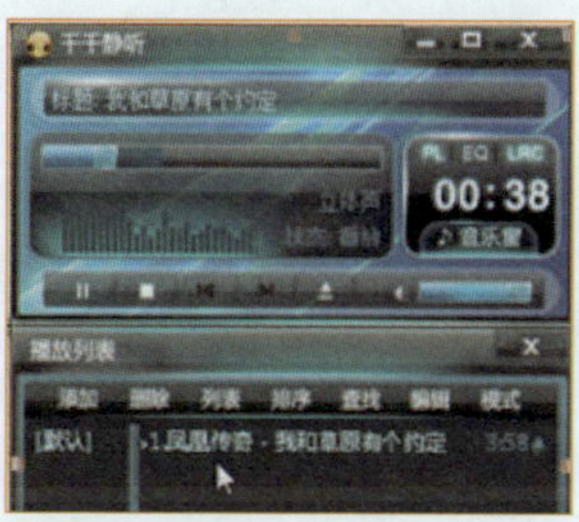

高手点拨

如何纠错歌词

如果发现音乐窗提供的在线歌曲出现错误，应该找到错误歌曲，单击歌曲后面的“更多”按钮，选择“纠错”功能，在弹出的浮层页面中选择该歌曲的错误类型。

（3）创建播放列表

通过创建播放列表，可以将自己喜欢的多首歌曲归类到一个列表中，以便于试听，具体操作步骤如下：

1 选择“新建列表”命令

打开千千静听，在其窗口空白处右击，在弹出的快捷菜单中选择“新建列表”命令，如下图所示。

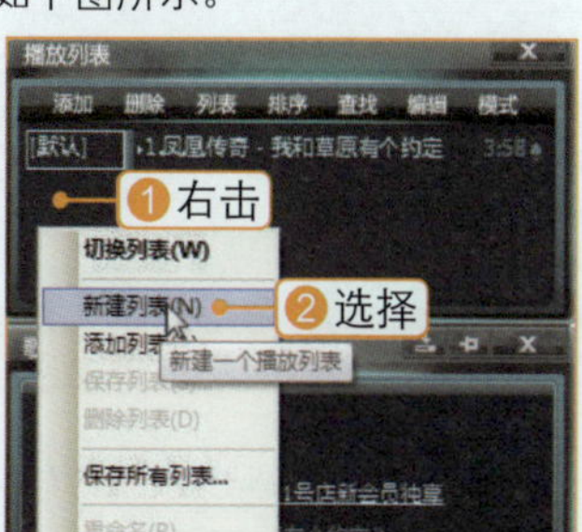

2 输入列表名称

新建播放列表的名称为可编辑状态，输入合适的列表名称，按【Enter】键确认即可，如下图所示。

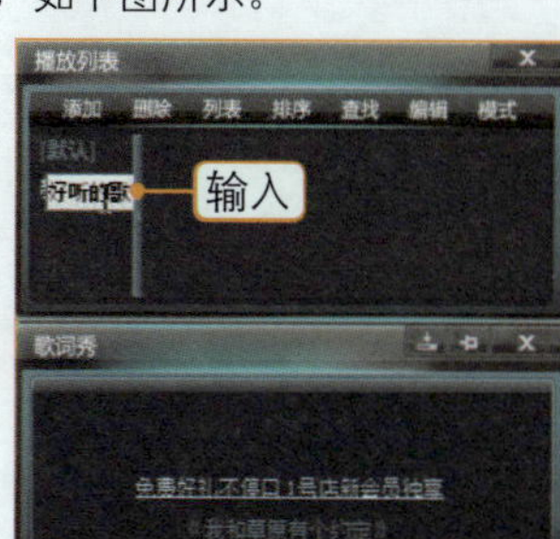

（4）添加歌曲到播放列表

在默认情况下，乐库中的歌曲将添加到默认的播放列表中，如果希望将自己喜欢的歌曲添加到刚建成的播放列表中，可通过下面的方法实现，具体操作步骤如下：

1 单击“添加”按钮

打开千千静听窗口，选择喜欢的歌曲前面的复选框，单击右侧上方的“添加”按钮，如下图所示。

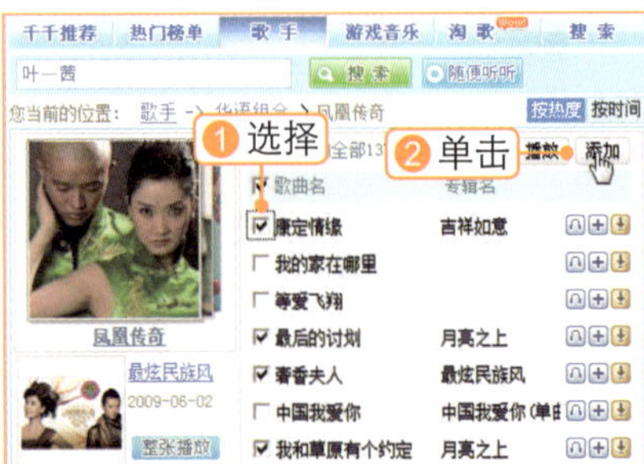

2 选中新建的列表

弹出“选择目标播放列表”对话框，选中新建的“好听的歌”列表，单击“确定”按钮，如下图所示。

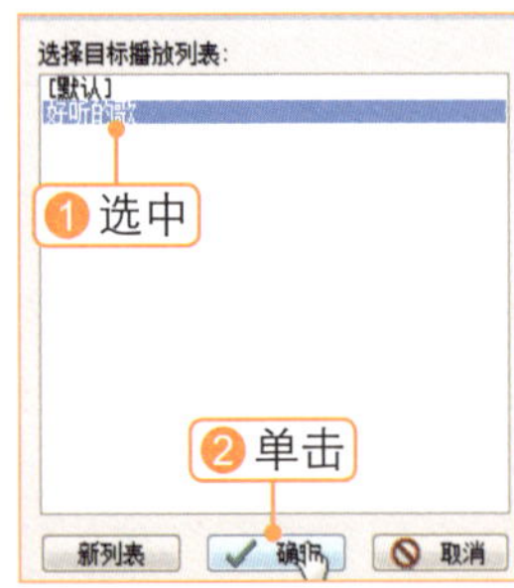

3 添加歌曲至歌曲列表

此时，所选歌曲就被添加到了播放列表框中，如下图所示。

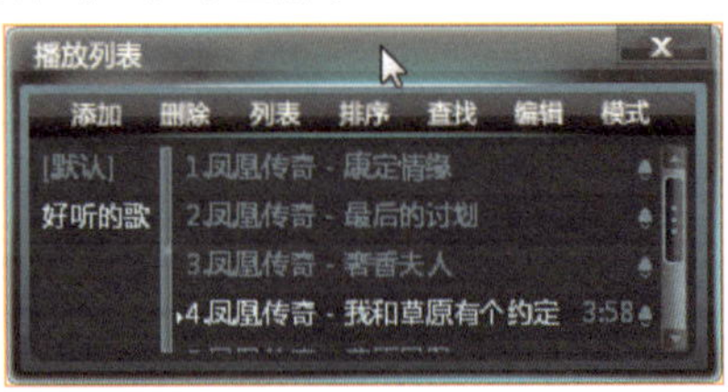

高手点拨

千千静听支持的音频输出方式

千千静听支持 Waveout（波形输出）、DirectSound、Kernel Streaming（内核音频流）和 ASIO 4 种方式，但在不同的系统和声卡环境下，并不是每一种格式都能支持，一般只有比较高档的声卡才支持。

11.2 在网上看电视

随着网络的不断发展，越来越多的网民开始热衷于在网上看电视剧。网上电视剧可以随时看，从而在一定程度上满足了人们对电视剧的渴求心理。

>> 11.2.1 在线看电视

目前，在国内、外众多的视频网站中有许多比较知名的网站，下面介绍一些常见的视频网站。

（1）土豆网

土豆网的网址为 http://www.tudou.com，在土豆网上注册播客后，不仅可以上传影视剧资源制作“豆单”，还可以上传自己拍摄的视频作品，与其他网友分享交流，如下图（左）所示。

（2）六间房

六间房的网址为 http://www.6.cn，六间房是一个典型的 Web 2.0 视频网站，它给网友提供了一个发布视频的平台，该网站上传的内容主要以家庭录像、个人 DV 短片等用户原创作品为主，如下图（右）所示。

（3）优酷网

优酷网的网址为 http://www.youku.com，其号称中国第一视频网，是中国领先的视频分享网站，也是中国网络视频行业的第一品牌，如下图（左）所示。

（4）搜狐视频

搜狐视频的网址为 http://tv.sohu.com/hdtv，该网站注重高清电影电视剧，在近年来有不少亮点，如下图（右）所示。

不同的视频网站，其频道分类不同，但是操作是类似的。下面以优酷网为例来介绍如何在线观看免费电视剧，具体操作步骤如下：

1 单击“电视剧”链接

打开优酷网站，单击导航栏中的“电视剧”链接，如下图所示。

2 单击“大陆剧”链接

打开视频列表页面，在导航栏中单击“大陆剧”链接，如下图所示。

3 选择要观看的电视剧

在打开的页面中单击自己喜欢的电视剧的名称链接，如下图所示。

4 选择观看电视剧剧集

打开电视剧页面，显示全部电视剧，单击想看的电视剧集链接，如下图所示。

5 观看电视剧

在打开的页面中，等待缓冲完成，之后即可观看免费的电视剧了，如下图所示。

高手点拨

全屏播放

为了更好地观看节目，用户可以单击“全屏”按钮进行观看，但是全屏观看，其清晰度和流畅度可能会受到影响。在全屏播放过程中，按【Esc】键可结束全屏播放。

>> 11.2.2 使用PPS网络电视

PPS 网络电视是一款全球安装量最大的网络电视软件之一，可在线观看电视剧、动漫、综艺、体育直播、游戏竞技及财经资讯等丰富的视频娱乐节目。

（1）安装 PPS

要使用 PPS 观看电视剧，首先需要进行下载安装，具体操作步骤如下：

1 单击“立即免费下载”按钮

进入 PPS 官方网站（网址为 http://www.pps.tv)，单击“立即免费下载”按钮，如下图所示。

2 单击“立即下载”按钮

弹出迅雷“建立新的下载任务”对话框，设置存储路径，单击“立即下载”按钮，如下图所示。

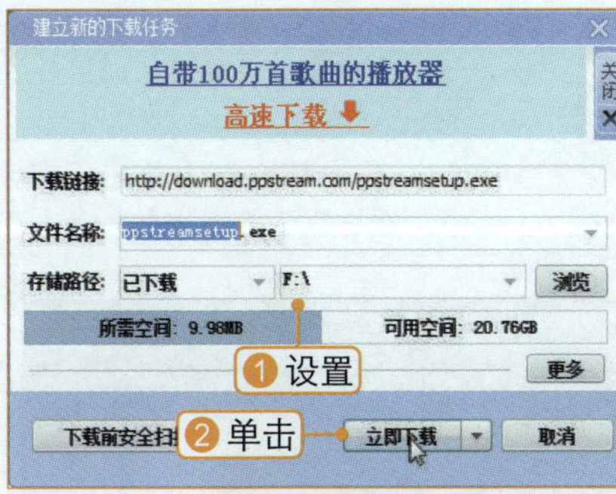

3 双击已下载的程序

下载完成后，在下载路径中双击已下载的程序，如下图所示。

4 弹出“PPS影音 安装向导”界面

弹出“PPS 影音 安装向导”界面，单击“下一步”按钮，如下图所示。

高手点拨

常用的网络电视收看软件

■内常用的网络电视收看软件有 PPS、PPLive 、UUSee 和 PPStream 等，每款软件的操作都基本相似。

5 完成软件安装

此时，PPS 影音的快捷方式出现在桌面上，表示软件完成安装，如下图所示。

高手点拨

PPS支持的文件格式

PPS 全面支持视频、音乐、动画，支持 wmv、rm、rmvb、mp3、avi、wma、asf、mpg、flv 和 mid 等文件格式。

（2）在线观看电视剧

用户可以利用网上资源，在线观看自己感兴趣的电视剧，具体操作步骤如下：

1 选择节目

启动 PPS，在视频列表中单击专题，选择节目分类，然后双击需要播放的节目，如下图所示。

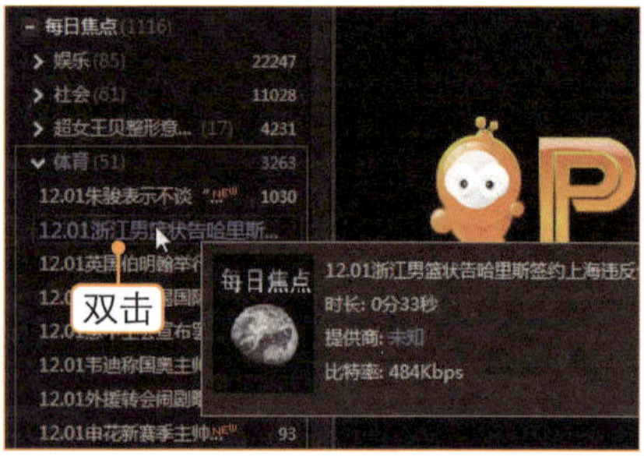

2 观看节目

等待缓冲完成，之后即可在右侧的视频窗格中观看节目了，如下图所示。

（3）搜索电视剧

PPS 为用户提供了一个搜索框，用于快速查找视频，具体操作步骤如下：

1 搜索电视剧

在视频搜索框中输入电视剧名称，按【Enter】键，稍后将会显示查询到的结果，如下图所示。

2 在线观看电视剧

双击需要观看的视频选项，等待缓冲成功，之后即可在线观看电视剧了，如下图所示。

11.3 在网上看电影

除了音乐和电视剧，看电影也是一种不错的休闲方式。用户可以通过一些网站在线观看电影，其中，迅雷看看就是一个不错的在线看电影的网站。

>> 11.3.1 下载并安装“迅雷看看”软件

如果想使用“迅雷看看”播放器欣赏高清影片，首先应该下载和安装“迅雷看看播放器”，迅雷看看的下载网址是 http://dl.xunlei.com/xmp.html，具体操作步骤如下：

1 选择电影

启动 IE 浏览器，打开“迅雷看看播放器”的官方下载地址，单击“立即下载”按钮，如下图所示。

2 单击“立即下载”按钮

弹出迅雷“建立新的下载任务”对话框，设置存储路径，单击“立即下载”按钮，如下图所示。

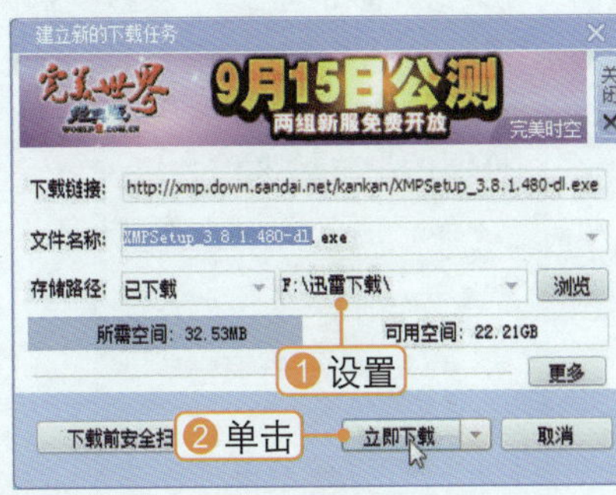

3 双击已下载的程序

下载完成后，在下载路径中双击已下载的程序，如下图所示。

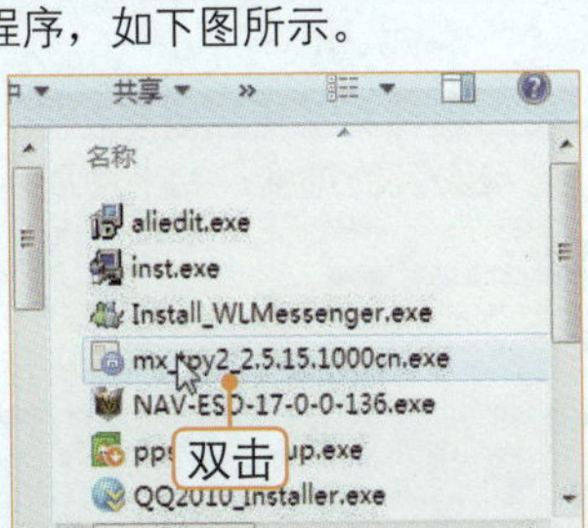

4 单击“是”按钮

弹出“欢迎使用 迅雷看看播放器 安装向导”对话框，单击“是”按钮，如下图所示。

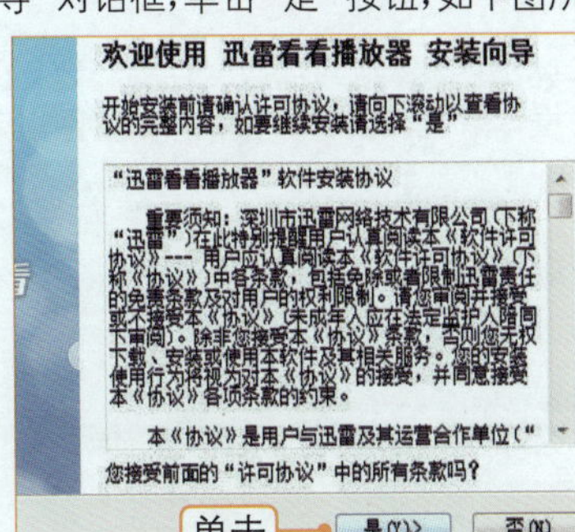

5 选择要安装的组件

弹出“选择安装组件”对话框，选择要安装的组件，单击“下一步”按钮，如下图所示。

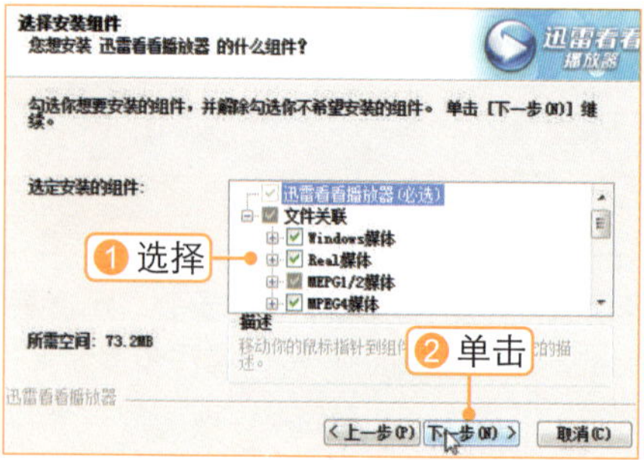

6 单击“浏览”按钮

弹出“选择安装位置”对话框，单击“浏览”按钮，如下图所示。

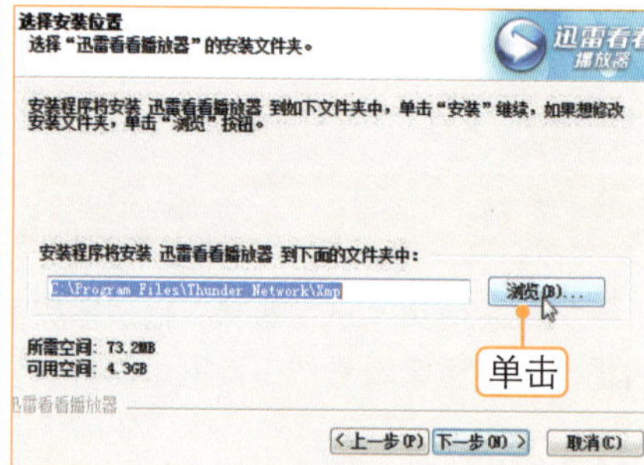

7 选择安装路径

弹出“浏览文件夹”对话框，选择文件的安装路径，单击“确定”按钮，如下图所示。

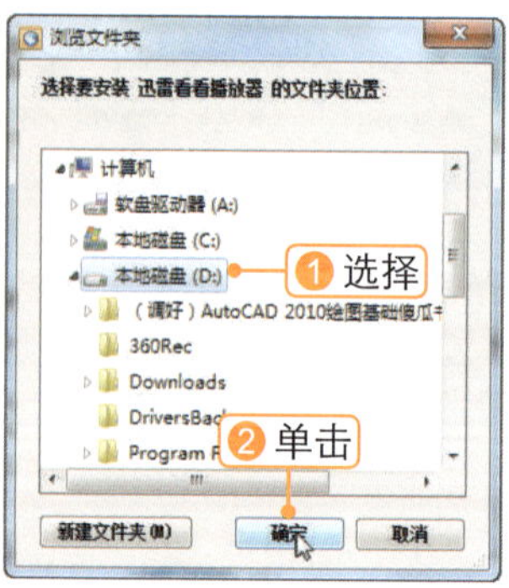

8 返回“选择安装位置”对话框

返回“选择安装位置”对话框，单击“下一步”按钮，如下图所示。

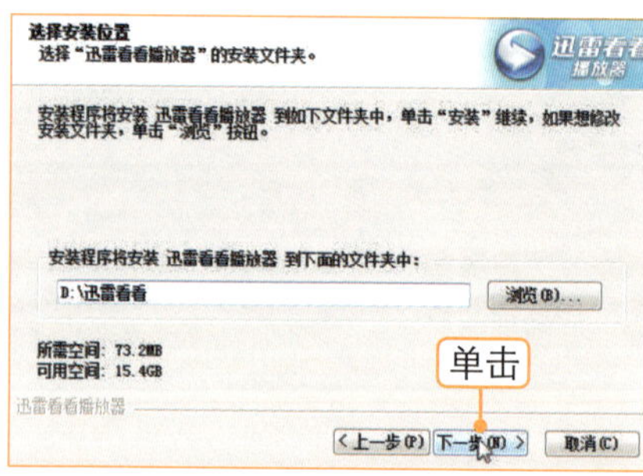

9 单击“安装”按钮

弹出“选择在线播放文件的存储目录”对话框，单击“安装”按钮，如下图所示。

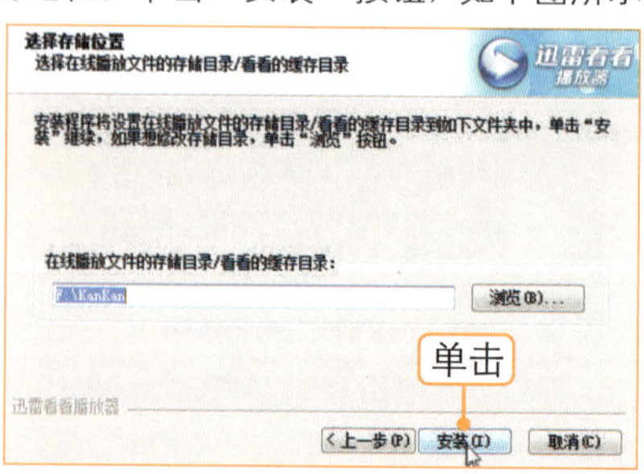

10 显示安装进度

弹出“迅雷看看播放器正在安装”提示框，显示安装的进度，如下图所示。

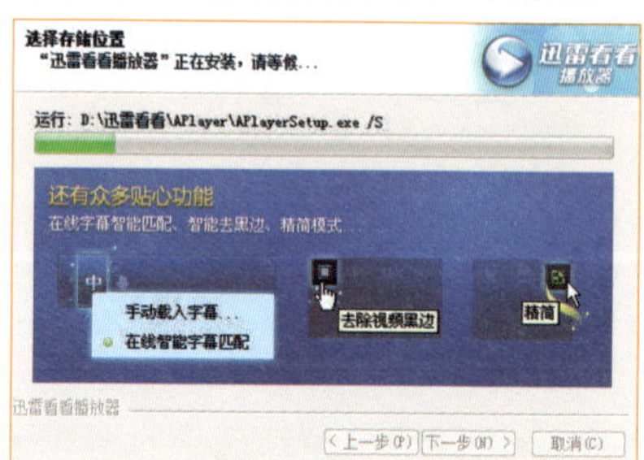

11 单击“完成”按钮

弹出“正在完成‘迅雷看看播放器’安装向导”对话框，选择“运行 迅雷看看播放器”复选框，单击“完成”按钮，如下图所示。

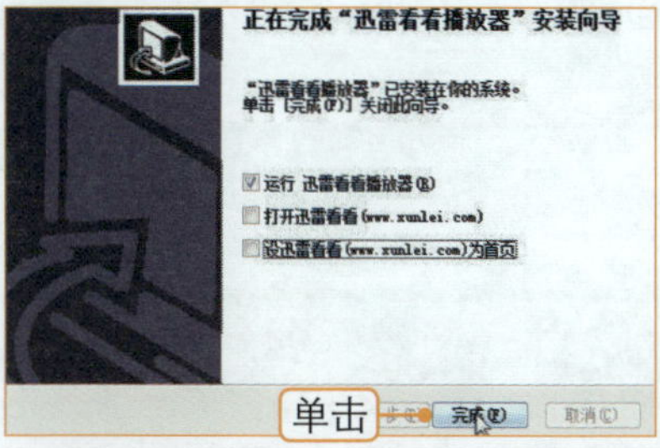

12 运行迅雷看看播放器

显示运行的迅雷看看播放器，如下图所示。

>> 11.3.2 使用“迅雷看看”观看高清电影

下载和安装“迅雷看看播放器”后，用户即可以观看高清电影了，具体操作步骤如下：

1 单击“搜索”按钮

启动迅雷看看播放器，在搜索框中输入想要观看的影片，单击“搜索”按钮，如下图所示。

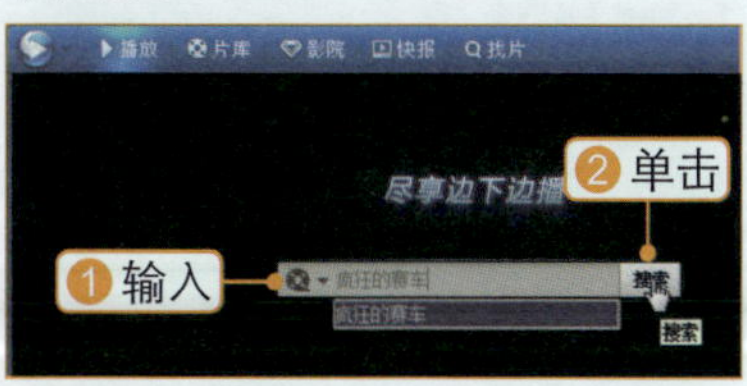

2 选择电影

此时，播放器会显示搜索到的影片，单击影片的名称链接，如下图所示。

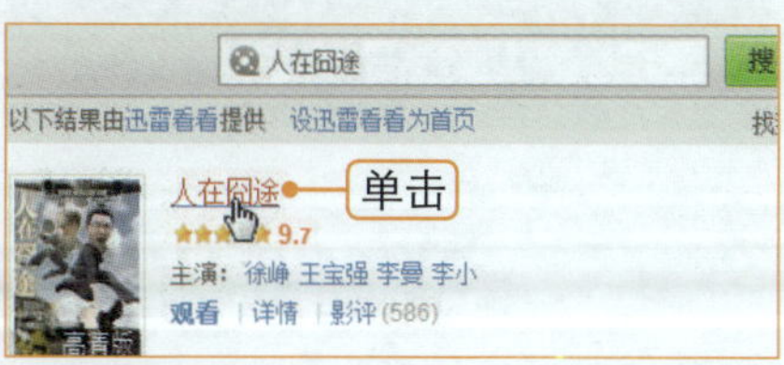

3 播放影片

迅雷看看开始播放搜索到的影片，如下图所示。

4 单击“片库”链接

单击播放器菜单栏中的“片库”链接，如下图所示。

5 查找影片

弹出“今日推荐”页面，单击左侧电影分类中的相关链接，查找自己感兴趣的影片，如下图所示。

6 选择影片

在右侧窗口中将弹出影片列表，单击感兴趣影片的链接，如下图所示。

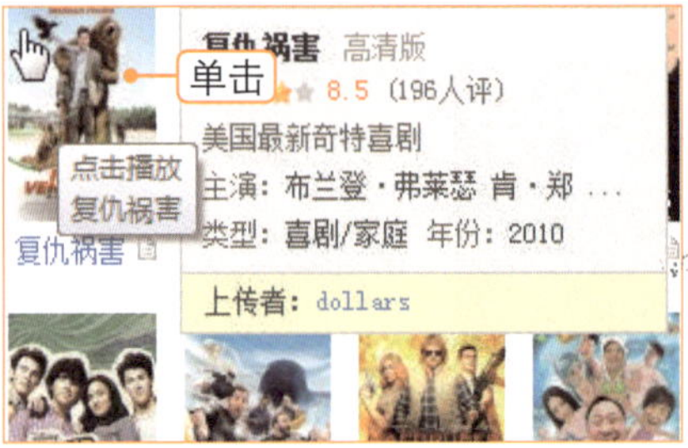

7 观看高清影片

播放器经过缓冲之后，用户就可以看到高清晰的影片了，如下图所示。

高手点拨

电影加载速度

在线观看电影时，电影加载速度的快慢取决于用户使用的宽带大小：宽带越大，速度越快；宽带越小，速度越慢。

第12章

网络安全维护

随着因特网的发展，网络安全问题也受到了众人的关注，如何才能更好地保护系统的安全，成为人们所关注的焦点。通过对本章的学习，用户将了解如何预防和查杀电脑病毒，以及如何使用安全辅助软件抵抗病毒和木马的侵入。

本章重点知识

- 常用杀毒软件推荐
- 使用瑞星杀毒软件2010
- 使用360安全卫士

12.1 常用杀毒软件推荐

杀毒软件是专门用于扫描和查杀电脑病毒的工具，选择一款适合于自身需求的杀毒软件是十分必要的，下面向用户推荐几款优秀的杀毒软件。

（1）360 杀毒软件

360 杀毒软件是 360 安全中心出品的一款免费的云安全杀毒软件。360 杀毒软件具有以下优点：查杀率高、资源占用少、升级迅速等。同时，360 杀毒软件可以与其他杀毒软件共存，是一个理想的杀毒备选方案。360 杀毒软件还是一款一次性通过 VB100 认证的国产杀毒软件，其官方网站地址为 http://sd.360.cn。

360 杀毒软件无缝整合了来自罗马尼亚的国际知名杀毒软件 BitDefender（比特梵德）的病毒查杀引擎，以及 360 安全中心潜心研发的云查杀引擎，即具有双引擎智能调度，为用户提供了完善的病毒防护体系，可以在第一时间防御新出现的病毒木马。360 杀毒软件完全免费，无须激活码，轻巧快速不卡机，误杀率远低于其他杀软，能为用户的计算机提供全面保护。360 杀毒软件的界面如右图所示。

（2）瑞星杀毒软件

瑞星品牌诞生于 1991 年刚刚在经济改革中蹒跚起步的中关村，是中国最早的计算机反病毒标志。瑞星公司经过几次重组，已形成一支中国最大的反病毒队伍。瑞星以研究、开发、生产及销售计算机反病毒产品、网络安全产品和反“黑客”防治产品为主，拥有全部自主知识产权和多项专利技术。瑞星杀毒软件的官方网站地址为 http://www.rising.com.cn。

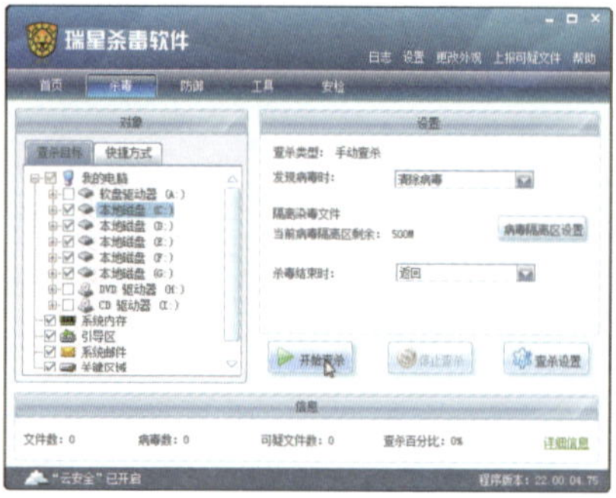

瑞星杀毒软件采用的是获得欧盟及中国专利的 6 项核心技术，形成了全新软件内核代码，还具有八大绝技和多种应用特性，是目前国内、外同类产品中最具实用价值和安全保障的杀毒产品之一，几乎可以查杀目前已知的所有病毒和黑客程序，并提供了全方位的实时监控功能。目前，瑞星杀毒软件的较新版本为“瑞星杀毒软件 2010”，瑞星杀毒软件的界面如右上图所示。

(3) 卡巴斯基反病毒软件

卡巴斯基反病毒软件是一款优秀的网络杀毒软件，其查杀病毒的性能远高于同类产品。卡巴斯基的中国官方网站地址为 http://www.kaspersky.com.cn，目前，其较新版本为卡巴斯基反病毒软件 2010。

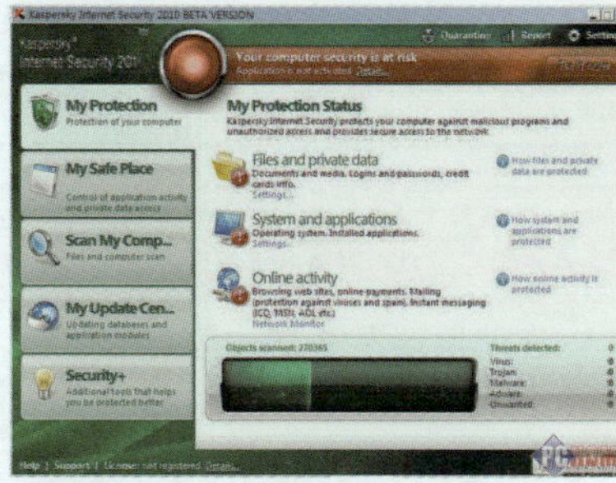

卡巴斯基反病毒软件具有超强的中心管理和杀毒能力，且提供了所有类型的抗病毒防护、抗病毒扫描仪、监控器、行为阻断和完全检验功能。

卡巴斯基可以控制所有可能的病毒进入端口，其强大的功能、局部的灵活性及网络管理工具，为自动信息搜索和病毒防护控制提供了最大的便利，可用最少的时间构建用户的抗病毒分离墙，如右图所示。

(4) 金山杀毒软件

金山毒霸（Kingsoft Antivirus）是金山软件股份有限公司研制开发的高智能反病毒软件，融合了启发式搜索、代码分析、虚拟机查毒等经业界证明成熟可靠的反病毒技术，在查杀病毒种类、查杀病毒速度、未知病毒防治等多方面达到世界先进水平。同时，金山毒霸具有病毒防火墙实时监控、压缩文件查毒、查杀电子邮件病毒等多项先进的功能。金山毒霸紧随世界反病毒技术的发展，为个人用户和企事业单位提供了完善的反病毒解决方案。

(5) 江民杀毒软件

江民杀毒软件 2009 是第 29 届奥运会网络安全技术保障单位江民科技全新研发推出的新产品，它在国内首次研发成功启发式扫描、内核级自防御引擎，填补了国产杀毒软件在启发式病毒扫描以及内核级自我保护方面的技术空白。江民杀毒软件的官方网站地址为 http://www.jiangmin.com。

江民杀毒软件具有启发式扫描、虚拟机脱壳、沙盒技术、内核级自我保护金钟罩、智能主动防御、网页防木马墙、ARP 共计防护、因特网安检通道、系统检测安全分级、反病毒 Rootkit/HOOK 技术、“云安全”防毒系统等新技术，可以有效地清除用户计算机中的病毒，如右上图所示。

12.2 使用瑞星杀毒软件2010

瑞星杀毒软件 2010 几乎可以查杀目前已知的所有病毒和黑客程序，并提供了全方位的实时监控功能，下面介绍瑞星杀毒软件 2010 的具体使用。

>> 12.2.1 下载和安装瑞星杀毒软件

在使用瑞星杀毒软件 2010 为计算机杀毒前，首先应该下载和安装瑞星杀毒软件 2010，具体操作步骤如下：

1 单击“下载试用”按钮

打开瑞星杀毒软件的官方网站，单击“免费下载”按钮，如下图所示。

2 单击“立即下载”按钮

弹出迅雷“建立新的下载任务”对话框，设置存储路径，单击“立即下载”按钮，如下图所示。

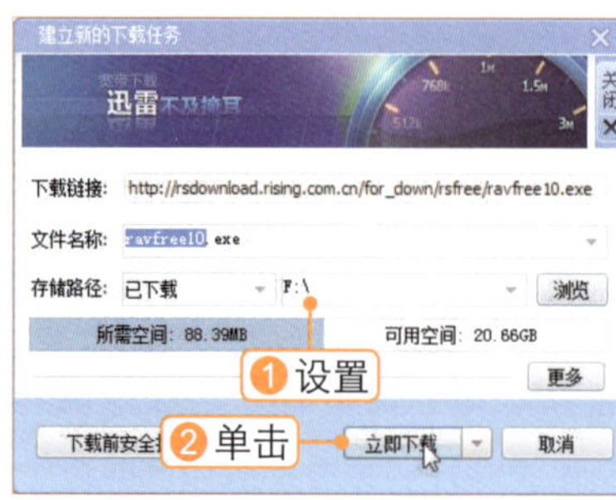

3 双击下载的文件

下载完成后，查找文件的下载路径，双击下载的文件，开始安装软件，如下图所示。

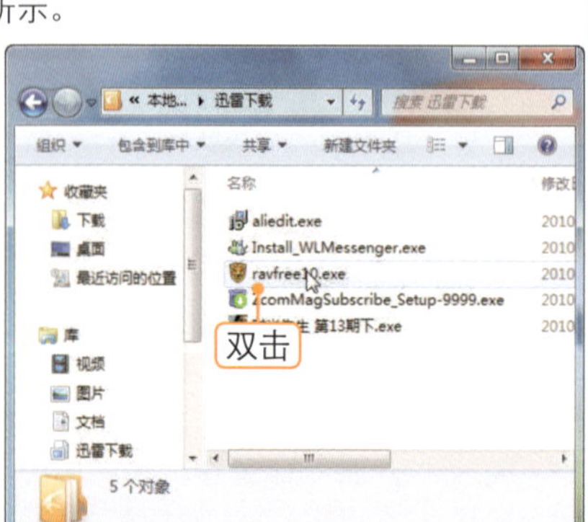

4 显示安装进度

弹出“自动安装程序”对话框，显示安装进度，如下图所示。

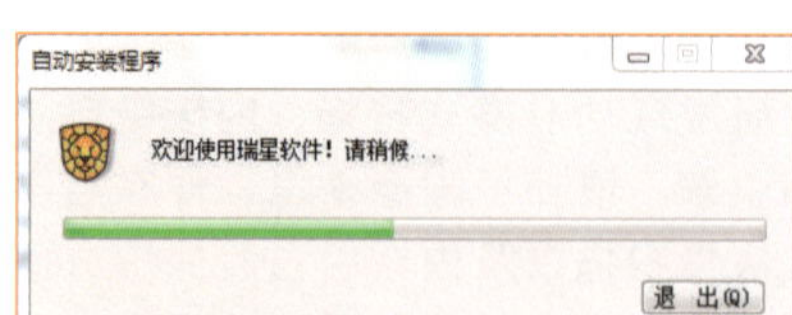

5 选择“中文简体”选项

弹出“瑞星杀毒软件”对话框，选择“中文简体”选项，单击“确定”按钮，如下图所示。

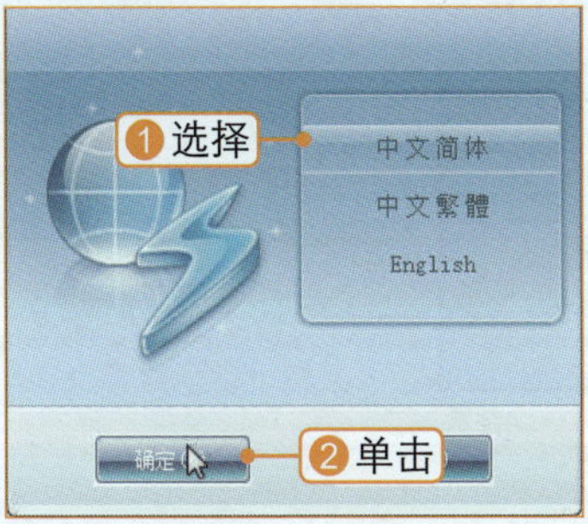

6 弹出“瑞星欢迎您”界面

弹出“瑞星欢迎您”界面，单击“下一步”按钮，如下图所示。

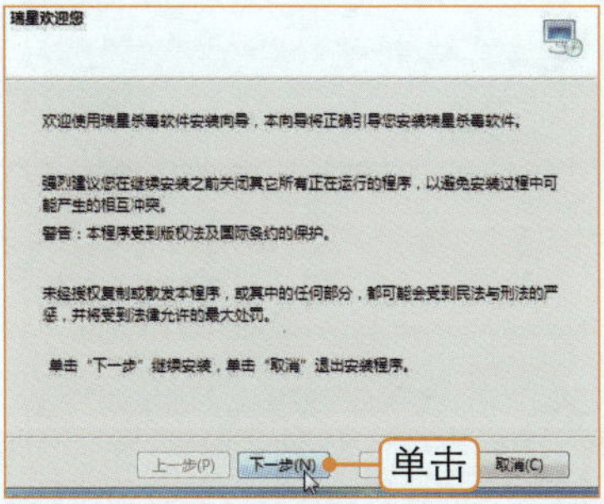

7 设置“最终用户许可协议”界面

弹出“最终用户许可协议”界面，选择“我接受”单选按钮，单击“下一步”按钮，如下图所示。

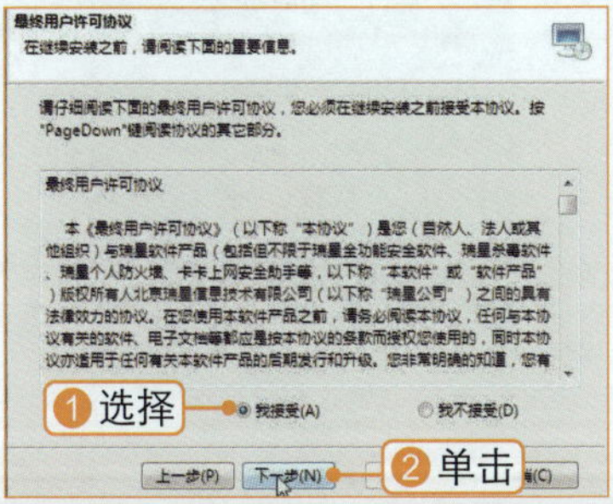

8 选择安装选项

弹出“定制安装”界面，选择要安装的选项，单击“下一步”按钮，如下图所示。

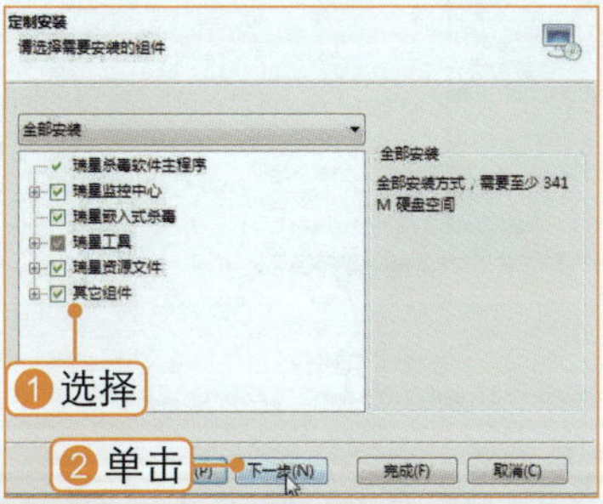

9 单击“浏览”按钮

弹出“选择目标文件夹”界面，单击“浏览”按钮，如下图所示。

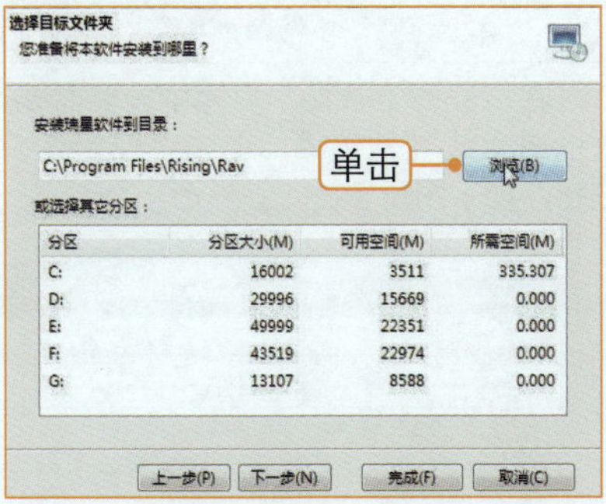

10 选择文件安装路径

弹出“浏览文件夹”对话框，选择文件的安装路径，单击“确定”按钮，如下图所示。

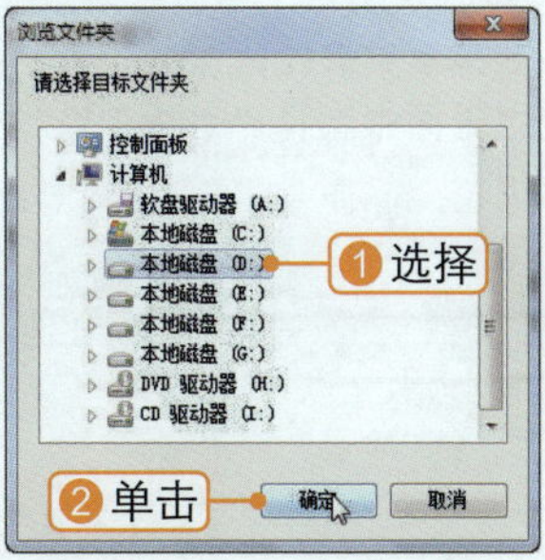

11 单击“完成”按钮

返回“选择目标文件夹”界面，单击“完成”按钮，如下图所示。

12 显示安装的进度

弹出“安装过程中”提示框，显示安装的进度，如下图所示。

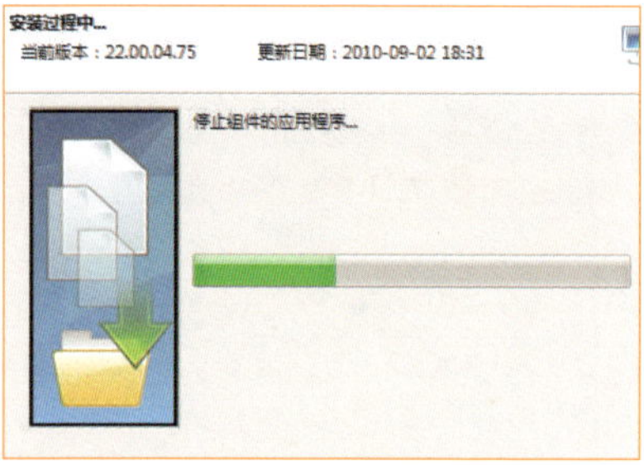

13 单击“完成”按钮

弹出“结束”对话框，单击“完成”按钮，完成软件的安装，如下图所示。

14 单击“完成”按钮

此时，可以看到桌面上显示了“瑞星杀毒软件”程序图标，如下图所示。

>> 12.2.2 查杀电脑病毒

安装瑞星杀毒软件 2010 后，就可以对计算机进行查杀病毒操作了，具体操作步骤如下：

1 选择“杀毒”选项卡

启动瑞星杀毒软件 2010，在打开的程序窗口主界面中选择“杀毒”选项卡，如下图所示。

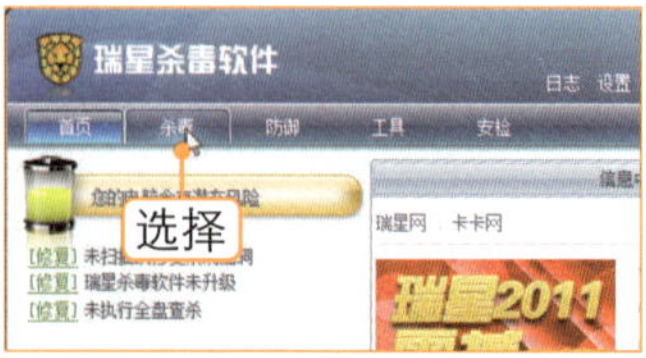

2 单击“开始查杀”按钮

在打开的“杀毒”界面中设置需要查杀的磁盘或其他选项，单击“开始查杀”按钮，如下图所示。

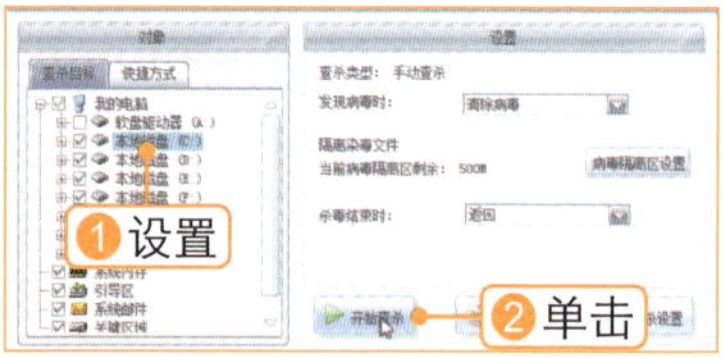

3 显示查杀病毒进度

程序开始查杀病毒，并显示查杀病毒的进度，如下图所示。

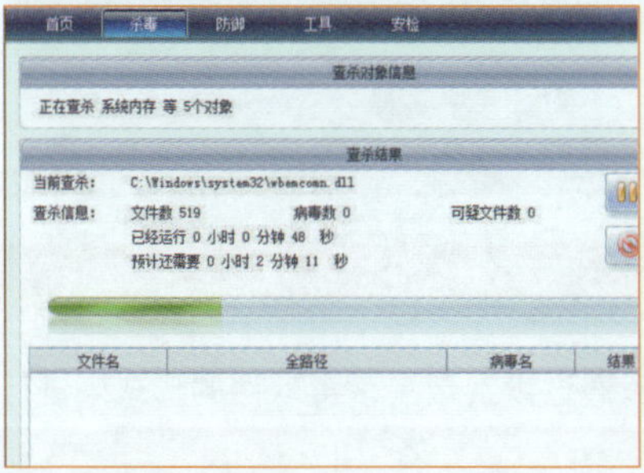

4 显示查杀结果信息

查杀病毒完成后，将弹出“杀毒结束”对话框，显示查杀结果信息，单击“确定”按钮，如下图所示。

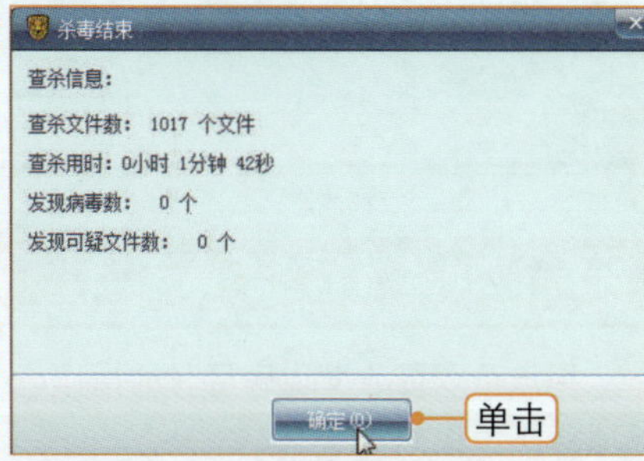

>> 12.2.3 使用瑞星主动防御

启用实时监控功能，可对计算机的安全状态进行时时监控，从而在第一时间监测到病毒并提醒用户处理，具体操作步骤如下：

1 选择“防御”选项卡

启动瑞星杀毒软件 2010，在打开的程序窗口主界面中选择“防御”选项卡，如下图所示。

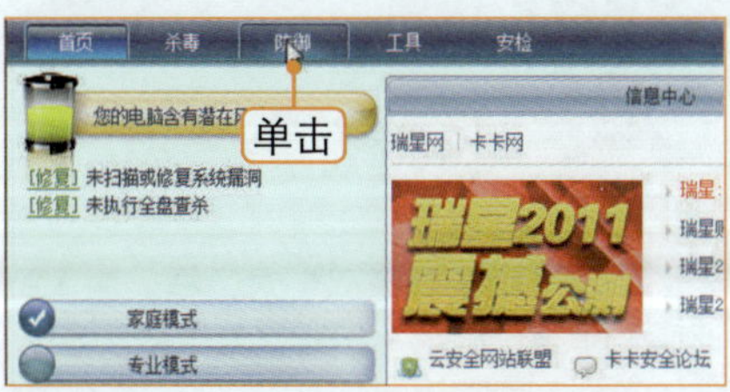

2 单击“开启”按钮

进入“防御”界面，单击“智能主动防御”栏的“木马入侵拦截”中的“开启”按钮，开启主动防御，如下图所示。

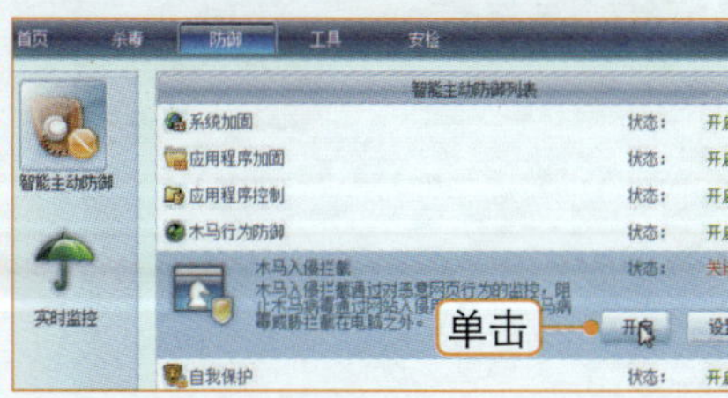

3 单击“实时监控”按钮

单击“实时监控”按钮，如下图所示。

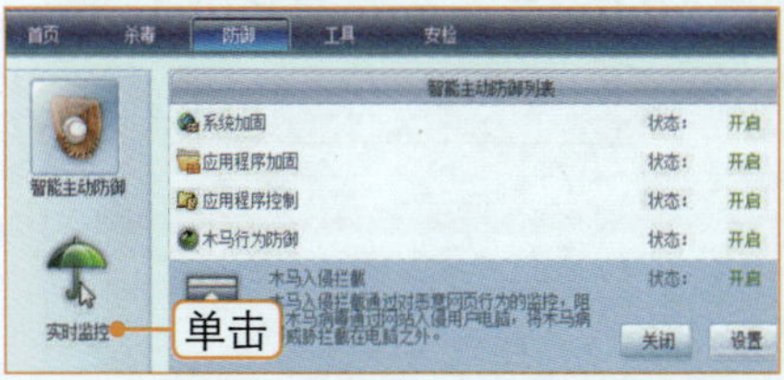

4 选择“邮件监控”选项

在“实时监控”列表中选择“邮件监控”选项，如下图所示。

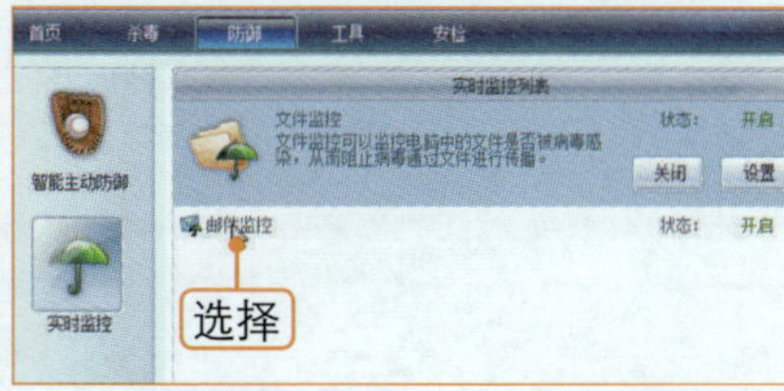

5 单击“开启”按钮

单击“开启”按钮，如下图所示。

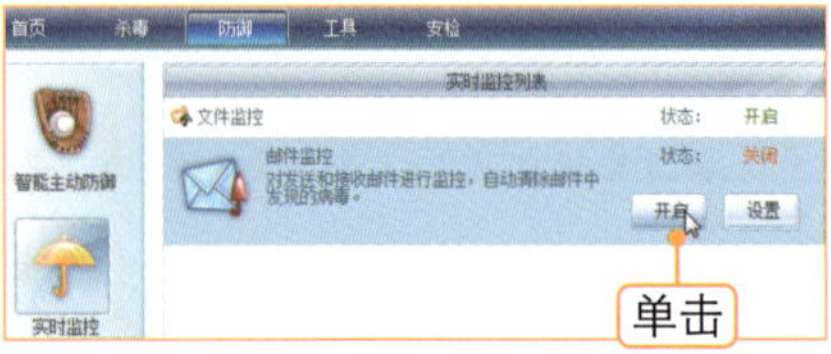

6 使用主动防御效果

返回桌面，即可看到任务栏右下角出现了小伞图标，如下图所示。

>> 12.2.4 设置杀毒选项

用户可以更改发现病毒时的操作，一般通过设置瑞星杀毒软件的形式来进行，具体操作步骤如下：

方法一：

1 选择“杀毒”选项卡

启动瑞星杀毒软件 2010，在打开的程序窗口主界面中选择“杀毒”选项卡，如下图所示。

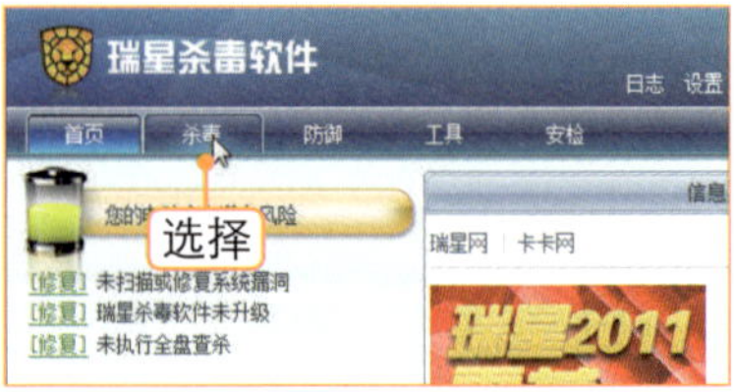

2 单击“查杀设置”按钮

在“设置”栏中单击“查杀设置”按钮，如下图所示。

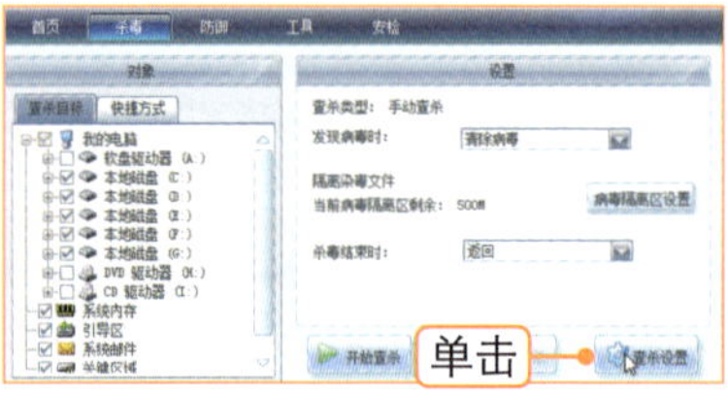

3 开始设置

弹出“设置”对话框，选择查杀类型，并设置相关的处理方式，单击“确定”按钮，如下图所示。

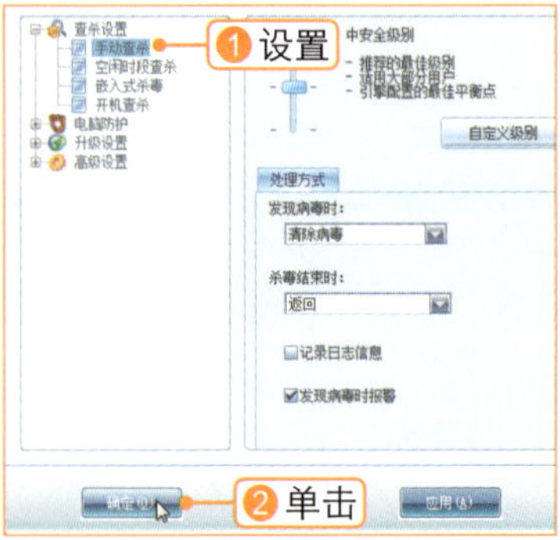

4 输入验证信息

弹出“确认验证码”对话框，输入验证码，单击“确定”按钮，如下图所示。

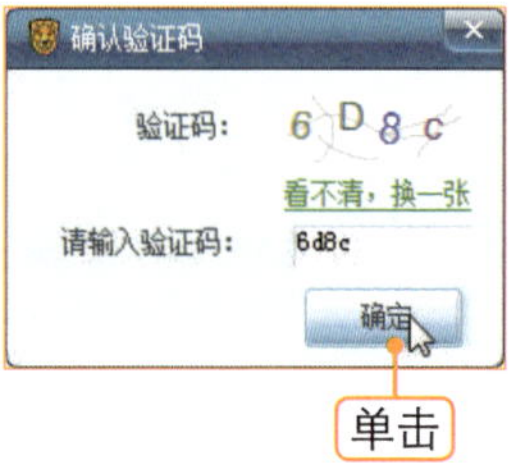

方法二：

1 “设置”链接

启动瑞星杀毒软件，在程序窗口主界面中单击“设置”链接，如下图所示。

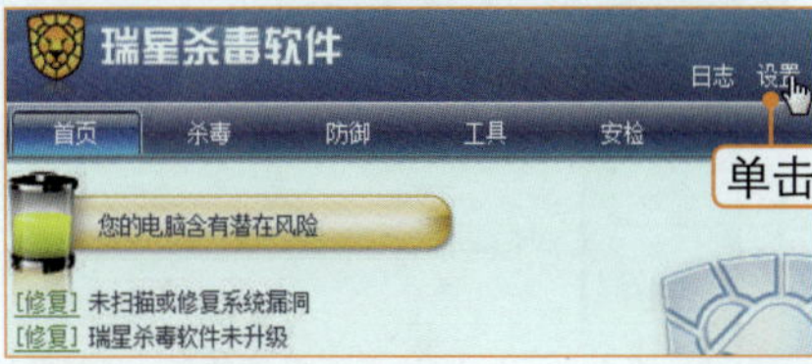

2 选择“手动查杀”选项

弹出“设置”对话框，在左侧列表框中选择“手动查杀”选项，如下图所示。

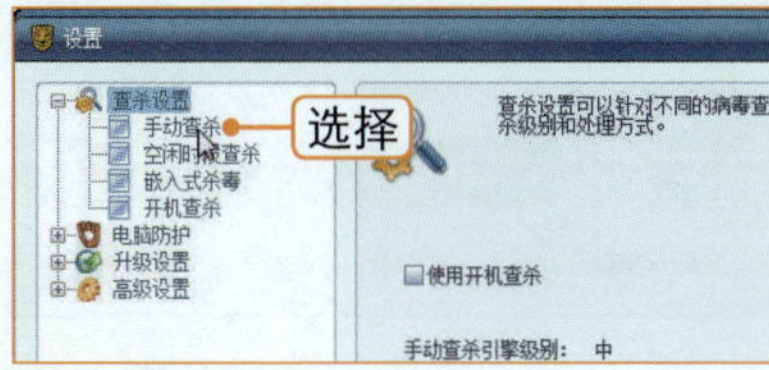

3 设置病毒的处理方式

在右侧的“处理方式”栏中设置相关的处理方式，单击“确定”按钮，如下图所示。

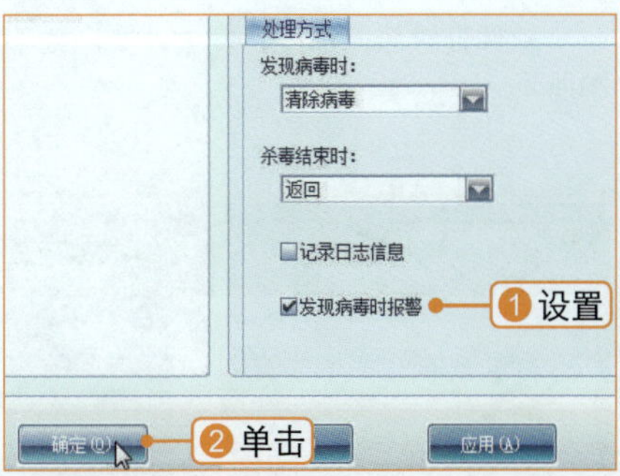

4 输入验证信息

弹出“确认验证码”对话框，输入验证码，单击“确定”按钮，如下图所示。

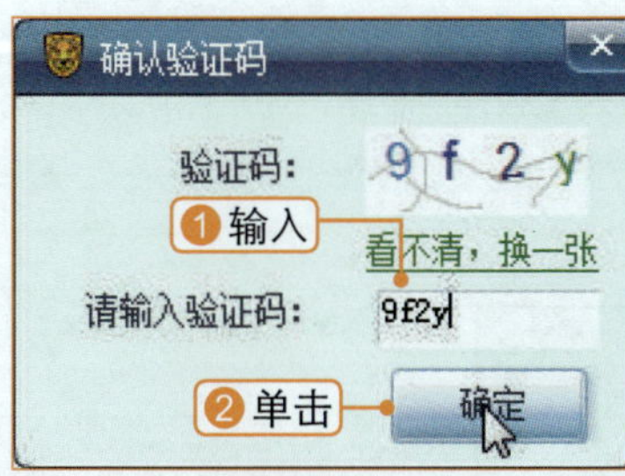

>> 12.2.5 升级瑞星杀毒软件

用户可以通过“在线升级”的方式将瑞星杀毒软件升级为最新版本，具体操作步骤如下：

1 单击“软件升级”按钮

启动瑞星杀毒软件，在程序窗口主界面中单击“软件升级”按钮，如下图所示。

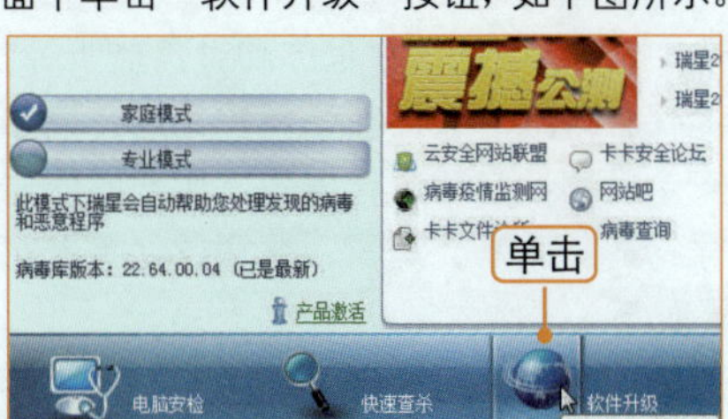

2 弹出“瑞星升级正在进行”提示框

弹出“瑞星升级正在进行”提示框，显示程序的初始化进度，如下图所示。

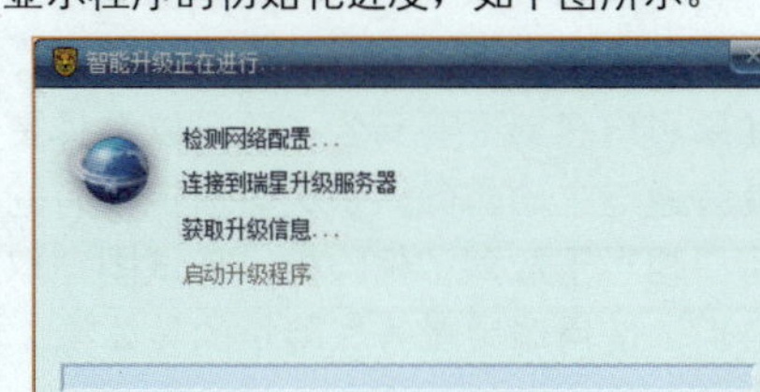

3 显示升级进度

弹出“瑞星软件智能升级程序”提示框，显示瑞星软件的升级进度，如下图所示。

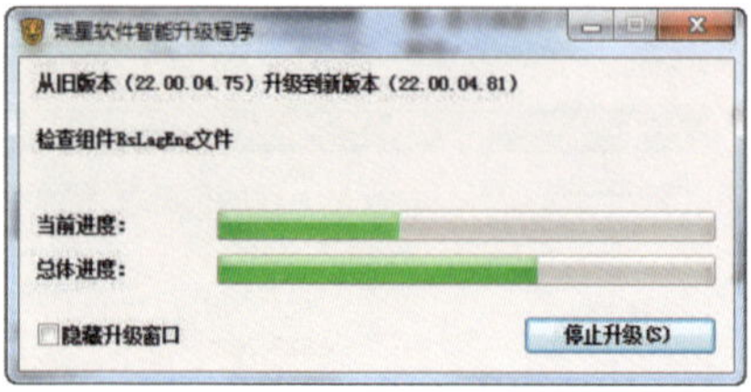

4 显示更新进度

弹出“瑞星杀毒软件”对话框，显示瑞星软件的更新进度，如下图所示。

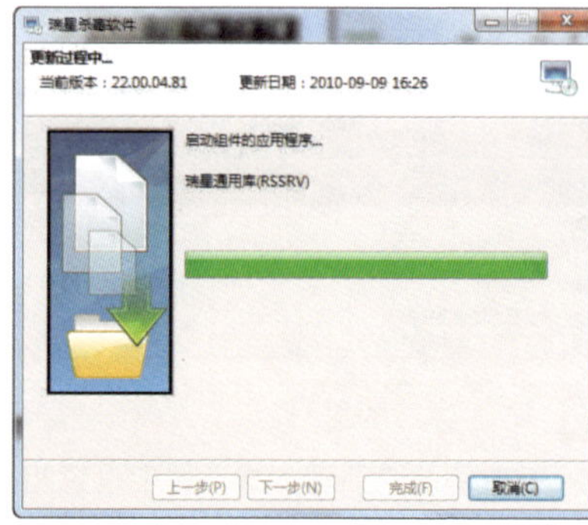

5 单击“完成”按钮

弹出“结束”界面，单击“完成”按钮，完成瑞星软件的更新，如下图所示。

6 升级后的软件界面

软件升级后，界面会发生改变，如下图所示。

>> 12.2.6 使用瑞星账号保险柜

瑞星账号保险柜利用主动防御技术自动屏蔽木马以及病毒常用的多种恶意行为，包括注入 DLL、内存被篡改、注入代码、挂起、强制结束程序和键盘监听等。如果用户感觉不够安全，还可以选择更多的保护规则。软件在受保护之后，瑞星就会通过主动防御体系实时监控所有的不安全行为，自动进行屏蔽，用户的账号密码相当于放入了保险柜，使试图窃取账号密码的木马、病毒、恶意软件等无可奈何。使用瑞星账号保险柜的具体操作步骤如下：

① 单击“添加保护软件”按钮

启动瑞星账号保险柜，在打开的程序窗口中单击“添加保护软件”按钮，如下图所示。

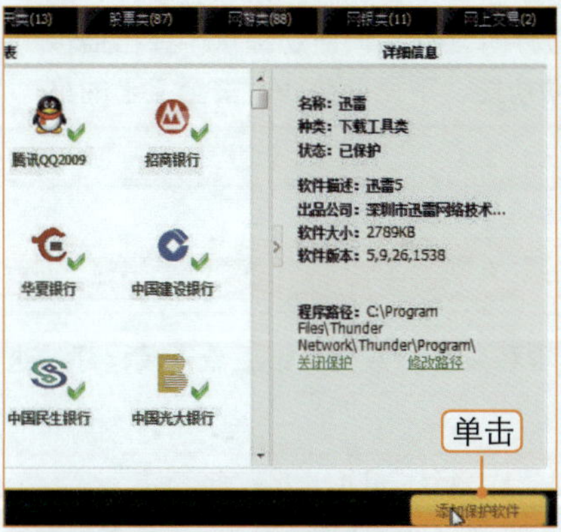

② 单击“浏览”按钮

弹出“添加保护软件”对话框，输入要添加软件的名称，单击“浏览”按钮，如下图所示。

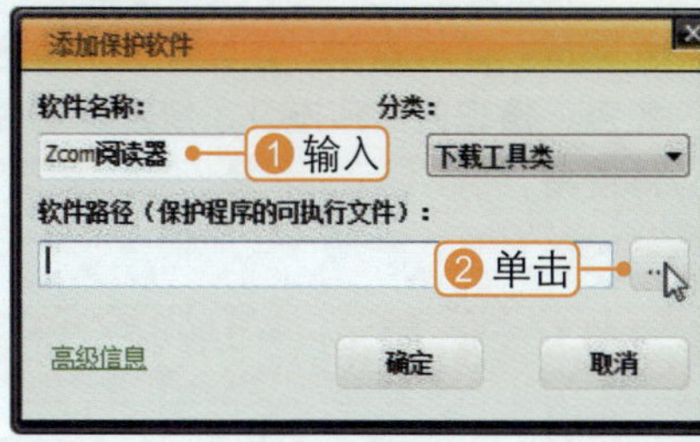

③ 选择可执行程序的路径

弹出“打开”对话框，选择可执行程序的路径，单击“打开”按钮，如下图所示。

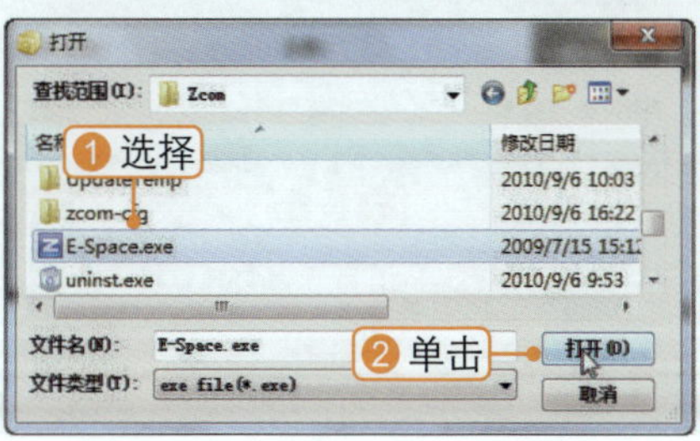

④ 返回“添加保护软件”对话框

返回“添加保护软件”对话框，单击“确定”按钮，如下图所示。

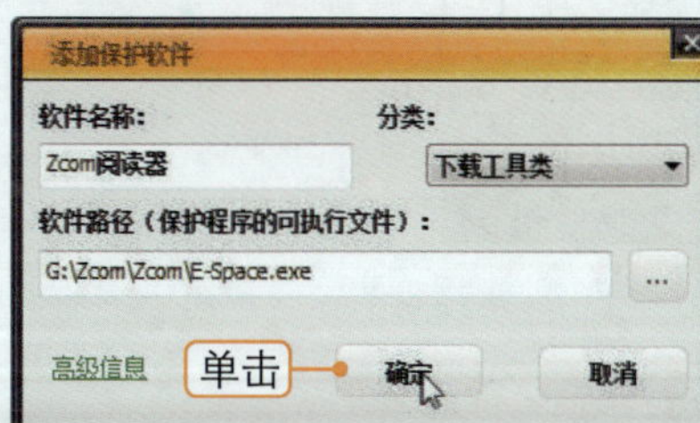

⑤ 添加软件至瑞星账号保险柜中

此时，软件即被添加到瑞星账号保险柜中，如下图所示。

高手点拨

应用程序保护功能

如果在“账号保险柜”列表中没有包含想要保护的程序，用户可以通过主动防御的“应用程序保护”功能来添加规则，实现保护。该功能是与杀毒软件集成在一起的，并且用户可以手动设置规则细节，但不能脱离主动防御单独运行。

12.3 使用360安全卫士

360 安全卫士是一款安全类上网辅助软件，其拥有查杀恶意软件、插件管理、病毒查杀、诊断及保护特定程序等功能，同时还提供了弹出插件免疫、清理使用痕迹及系统还原等辅助功能，下面介绍 360 安全卫士的具体使用。

>> 12.3.1 下载和安装360安全卫士

要使用 360 安全卫士对计算机进行清理和维护，首先应该下载安装程序并进行安装，具体操作步骤如下：

1 单击“免费下载”按钮

打开 360 安全卫士首页，单击“免费下载”按钮，如下图所示。

2 单击“立即下载”按钮

弹出迅雷“建立新的下载任务”对话框，设置存储路径，单击“立即下载”按钮，如下图所示。

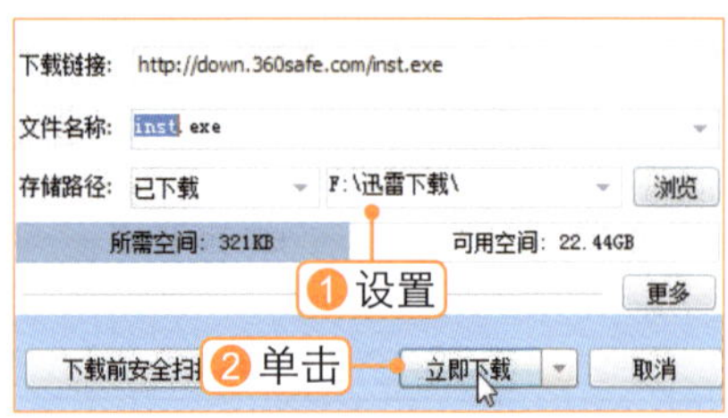

3 双击下载的文件

下载完成后，在下载路径中双击下载的文件，开始安装软件，如下图所示。

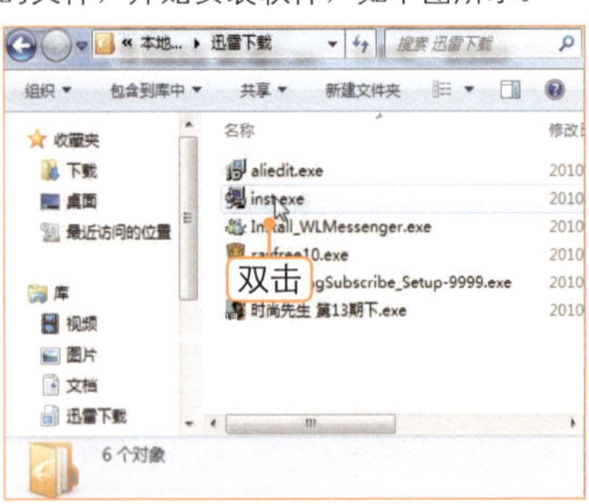

4 弹出“360安全卫士”对话框

弹出“360 安全卫士”对话框，单击“下一步”按钮，如下图所示。

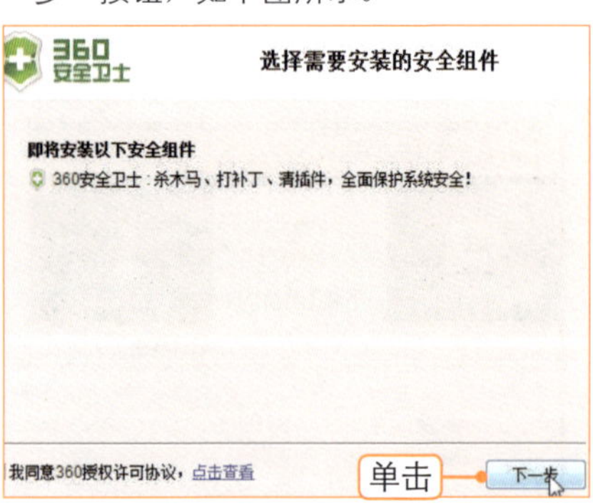

5 单击“更改目录”按钮

弹出“选择安装目录”界面，单击“更改目录”按钮，如下图所示。

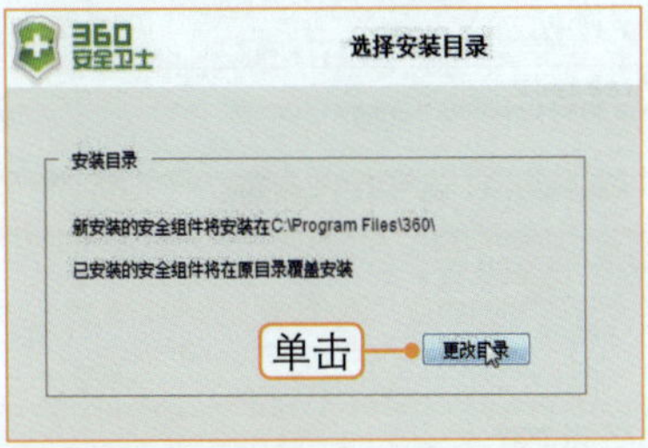

6 单击“更改”按钮

单击“更改”按钮，如下图所示。

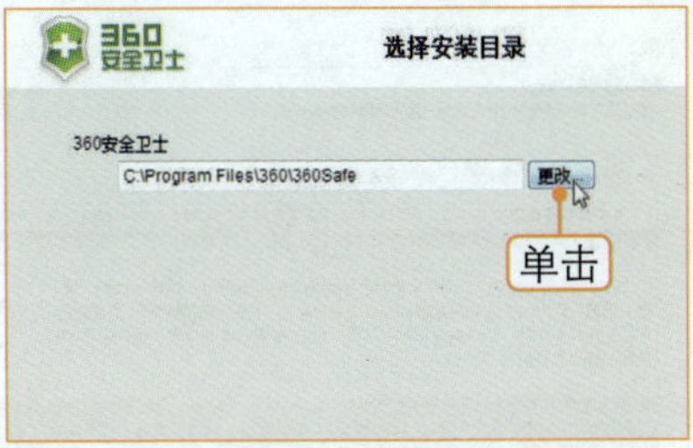

7 选择安装路径

弹出“浏览文件夹”对话框，选择文件的安装路径，单击“确定”按钮，如下图所示。

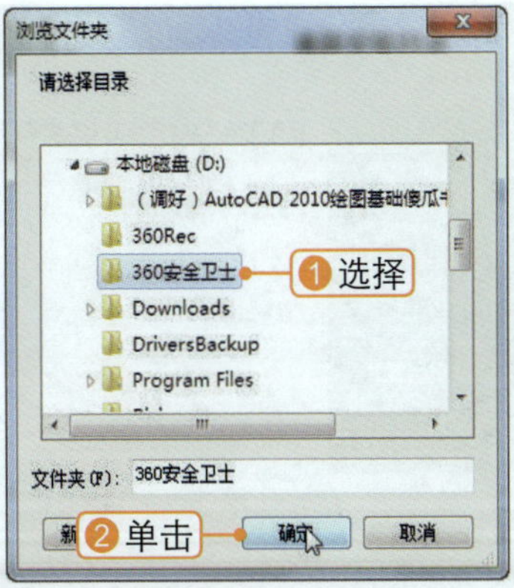

8 返回“选择安装目录”界面

返回“选择安装目录”界面，单击“下一步”按钮，如下图所示。

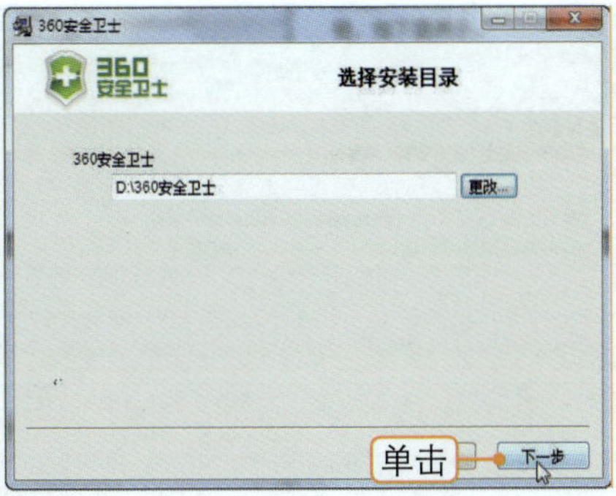

9 显示安装的进度

弹出“正在安装”界面，显示安装的进度，如下图所示。

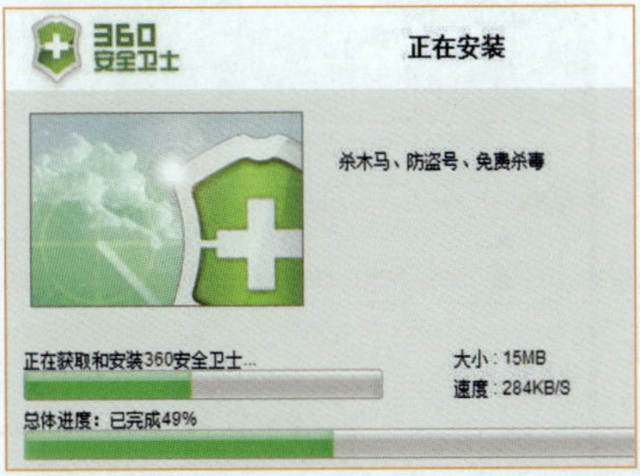

10 弹出“360安全卫士安装”对话框

弹出“360安全卫士安装”对话框，单击“下一步”按钮，如下图所示。

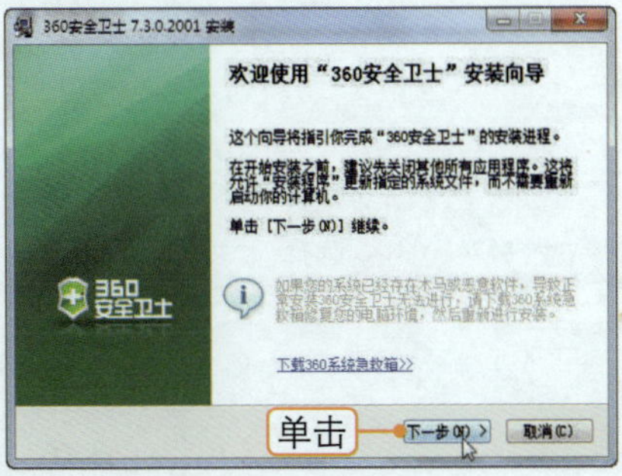

11 单击“我接受”按钮

弹出“最终用户授权协议”界面，单击“我接受”按钮，如下图所示。

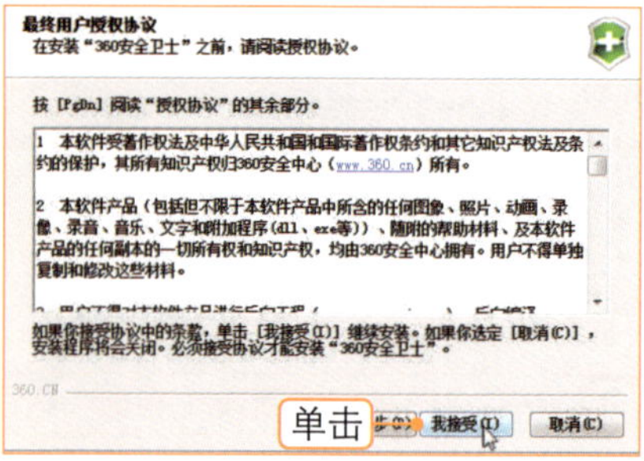

12 单击“安装”按钮

弹出“请选择安装位置”界面，设置目标文件夹的存储路径，单击“安装”按钮，如下图所示。

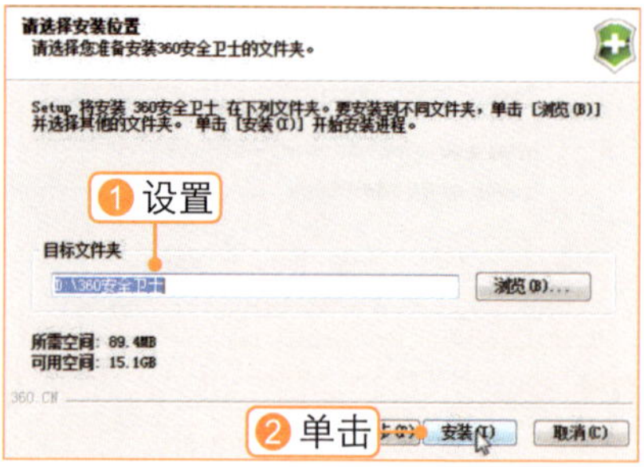

13 显示安装进度

弹出“正在安装”界面，显示安装进度，如下图所示。

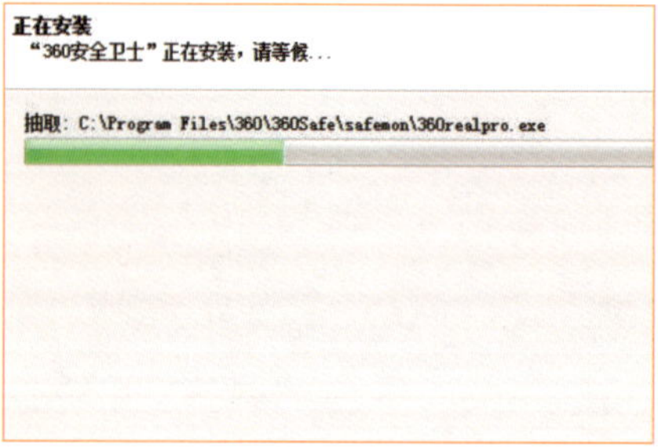

14 单击“完成”按钮

弹出“正在完成‘360安全卫士’安装向导”界面，单击“完成”按钮，如下图所示。

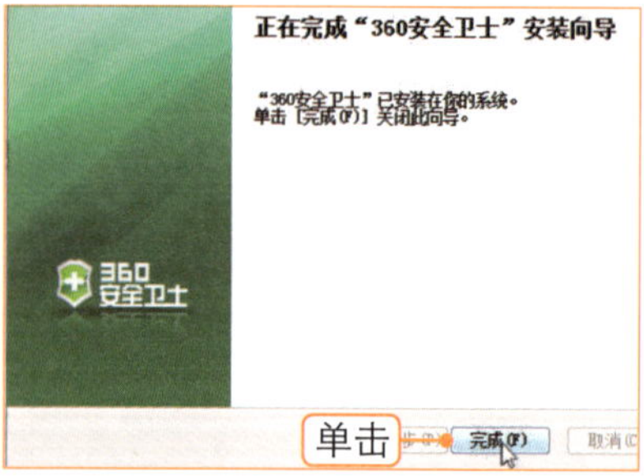

15 单击“完成”按钮

弹出“安装完成”界面，选择“运行360安全卫士”复选框，单击“完成”按钮，如下图所示。

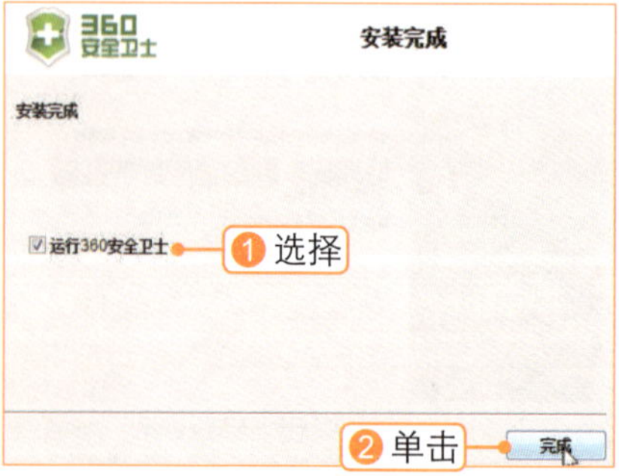

16 运行360安全卫士

运行360安全卫士，如下图所示。

>> 12.3.2 清除恶意软件

恶意软件又称流氓软件，它既不属于正规商业软件，也不属于真正的病毒。下载并安装 360 安全卫士后，就可以使用该软件搜索计算机中是否被强制安装了恶意软件，并将其清除，具体操作步骤如下：

1 选择“清理插件”选项卡

启动 360 安全卫士，在打开的程序窗口主界面中选择“清理插件”选项卡，如下图所示。

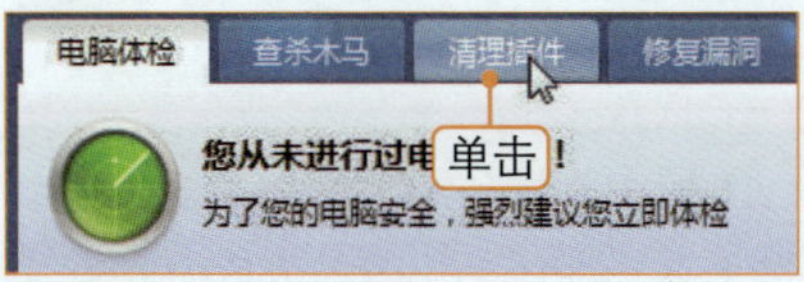

2 检测恶意插件

程序开始检测计算机中是否有恶意插件，如下图所示。

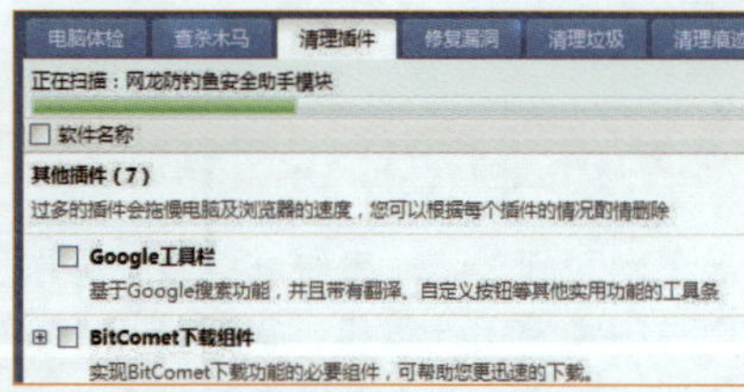

3 检测到恶意插件

检测到恶意插件，如下图所示。

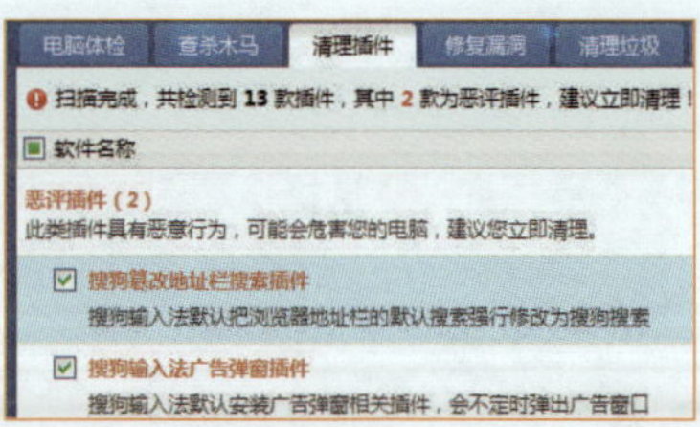

4 单击“立即清理”按钮

在列表中选择需要清理的恶意插件前的复选框，单击“立即清理”按钮，如下图所示。

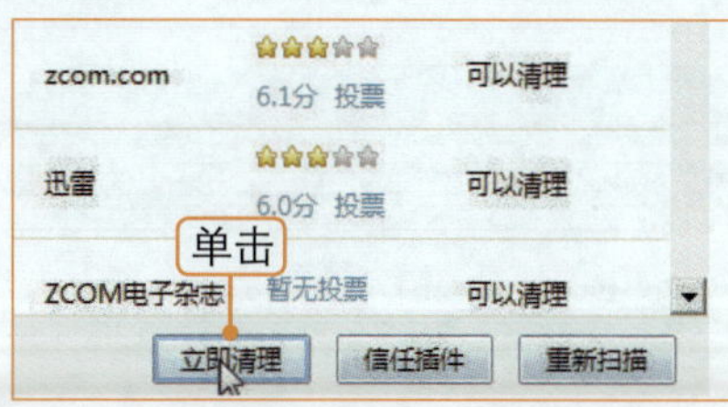

>> 12.3.3 查杀流行木马

如果计算机中了木马，可以使用 360 安全卫士进行查杀，具体操作步骤如下：

1 选择“木马查杀”选项卡

启动 360 安全卫士，在程序窗口主界面中选择“木马查杀”选项卡，如下图所示。

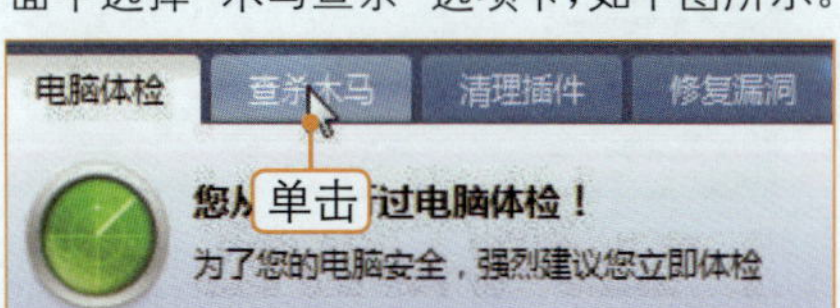

2 单击“快速扫描”按钮

在弹出的“360 木马查杀”窗口中单击需要的扫描方式按钮，如下图所示。

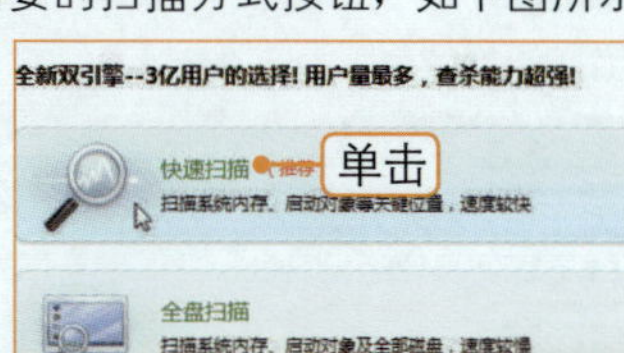

3 快速扫描

程序开始对系统引导区、系统内存及系统关键目录等进行快速扫描，如下图所示。

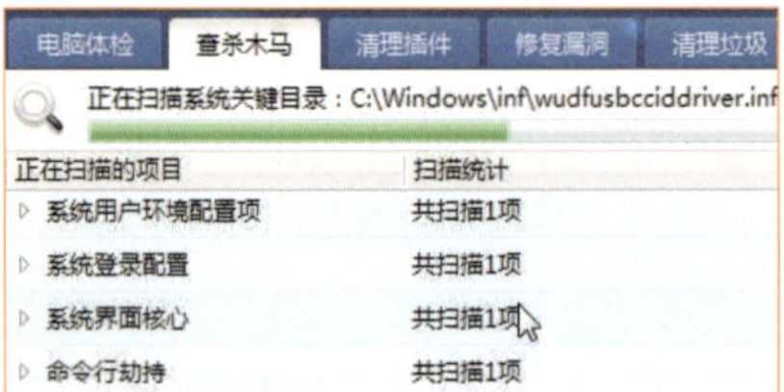

4 处理木马

扫描完成后，若没有查到任何木马可单击“返回”按钮，如下图所示。

>> 12.3.4 清理使用痕迹

上网时间久了，系统难免会被强制安装上各种插件，从而占用系统资源，影响用户正常使用计算机。通过使用“360 安全卫士”可以管理这些插件，将不必要的插件删除，具体操作步骤如下：

1 选择“清理痕迹”选项卡

启动 360 安全卫士，在程序窗口主界面中选择“清理痕迹”选项卡，如下图所示。

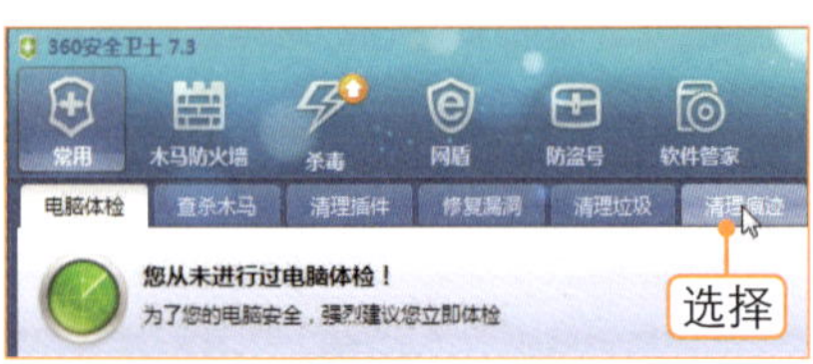

2 单击“开始扫描”按钮

选择需要清理上网痕迹项前面的复选框，单击“开始扫描”按钮，如下图所示。

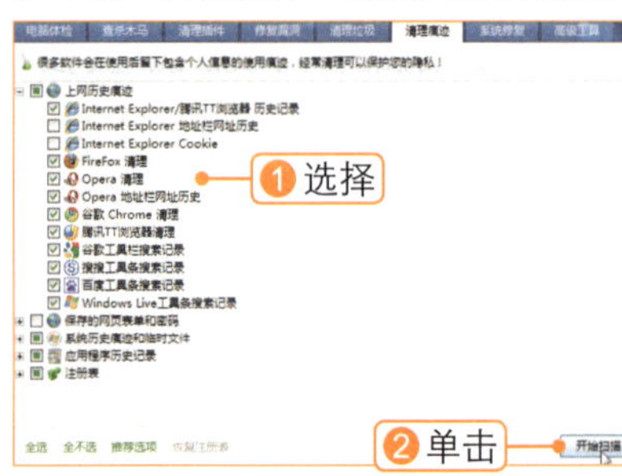

3 显示扫描进度

显示扫描进度，如下图所示。

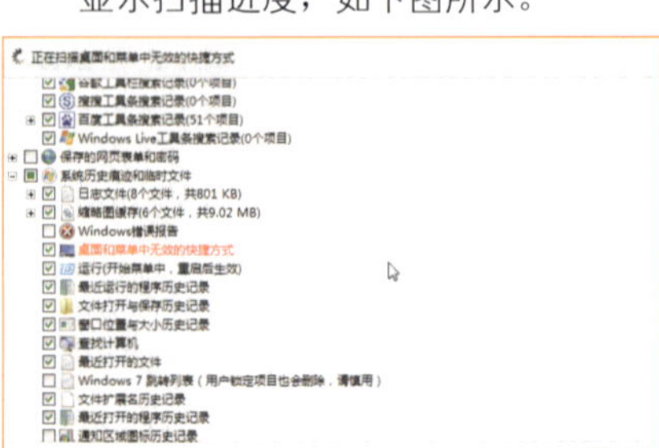

4 单击“立即清理”按钮

扫描痕迹完毕后，单击“立即清理”按钮，如下图所示。

5 弹出“清理结果报告”提示框

弹出“清理结果报告”提示框，显示清理的结果，单击“确定”按钮，如下图所示。

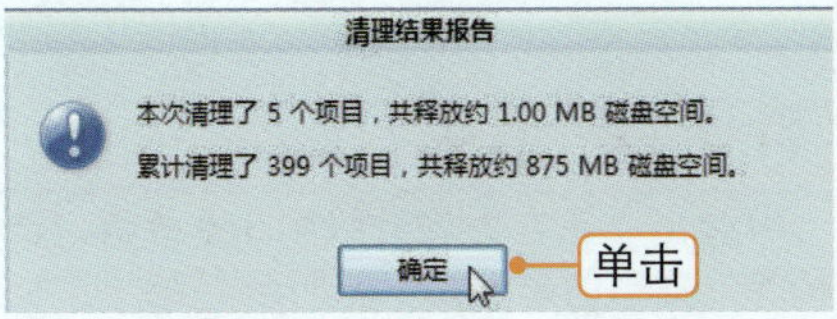

> **高手点拨**
>
> **清理隐私**
>
> 新版 360 添加了清理隐私功能，为用户的网络隐私提供了全方位的保护，用户应该养成定期使用 360 隐私保护器及时清理隐私痕迹的习惯，以防患于未然。

>> 12.3.5 开启木马防火墙

网络中的计算机时刻都处于危险之中，为了防止木马对计算机进行攻击，要开启木马防火墙，以便能够保障上网时计算机的安全，具体操作步骤如下：

1 单击“木马防火墙”按钮

启动 360 安全卫士，在程序窗口主界面中单击“木马防火墙”按钮，如下图所示。

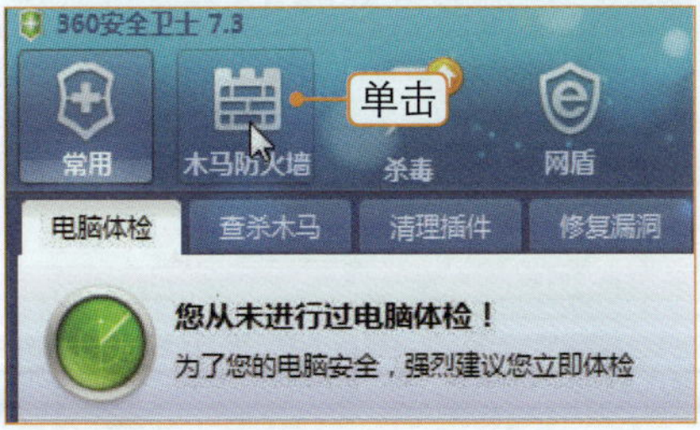

2 单击“一键开启”按钮

在打开的“360 木马防火墙”对话框中单击“一键开启”按钮，开启对系统的保护，如下图所示。

3 查看开启保护后的效果

此时，系统的防火墙功能成功开启，如下图所示。

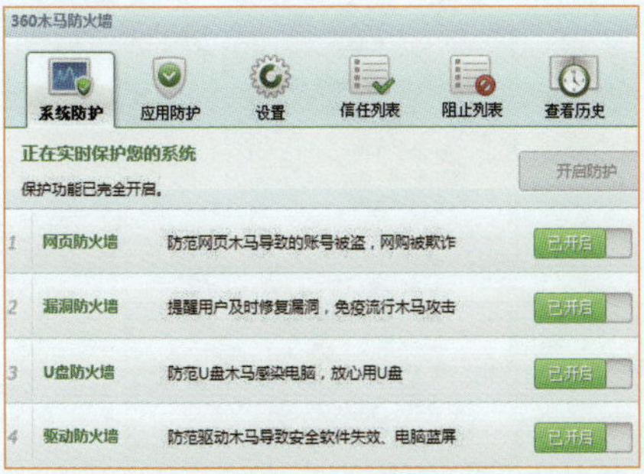

> **高手点拨**
>
> **木马防火墙**
>
> 如果未完全开启 360 木马防火墙的所有防护（局域网防火墙除外），则 360 安全卫士图标会有红色感叹号。用户在完全开启所有防护后，红色记号便会消失。木马防火墙需要设置在开机时自动启动，才能起到主动防御木马的作用。

>> 12.3.6 安装并运行360杀毒软件

除了瑞星杀毒软件以外，用户还可以使用 360 杀毒软件对计算机进行杀毒。在使用 360 杀毒软件对计算机病毒查杀之前，用户首先应该安装 360 杀毒软件，具体操作步骤如下：

1 单击“360杀毒”按钮

启动 360 安全卫士，单击导航栏上的“杀毒”按钮，如下图所示。

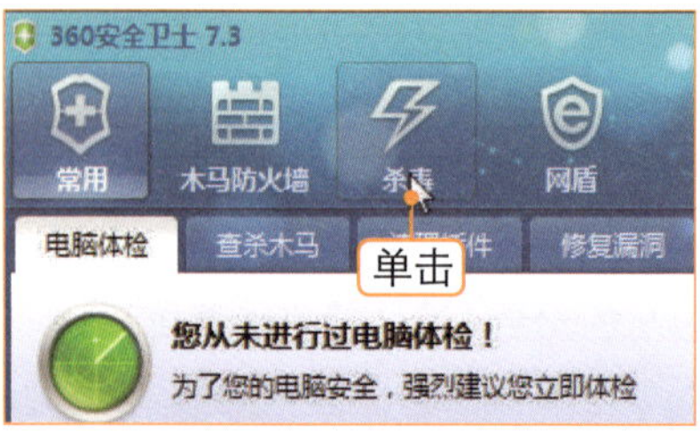

2 弹出提示信息

弹出“正在为您升级到 360 杀毒，请稍等”提示信息，如下图所示。

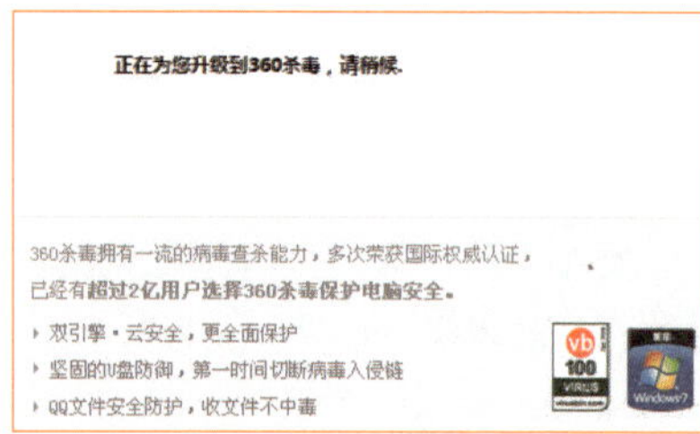

3 弹出“欢迎使用‘360杀毒’安装向导”对话框

弹出“欢迎使用‘360 杀毒’安装向导”对话框，单击“下一步”按钮，如下图所示。

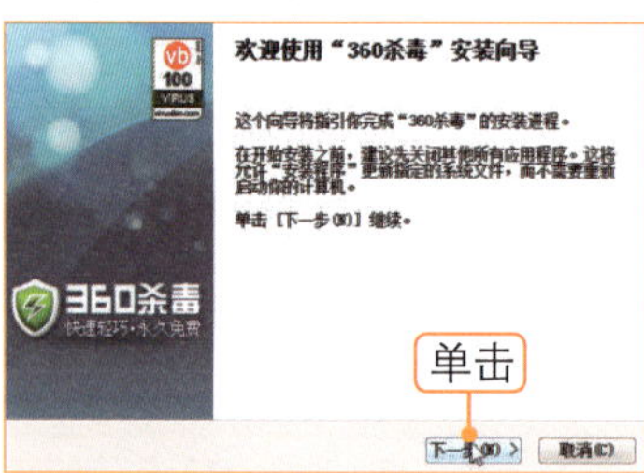

4 单击“我接受”按钮

弹出“许可证协议”界面，单击“我接受”按钮，如下图所示。

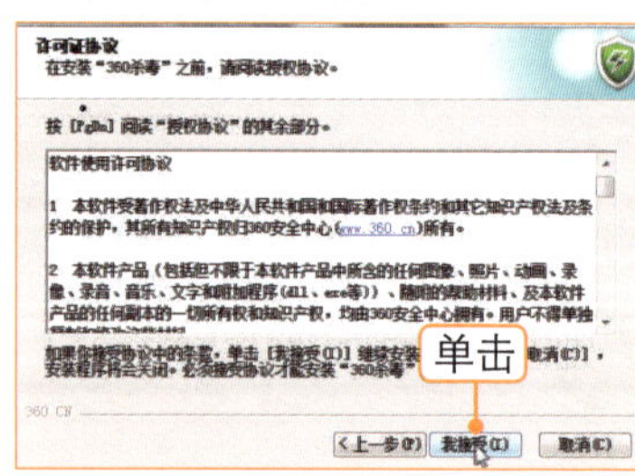

5 单击“浏览”按钮

弹出“选择安装位置”界面，单击“浏览”按钮，如下图所示。

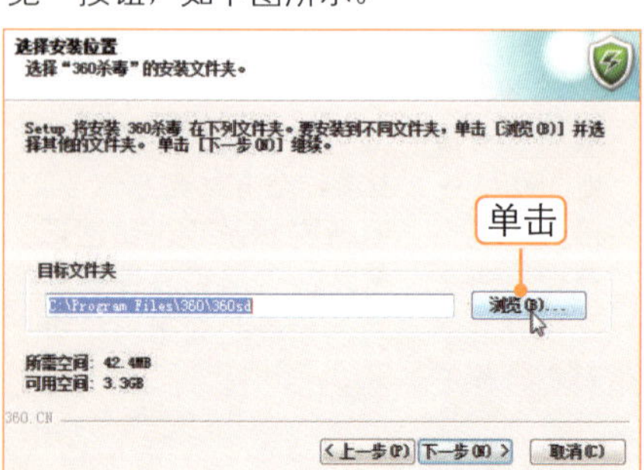

6 选择安装路径

弹出“浏览文件夹”对话框，选择安装路径，单击“确定”按钮，如下图所示。

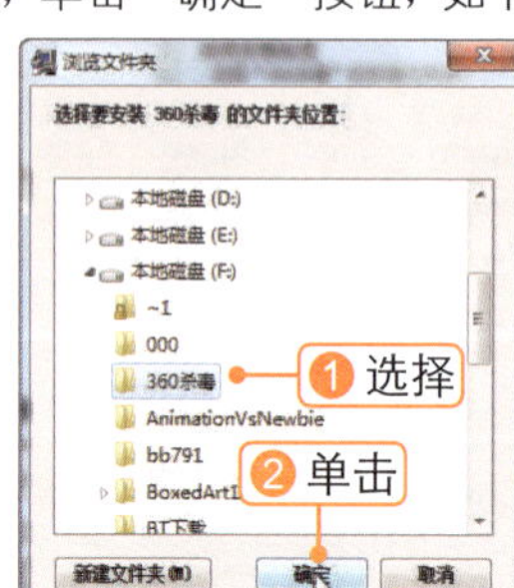

7 返回“选择安装位置”界面

返回“选择安装位置”界面，单击“下一步”按钮，如下图所示。

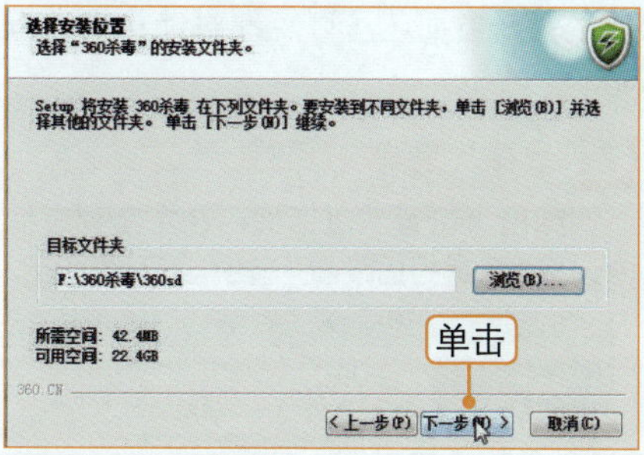

8 单击“安装”按钮

弹出“选择‘开始菜单’文件夹”界面，单击“安装”按钮，如下图所示。

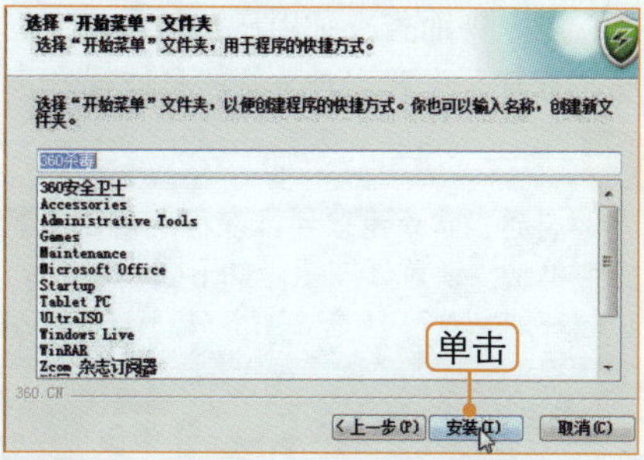

9 显示安装进度

弹出“正在安装”界面，显示安装进度，如下图所示。

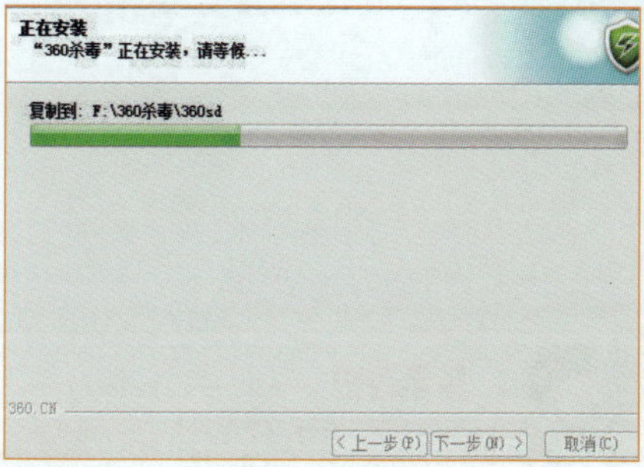

10 单击“完成”按钮

弹出“正在完成‘360 杀毒’安装向导”界面，选择“运行 360 杀毒”复选框，单击“完成”按钮，如下图所示。

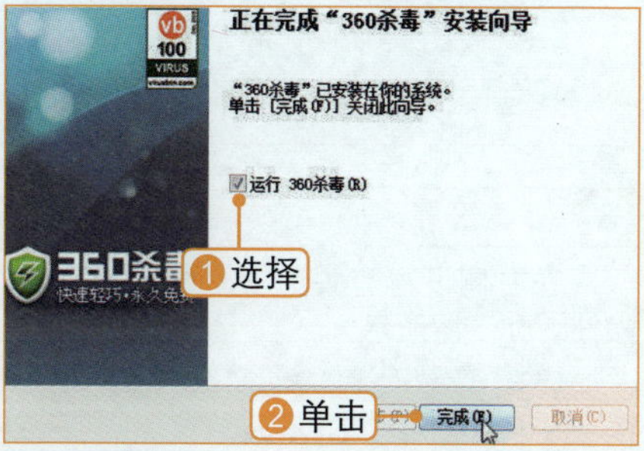

11 弹出“360云查杀计划”对话框

选择“我要加入 360 云查杀计划，及时发现最新木马”复选框，单击“确定”按钮，如下图所示。

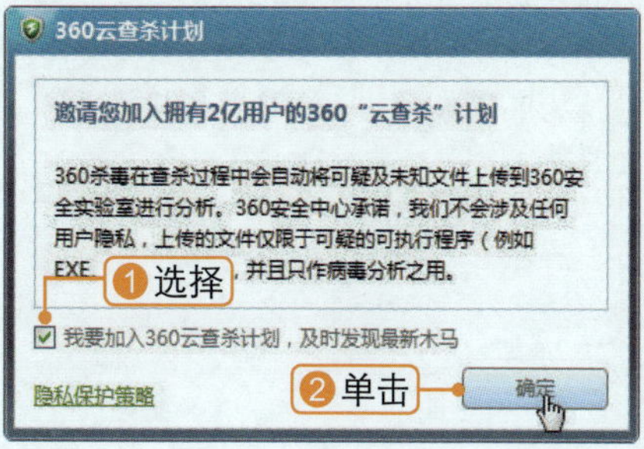

12 进入“360杀毒”程序窗口主界面

进入“360 杀毒”程序窗口主界面，如下图所示。

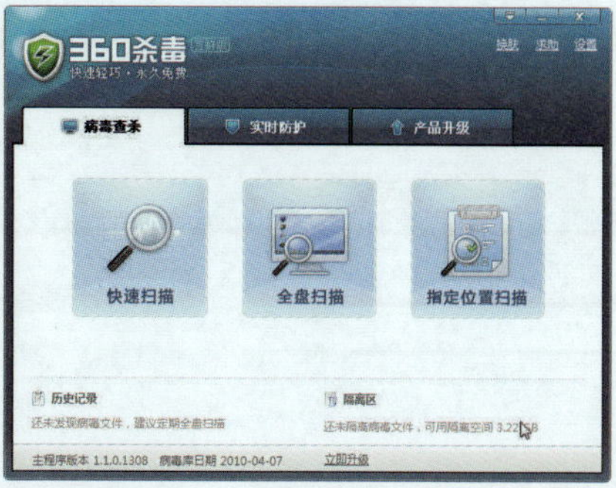

>> 12.3.7 设置定时杀毒

对于使用杀毒软件的用户来说，可以利用午餐时间进行病毒查杀，设置定时杀毒，一方面省去了用户对杀毒软件的操作，另一方面，可以定期对计算机进行病毒查杀。设置定时杀毒的具体操作步骤如下：

1 单击“设置”按钮

启动360杀毒软件，在程序窗口主界面中单击“设置”按钮，如下图所示。

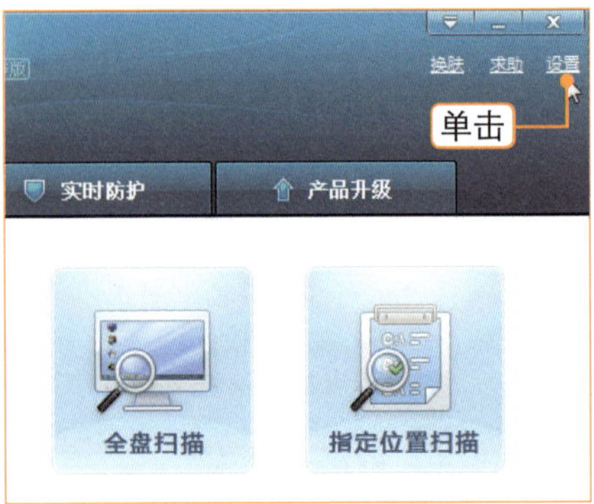

2 选择“病毒扫面设置”选项

弹出“设置”对话框，在左侧列表框中选择“病毒扫面设置”选项，如下图所示。

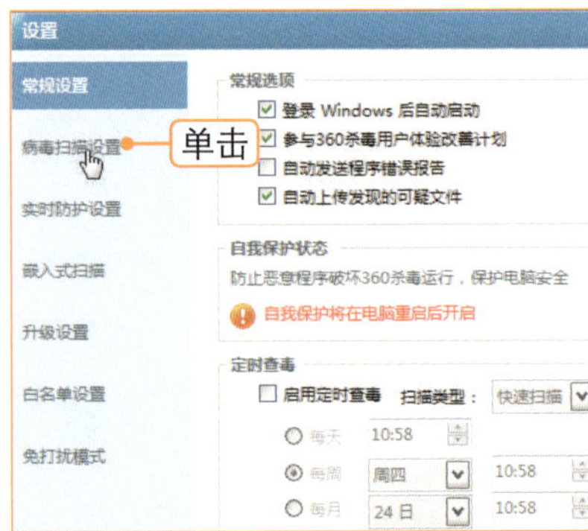

3 开始设置

在右侧设置有关选项，单击“确定”按钮，如下图所示。

高手点拨

360杀毒软件的升级功能

360杀毒软件具有自动升级功能，用户在设置了自动升级功能后，360杀毒软件便会在有升级可用的软件时自动下载并安装升级文件。在系统内的软件自动升级完成后，会通过气泡窗口提示用户，在不设置自动升级的情况下，用户可以手动升级系统内的软件。

>> 12.3.8 查杀病毒

安装和设置 360 杀毒软件后，就可以对计算机进行病毒查杀了，具体操作步骤如下：

1 单击“快速扫描”按钮

启动 360 杀毒软件，在打开的程序窗口主界面中单击“快速扫描”按钮，如下图所示。

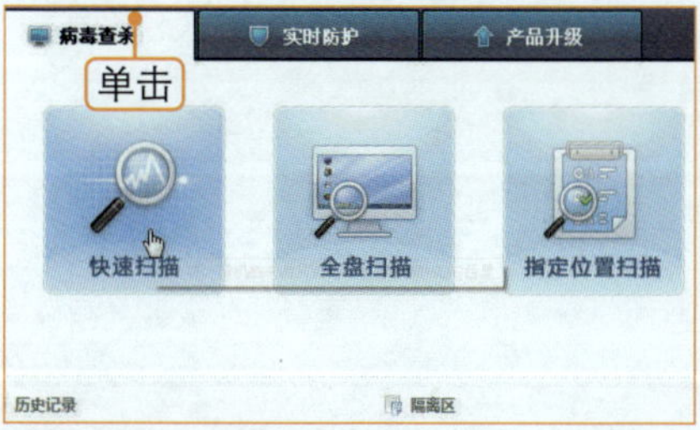

2 显示杀毒进度

此时，360 杀毒软件开始杀毒，在界面中会显示杀毒进度，如下图所示。

3 处置病毒木马

若扫描结果没有发现威胁，单击“完成”按钮，如下图所示。

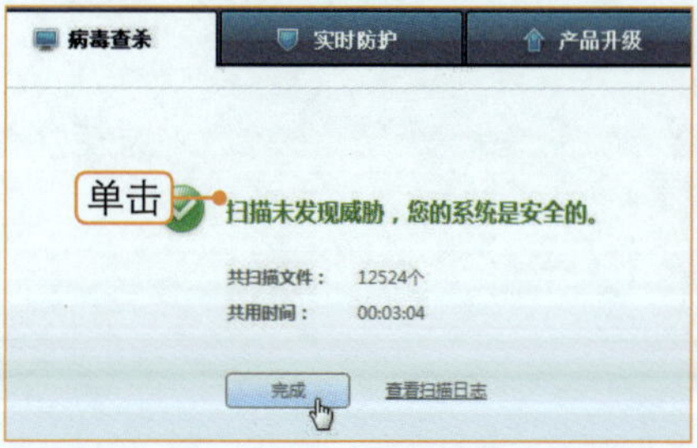

高手点拨

设置自动关机

如果用户希望 360 杀毒软件在扫描完计算机后自动关闭计算机，可选中“扫描完成后关闭计算机”复选框和“自动处理扫描出的病毒威胁”复选框。